华东师范大学精品教材建设专项基金资助项目
华东师范大学教材出版基金资助出版

Modern Organic Chemistry Experiment

现代有机化学实验

主　编◎刘　路　张俊良

副主编◎肖元晶　李文博　冯见君

华东师范大学出版社
上海

图书在版编目（CIP）数据

现代有机化学实验／刘路，张俊良主编. —上海：
华东师范大学出版社,2019
ISBN 978-7-5675-8900-1

Ⅰ.①现… Ⅱ.①刘… ②张… Ⅲ.①有机化学—化
学实验—高等学校—教材 Ⅳ.①O62-33

中国版本图书馆 CIP 数据核字（2019）第 081270 号

华东师范大学精品教材建设专项基金资助项目
华东师范大学教材出版基金资助出版

现代有机化学实验

主　　编　刘　路　张俊良
项目编辑　李　琴
特约审读　曹彬彬
责任校对　李琳琳
版式设计　庄玉侠
封面设计　俞　越

出版发行　华东师范大学出版社
社　　址　上海市中山北路 3663 号　邮编 200062
网　　址　www.ecnupress.com.cn
电　　话　021-60821666　行政传真 021-62572105
客服电话　021-62865537　门市（邮购）电话 021-62869887
地　　址　上海市中山北路 3663 号华东师范大学校内先锋路口
网　　店　http://hdsdcbs.tmall.com/

印　刷　者　上海盛隆印务有限公司
开　　本　787 毫米×1092 毫米　1/16
印　　张　22.5
字　　数　568 千字
版　　次　2019 年 7 月第 1 版
印　　次　2022 年 10 月第 3 次
书　　号　ISBN 978-7-5675-8900-1/G·11904
定　　价　58.00 元

出版人　王　焰

（如发现本版图书有印订质量问题,请寄回本社客服中心调换或电话 021-62865537 联系）

前　言

  化学是科学的中心,有机化学作为化学的核心二级学科,是一门不断创制新物质的科学,与人类的衣食住行和医药健康密切相关。同时,有机化学是一门以实验为基础的课程,有机化学实验教学是对学生进行创新意识、创新思维培养,以及传统的科学训练的极其有效的途径。目前,有机化学实验是高等院校化学及相关学科的专业必修课程,在化学相关专业的培养中具有十分重要的地位。该课程的教学目的主要是训练学生有机化学实验的基本技能,培养学生正确选择有机化合物合成的路线、反应的装置,正确进行化合物的后处理、分离及化合物鉴定等一系列技能。同时也是培养学生理论联系实际的意识,实事求是、严格认真的科研态度与良好的工作习惯的重要环节。这些素质的培养对学生走上工作岗位或者进一步深造都具有重要的意义。

  本书内容包括七章。第一章,有机化学实验基本知识,介绍了实验室安全、注意事项,对实验预习、记录和实验报告做了规范要求,对常见的仪器与装置用照片或图片进行了介绍,同时还介绍了各种搜索引擎和数据库的使用方法,例如最常用的 Sci Finder 和 Reaxys,强调了数据库的应用和文献检索的重要性。第二章,有机化学实验基本操作,主要介绍重结晶、蒸馏、减压蒸馏、萃取、色谱等一些常规的实验技术。第三章,基础有机合成,选择了一系列常见化合物的合成方法及重要的人名反应。第四章,多步有机合成,选取了一些需要 2~3 步合成的药物分子、超分子、手性配体、离子液体等。第五章,现代有机合成,选取了近年来有机化学领域的最新研究成果。第六章,综合实验,对有机化学中两个重要的领域——有机合成方法学和天然产物全合成的研究做了简单的介绍,让读者对科研工作的思路有具体体会。第七章,文献实验,主要介绍了如何通过阅读文献进行实验的方法。

  本书有以下一些特点。第一,本书在仪器、装置部分都采用实物的照片或者图片,有助于读者正确地认识和使用实验室的仪器。第二,由于近年来,国内高校本科实验室的基本条件得到了很大的改善,因此本书的绝大部分实验都采用磁力搅拌器加热,仅个别需要高温的实验继续使用煤气灯加热,这样不仅提高了实验操作的安全性,同时又很好地和今后从事科研或化工行业的工作进行无缝接轨。第三,在现代有机化学实验中,利用 TLC 检测反应进行的程度和利用柱层析进行分离是最常用的操作,因此在本书的实验中,比较强调这两点。第四,传统的有机实验教材由于条件的限制,对产物的结构及纯度的鉴定比较困难,多数是采用测熔点的方法,结果很不准确。本书在产物测试部分给出了产物的 NMR、IR 数据,实验完成以后,对产物进行核磁或红外测试,通过与测试数据和书中理论值的对比,就可以判断产物正确与否以及产物的纯度。第五,由于我国的有机化学水平在国际上已处于领先地位,因此本书在现代有机合成部分增加了大量我国有机化学家的开创性工作,增强了读者学好有机化学的信心和民族自豪感。第六,我们对本书里面的大部分实验都进行了重复,给出了我们的实验结果,我们也列出了参考文献,供有兴趣的读者查阅原始文献。

本书主要供化学专业的基础有机化学实验课程使用,也可用作生物、环科、材料等需要化学基础的相关专业的教学素材。同时,本书的第五章至第六章也可用于化学专业高年级本科生的中级或高等有机化学实验课程使用。低年级的研究生在实验过程中也可以参考本书。

在本书编写的过程中,刘路老师负责全书的设计、编排以及统稿,并编写第一章、第三章、第四章和第七章;肖元晶老师负责编写第二章和第三章;李文博老师负责编写第三章和第四章;冯见君老师负责编写第五章和第六章;张俊良老师参加了本书最初的设计以及最后的统稿工作。在此对各位老师的辛勤工作表示衷心的感谢。

感谢课题组的博士生张展鸣、余谆谆、马奔、许冰、王以栋、陈鹏、周伟、邱海乐、张培超、王华敏、陶梦娜、林桃燕、朱成浩、刘冰、戴强、王磊,硕士生李桑环、黄奔、周淘、刘振力、李勇峰、曾雨、黄超乾、程化毓、胡岸靖、周小凡、吕希、底晓煜、储兆纬、陈晓峰、张君友、朱超泽、徐杉,对本书中的部分实验进行重复,并提供相关实验装置与产物的数据以及谱图。同时,对历年来参加有机化学实验教学的教师和担任助教的研究生表示感谢。

由于编者水平有限,书中可能会存在错误和不当之处,敬请广大读者不吝指正。谢谢!

刘 路

2018 年 10 月于华东师大樱桃河畔

目 录

03 | 第三章 | 基础有机合成 …………………………………… **89**

第一章 有机化学实验基本知识

（一）实 验 须 知

有机化学是一门不断发展和创新的研究物质结构、组成、转化的学科，与人类的衣食住行和医药健康密切相关。有机化学实验作为有机化学教学的重要组成部分，是高等院校化学及相关学科的重要实验基础课程，在基础化学实验中占有十分重要的地位，对大学生的基本技能训练和科学素养的培养显得尤为重要。尽管现代社会已步入信息社会，计算机已经代替了人的许多工作，但是终究代替不了复杂精细的有机化学实验工作，因为现代有机化学的任务是研究和发现新化合物、新试剂、新反应及新反应历程，这些任务只有通过大量精细的科学实验才能完成。所以，熟练掌握有机化学实验的基本操作和基本技能，提高分析问题、解决问题的工作能力，对学习有机化学实验的学生来说尤为重要。本课程的教学目的主要是训练学生有机化学实验的基本技能，培养学生正确选择有机化合物合成的路线、反应的装置、后处理、分离、化合物鉴定等一系列技能。同时培养学生理论联系实际，实事求是、严格认真的科研态度与良好的工作习惯。

有机化学实验课程的基本任务是：① 在有机化学实验的基本操作和基本技能方面获得较全面的训练，使学生具有一双勤劳能干会做实验的手；② 初步掌握某些有机化合物的合成以及鉴定方法，通过分析和解决实验问题，使学生具有一个善于分析和思考的头脑；③ 配合课堂讲学，验证和巩固课堂讲授的基本理论和知识，并能举一反三、融会贯通，使学生有较强的自学能力和创新精神；④ 使学生养成正确观察、认真思考、诚实记录的科学态度和理论联系实际、严格认真的良好工作习惯。

学生进入实验室必须遵守实验室相关规章制度，要遵从指导教师和实验室管理人员的指导，严格按照操作流程和要求进行实验。出现了意外事故不要惊慌，要及时采取应对措施并报告指导教师。进入实验室要养成良好的习惯：① 必须穿实验服、戴安全防护眼镜，不得穿拖鞋、短裤和裸露皮肤的服装；② 不能在实验室跑动，不能开玩笑或做其他不负责任的事情；③ 不能将食物、饮料带入实验室，绝不能在实验室吃东西、喝水等；④ 爱护仪器，公用仪器或工具使用后应立即归还原处，自己的仪器在每次实验结束后应清点并收拾好，节约水、电、煤气和药品，严格按照要求使用药品；⑤ 实验前要了解实验中所用到的药品和设备可能存在的风险，同时也要检查自己的仪器是否完好无损；⑥ 实验中要遵守秩序，思想要集中，操作要认真，不能擅自离开；⑦ 保持实验室整洁，实验完毕应将实验台清理干净，关闭所用水电煤；⑧ 实行轮流值日制度，值日同学应做好实验结束后的清洁工作，清倒废物桶，并协助实验室管理人员在所有同学实验结束后关好所有电器及门窗；⑨ 实验室的废弃物需要分类处理，平常的垃圾可以放入垃圾桶，废弃的固、液化学品有专门的化学品回收桶，破损的玻璃仪器也有专门的存放废玻璃的箱子。

（二）实 验 室 安 全

进行有机化学实验，经常要使用一些易燃溶剂、易燃易爆的气体和物质以及有毒和腐蚀性药品。如果这些药品（物品）使用不当，就有可能发生着火、爆炸、烧伤、中毒等事故。此外，碎的玻璃器皿、煤气、电器、设备等使用处理不当，也会发生事故。有机实验中偶然发生燃烧、中毒等事故，分析其原因，大多不外乎是麻痹大意，违反操作规程，不了解危险药品的性质。只要我们熟悉并掌握它们的特性，严格遵守操作规程，时刻重视安全问题，思想上提高警惕，加强防范措施，差错和事故是完全可以避免的。下面介绍实验室的安全守则和实验室事故的预防和处理。

1.2.1　实验室的安全守则

（1）实验开始之前应检查仪器是否完整无损，装置是否正确稳妥。

（2）实验进行时不准随便离开岗位，要经常观察和注意反应进行的情况和装置有无漏气、破裂等现象。

（3）当进行有可能发生危险的实验时，要根据实验情况采取必要的安全措施，如戴防护镜、面罩、橡皮手套或穿防护衣等。

（4）实验中所用药品，不得随意散失、遗弃。对反应中产生的有害气体应按规定处理，以免污染环境，影响身体健康。

（5）实验结束后要细心洗手，严禁在实验室内吸烟或饮食饮料、食物。

（6）玻璃棒（管）插入塞中时，应先检查塞孔大小是否合适，握棒（管）的手应靠近塞子，轻轻转动，防止因玻璃棒（管）折断而戳伤皮肤。

（7）充分熟悉安全用具如灭火器、砂桶以及急救箱的放置地点和使用方法。安全用具和急救药品不准移作他用。

1.2.2　实验室的事故预防和处理

1.2.2.1　火灾

着火是有机实验中常见的事故，预防着火要注意以下几点：

（1）处理易燃试剂时，应远离火源，切勿用烧杯等广口容器盛放易燃溶剂，更不能用火直接加热。

（2）对易挥发的易燃物，切勿乱倒，应专门回收处理。

（3）蒸馏、回流瓶内液体不准超过 1/2 至 1/3 的量。加热过程中不得加入沸石或活性炭。如要补加，必须移去火源，待液体冷却后才能加入。

（4）冷凝管进出水口处的橡皮管套得要紧密，冷凝水不要开得过大，以免水流过猛把橡皮管冲出，将水溅到油浴上，使油溅到热源上而引起火灾。

（5）当处理大量的可燃性液体时，应在通风橱内或指定地点进行，室内应无明火。

（6）火柴梗应放在指定的地方，不能乱丢，以免引起危险事故。

一旦发生火灾事故,不必惊慌失措。首先,关闭煤气灯,熄灭其他火源,切断总电源,搬开易燃物。接着立即采取灭火措施。锥形瓶、蒸馏瓶内溶剂着火可用石棉网或湿布盖熄,不能口吹,更不能泼水。油类着火或较小范围内的火灾,可用消防布或消防砂覆盖火源。千万不要扑打,扑打时产生的风反而会使火势更旺。另外,消防砂、干燥的碳酸钠或碳酸氢钠粉末可扑灭金属钾、钠或氢化锂铝等金属氢化物引起的火灾。若火势较大时,应根据具体情况采用下列灭火器材:

二氧化碳灭火器 这是有机实验室最常用的灭火器。它的钢筒内装有干冰,使用时,拔开销子,按动把柄开关,二氧化碳气体即会喷出,用以扑灭有机物及电器设备的着火。其优点是无毒性,使用后不留痕迹。但使用时应注意,手只能握在把手上,不能握在喇叭筒上,否则喷出的二氧化碳因压力骤然降低,温度也骤降,会把手冻伤。

四氯化碳灭火器 一般用于扑灭电器设备的着火。使用时只要连续抽动唧筒,四氯化碳即会由喷嘴喷出。但由于四氯化碳高温时要生成剧毒的光气,所以不能在空气不流通的地方使用。此外,四氯化碳和金属钠接触也要发生爆炸。

泡沫灭火器 内部分别装有含发泡剂的碳酸氢钠溶液和硫酸铝溶液,使用时将筒身颠倒,两种溶液即反应生成硫酸钠、氢氧化铝及大量二氧化碳。灭火器内压力突然增大,大量二氧化碳泡沫喷出。非大火通常不用泡沫灭火器,因后处理较麻烦,且不能用于扑灭电器设备和金属钠的着火。

1211灭火器 灭火剂是一氟一溴二氯甲烷,液体,易挥发,不导电,适用于高电压火灾,油类等有机物品着火。灭火能力比二氧化碳高四倍,空气中浓度达6.75%就能抑制燃烧。

干沙、灭火毯和石棉布也是实验室常用的灭火器材。

注意,无论何种灭火器,皆应从火的四周开始向中心扑灭。

1.2.2.2 爆炸

预防爆炸应注意以下几点:

(1)易燃有机溶剂(如乙醚等)在室温时具有较大蒸气压。空气中混杂易燃有机溶剂的蒸气达到某一极限时,遇有明火或一个电火花即发生燃烧爆炸。而且,有机溶剂的蒸气都较空气重,会沿着桌面飘移至较远处,或沉积在低洼处。因此,不能将易燃溶剂倒入废物桶内,更不能用开口容器盛放易燃溶剂。操作时应在通风较好的场所或在通风橱内进行,并严禁明火。

(2)使用易燃易爆气体,如氢气、乙炔等时要保持室内空气畅通,严禁明火,并应防止一切火星的发生,如由于敲击、鞋钉摩擦、马达炭刷或电器开关等所产生的火花。煤气设备应经常检查,并保持完好。

(3)煤气灯及橡皮管在使用时应注意检查,发现漏气立即熄灭火源、打开窗户,用肥皂水检查漏气的地方。若不能自行解决,应急告有关部门马上抢修。

(4)常压操作时,应使实验装置有一定的地方通向大气,切勿造成密闭体系。减压蒸馏时,要用圆底烧瓶或吸滤瓶作接受器,不可用锥形瓶,否则可能会发生炸裂。

(5)对于易爆的固体,如金属乙炔化物,苦味酸金属盐,三硝基甲苯,叠氮化钠等不能重压或撞击,以免引起爆炸。对于危险残渣,必须小心销毁。例如,金属乙炔化物可用浓盐酸或浓硝酸使它分解,重氮化合物可加水煮沸使它分解等等。

(6)卤代烷切勿与金属钠接触,因反应太猛烈会发生爆炸。

(7)开启贮有挥发性液体的瓶塞时,必须先充分冷却后再开启,开启时瓶口必须指向无人处,以免由于液体喷溅而导致伤害。如遇瓶塞不易开启时,必须注意瓶内贮物的性质,切不可贸然用火加热或乱敲瓶塞等。

(8)实验进行过程中,必须戴好防护眼镜,以免腐蚀性药品或灼热溶剂及药物溅入眼睛。在量取化学药品时应将量筒置于实验台上,慢慢加入液体,不要靠近眼睛。不要在反应瓶口或烧杯的上方观察反应现象。

1.2.2.3　中毒

(1)有毒药品应认真操作,妥为保管。实验中所用的剧毒物质应有专人负责收发,并向使用有毒药品者提出必须遵守的操作规程,实验后的有毒残渣必须作妥善而有效的处理,不准乱丢。

(2)有些有毒物质会渗入皮肤,因此,接触这些物质时必须戴上橡皮手套,操作后立即洗手,切勿让有毒药品沾染五官及伤口,例如氰化钠沾及伤口后就会随血液循环全身,严重者会造成中毒死亡事故。

(3)在反应过程中可能生成有毒或有腐蚀性气体的实验应在通风橱内进行。使用后的器皿应及时清洗。在使用通风橱时,实验开始后不要把头伸入橱内。

1.2.2.4　触电

使用电器时,应防止人体与电器导电部分直接接触,不能用湿的手或湿的物体接触电插头。为了防止触电,装置和设备的金属外壳等都应连接地线。实验桌应保持干燥,以免电器漏电。实验后应切断电源,再将电源插头拔下。

1.2.3　急救常识

1. 烫伤

轻伤涂以玉树油、万花油或蹂酸软膏,重伤涂以烫伤软膏后送医院治疗。

2. 割伤

玻璃割伤是常见的事故,受伤后要仔细观察伤口有没有玻璃碎粒,若伤势不重则涂上红药水,用绷带扎住或贴上护创膏;若伤口很深,血流不止时,可在伤口上下 10 cm 处用纱布扎紧,减慢流血或按紧主血管止血,急送医院诊治。

3. 灼伤

浓酸:用大量水洗,再以 3%~5% 碳酸氢钠溶液洗,最后用水洗,轻拭干后涂烫伤油膏。

浓碱:用大量水洗,再以 2% 醋酸液洗,最后用水洗,轻拭干后涂上烫伤油膏。

溴:用大量水洗,再用酒精轻擦至无溴液存在为止,然后涂上甘油或鱼肝油软膏。

钠:可见的小块用镊子移去,其余与浓碱灼伤的处理相同。

4. 异物入眼

如试剂溅入眼内,应立刻用大量水冲洗并及时送医院治疗。

如碎玻璃飞入眼内,则用镊子移去碎玻璃,或用喷眼龙头冲洗,切勿用手揉动。

5. 中毒

毒物溅入口中尚未吞下者应立即吐出,用大量水冲洗口腔。如已吞下,应根据毒物性质给以解毒剂,并立即送医院。

腐蚀性毒物:对于强酸先饮大量水,然后服用氢氧化铝膏、鸡蛋白;对于强碱,也应先饮大量水,然后服用醋、酸果汁、鸡蛋白。无论酸或碱中毒皆可给以牛奶灌注,不要吃呕吐剂。

刺激性毒物及神经性毒物:先给牛奶或鸡蛋白使之冲淡并缓和,再用一大匙硫酸镁(约30 g)溶于一杯水中催吐。有时也可用手指伸入喉部促使呕吐,然后立即送医院。

吸入气体中毒者,应立即将中毒者移至室外,解开衣领及钮扣。吸入少量氯气或溴者,可用碳酸氢钠溶液漱口。

6. 急救药箱

急救药箱内可备置创可贴、红药水、紫药水、碘酒、双氧水、1%碳酸氢钠溶液、饱和碳酸氢钠溶液、1%硼酸溶液、医用酒精、玉树油、红花油、烫伤油膏、甘油、凡士林、磺胺药粉、消毒棉花、纱布、胶布、护创膏、剪刀、镊子、橡皮管等。

(三)实验预习记录和实验报告

1.3.1　实验预习

实验预习是有机化学实验的重要环节,学生应准备一本实验记录本,在每次实验前必须认真预习,做好充分准备。指导教师有义务拒绝那些未进行实验预习的学生开展实验。预习要求如下:

(1)将实验的目的要求、实验原理、物理常数、仪器装置以及药品的用量(g、mL、mol)和规格(工业或 CP 等)摘录到记录本中。

(2)列出初产物纯化的过程及原理,明确各步操作的目的和要求,即每一步为何要这样做、反应条件如何、是否需要干燥、能否加热以及是否要减压等。

(3)写出实验操作要点,不要照抄实验内容。在实验初期要画出装置简图,步骤写得详细些,以后逐步简化。这样在实验前就已经形成了一个工作提纲,实验应按提纲进行。

(4)思考各步操作的目的,弄清楚本次实验的关键、难点及实验中可能存在的安全问题。

1.3.2　实验记录

实验记录应是实验工作忠实的、原始的描述。做好实验记录是培养实事求是的工作作风的重要一环。因此,实验时要将实验中观察到的现象和测得的各种数据如实地记录于记录本中。实验现象不能预先填好,也不能事后写"回忆录",这有助于培养我们在科学研究中掌握第一手资料的良好习惯。实验记录要做到简要明确、字迹工整。实验完毕,学生要将记录本和产品交给老师检查。

实验时要严格按照操作规程进行,绝对注意安全,熟悉易燃、易爆物品的性能和操作方法。如煤气灯的使用、药品的称取、实验装置的装与拆、蒸馏、回流、搅拌、过滤、重结晶以及分液漏斗的使用等都要按照一定的操作规程去做,绝不能随便草率、马虎大意。整个实验过程中,每个学生务必做到严肃认真、一丝不苟、仔细观察、积极思考。

1.3.3　实验报告

实验报告一定不是实验记录的抄写,而是在实验结束以后对实验过程的情况总结、归纳和整理,是对实验现象和结果进行分析和讨论,包含对实验过程的理解,是一种论文的初级形式,也是完成整个实验的重要组成部分。实验报告主要有以下几个部分:

（1）实验目的;

（2）实验原理;

（3）主要试剂及产物的物理常数;

（4）主要试剂用量及规格;

（5）仪器装置(示意图);

（6）实验步骤及现象;

（7）产品和产率;

（8）讨论;

（9）思考题。

实验报告要求数据真实可靠,条理清晰,书写工整,同时包含实验中得到的经验教训。

有机化学实验报告

LABORATORY REPORT OF ORGANIC CHEMISTRY

Topic of experiment ___正溴丁烷___

Class __1__ Group __101__

Name ___×××___

一、实验目的(Purpose of experiment):

（1）了解由醇制备卤代烷的原理及方法;

（2）初步掌握回流、气体吸收装置和分液漏斗的使用。

二、实验原理(Principle of experiment):

主反应:

$$NaBr + H_2SO_4 \longrightarrow HBr + NaHSO_4$$

$$n \cdot C_4H_9OH + HBr \longrightarrow n \cdot C_4H_9Br + H_2O$$

副反应:

$$CH_3CH_2CH_2CH_2OH \xrightarrow{H_2SO_4} H_3CH_2CH_2C{=\!=}CH_2 + H_2O$$

$$2n \cdot C_4H_9OH \xrightarrow{H_2SO_4} (n \cdot C_4H_9)_2O + H_2O$$

$$2NaBr + H_2SO_4 \longrightarrow Br_2 + SO_2\uparrow + 2H_2O + 2NaHSO_4$$

三、主要试剂及产物的物理常数(Physical constants of main reagents and products):

Name	Mol. wt.	Color crystalline form	$m.p.$ ℃	$b.p.$ ℃	Density	n_D	Solubility		
							w	al	eth
正丁醇	74.12	无色透明液体	−89.2~ −89.9	117.71	0.809 8	1.399 31	7.920	∞	∞
正溴丁烷	137.03	无色透明液体	−112.4	101.6	1.299	1.439 8	不溶	∞	∞

四、主要试剂用量及规格(Dose and standard of main reagents):

正丁醇 化学纯,7.5 g (9.3 mL,0.10 mol)

浓硫酸 化学纯,26.7 g (14.5 mL,0.27 mol)

溴化钠 化学纯,12.5 g (0.12 mol)

五、仪器装置（Apparatus for experiment）：

 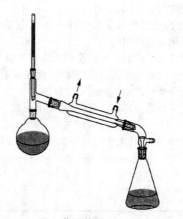 

回流及气体吸收装置　　　　　　蒸馏装置　　　　　　萃取装置

六、实验步骤及现象（Procedure and phenomenon of experiment）：

Procedure	Observation on phenomenon
1）13：00，在 100 mL 圆底烧瓶中加入 10 mL 水，再加入 12 mL 浓硫酸，振荡冷却至室温	放热
2）13：15，加入 7.5 mL 正丁醇及 10 g 溴化钠，充分振荡后加入几粒沸石	溴化钠部分溶解，瓶中产生雾状气体
3）13：20，安装冷凝管，顶部连接气体吸收装置，将烧瓶置于石棉网上，小火加热回流 40 分钟	雾状气体增多，溴化钠渐渐溶解，瓶中液体由一层变为三层，上层开始薄，中层为橙黄色；随着反应进行，上层越来越厚，中层越来越薄，最后消失
4）14：10，稍冷，改成蒸馏装置，蒸出正溴丁烷	开始馏出液为白色油状物，后来油状物减少，最后馏出液变清；冷却后，蒸馏瓶有晶体析出
5）15：20，粗产物用 10 mL 水洗 在干燥分液漏斗中用等体积浓硫酸洗涤 10 mL 水洗 10 mL 饱和碳酸氢钠洗 10 mL 水洗	产物在下层，呈乳浊状 产物在上层，硫酸在下层棕黄色 界面有絮状物产生，呈乳浊状
6）15：40，将粗产物转入小锥形瓶中，加约 1 g 氯化钙振摇干燥	开始浑浊，最后澄清
7）15：50，产物过滤到 10 mL 蒸馏瓶中，加沸石蒸馏，收集 99～103℃馏分	99℃以前馏出液很少，长时间稳定于 101～102℃，后升至 103℃，温度下降
8）16：30，产物称量及外观	6.00 g，无色透明液体

七、产品和产率（Product and percentage yield）：

产物为正溴丁烷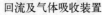

因其他试剂过量，理论产量应按正丁醇计算。0.082 mol 正丁醇能产生 0.082 mol（0.082 mol × 137 g · mol^{-1} = 11.234 g）正溴丁烷。

产率 = 6.00 ÷ 11.23 × 100% = 53.4%

八、讨论(Discussion)：

1) 在回流过程中,瓶中液体出现三层,上层为正溴丁烷,中层可能为硫酸氢正丁酯,随着反应的进行,中层逐渐消失表明正丁醇已转化为正溴丁烷。上、中层液体为橙黄色,可能是由于混有少量溴所致,溴是由硫酸氧化溴化氢而产生的。

2) 反应后的粗产物中,含有未反应的正丁醇及副产物正丁醚等。用浓硫酸洗可除去这些杂质。因为醇、醚能与浓硫酸作用生成锌盐而溶于浓硫酸中,而正溴丁烷不溶。

3) 蒸去正溴丁烷后,烧瓶冷却析出的结晶是硫酸氢钠。

4) 在操作时由于疏忽,反应开始前忘加沸石,使回流不正常。停止加热后再加沸石继续回流,致使操作时间延长。

5) 我认为本次实验用的分液漏斗的大小应与所萃取的体积相匹配较好。

九、思考题(Questions)：

略。

（四）常用仪器设备介绍

进行有机实验时,常常接触到很多玻璃仪器、金属用具、电学仪器及其他一些仪器设备。每个学生必须熟悉并掌握使用和保养它们的方法。

1.4.1　玻璃仪器

玻璃仪器分为普通和磨口两种。磨口仪器也称标准口仪器。这种仪器可以和相同口径的标准磨口相互连接。这样,既可免去配塞子及钻孔等手续,又能避免反应物或产物被软木塞(或橡皮塞)所沾污。图1.4-1为一些常用的磨口仪器。磨口仪器全部为硬质料制造,配件比较复杂,品种类型以及规格较多。根据口径大小不同有10 mm、14 mm、19 mm、24 mm、29 mm、34 mm等不同规格,习惯上分别叫做10#、14#、19#、24#等。相同口径的内外磨口可以紧密相接。有时因磨口口径不同无法直接连接,则可借助于不同口径的磨口接头(见图1.4-1)使之连接。

使用磨口仪器时必须注意：

(1) 磨口必须清洁无杂物,否则使磨口连接不密,以致漏气。若杂物很硬,用力旋转磨口,磨口很易破损。

(2) 用后应拆卸洗净。否则若长期放置,磨口的连接处常会粘牢,难以拆开。

(3) 一般使用时磨口无需涂润滑剂,以免沾污反应物或产物。若反应中有强碱,则应涂润滑剂(如凡士林),以免磨口连接处因碱腐蚀而无法拆开。减压蒸馏时,磨口应涂真空油脂。在涂润滑剂或真空油脂时应细心地在磨口大的一端(占磨口约三分之一)涂上薄薄一圈(切勿涂得太多,以免沾污产物),旋转磨口,看到连接处变得均匀透明,则说明已连接紧密。

(4) 安装磨口仪器要注意整齐、正确,使磨口对接处不致受扭歪的应力而折断,特别在加热时,应力更大。

圆底烧瓶

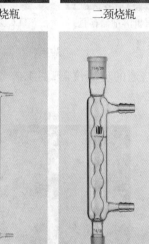

二颈烧瓶

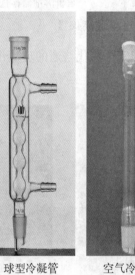

三颈烧瓶

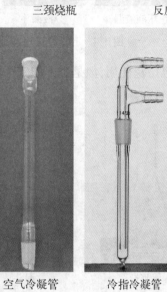

反应瓶

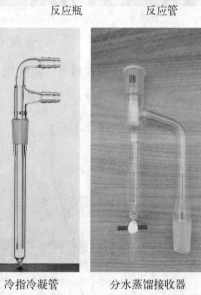

反应管

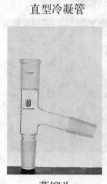

直型冷凝管

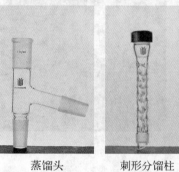

球型冷凝管

空气冷凝管

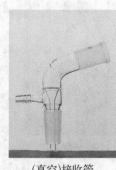

冷指冷凝管

分水蒸馏接收器

蒸馏头

刺形分馏柱

温度计套管

(真空)接收管

三通接收管

A型接头

B型接头

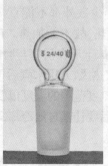

玻璃塞

玻璃塞(直型)

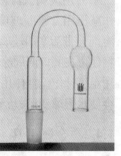

干燥管

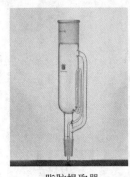
脂肪提取器

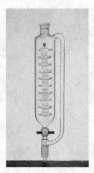
恒压滴液漏斗

分液漏斗

层析溶剂储存瓶

TLC层析缸

图 1.4-1　常用磨口玻璃仪器

尽管磨口玻璃仪器已广泛使用,但是也不能完全取代普通的玻璃仪器,图 1.4-2 所示为常用的普通玻璃仪器。

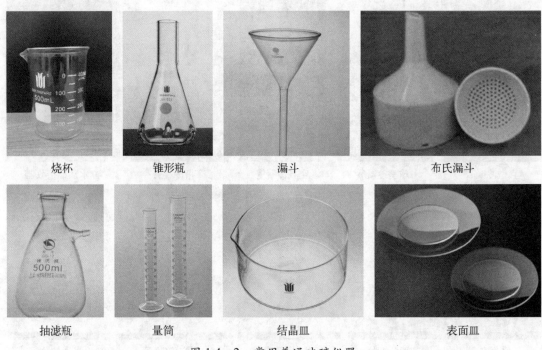

烧杯　　　　　　锥形瓶　　　　　　漏斗　　　　　　布氏漏斗

抽滤瓶　　　　　量筒　　　　　　结晶皿　　　　　　表面皿

图 1.4-2　常用普通玻璃仪器

使用玻璃仪器皆应轻拿轻放,除试管等少数外都不能直接用火加热。锥形瓶不耐压,不能作减压用。厚壁玻璃器皿(如抽滤瓶)不耐热,故不能加热。广口容器(如烧杯)不能贮放有机溶剂。带活塞的玻璃器皿用过后要洗净,待抹干后在活塞与磨口之间垫上纸片,以防粘住。如已粘住可在磨口四周涂上润滑剂后用电吹风吹热风,或用水煮后再轻敲塞子,使之松开。此外,不能用温度计作搅拌棒用,也不能用来测量超过刻度范围的温度以及长时间放在高温的溶剂中。否则会使水银球变形,乃至读数不准。温度计用后要让其自然冷却,不可立即用冷水冲洗以免暴裂。

1.4.2　金属用具

铁架、铁夹、铁圈、水浴锅、煤气灯、打孔器、不锈钢刮刀、剪刀、升降台等。以上金属用具应经常擦拭干净,存放于干燥处。学期结束后,应加点润滑油,以防生锈。

1.4.3 常用电器与设备

1. 磁力搅拌器

由搅拌子(一根以玻璃或塑料密封的软铁)和一个可旋转的磁铁组成(见图 1.4－3)。将搅拌子投入盛有欲搅拌的反应物容器中,将容器置于内有旋转磁场的搅拌器托盘上,接通电源,由于内部磁场不断旋转变化,容器内搅拌子也随之旋转,达到搅拌的目的。现在市面上的磁力搅拌器一般还具备加热功能,可以通过仪器上的数字显示来调节温度和转速。

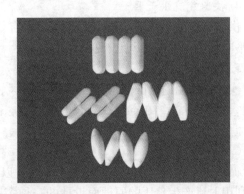

图 1.4－3　磁力搅拌器和搅拌子

2. 旋转蒸发仪

由马达带动可旋转的蒸发器(圆底烧瓶)、冷凝器和接受器组成(见图 1.4－4),可在常压或减压下操作。可一次进料,也可分批吸入蒸发料液。由于蒸发器的不断旋转,可免加沸石而不会暴沸,同时,料液的蒸发面大大增加,加快了蒸发速度。因此,它是浓缩溶液、回收溶剂的理想装置。

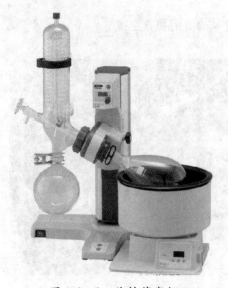

图 1.4－4　旋转蒸发仪　　　　　　　　图 1.4－5　烘箱

3. 烘箱

烘箱用以烘干玻璃仪器或活化层析用的氧化铝薄板等(见图1.4-5)。挥发性易燃物或以酒精、丙酮淋洗过的玻璃仪器切勿放入烘箱内,以免发生爆炸。

使用烘箱一定要遵循操作规程,切不可随意转动旋钮,以免损坏烘箱。

干燥玻璃仪器时一般应先沥干水再放入烘箱,升温加热,将温度控制在80~100℃左右。

实验室中的烘箱是公用仪器,往烘箱里放玻璃仪器时应自上而下依次放入,以免残留的水滴流下使已烘热的玻璃仪器炸裂。取出烘干的仪器时,应用干布衬手,防止烫伤。取出后不能碰水,以防炸裂。取出后的热玻璃器皿,若任其自行冷却,则器壁常会凝上水气,可用电吹风吹入冷风助其冷却。

4. 快速气流烘干器

供实验室中干燥各类玻璃仪器之用,有快速、实用之优点,平时宜放在干燥通风处(见图1.4-6)。

5. 电吹风

实验室使用的电吹风应可吹冷风和热风,供干燥玻璃仪器用,也可吹除凝结在空气冷凝管上和烧瓶底部的有机物等。平时宜放干燥处,防潮、防腐蚀。

图1.4-6　快速气流烘干器

6. 循环水泵

循环水式多用真空泵(见图1.4-7)是以循环水作为流体,利用射流产生负压的原理而设计的一种多用真空泵,广泛用于蒸发、蒸馏、结晶、过滤、减压及升华等操作中。由于水可以循环使用,避免了直排水的现象,节水效果明显。是实验室常用的减压设备,一般用于对真空度要求不高的减压体系中。

使用时应注意:

(1)真空泵抽气口最好接一个缓冲瓶,以免停泵时,水被倒吸入反应瓶中。

(2)开泵前,应检查是否与体系接好,然后,打开缓冲瓶上的旋塞。开泵后,用旋塞调至所需要的真空度。关泵时,先打开缓冲瓶上的旋塞,拆掉与体系的接口,再关泵,切忌相反操作。

(3)应经常补充和定期更换水泵中的水,以保持泵的清洁和真空度。

图1.4-7　循环水泵

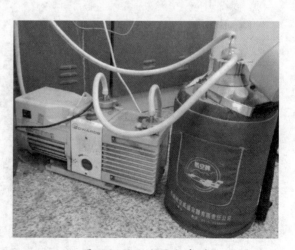

图1.4-8　油泵和冷阱

7. 油泵(见图1.4-8)

油泵也是实验室常用的减压设备,常在对真空度要求较高的场合下使用。其效能取决于泵的结构及油的好坏(油的蒸气压越低越好),好的真空油泵,真空度可达1.33 Pa(0.01 mmHg)。油泵的结构越精密,对工作条件要求越高。为保障油泵正常工作,使用时要防止有机榕剂、水蒸气或酸气等被抽进泵内腐蚀泵体,污染泵油,增大蒸气压。使用时,为保护泵体,在蒸馏系统和油泵之间必须安装合格的冷阱、安全防护、污染防护和测压装置。

使用完毕后,封好防护塔、测压和减压系统,置于干燥无腐蚀的地方。

1.4.4 其他仪器

1. 天平

称量前若发现两边不平衡,应调节两端的平衡螺丝使之平衡。常用的药物天平即小天平(见图1.4-9),最大称量为100 g或50 g,能称准到0.1 g。称重时,将物体放在左盘上,在右盘上加砝码或移动游码尺上的游码,直至指针在标尺中央,表示两边质量相等。右盘上砝码的克数加上游码在游码尺上所指的克数便是物体的质量。天平用完后,应将砝码放回盒中,将游码复原至刻度0。

天平应经常保持清洁,所称物体不能直接放在盘上,而应放在清洁干燥的表面皿中进行称量。

图1.4-9 天平

图1.4-10 电子天平

2. 电子天平

近几年来的较新产品。不必使用砝码,被称药品放在称盘上,电子显示器即把重量显示出来,能称准到0.001 g或0.000 1 g(见图1.4-10)。电子天平称量迅速、正确、方便,但价格较贵,使用时应注意维护和保养:

(1)天平应放在清洁、稳定的环境中,以保证测量的准确性。勿放在通风、有磁场或产生磁场的设备附近,勿在温度变化大、有震动或存在腐蚀性气体的环境中使用。

(2)保持机壳和称量台的清洁,以保证天平的准确性,可用蘸有柔性洗涤剂的湿布擦洗。

（3）将校准砝码存放在安全干燥的场所，在长时间不使用时拔掉交流适配器。

3. 钢瓶

为了防止各种钢瓶混用，全国统一规定了瓶身、横条以及标字的颜色，以资区别。

表 1.4-1　我国常见气体钢瓶的标色

气 体 类 别	瓶身颜色	横条颜色	标字颜色
氮	黑	棕	黄
空气	黑		白
二氧化碳	黑		黄
氮	灰		黑
氧	天蓝		黑
氢	深绿		红
氯	草绿	红	自
氨	黄	白	黑
其他可燃气体	红		
其他不可燃气体	黑		

使用钢瓶时应严格遵守操作规程，绝不可掉以轻心。

（1）钢瓶应放置在阴凉、干燥、远离热源的地方。

（2）搬运时要旋上瓶帽，轻拿轻放，避免摔碰或剧烈振动。

（3）使用时应有支架固定或铁丝绑住，以免摔倒。

（4）钢瓶使用时要用减压表，一般可燃性气体（氢、乙炔等）钢瓶气门螺纹方向是反向的，不燃或助燃性气体（氮、氧等）钢瓶气门螺纹是正向的。各种减压表不得混用。开启气门时应站在减压表的一侧，以防减压表脱出而被击伤。

（5）钢瓶中的气体不可用完，应留有 0.5 表压以上的气体，以防止重新灌气时发生危险。

（6）用可燃气体时一定要有防止回火装置（有的减压表带有此种装置）。在导管中塞细铜丝网，管路中加液封可起保护作用。

（7）钢瓶应定期试压检验（一般钢瓶三年检验一次，玻璃钢瓶每年检验一次），逾期未经检验或锈蚀严重以及漏气的钢瓶不得使用。

减压表由指示钢瓶压力的总压力表、控制压力的减压阀和减压后的分压力表三部分组成。使用时应注意，把减压表与钢瓶连接好（勿猛拧）后，将减压表的减压阀旋到最松位置（即关闭状态）。然后打开钢瓶总气阀门，总压力表即显示瓶内气体总压。再缓慢旋转减压阀，调节到所需的输出压力（由分压力表显示）。再慢慢打开针型阀，使气体缓慢送入系统。使用完毕时，应首先关紧钢瓶总阀门，排空系统中的气体，待总压力表与分压力表均指到 0，再旋松减压阀门，关上针型阀。如钢瓶与减压表连接的部分漏气（用肥皂水检验），应加垫圈使之密封，切不能用麻丝等物堵漏，特别是氧气钢瓶及减压表绝对不能涂油，这更应特别注意。

（五）仪器的清洗和干燥

1.5.1　玻璃仪器的洗涤

在每次实验结束后应立即清洗使用过的仪器。实验室中常用的洗涤剂是洗衣粉，可用长柄毛刷(试管刷)蘸上洗涤剂刷洗润湿的器壁，直至玻璃表面的污物除去为止，再用自来水清洗。如洗涤后洗涤剂微粒还粘附在玻璃皿上，可用2%盐酸荡洗一次，再用自来水冲洗。当仪器倒置，器壁不挂水珠时，即已洗净。若用于精制产品，或供有机分析用的仪器，则还须用蒸馏水摇洗，以除去自来水冲洗时带入的杂质。

绝对不能盲目使用化学试剂和有机溶剂来洗涤仪器。这样不仅造成浪费，而且还可能带来危险。

1.5.2　玻璃仪器的干燥

有机实验常常要使用干燥的玻璃仪器，须养成在每次实验后马上把玻璃仪器洗净和倒置使之干燥的习惯。

1. 风干

将洗净的仪器倒置一段时间后，若没有水迹，即可使用，这叫自然风干。这种方法干燥较慢。

2. 烘干

有时反应严格要求无水，这时，可将沥干水后的仪器放在烘箱内烘干，仪器口向上。带有磨砂口玻璃塞的仪器，必须取出塞子后才能进烘箱烘干。烘箱内温度保持在80～100℃之间为好。除烘箱外，目前较常使用气流干燥器，其干燥玻璃仪器快速、方便。由于烘干时仪器是口朝下倒挂的，所以应沥干水后再放上去烘干。对于较大仪器或者马上要用的仪器，有时为了加快烘干速度，可将洗净的仪器水沥干后，加入少量丙酮或乙醇荡洗（使用完后的丙酮和乙醇应倒回专用的回收瓶中），再用电吹风吹干。先通入冷风1～2分钟，当大部分溶剂挥发后再吹入热风使干燥完全（有机溶剂蒸气易燃、易爆，故不能先用热风吹）。吹干后，再吹冷风使仪器逐渐冷却。若任其自然冷却，有时会在器壁上凝结一层水汽。

（六）有机实验常用装置

1.6.1　回流装置

图1.6-1所示的是有机化学实验常用的几种回流装置。图1.6-1(1)是普通的回流装置。图1.6-1(2)是需要精确测定反应温度的回流装置。图1.6-1(3)为带有吸收反应中生成气体的回流装置，适用于回流时有水溶性气体产生的实验，也可以同时滴加液体。回流速度应控制在液体蒸气浸润不超过两个球为宜。

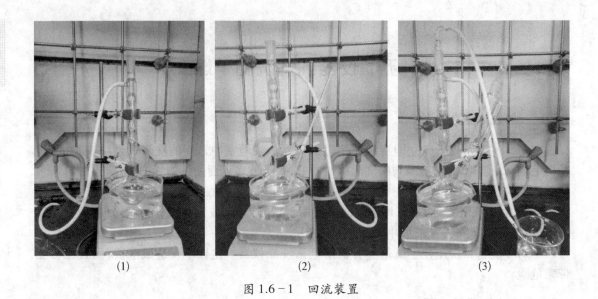

(1)   (2)   (3)

图 1.6 - 1　回流装置

1.6.2　蒸馏装置

  蒸馏是分离两种以上沸点相差较大的液体和除去有机溶剂的常用方法。图 1.6 - 2 是几种常用的装置,可用于不同的场合。图 1.6 - 2(1)是最常用的蒸馏装置。由于这种装置出口处与大气相通,可能逸出蒸馏蒸气,若用于易挥发的低沸点液体的蒸馏,则需将承接管的支管连上橡皮管,通向水槽或室外。支管口接上干燥管,可用于防潮的蒸馏。图 1.6 - 2(2)为减压蒸馏装置。以上装置可根据具体情况加以适当的变动。

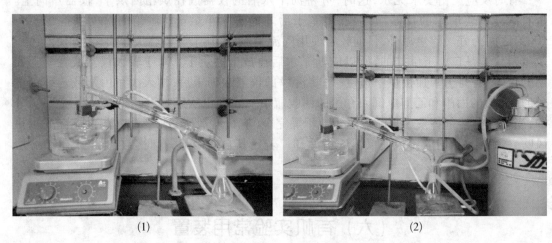

(1)   (2)

图 1.6 - 2　蒸馏装置

1.6.3　仪器装置方法

  有机化学实验常用的玻璃仪器装置一般都用铁夹将仪器依次固定在铁架台上,仪器在前,铁架在后。铁夹的双钳应贴有橡皮等软性物质,若铁钳直接夹住玻璃仪器,则容易将仪器夹坏。

用铁夹夹玻璃器皿时,先用左手手指将双钳夹紧,再拧紧铁夹螺丝,待夹钳手指感到螺丝触到双钳时,即可停止旋动,做到夹物不松不紧。

以回流装置为例,见图1.6-1(1),搭仪器装置时先根据热源高低(一般以搅拌器或煤气灯高低为准)用铁夹夹住圆底烧瓶瓶颈,垂直固定于铁架台上。铁架台底板应放正,装置则在铁架台的正前方。然后将装好进出水橡皮管的球形冷凝管下端塞入烧瓶口,塞紧后,再用一铁夹稍旋转紧,固定好冷凝管,使铁夹位于冷凝管中部偏上一些。

总之,仪器安装应先下后上,从左到右,做到正确、整齐、稳妥。如安装不正确,不仅影响装置的整齐美观,还会影响反应,甚至损坏仪器,造成事故。因此,必须十分重视这项基本操作,多加训练。

（七）实验药品的准备

化学试剂按照纯度分成不同的规格,国产试剂通常分为四级(见表1.7-1)。市售的有机溶剂有工业纯、化学纯和分析纯等各种规格,纯度越高,价格越贵。

表1.7-1　国产试剂的规格

试剂级别	中 文 名 称	代号及英文名称	主 要 用 途
一级品	保证试剂或"优级纯"	GR (guarantee reagent)	用作基准物质,用于分析鉴定或精密的科学研究
二级品	分析试剂或"分析纯"	AR (analytical reagent)	用于分析鉴定及一般的科学研究
三级品	化学纯粹试剂或"化学纯"	CP (chemically pure)	用于要求较低的分析实验和要求较高的合成实验
四级品	实验试剂	LR (laboratory reagent)	用于一般性的合成实验和科学研究

有机合成中,常常根据反应的特点和要求,选用适当规格的溶剂,以便使反应能够顺利进行而又符合勤俭节约的原则。某些有机反应(如Grignard反应等),对溶剂要求较高,即使微量杂质或水分的存在,也会对反应速度、产率和纯度带来一定的影响。这就须对溶剂进行纯化。此外,有的合成中须用大量纯度较高的有机溶剂时,为了降低成本,也常用工业级或回收的普通溶剂自行精制后供实验室用。因此了解有机溶剂的性质及纯化方法,是十分重要的。

（八）有机化学手册及文献

1.8.1　常用工具书

(1)《英汉化学化工词汇》,科学出版社,第三版,1984年。

（2）《化工辞典》，化学工业出版社，第三版，1993 年。

本书为一本综合性化工方面工具书，其中列有化合物的分子式、结构式及其物理化学性质，并有简要制备方法和用途介绍。

（3）R. C. Weast，《Handbook of chemistry and physics》（化学及物理手册）。

1913 年第一版，1997 年为 78 版。内容包括六部分：a. 数学用表；b. 数学基本公式；c. 元素和无机化合物；d. 有机化合物；e. 普通化学：包括恒沸点混合物，热力学常数，缓冲溶液 pH 值等和普通物理常数；f. 其他。

（4）《Aldrich》，美国化学试剂公司出版。这是一本试剂目录，它收集了 1.8 万多个化合物。一个化合物作为一个条目，内含相对分子质量、分子式、沸点、折光率、熔点等数据。较复杂的化合物还附了结构式，并给出了该化合物核磁共振和红外光谱谱图的出处。每个化合物均给出了不同包装的价格，这对有机合成、订购试剂和比较各类化合物的价格很有好处。书后附有分子式索引，便于查找，还列出了化学实验中常用仪器的名称、图形和规格。公司每年出一本新书，免费赠阅。目前，这些信息可以在 Sigma - Aldrich 的中国官方网站检索得到，网址为：http://www.sigmaaldrich.com/china-mainland.html。

（5）《Organic Synthesis》（有机合成），由 John Wiley & Sons 从 1932 年创刊至今，至 2017 年已出版了 93 卷。该书详细介绍有机化合物普遍性的合成方法，是有机实验工作中经常要参考的一本书。该书目前也能在网上查阅，但是需要购买权限。

（6）《Organic Syntheses》（有机合成），这是一种同行评议的期刊，创办于 1921 年。该期刊发表的论文在同行评议的过程中必须在一个编委会成员的实验室重复出来，因此所报道的数据都是准确无误的。同时，该期刊发表的论文对合成中每个流程的描述非常详细，还有一些安全警告，所以利用该期刊报道的方法去进行有机合成实验是非常容易成功的。目前，该期刊在网上公开发行，除了普通的查询方式以外，还提供结构式查询，可以很方便查找一些化合物的合成方法。

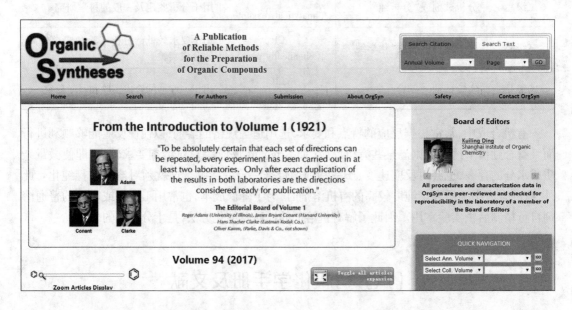

（7）《Organic Reactions》（有机反应），John Wiley & Sons 出版，1942 年出第一卷，以后约每年一册，至 2017 年已出版 91 卷。内容包括一些主要反应的实验条件、举例等，给出了典型的实验操作细节和附表，并附有大量的参考书目。

（8）《e－EROS》（有机合成试剂百科全书电子版），John Wiley & Sons 出版，是化学家自己设计并发展的工具书，用来查找能进行一个特定反应的最佳试剂，同时，e－EROS 提供结构和亚结构、试剂、反应种类、实验条件等查询，还可以用它进行复杂的全文查询。

1.8.2　常用化学杂志

（1）《Nature Chemistry》（自然化学），缩写为 *Nat. Chem.*，为《Nature》（自然）杂志子刊，2009 年 4 月创刊，2017 年影响因子为 26.201，为当前化学类最顶级的期刊。

（2）《Chem》（化学），荷兰爱思维尔（Elsevier）出版集团出版，为《Cell》（细胞）杂志子刊，2016 年 7 月创刊，2017 年影响因子为 14.104，也是化学类最顶级的期刊之一。

（3）《Journal of the American Chemical Society》（美国化学会会志），缩写为 *J. Am. Chem. Soc.*，美国化学会（ACS）主办于 1879 年创刊，每年一卷，2017 年已出版到 139 卷，当前主编为美国犹他大学的 Peter Stang，2017 年影响因子 14.357。该杂志发表化学学科领域所有高水平的研究论文和简报，目前每年刊登化学各方面的研究论文 2 000 多篇，是世界上最有影响的综合性化学期刊之一。

（4）《Angewandte Chemie International Edition》（德国应用化学），缩写为 *Angew. Chem. Int. Ed.*，该刊 1888 年创刊（德文），由德国化学会主办，John Wiley & Sons 出版，从 1962 年起出版英文国际版，2017 年影响因子 12.102。主要刊登覆盖整个化学学科研究领域的高水平研究论文和综述文章，是目前化学学科顶级期刊之一。

（5）《Journal of the Chemical Society》（化学会志），缩写为 *J. Chem. Soc.*，1848 年创刊，由英国皇家化学会（RSC）主办，为综合性化学期刊。1972 年起分 6 辑出版，其中《Perkin

Transactions》的 I 和 II 分别刊登有机化学、生物有机化学和物理有机化学方面的全文,2003年更名《Organic & Biomolecular Chemistry》,缩写为 *Org. Biomol. Chem.*,2017 年影响因子为3.423;研究简报则发表在另一辑上,刊名为《Chemical Communications》(化学通讯),缩写为*Chem. Commun.*,2017 年影响因子为 6.29。

1.8.3 文献检索

化学文献的数量巨大,在计算机还未普及的时候,必须通过人工查询来进行,不仅费时费力,而且很难检索完整的信息。在信息技术高度发达的今天,传统的文献检索方式已经被网络检索所取代,这样的方式不仅方便快捷,而且结果也比较准确。对于一些常见的化合物,只需要使用百度(Baidu)或谷歌(Google)搜索一下就可以得到相关信息。但是对于一些复杂的化合物信息,或者需要了解一种化合物的合成方法就需要特定的数据库来实现。对于查找有机化合物最常用的两个数据库就是 SciFinder 和 Reaxys,下面分别对这两个数据库进行简单的介绍。

1.8.3.1 使用 SciFinder

1. 化合物查询

登录 SciFinder,界面如下:

点击化合物下面的化学结构(Chemical Structure),进行化合物查询:

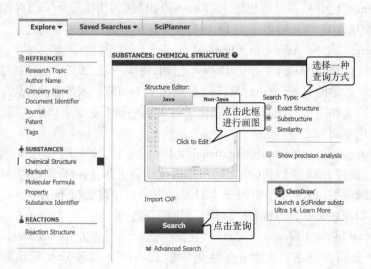

点击化合物下面的化学结构（Chemical Structure），进行化合物查询：

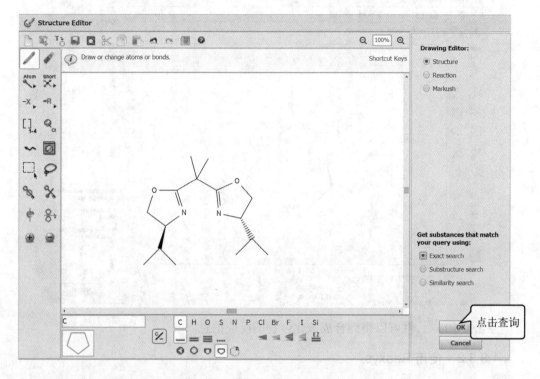

查询以后，利用页面上的不同按钮可以得到化合物相关的信息：

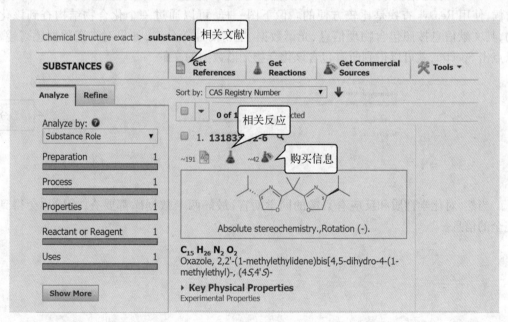

2.反应查询

反应查询和化合物查询类似，就是在开始的时候就点反应查询，在画结构式的时候画出箭头，确定每个化合物是反应物还是产物即可。箭头左边为反应物，右边为产物，软件会自动识别：

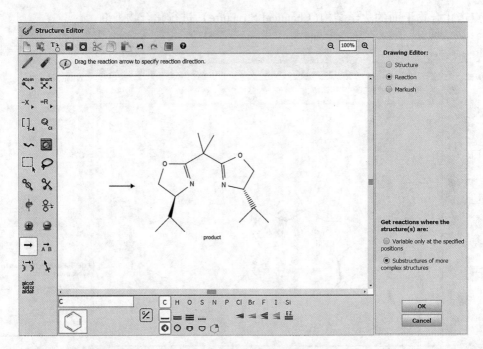

点击 OK 以后,就可以得到合成该化合物的反应信息。

1.8.3.2　使用 Reaxys

Reaxys 的使用方式和 SciFinder 类似,就不赘述了,在查找一种特定化合物的表征数据的时候,使用 Reaxys 查找是比较方便的。像下图一样,可以通过一个化合物结构查到该化合物,其文献信息按照包含物理信息、光谱数据、生物活性等分类,如果对光谱数据感兴趣,可以点击 Spectra,就可以得到所有包含该化合物光谱数据的文献。

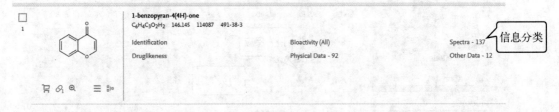

当然,对化学性质和反应有兴趣的同学而言,最好两个数据库都要查,这样才会得到最完全的信息。

第二章

有机化学实验基本操作

（一）简单玻璃工操作

玻璃工操作是有机化学实验中的重要操作之一,在有机化学实验中占有非常重要的地位,是必须熟练掌握的基本操作之一。例如测熔点用的毛细管,薄层色谱用的点样管,各种角度的玻璃弯管以及滴管、玻璃钉、搅拌棒和一些简单玻璃仪器的修补等,都需要通过玻璃工来完成。

【实验目的】

1. 学习实验室内一些简单的玻璃工操作技术。
2. 初步掌握制作一些简单玻璃用具的方法。

【实验方法】

1. 玻璃管的清洗、干燥和切割

所加工的玻璃管和玻璃棒应清洁和干燥。制备熔点管的玻璃管则要先用洗液浸泡,再用自来水,最后用蒸馏水清洗、干燥,然后进行加工。

玻璃管(棒)的切割是用三角锉刀的边棱或用小砂轮在需要切割的地方朝一个方向锉一稍深的痕(不要来回多锉),否则不但锉痕多,而且易使锉刀或小砂轮变钝[见图 2.1－1(1)]。

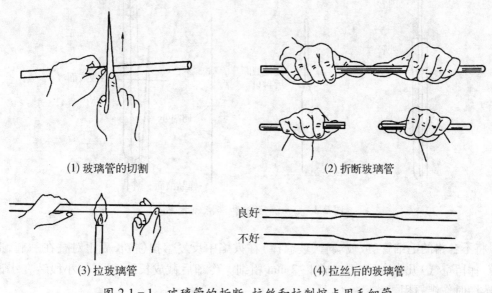

(1) 玻璃管的切割　　　　　　　　　(2) 折断玻璃管

(3) 拉玻璃管　　　　　　　　　(4) 拉丝后的玻璃管

图 2.1－1　玻璃管的折断、拉丝和拉制熔点用毛细管

然后用两手握住玻璃管(棒),以大拇指顶住锉痕背面的两边,轻轻向前推,双手同时朝两边拉,玻璃管(棒)即平整地断开[见图2.1-1(2)]。为了安全,折断玻璃管(棒)时应尽可能离眼睛远一些,或在锉痕两边包上布再折。也可用玻璃管(棒)拉细的一端在煤气灯上加热烧红,然后紧按在锉痕处,玻璃管(棒)即沿着锉痕方向裂开。玻璃管(棒)断口的边沿很锋利,必须在火中烧熔使之圆滑,此谓平光,即将玻璃管(棒)呈45°,使玻璃管(棒)口在氧化焰中边烧边来回转动,直至管口平滑。

2. 拉制滴管和毛细管

(1)拉制滴管。选直径5~6 mm的玻璃管截成15 cm长,洗净后晾干。先用小火烘,然后加大火焰(这样可避免发生爆裂,以下均同)加热,并不断转动。一般习惯用左手握玻璃管转动,右手托住,边加热边左手向同一方向不断旋转[见图2.1-1(3)]。务必使加热处玻璃管四周一圈受热均匀。当玻璃管开始变软时,两手轻轻向里挤,以加厚烧软处的管壁。再经烧软后,将玻璃管取出并趁热慢慢拉成适当的管径,拉伸时双手需将玻璃管向同一方向转动,使拉成的细管和原管在同一轴线上(即对称于中心轴)[见图2.1-1(4)]。将拉好的玻璃管放在石棉网上晾冷。用小砂轮于细处截断成适当长度,然后在火焰上把两端管口烧圆平光。

(2)拉制熔点管与沸点管。取一根清洁干燥、直径为7~8 mm、壁厚0.1 cm左右的玻璃管,在灯焰上加热,不断转动玻璃管,当烧至发黄变软时从火中取出,两手握玻璃管作同方向旋转,水平地向两边拉开[见图2.1-1(4)]。开始拉时要慢些,然后较快地拉长,使之成为内径为1.5 mm左右的毛细管。将这些毛细管用小砂轮截成长约13~14 cm的小段,两端都用火封闭(将毛细管的一端在煤气灯的火焰边沿来回转动,使之封口),冷却后放在试管内保存。使用时只要将毛细管从中割断,即得两根熔点管。

用上法拉成内径3~4 mm的毛细管,截成长6~7 cm,一端用小火封闭,作为沸点管的外管。另将内径约1 mm的毛细管在中间部位封闭,自封闭处一端约5 mm处截断,另一端约7 cm,总长约8 cm,作为内管。由此两根粗细不同的毛细管构成沸点管[见图2.1-2]。

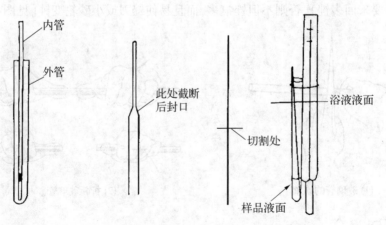

图2.1-2 沸点管和沸点测定装置

将不合格的毛细管(或玻璃管、玻璃棒)在火焰中反复熔拉(拉长后再对叠在一起,造成空隙,保留空气)几十次后,再拉成1~2 mm粗细。冷却后截成长约1 cm的小段装在小试管中,蒸馏时作沸石用。

3. 弯玻璃管

按操作使玻璃管(棒)受热变软即可弯曲成实验中所需要的零件。但当玻璃管弯曲时，管的一面要收缩，另一面则要伸长。收缩的面易使管壁变厚，伸长面易使管壁变薄。操之过急或不得法，弯曲处会出现瘪陷或纠结现象。若将收缩和伸长协调起来，玻璃管的弯曲部分和非弯曲部分的管径粗细接近一致，可按下面具体操作进行。

将长度约 5 cm 的玻璃管在鱼尾灯头或大头喷灯的氧化焰中加热[见图 2.1 - 3(1)]，一边加热，一边缓慢转动使玻璃管受热均匀。当玻璃管加热至黄红光开始软化时即移出火焰(切不可在灯焰上弯玻璃管)，两手水平持着玻璃管轻轻着力，顺势弯曲至所需要的角度[见图 2.1 - 3(2)]。

如果弯成较小角度，则需要按上法分几次弯，每次弯一定的角度后，再次加热位置稍有偏移，用累积的方式达到所需的角度，弯好的玻璃管应在同一平面上。

另一种方法，将玻璃管的一端用橡胶乳头套上或拉丝封住，斜放在灯焰上加热，均匀转动至玻璃管发黄变软，移出灯焰，在玻璃管开口一端稍加吹气，同时缓慢地将玻璃管弯至所需的角度，两个动作应配合好。

弯玻璃管的操作中应注意以下两点：① 两手旋转玻璃管的速度必须均匀一致，否则弯成的玻璃管会出现歪扭，致使两臂不在同一平面上；② 玻璃管受热程度应掌握好，受热不够则不易弯曲，容易出现纠结和瘪陷，受热过度则易在弯曲处的管壁出现厚薄不均匀和瘪陷[见图 2.1 - 3(2)]。

加工后的玻璃管(棒)应及时进行退火处理。方法是趁热在弱火焰中加热一会儿，然后放在石棉网上冷至室温。否则，玻璃管(棒)因急速冷却，内部产生很大的应力，即使不立即开裂，过后也有破裂的可能。

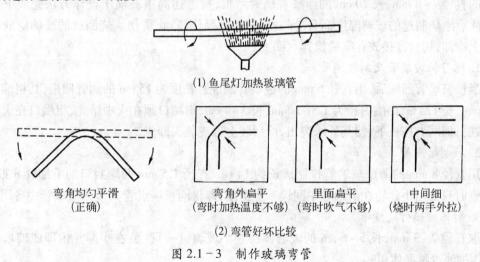

(1) 鱼尾灯加热玻璃管

弯角均匀平滑
(正确)

弯角外扁平
(弯时加热温度不够)

里面扁平
(弯时吹气不够)

中间细
(烧时两手外拉)

(2) 弯管好坏比较

图 2.1 - 3　制作玻璃弯管

4. 弯制搅拌棒

选取粗细合适的玻璃棒，在煤气灯的强火焰上烧，不断地来回转动，使之受热均匀，当烧到一定程度(不要太软以免变形)时，从火中取出，用镊子弯成所需的形状。弯好后再在弱火焰上烤一会儿，称为退火，否则冷却后的搅拌棒很容易碎裂。

5. 制备玻璃钉

方法同拉玻璃管的操作，将一段玻璃棒在煤气灯焰上加热，火焰由小到大且不断均匀转

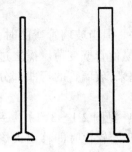

图 2.1-4　玻璃钉

动,到发黄变软时取出拉成 2~3 mm 粗细的玻璃棒。自较粗的一端开始,截取长约 6 cm 左右的一段,将粗的一端在氧化焰的边沿烧红软化后在石棉网上按一下,经退火处理后即成一玻璃钉,供玻璃钉漏斗过滤时用。

另取一段玻璃棒,将其一端在氧化焰的边沿烧红软化后在石棉网上按成直径约为 1.5 cm 左右的玻璃钉(如果一次不能按成要求的大小,可以重复按几次)。经退火处理后截成 6 cm 左右,然后在火焰上熔光,此玻璃钉可供抽滤时挤压或研磨样品时用[见图 2.1-4]。

6. 玻璃仪器的简单修理

实验室中冷凝管或量筒的口上常有破裂,若稍加修理还可使用。其方法是(以量筒为例),在裂口下用锉刀绕一圈锉一深痕,再用直径为 2 mm 左右的一根细玻璃棒在煤气灯的强火焰上烧红烧软,取出立即紧压在锉痕处,玻璃管即沿锉痕的方向裂开。若裂痕未扩展成一整圈,可重复上述步骤数次,直至玻璃管完全裂开。再将量筒口熔光,并在管口的适当部位在强火焰上烧软,用镊子向外一压即可成一流嘴。

也可用另一种方法切割管口。用浸有酒精的棉绳,绕在管口裂口的下面,围成一圈,用火柴点着棉绳,待棉绳刚熄灭时,趁热用玻璃管蘸冷水滴棉绳处,玻璃管沿棉绳处裂开。

【实验内容】

领取直径 5~6 mm、长 1 m 的玻璃管一根;直径 5 mm、长 1 m 的玻璃棒一根;经清洗并干燥过的直径 7~8 mm、长 20 cm 的薄壁玻璃管六根,按上述简单玻璃工操作方法完成下列制作。注意刚烧制过的玻璃温度高且冷却慢,应小心操作,防止烫伤。烧制过的玻璃应放在石棉网上冷却,切勿直接放在实验操作台面上。

1. 练习拉玻璃管及制作滴管

当拉玻璃管熟练后,用直径 6 mm 的玻璃管制成总长度为 15 cm 的滴管四根,其粗端内径为 6 mm、长 12 cm,细端内径为 1.5~2 mm、长 3~4 cm,细端口须在火中熔光,粗端口在火中烧软后在石棉网上按一下,使其外缘突出,冷后装上橡皮乳头即成。

2. 拉制熔点管

用直径 8 mm 的薄壁玻璃管拉制成长约 14 cm、直径 1.5 mm 两端封口的毛细管 8 根(在测熔点时只要用小砂轮在毛细管中间锉一下折断,即得两根熔点管),装入大试管中备用。

3. 制作玻璃钉及搅棒

取直径 2~3 mm、长 5~6 cm 的玻璃棒拉制小玻璃钉一只(放在小漏斗内即成玻璃钉漏斗,作抽滤少量晶体用)。

取直径 5 mm、长 5~6 cm 的玻璃棒一根,一端在火中烧软后在石棉网上按成大玻璃钉,作挤压或研细少量晶体用。

再用长 18 cm 及 12 cm 长的玻璃棒各一根,两端在火焰中烧圆,作搅棒用。另用直径 5 mm 长为 30~35 cm 的玻璃棒按上述方法 4 弯制玻璃搅棒一根。

4. 制作玻璃弯管

取内径 5~6 mm 的玻璃管制作 90°和 120°的玻璃弯管各一支。

5. 拉制玻璃沸石

取一段玻璃管或玻璃棒,在火焰中反复熔拉几十次,再切割制成沸石,每段长度约为 1~2 cm,装瓶备用(蒸馏时作助沸用,蒸馏少量物质时,它比一般沸石沾附液体要少,并容易刮下附在它表面的固体物质)。

6. 配塞钻孔

选择合适大小的橡皮塞或软木塞打孔,塞上玻璃管以备用。

本实验约需 4~5 小时。

【思考题】

1. 为什么在拉制毛细管和弯制玻璃管时,玻璃管必须均匀转动加热?
2. 在强热玻璃管(棒)之前,应先用小火加热,加工完毕后,又必须经弱火"退火",这是为什么?

(二) 熔 点 的 测 定

【实验目的】

学习和掌握毛细管法测定固体化合物熔点的原理和方法。

【实验原理】

熔点是固体化合物在大气压下固液两态达到平衡时的温度。纯粹的固体有机化合物一般都有固定的熔点,即在一定压力下,固液两态之间的变化是非常敏锐的,自初熔至全熔(熔点范围称为熔程),温度不超过 0.5~1℃。如该物质含有杂质,则其熔点往往较纯粹者为低,且熔程也较长。这对于鉴定纯粹的固体有机化合物来讲具有很大价值,同时根据熔程长短又可定性地看出该化合物的纯度。

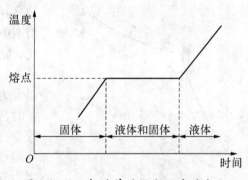

图 2.2-1 相随着时间和温度的变化

纯物质的熔点和凝固点是一致的。从图 2.2-1 可以看到,当加热纯固体化合物时,在一段时间内温度上升,固体不熔。当固体开始熔化时,温度不会上升,直至所有固体都转变为液体,温度才上升。反过来,当冷却一种纯液体化合物时,在一段时间内温度下降,液体未固化。当开始有固体出现时,温度不会下降,直至液体全部固化后,温度才会再下降。

如果在一定温度和压力下,将某物质的固液两相置于同一容器中, 这时可能发生三种情况:固相迅速转化为液相(固体熔化);液相迅速转化为固相(液体固化);固相液相同时并存。为了决定在某一温度时哪一种情况占优势,我们可以通过物质的蒸气压与温度的曲线图来理解。图 2.2-2(1)表示固体的蒸气压随温度升高而增大的曲线。图 2.2-2(2)表示该液态物质的蒸气压—温度曲线。如将曲线(1)和(2)加合,即得到图 2.2-2(3)曲线。由于固相的蒸气压随温度变化的速率较相应的液相大,最后两曲线就相交,在交叉点 M 处(只能在此温度时)固液两相可同时并存,此时的温度 T_M 即为该物质的熔点。当温度高于 T_M 时,这时固相的蒸气压已较液相的蒸气压大,因而就可使所有的固相全部转变为液相;若低于 T_M 时,则由液相转变为固相;只有当温度为 T_M 时,固液两相的蒸气压才是一致的,此时固液两相方可同时并存。这就是纯粹晶体物质有固定和敏锐熔点的原因。一旦温度超过 T_M,甚至只有几分之一度时,如有足够的时间,固体就可全部转变为液体。所以要精确测定熔点,在接近熔点时加热速度一定要慢,温度的升高每分钟不能超过 $1 \sim 2 ℃$。只有这样,才能使整个熔化过程尽可能接近于两相平衡的条件。

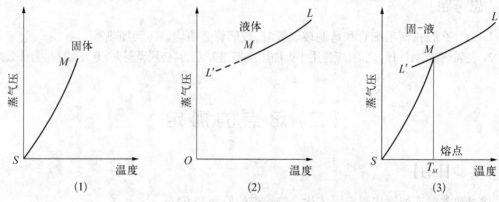

图 2.2－2　物质的温度与蒸气压曲线图

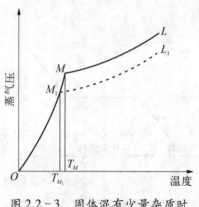

图 2.2－3　固体混有少量杂质时蒸气压降低图

当有杂质存在时(假定两者不形成固溶体),根据拉乌耳(Raoult)定律可知,在一定的压力和温度下,在溶剂中增加溶质的物质的量,导致溶剂蒸气分压降低,化合物的熔点比较纯粹者为低。将出现新的液体曲线 M_1L_1,如图 2.2－3 所示,在 M_1 点建立新的平衡,相应的温度为 T_{M1},即发生熔点下降。应当指出,当有杂质存在时,熔化过程中固相和液相平衡时的相对量在不断改变,因此两相平衡不是一个温度点 T_{M1},而是从最低的熔点(与杂质共同结晶或共提合物,其熔化的温度称之为最低共熔点)到 T_{M1} 一段。这说明杂质的存在不仅使初熔温度降低,而且会使熔程变长,故测定熔点时一定要记录初熔和全熔的温度。

将杂质加入纯化合物中产生熔点下降的方法可用于化合物的鉴定。通常把熔点相同或相近的两个化合物混合后测定的熔点称为混合熔点。如混合熔点仍为原来的熔点,一般可说为两个化合物相同;如果混合熔点下降,且熔程较长,则可确定为不是相同的化合物。测定时一般将两个样品以 $1:9$、$1:1$、$9:1$ 三种不同比例的混合样品分别测其熔点,从而比较测得的结果。

【实验试剂】

乙酰苯胺(AR)、苯甲酸(AR)、尿素(AR)、肉桂酸(AR)、无水乙醇(AR)、丙醇(AR)、丁醇(AR)以及待测未知物。

【实验步骤】

1. 样品的装入

把待测熔点的干燥样品放在清洁研钵中研细,取约 0.1 g 样品于清洁表面皿上,并堆在一起,将熔点管开口端插入粉末中,再倒过来使开口一端向上,轻轻在桌面上敲打,使样品落入管底并紧贴管底,可重复上述操作数次直至样品高度为 2~3 mm。为了更好地达到这一目的,再取一根长约 30~40 cm 的玻璃管,垂直于一干净的表面皿上,反复将装样的熔点管封闭端朝下从玻璃管上端自由落下,使样品装填紧管底,擦净样品管外粉末备用,以免沾污加热浴液。要测得准确的熔点样品一定要研得极细,装得结实,使热量的传导迅速均匀。样品的装入见图 2.2 - 4。

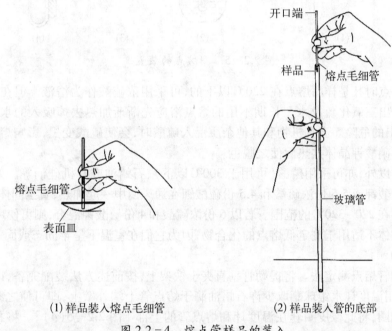

| (1) 样品装入熔点毛细管 | (2) 样品装入管的底部 |

图 2.2 - 4 熔点管样品的装入

2. 熔点浴

熔点浴的设计最重要的是要使受热均匀,便于控制和观察温度。下面介绍两种在实验室中最常用的熔点浴:

(1) 提勒(Thiele)管又称 b 形管,如图 2.2 - 5(1)所示。管口装有开口软木塞,温度计插入其中,刻度应面向木塞开口,其水银球位于 b 形管上下两叉管口之间。装好样品的熔点管,借少许浴液沾附于温度计下端,使样品的部分置于水银球侧面中部[见图 2.2 - 5(3)]。b 形管中装入加热液体(浴液),高度达到叉管处即可。在图示的部位加热,受热的浴液做沿管上升运动,从而促成了整个 b 形管内浴液呈对流循环,使得温度较为均匀。

(2) 浴式如图 2.2 - 5(2)所示。将试管经开口软木塞插入 250 mL 平底(或圆底)烧瓶内,直至离瓶底约 1 cm 处,试管口也配一个开口橡胶塞或软木塞,插入温度计,其水银球应距试管底 0.5 cm。瓶内装入约占烧瓶 2/3 体积的加热液体,试管内也放入一些加热液体,使在插入温度计后,其液面高度与瓶内相同。熔点管沾附于温度计水银球旁,与在 b 形管中相同。

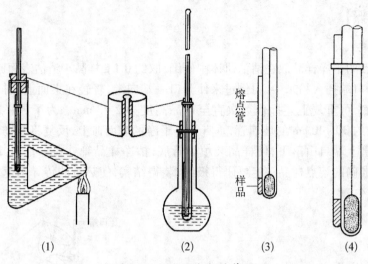

熔点管

样品

(1)   (2)   (3)   (4)

图 2.2-5　测熔点的装置

在测定熔点时凡是样品熔点在 220℃以下的,可采用浓硫酸作为浴液。但在高温时,浓硫酸将分解放出三氧化硫及水。长期不用的熔点浴应先渐渐加热去掉吸入的水分,如加热过快,就有冲出的危险。当有机物和其他杂质混入硫酸时,会使硫酸变黑,影响熔点的观察,此时可加少许硝酸钾晶体共热后使之脱色。

除浓硫酸以外,亦可采用磷酸(可用于 300℃以下)、石蜡油或有机硅油等。如将 7 份浓硫酸和 3 份硫酸钾或 5.5 份浓硫酸和 4.5 份硫酸钾在通风橱中一起加热,直至固体溶解,这样的溶液可应用在 220~320℃的范围。若以 6 份浓硫酸和 4 份硫酸钾混合,则可使用至 365℃。但此类加热液体不适用于测定低熔点的化合物,因为它们在室温下呈半固态或固态。

3. 熔点的测定

(1) 毛细管熔点测定法。将提勒管垂直夹于铁架上,按前述方法装配完备,以石蜡油作为加热液体,用温度计水银球蘸取少许石蜡油滴于熔点管上端外壁上,即可使之黏附。再剪取一小段橡胶圈,将此橡皮圈套在温度计和熔点管的上部［图 2.2-5(4)］。将黏附有熔点管的温度计小心地伸入浴中,以小火在图示部位缓缓加热。开始时升温速度可以较快,到距离熔点 10~15℃时,调整火焰使每分钟上升约 1~2℃。愈接近熔点,升温速度应愈慢(控制升温速度是准确测定熔点的关键)。这一方面是为了保证有充分的时间让热量由管外传至管内,以使固体熔化,另一方面因观察者不能同时观察温度计所示度数和样品的变化情况。只有缓慢加热,才能使此项误差减小。记下样品开始塌落并有液相(俗称出汗)产生时(初熔)和固体完全消失时(全熔)的温度计读数,即为该化合物的熔程。要注意,在初熔前是否有萎缩或软化、放出气体以及其他分解现象。例如一物质在 120℃时开始萎缩,在 121℃时有液滴出现,在 122℃时全部液化,应记录如下:熔点 121~122℃,120℃时萎缩。固体的熔化过程见图 2.2-6。

熔点测定,至少要有两次重复的数据。每一次测定都必须用新的熔点管另装样品,不能将已测过熔点的熔点管冷却,使其中的样品固化后再作第二次测定。因为有时某些物质会产生部分分解,有些会转变成具有不同熔点的其他结晶形式。测定易升华物质的熔点时,应将熔点管的开口端烧熔封闭,以免升华。

如果要测定未知物的熔点,应先对样品粗测一次。加热速度可以稍快,知道大致的熔点

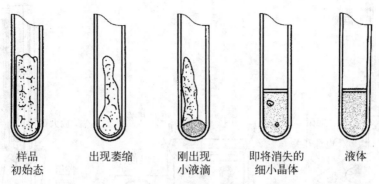

| 样品初始态 | 出现萎缩 | 刚出现小液滴 | 即将消失的细小晶体 | 液体 |

图 2.2-6　固体样品的熔化过程

范围后,待浴温冷至熔点以下约 30℃ 左右,再取另一根装样的熔点管作精密的测定。熔点测好后,温度计的读数须对照温度计校正图进行校正。

　　有些化合物在加热到熔点温度时可能发生分解,通常表现为样品的变黑或变褐。文献中报导这类化合物时,通常在熔点温度的右下角加符号"d",例如 186℃$_d$,表示该化合物在 186℃ 时发生分解(decomposition)。有时分解是由于化合物与空气中的氧之间发生了反应。如果将毛细管抽真空和进行密封,这种分解就可以避免,毛细管的抽真空和密封见图 2.2-7。用小钉在橡胶隔膜上刺一小孔,插入毛细管的密封端,橡胶隔膜连接在玻璃管上,并通过真空橡胶管与抽空系统相连。

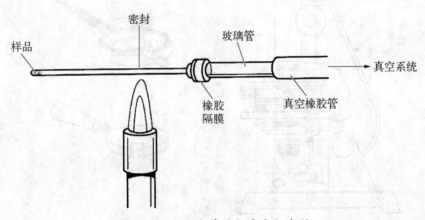

图 2.2-7　熔点管的抽真空与密封

　　(2)热熔点仪测定法。图 2.2-8 为几种常见的电热熔点测定仪,主要由样品管、加热器和放大镜等组成。可用毛细管法或载玻片法测定。仪器的加热板上装有控温的调节旋钮,用来调节加热温度,通过装在仪器上的放大镜,可以观察样品熔化的全过程,熔点范围可以从装置上的温度计读出。当温度低于熔点 10℃ 左右时,调节升温速度为 1~2℃/min。记录开始出现液滴和全部液化的温度范围,即为该化合物熔程。

　　(3)显微熔点测定法。用毛细管法测定熔点,其仪器简单、操作方便,但不够清晰地观察样品在受热过程中的变化情况,使用显微熔点测定仪(图 2.2-9)可以克服这些不足,能清晰地观察到样品在受热过程中的细微变化,还可以对微量样品和熔点较高的化合物进行熔点测定。

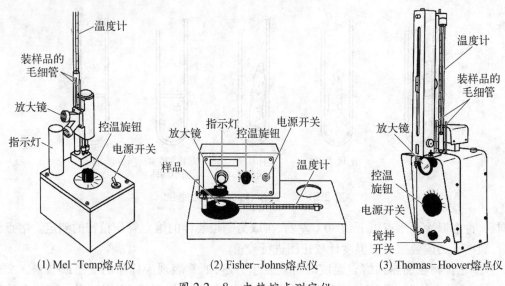

(1) Mel-Temp熔点仪　　　(2) Fisher-Johns熔点仪　　　(3) Thomas-Hoover熔点仪

图 2.2 - 8　电热熔点测定仪

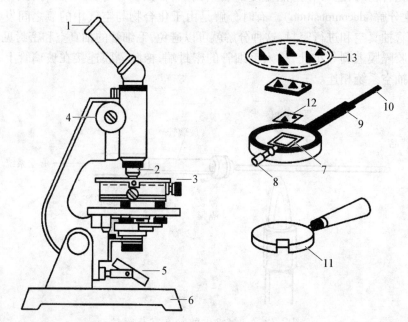

1. 目镜;2. 物镜;3. 电力日热台;4. 子轮;5. 反光镜;6. 底座;7. 可移动的载玻片支持器;8. 调节载
玻片支持器的拔物圈;9. 温度计套管;10. 温度计;11. 金属散热板;12. 载玻片;13. 表盖玻璃

图 2.2 - 9　显微熔点测定仪的示意图

　　这类仪器型号较多,但共同特点是使用样品量少(2~3 颗小结晶),能测量室温至 300℃
样品的熔点。其具体操作如下:在干净且干燥的载玻片上放微量晶粒并盖一片载玻片,放在
加热台上。调节反光镜、物镜和目镜,使显微镜焦点对准样品。开启加热器,先快速后慢速
加热,温度快升至熔点时,控制温度上升的速度为每分钟 1~2℃,当样品结晶棱角开始变圆
时,表示熔化已开始,结晶形状完全消失表示熔化已完成。可以看到样品变化的全过程,如
结晶的失水、多晶的变化及分解。测毕停止加热,稍冷,用镊子拿走载玻片,将铝板盖放在加
热台上,可快速冷却,以便再次测试或收存仪器。在使用这种仪器前必须仔细阅读使用指

用以上方法测定熔点时,温度计上的熔点读数与真实熔点之间常有一定的偏差,这可能是由于温度计的质量所引起的。例如一般温度计中的毛细孔径不一定是很均匀的,有时刻度也不很精确。其次,温度计有全浸式和半浸式两种。全浸式温度计的刻度是在温度计的隶线全部均匀受热的情况下刻出来的,而在测熔点时仅有部分乘线受热,因而露出的京线温度当然较全部受热时为低。另外经长期使用的温度计,玻璃也可能发生体积变形而使刻度不准。因此,若要精确测定物质的熔点,则需校正温度计。为了校正温度计,可选用一标准温度计与之比较。通常也可采用纯粹有机化合物的熔点作为校正的标准。通过此法校正的温度计,上述误差可一并除去。校正时只要选择数种已知熔点的纯粹化合物作为标准,测定它们的熔点,以观察到的熔点作纵坐标。测得熔点与应有熔点的差数作横坐标,画成曲线。在任一温度时的校正值可直接从曲线中读出。

常用标准化合物的熔点见表 2.2 - 1,校正时可具体选择。

表 2.2 - 1　校正温度计常用标准样品

标准样品名称	标准熔点/℃	标准样品名称	标准熔点/℃
蒸馏水-冰	0	二苯基羟基乙酸	151
二苯胺	53~54	水杨酸	159
萘	80.55	D-甘露醇	168
苯甲酸苄酯	71	马尿酸	187
α-萘胺	50	蒽	216.2~216.4
乙酰苯胺	114.3	酚酞	262~263
间二硝基苯	90.02	对苯二酚	173~174
3,5-二硝基苯甲酸	205	苯甲酸	122.4
尿素	132.7	咖啡因	236
二苯乙二酮	95~96		

零点的测定最好用蒸馏水和纯冰的混合体。用一个 15 cm×φ2.5 cm 的试管放入蒸馏水 20 mL,将试管浸在冰盐浴中至蒸馏水部分结冰,用玻璃棒搅动使之成冰-水混合体系,将试管从冰盐浴中移出,然后将温度计插入冰-水中,用玻璃棒轻轻搅动混合物,到温度恒定 2~3 min 后再读数。

【实验内容】

(1) 测定尿素的熔点(mp 132.7℃)。

(2) 测定肉桂酸的熔点(mp 133℃)。

(3) 测定 50%尿素和 50%肉桂酸混合样品的熔点。

(4) 由教师提供未知物 1~2 个,测定熔点并鉴定之。

【思考题】

1. 什么叫熔点？如何根据所测得的熔点范围确定化合物的纯度？

2. 分别测得样品 A 及 B 的熔点各为 120℃，将它们按任何比例混合后测得的熔点仍为 120℃，这说明什么？

3. 提勒管上塞子开口的原因是什么？

4. 测熔点时，若遇下列情况，将产生什么结果？

（1）熔点管壁太厚。

（2）熔点管不洁净。

（3）熔点管底部未完全封闭，尚有一针孔。

（4）样品未完全干燥或含有杂质。

（5）样品研得不细或装得不紧密。

（6）加热太快。

（三）重结晶和过滤

【实验目的】

1. 了解重结晶提纯的原理，掌握重结晶提纯有机化合物的方法。

2. 掌握过滤（抽滤）的操作技术，学会使用抽气水泵和折扇形滤纸的方法。

【实验原理】

重结晶和过滤是分离提纯固态有机化合物常用的方法之一。通常是将不纯的固态有机物溶解在合适的溶剂中，然后以晶体形式析出（称重结晶），再通过过滤与杂质进行分离。

固态有机物在溶剂中的溶解度与温度有密切关系，一般是温度升高溶解度增大。若把固体粗产物溶解在热的溶剂中达到饱和，冷却时即由于溶解度降低，溶液变得过饱和而析出结晶，过滤收集得到的晶体要比原来的粗产物纯净，此过程称为重结晶。重结晶通常先是溶解晶体(固体)，然后让晶体重新形成，利用被提纯物与杂质在溶剂中的溶解度不同除去杂质，一般适用于纯化杂质含量在 5% 以下的固态有机物。如杂质太多，则应用其他方法如萃取、水蒸气蒸馏等方法先将粗产物初步提纯，然后再用重结晶纯化。

晶体的形成、颗粒的大小均影响物质的提纯和过滤。晶体太细，甚至无晶形，其表面积很大，吸附的杂质也多，会形成厚的糊状物，夹带母液较多，不易洗净也不易抽干。晶体过大(直径超过 2 mm)，会在晶体内夹杂母液，给干燥带来一定困难，并使产品的纯度降低。因此，操作时要注意结晶条件。

重结晶提纯有机物的一般过程是：① 选择适当的溶剂，在接近溶剂的沸点下，将被提纯的固体有机物溶解，制成接近饱和的溶液；② 将热溶液趁热滤去不溶性杂质，如溶液中含有色杂质，用活性炭脱色后一起热滤；③ 冷却滤液，析出晶体；④ 抽滤，分出晶体，可溶性杂质留在母液中；⑤ 洗涤晶体，除去附着的母液，干燥后测定其熔点。如纯度不合格，可再进行一次重结晶。

在进行重结晶时，选择理想的溶剂是一个关键，理想的重结晶溶剂必须具备以下条件：

① 与被提纯的物质不起化学反应；② 被提纯物质在热溶剂中溶解度大，冷却时溶解度小，以减少损失；③ 杂质在热溶剂中不溶或微溶，在热滤时可以除去，或者在冷溶剂中易溶，则留在母液中；④ 容易挥发，干燥时易与被提纯物分离，沸点应低于被提纯物的熔点，否则被提纯物质呈油状析出，固化后含较多的杂质；⑤ 能得到较好的晶形；⑥ 价格便宜、毒性小。

表 2.3 - 1　常用的重结晶溶剂

溶　剂	沸点/℃	冰点/℃	与水的混溶性	极　性	介电常数(ε)	易燃性	毒性
乙　醚	34.6	−116	−	中　等	4.3	++++	−
丙　酮	56	−95	+	中　等	20.7	+++	−
氯　仿	61	−63	−	中　等	48	0	高
石油醚	60~90	−	−	非极性	2	++++	−
己　烷	69	−94	−	非极性	1.9	++++	−
乙酸乙酯	77	−8	−	中　等	6.0	++	−
甲　醇	65	−98	+	极　性	32.6	++	高
乙　醇	78.5	−117	+	极　性	24.3	++	−
甲　苯	110.6	−95	−	非极性	2.4	++	高
冰醋酸	118	16	+	中　等	6.15	+	−
水	100	0		高极性	80	0	−

在几种溶剂同样都合适时，则应根据结晶的回收率、操作的难易、溶剂的毒性、易燃性和价格等因素综合考虑来加以选择。

当一种物质在一些溶剂中的溶解度太大，而在另一些溶剂中的溶解度又太小，不能选择到一种合适的溶剂时，常可使用混合溶剂而得到满意的结果。所谓混合溶剂，就是把对此物质溶解度很大的和溶解度很小的而又能互溶的两种溶剂（例如水和乙醇）混合起来，这样可获得新的良好的溶解性能。用混合溶剂重结晶时，可先将待纯化物质在接近良溶剂的沸点时溶于良溶剂中（在此溶剂中极易溶解）。若有不溶物，趁热滤去；若有色，则用适量（如1%~2%）活性炭煮沸脱色后趁热过滤。在热溶液中小心地加入热的不良溶剂（物质在此溶剂中溶解度很小），直至所出现的浑浊不再消失为止，再加入少量良性溶剂或稍热使恰好透明。然后将混合物冷却至室温，使结晶从溶液中析出。有时也可将两种溶剂先行混合，如1:1的乙醇和水，则其操作和使用单一溶剂时相同。常用的混合溶剂见表2.3 - 2。

表 2.3 - 2　重结晶常用的混合溶剂

乙醇-石油醚	甲醇-二氯甲烷
乙醇-丙酮	乙酸乙酯-己烷
乙醇-水	甲醇-乙醚
丙酮-水	甲醇-水
氯仿-石油醚	乙醚-己烷（或石油醚）

【实验方法】

1. 溶剂的选择

溶剂的选择在重结晶时需要知道用哪一种溶剂最合适和物质在该溶剂中的溶解情况。一般化合物可以通过查阅手册或辞典中的溶解度一栏或通过试验来决定采用何种溶剂。选择溶剂时，必须考虑到被溶物质的成分与结构。因为物质往往易溶于结构与其近似的溶剂中。极性物质较易溶于极性溶剂中，而难溶于非极性溶剂中。例如含羟基的化合物，在大多数情况下或多或少地能溶于水中，随着碳链增长，如高级醇，在水中的溶解度显著降低，但在有机溶剂中，其溶解度却会增加。

溶剂的最终选择，只能用实验方法来决定。其方法是取 20～30 mg 待结晶的固体粉末于一小试管中，用滴管加入 5～10 滴溶剂，并加以振荡。若此物质在溶剂中已全溶，则此溶解度过大溶剂不适用。如果该物质不溶解，加热溶剂至沸点，并逐渐滴加溶剂，若加入溶剂量达到 1 mL，而物质仍然不能全溶，则溶解度过小，必须寻求其他溶剂。如果该物质能溶解在 0.5～1 mL 的沸腾的溶剂中，则将试管进行冷却，观察结晶析出情况，如果结晶不能自行析出，可用玻璃棒摩擦溶液液面下的试管壁，或再辅以冰水冷却，以使结晶析出。若结晶仍不能析出，则此溶剂也不适用。如果结晶能正常析出，要注意析出的量。在几种溶剂用同法比较后，可以选用结晶收率最好的溶剂来进行重结晶。

2. 溶解

通常将待结晶物质置于锥形瓶中，加入较需要量（根据查得的溶解度数据或溶解度试验方法所得的结果估计得到）稍少的适宜溶剂，加热到微微沸腾一段时间后，若未完全溶解，可再次逐渐添加溶剂，每次加入后均需再加热使溶液沸腾，直至物质完全溶解（要注意判断是否有不溶性杂质存在，以免误加过多的溶剂）。要使重结晶得到的产品纯和回收率高，溶剂的用量是个关键。虽然从减少溶解损失来考虑，溶剂应尽可能避免过量；但这样在热过滤时会引起很大的麻烦和损失，特别是当待结晶物质的溶解度随温度变化很大时更是如此。因为在操作时，会因挥发而减少溶剂，或因降低温度而使溶液变为过饱和而析出沉淀。因而要根据这两方面的损失来权衡溶剂的用量，一般可比需要量多加 20% 左右的溶剂。

为了避免溶剂挥发及可燃溶剂着火或有毒溶剂中毒，应在锥形瓶上装置回流冷凝管，添加溶剂可由冷凝管的上端加入。根据溶剂的沸点和易燃性，选择适当的热浴加热。

3. 活性炭脱色

当重结晶产品带有有色杂质时，可加入适量的活性炭脱色。活性炭用量一般为固体量的 1%～5%。如用量过多，它也能吸附一部分被纯化的产品；如用量不够，则脱色不完全。必须注意待产品全部溶解及溶液稍冷后再加活性炭，再重新煮沸 5～10 min，然后趁热过滤。切不可在沸腾时加入活性炭以免暴沸，严重时甚至会有溶液冲出的危险。

4. 热过滤

固体粗产物溶于热的溶剂中，经活性炭脱色后，要进行过滤以除去吸附了有色杂质等的活性炭和不溶解的固体杂质。为了避免在过滤时溶液冷却，结晶析出，造成操作困难和损失，必须使过滤操作尽可能快地完成，同时也要设法保持被滤液体的温度，使它尽可能冷得慢点。

为了使过滤操作进行得快，一是采用颈短而粗的玻璃漏斗，二是使用折叠滤纸。折叠滤纸的方法是：将选定的圆滤纸（方滤纸可折叠后，再剪）按图 2.3－1，先对折为二份，然后再对折为四份；将 2 与 3 对折为 4，1 与 3 对折为 5，如图中（1）；2 与 5 对折为 6，1 与 4 对折为 7，如图中（2）；2 与 4 对折为 8，1 与 5 对折为 9，如图中（3）。这时，折好的滤纸边全部向外，角全部向里，如图中的（4）；再将滤纸反方向折叠，相邻的两条边对折即可得到图中（5）的形状；拉开双层滤纸成图中（6）；然后将图（6）中的 1 和 2 向相反的方向折叠一次，可以得到一个完好的折叠滤纸，如图中（7）。在折叠过程中应注意：所有折叠方向要一致，滤纸中央圆心部位不要用力折，以免破裂。

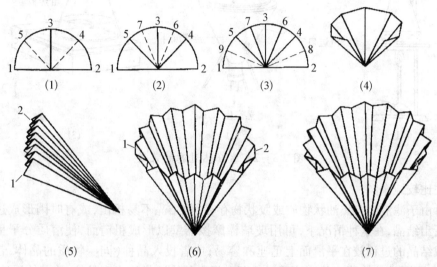

图 2.3－1　滤纸的折叠方法

使用前应将折叠好的滤纸翻转并整理好再放入漏斗中，这样可避免被手弄脏的一面接触滤过的滤液。

使用无颈或短颈漏斗的目的是加快过滤速度，避免晶体在颈部析出而造成堵塞。在过滤前，要把漏斗在烘箱中预先预热，待过滤时取出放在铁架的铁圈中，或置于盛滤液的锥形瓶上。图 2.3－2(1) 为用水作溶剂的一种热过滤装置，盛滤液的锥形瓶用小火加热，产生的热蒸汽可使玻璃漏斗保温。但要特别注意，在过滤易燃溶剂的溶液时，先把漏斗预热。在漏斗中放一折叠滤纸[图 2.3－1(7)]，折叠滤纸向外突出的棱边，应紧贴于漏斗壁上。在过滤即将开始前，先用少量热的溶剂湿润，以免干滤纸吸收溶液中的溶剂，使结晶析出而堵塞滤纸孔。过滤时，漏斗上应盖上表面皿（凹面向下），减少溶剂的挥发。盛滤液的容器一般用锥形瓶，只有水溶液才可收集在烧杯中！如过滤进行得很顺利，通常只有很少的结晶在滤纸上析出（如果此结晶在热溶剂中溶解度很大，则可用少量热溶剂洗下，否则还是弃之为好，以免得不偿失）。若结晶较多时，必须用刮刀刮回到原来的瓶中，再加适量的溶剂溶解并过滤。滤毕后，用洁净的塞子塞住盛溶液的锥形瓶，放置冷却。

如果溶液稍经冷却就要析出结晶，或过滤的溶液较多，则最好应用蒸汽漏斗或用电热板加热过滤[见图 2.3－2(2)和图 2.3－2(3)]。在过滤易燃溶剂时，严禁使用明火！

5. 结晶

将滤液在冷水浴中迅速冷却并剧烈搅动时，可得到颗粒很小的晶体。小晶体包含杂质较少，但其表面积较大，吸附于其表面的杂质较多。若希望得到均匀而较大的晶体，可将滤液（如在滤液中已析出结晶，可加热使之溶解）在室温或保温下静置使之缓缓冷却，这样得到

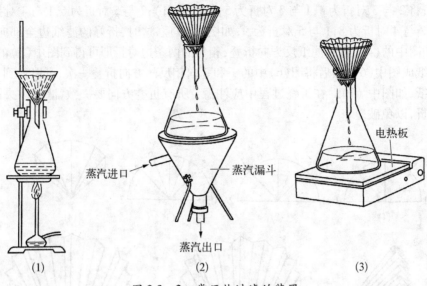

蒸汽进口 蒸汽漏斗

蒸汽出口

电热板

(1)　　　　　　　(2)　　　　　　　(3)

图 2.3 - 2　常压热过滤的装置

结晶往往比较纯净。

　　有时由于滤液中有焦油状物质或胶状物存在,使结晶不易析出,或有时因形成过饱和溶液也不析出结晶,在这种情况下,可用玻璃棒摩擦器壁以形成粗糙面,使溶质分子呈定向排列而形成结晶的过程较在平滑面上迅速和容易;或者投入晶种(同一物质的晶体,若无此物质的晶体,可用玻璃棒蘸一些溶液稍干后即会析出晶体),供给定型晶核,使晶体迅速形成。

　　有时被纯化的物质呈油状析出,油状物质长时间静置或足够冷却后虽也可以固化,但这样的固体往往含有较多杂质(杂质在油状物中溶解度常较在溶剂中的溶解度大,其次,析出的固体中还会包含一部分母液),纯度不高,用大量溶剂稀释,虽可防止油状物生成,但将使产物大量损失。这时可将析出油状物的溶液加热重新溶解,然后慢慢冷却。一旦油状物析出时便剧烈搅拌混合物,使油状物在均匀分散的状况下固化,这样包含的母液就大大减少。但最好还是重新选择溶剂,使之能得到晶形的产物。

　　6. 减压(抽气)过滤

　　为了将结晶从母液中分离出来,一般采用布氏漏斗进行抽气过滤(图 2.3 - 3)。吸滤瓶的侧管用较耐压的橡胶管和水泵相连(最好中间接一安全瓶,再与水泵相连,以免操作不慎,使泵中的水倒流)。布氏漏斗中铺的圆形滤纸要剪得比漏斗内径略小,使之紧贴于漏斗的底壁。为盖住滤孔,在抽滤前先用少量溶剂将滤纸润湿,然后打开水泵将滤纸吸紧,防止固体在抽滤时自滤纸边沿吸入瓶中。借助玻璃棒,将容器中液体和晶体分批倒入漏斗中,并用少量滤液洗出黏附于容器壁上的晶体。关闭水泵前,先将抽滤瓶与水泵间连接的橡胶管拆开,或将安全瓶上的旋塞打开接通大气,以免水倒流入吸滤瓶中。

　　布氏漏斗中的晶体要用溶剂洗涤,以除去存在于晶体表面的母液,否则干燥后仍要使结晶沾污。用重结晶的同一溶剂进行洗涤。用量应尽量少,以减少溶解损失。洗涤的过程是先将抽气暂时停止,在晶体上加少量溶剂。用刮刀或玻璃棒小心搅动(不要使滤纸松动),使所有晶体浸湿。静置一会儿,待晶体均匀地被浸湿后再进行抽气。为了使溶剂和结晶更好地分开,最好在进行抽气的同时用清洁的玻璃塞倒置在结晶表面并用力挤压(见图 2.3 - 3)。一般重复洗涤 1~2 次即可。

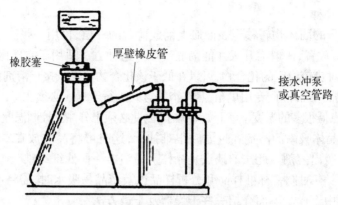

图 2.3－3　减压(抽气)过滤装置

如重结晶溶剂的沸点较高,在用原溶剂至少洗涤一次后,可用低沸点的溶剂洗涤,使最后的结晶产物易于干燥(要注意此溶剂必须是能和第一种溶剂互溶而对晶体是不溶或微溶的)。

过滤少量的晶体(半微量操作)可用玻璃钉漏斗[图 2.3－4(1)]和吸滤管。玻璃钉的脚应较小,颈要比漏斗的颈略长。玻璃钉上覆盖一张圆滤纸,其直径应较玻璃钉略大,以溶剂润湿后进行抽气,并用玻璃棒或刮刀挤压,使滤纸边沿紧贴漏斗壁,以防止晶体自玻璃钉与漏斗的间隙处漏下。过滤、洗涤、抽干以后,将漏斗取下倒覆在干净表面皿上,轻推玻璃钉脚,晶体即会落在表面皿上。此外,也可使用如图 2.3－4(2)的赫希(Hirsch)漏斗,它由陶瓷烧成,与布氏漏斗相仿,可供少量固体抽滤之用。

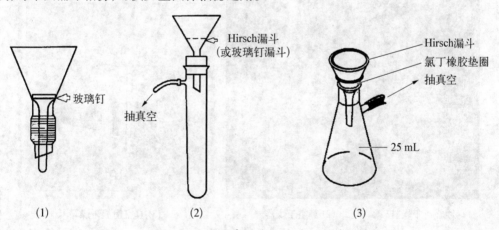

(1)　　　　　　　　(2)　　　　　　　　(3)

图 2.3－4　赫希漏斗和玻璃钉漏斗

现在已有各种规格型号的烧结玻璃漏斗,有的还有磨口,可直接与带相同尺寸磨口的吸滤瓶相连,使用起来更加方便,也可防止滤纸屑沾污产物。

抽滤后所得母液若有较大量有机溶剂,一般应蒸馏回收,或合并后蒸馏回收,既节约又免得倒入水槽污染环境。

如母液中溶解物质较多,不容忽视,可将母液适当浓缩,回收得到一部分晶体。但其纯度往往较低,须测熔点后再决定是否可直接使用,或需进一步提纯。

7. 晶体的干燥

重结晶后的产物需要通过测定熔点来检验其纯度,在测定熔点前,晶体必须充分干燥,否则熔点会下降。固体干燥的方法很多,可根据重结晶所用的溶剂及晶体的性质来选择,常用的方法有如下几种。

晾干:将抽干的固体物转移至表面皿上铺成薄薄的一层,再用一张滤纸覆盖以免灰尘沾污,然后在室温下放置,一般需几天才能彻底干燥。这种方法适用于空气比较干燥的地区。

烘干:一些对热较稳定的化合物,可以在低于该化合物熔点或接近溶剂沸点的温度下进行干燥。实验室中常用红外灯、专用烘箱、蒸气浴等方式进行干燥。必须注意,由于溶剂的存在,晶体可能在较其熔点低很多的温度下就开始熔融了,因此必须十分注意控制温度并经常翻动晶体。

吸干:有时晶体吸附的溶剂在过滤时很难抽干,这时可将晶体放在二三层滤纸上,上面再用滤纸挤压以吸出溶剂。此法的缺点是晶体上易沾染一些滤纸纤维。

干燥器干燥:有时制备标准样品和分析样品以及产品易吸水时,需将产品放入干燥器或真空恒温干燥器中干燥。下面介绍一些干燥器及干燥方法。

普通干燥器[图2.3-5(1)],盖与缸身之间的平面经过磨砂,在磨砂处涂以润滑脂,使之密闭。缸中有多孔瓷板,瓷板下面放置干燥剂,上面放置盛有待干燥样品的表面皿等。

真空干燥器[图2.3-5(2)],它的干燥效率比普通干燥器好。真空干燥器上有玻璃活塞,用以抽真空,活塞下端呈弯钩状,口向上,防止在通大气时,因空气流入太快将固体冲散。最好另用一表面皿覆盖盛有样品的表面。在水泵抽气过程中,干燥器外围最好能以金属丝(或用布)围住,以保证安全。

在有机合成实验中现多使用真空恒温干燥箱[图2.3-5(3)],它是由电热恒温烘箱和抽真空装置组成,其干燥用量和干燥效果均超过上述真空恒温干燥器。

(1) 普通干燥器　　　　(2) 真空干燥器　　　　(3) 真空恒温干燥箱

图 2.3 - 5　各种干燥器装置

8. 重结晶的要点

不少学生重结晶时,回收产物的量比希望得到的少,这是由以下原因造成的:① 溶解时加入了过多的溶剂;② 脱色时加入了过多的活性炭;③ 热过滤时动作太慢导致结晶在滤纸上析出;④ 结晶尚未完全时进行抽滤。注意以上几点,通常可以提高回收率。

【实验内容】　乙酰苯胺的重结晶

取 2 g 粗乙酰苯胺,放在一烧杯中,加入少量水(大约 70 mL)[1]搅拌加热至沸腾,若仍不完全溶解,再加入少量热水,直到完全溶解后,再多加 2~3 mL 水(总量约 90 mL)。移去火源,稍冷后加入少许活性炭,继续加热微沸 5~10 min。同时准备好布氏漏斗和吸滤瓶,用热水预热后,趁热抽气过滤。将滤液置于烧杯中,重新加热后,放置使其冷却结晶[2]。

结晶完成后,用布氏漏斗抽气过滤。停止抽气,用少量水在漏斗上洗涤晶体,抽干压紧,用刮刀把产品转移到一培养皿上干燥,称重,测其熔点并计算回收率。

乙酰苯胺熔点文献值为 114.3℃。

【注释】

[1] 乙酰苯胺在水中的溶解度。

$T/℃$	20	25	50	80	100
溶解度(g/100 mL)	0.46	0.56	0.84	3.45	5.5

[2] 用水进行重结晶时,往往会出现油珠,这是由于当温度高于83℃时未溶于水但已熔化的乙酰苯胺所致,水的乙酰苯胺溶液会形成另一液相,这就是油珠出现的原因。这时只要加少量水或继续加热,此种现象即可消失。

【思考题】

1. 简述有机化合物重结晶的各个步骤及目的。

2. 需要重结晶的产品,如为一未知化合物时,如何选择一种合适的溶剂?对溶剂的要求是什么?

3. 加热溶解重结晶粗产物时,为何先加入比计算量(根据溶解度数据)略少的溶剂,然后渐渐添加至恰好溶解,最后再多加少量溶剂?

4. 为什么活性炭要在固体物质完全溶解后加入?为什么不能在溶液沸腾时加入?

5. 将溶液进行热过滤时,为什么要尽可能减少溶剂的挥发?如何减少其挥发?

6. 用抽气过滤收集固体时,为什么在关闭水泵前,先要拆开水泵和吸滤瓶之间的连接或先打开安全瓶通大气的旋塞?

7. 在布氏漏斗中用溶剂洗涤固体时应注意些什么?

8. 用有机溶剂重结晶时,在哪些操作上容易着火?应该如何防范?

(四) 升 华 技 术

【实验目的】

了解升华提纯的原理,掌握升华提纯有机化合物的方法。

【实验原理】

升华是指固体物质直接气化为蒸气,然后由蒸气直接凝固为固体物质的过程。升华也是纯化固体有机化合物的重要方法之一,但并不是所有的固体有机化合物都能用升华来纯化,它只能适用于那些在不太高的温度下有足够大的蒸气压[高于 2.67 kPa(20 mmHg)]的固态物质。升华可用来除去不挥发性的杂质,或分离不同挥发度的固体混合物。升华可得到较高纯度的产物,但操作时间长,损失也较大,在实验室只适用于较少量(1~2 g)物质的纯化,表2.4－1列出了某些化合物的熔点、沸点及升华温度,升华温度比其在相同真空度下的沸点低。

表2.4－1　化合物的熔点、沸点及升华温度

化合物	相对分子质量	熔点/℃	沸点/℃			在0.13×10⁻³ KPa（10⁻³ mmHg）下升华最初温度/℃
			101.3 Kpa（760 mmHg）	1.9 KPa（15 mmHg）	0.13×10⁻³ KPa（10⁻³ mmHg）	
月桂酸	200	43.7		176	101	22
甲基异丙基菲	234	98.5	390	216(11)	135	36
肉豆蔻酸	228	53.8		196.5	121	27
菲　醌	208	217	>360			36
菲	178	101	340		95.5	20
蒽　醌	208	285	380			36
茜　素	240	289	430		153	38
硬脂酸	284	71.5	约371	232	154.5	38
硬脂酮	506	88.4		345(12)		58
月桂酮	338	70.3				40
肉豆蔻酮	394	76.5				46
棕榈酮	451	82.8				53
棕榈酸	256	62.6		215	138	32
三十二烷	450	70.5		310	302	63
䓛	228	252.5	448		169	60

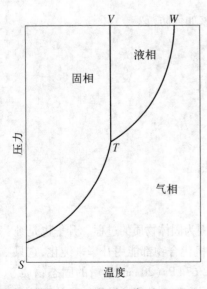

图 2.4－1　物质三相平衡图

一般来说,对称性较高的固态物质,具有较高的熔点,易于用升华来提纯。

为了了解和控制升华的条件,就必须研究固、液、气三相平衡(图2.4－1)。图中 ST 表示固相与气相平衡时固体的蒸气压曲线,TW 是液相与气相平衡时液体的蒸气压曲线,两曲线在 T 处相交,此点即为三相点。在此点,固、液、气三相可同时并存,TV 曲线表示固、液两相平衡时的温度和压力。它指出了压力对熔点的影响并不太大。这一曲线和其他两曲线在 T 处相交。

一个物质的正常熔点是固、液两相在大气压下平衡时的温度。在三相点时的压力是固、液、气三相的平衡蒸气压,所以三相点时的温度和正常的熔点有些差别。然而,这种差别非常小,通常只有几分之一度。因此在一定压力范围内,TV 曲线偏离垂直方向很小。

在三相点以下,物质只有固、气两相。若降低温度,蒸气就不经过液态而直接变成固态,若升高温度,固态也不经过液态而直接变成蒸气。因此一般的升华操作皆应在三相点温度以下进行。若某物质在三相点温度以下的蒸气压很高,因而气化速率很大,就可以容易地从固态直接变为蒸气,且此物质蒸气压随温度降低而下降非常显著,稍降低温度即能由蒸气直接转变成固态,则此物质可容易地在常压下用升华方法来提纯。例如六氯乙烷(三相点温度186℃,压力104 kPa)在185℃时蒸气压已达0.1 MPa,因而在低于186℃时就可完全由固体直接挥发成蒸气,中间不经过液态阶段。樟脑(三相点温度179℃,压力49.3 kPa)在160℃时蒸气压为29.1 kPa,即未达熔点前,已有相当高的蒸气压,只要缓缓加热,使温度维持在179℃以下它就可不经熔化而直接蒸发,蒸气遇到冷的表面就凝结成为固体,这样蒸气压可始终维持49.3 kPa以下,直至挥发完毕。

像樟脑这样的固体物质,它的三相点平衡蒸气压低于0.1 MPa,如果加热很快,使蒸气压过了三相点平衡的蒸气压,这时固体就会熔化成为液体。如继续加热至蒸气压到0.1 MPa时,液体就开始沸腾。

有些物质在三相点时的平衡蒸气压比较低(为了方便,可以认为三相点时的温度及平衡蒸气压与熔点的温度及蒸气压相差不多)。例如苯甲酸熔点122℃,蒸气压为0.8 kPa;萘熔点80℃,蒸气压为0.93 kPa。这时如果也用上述升华樟脑的办法,就不能得到满意产率的升华产物。例如萘加热到80℃时要熔化,而其相应的蒸气压很低,当蒸气压达到0.1 MPa(218℃)开始沸腾。若要使大量萘全部转变成为气态,就必须保持它在218℃左右,但这时萘的蒸气冷却后要转变为液态。除非达到三相点(此时的蒸气压为0.93 kPa)时,才转变为固态。在三相点温度时,萘的蒸气压很低(萘的分压:空气分压=7:753),因此升华的收率很低。为了提高升华的收率,对于萘及其他类似情况的化合物,除可在减压下进行升华外,也可以采用一个简单有效的方法:将化合物加热至熔点以上,使具有较高的蒸气压,同时通入空气或惰性气体带出蒸气,促使蒸发速率增快,并可降低被纯化物质的分压,使蒸气不经过液化阶段而直接凝成为固体。

【实验方法】

1. 常压升华

最简单的常压升华装置如图2.4－2(1)所示。在蒸发皿中放置粗产物,上覆盖一张刺有许多小孔的滤纸(最好在蒸发皿的边缘上先放置大小合适的用石棉纸做成的窄圈用以支持此滤纸)。然后将大小合适的玻璃漏斗倒盖在上面,漏斗的颈部塞有玻璃毛或脱脂棉团,以减少蒸气逃逸。在石棉网上渐渐加热蒸发皿(最好能用沙浴或其他合适的热浴),小心调火焰,控制浴温低于被升华物质的熔点,使其慢慢升华。蒸气通过滤纸小孔上升,冷却后凝结滤纸上或漏斗壁上。必要时外壁可用湿布冷却。当升华量较大时,可用装置(2)分批进行升华。在空气或惰性气体流中进行升华的装置见图2.4－2(3),在锥形瓶上配有二孔塞,一孔插入玻璃管以导入空气或惰性气体,另一孔插入接引管,接引管的另一端伸入圆底烧瓶中,烧瓶口塞一些棉花或玻璃棉。当物质开始升华时,通入空气或惰性气体,带出的升华物质,遇到冷水冷却的烧瓶壁就凝结在壁上。

用简易升华装置进行升华,操作的关键是控制加热。用燃气灯加热时,火要小,以免把有机化合物烤焦。要保持在所要求的温度,因此最好采用空气浴、沙浴或油浴为热源,则效果较好。

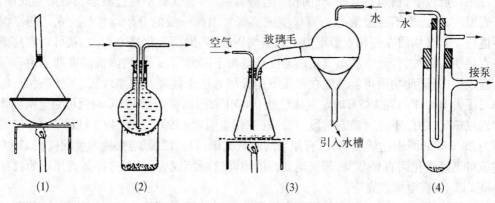

| (1) | (2) | (3) | (4) |

图 2.4－2　几种升华装置

2. 减压升华

减压升华的装置如图 2.4－2（4）所示，依据升华物质的量，选择适当的装置。将样品放入吸滤管（或瓶）中，在吸滤管中放入装有碎冰的试管或"直形冷凝器"，接通冷凝水，抽气口与水泵连接好，打开水泵，关闭安全瓶上的放空阀，进行抽气。将此装置放电热套或水浴中加热，使固体在一定压力下升华。冷凝后的固体将凝聚在试管或"直形冷凝器"的底部。

减压升华时，停止抽滤前一定要先打开安全瓶上的放空阀，再关泵。否则循环泵内的水会倒吸进入吸滤管中，造成实验失败。

【实验内容】　粗萘的减压升华提纯

取 0.5 g 粗萘，利用减压升华装置提纯。

（五）蒸　　馏

【实验目的】

了解蒸馏的意义，掌握常压蒸馏的原理和操作技术。

【实验原理】

对于液体有机化合物的分离和提纯来说，应用最广泛的方法是蒸馏，其中包括简单蒸馏、减压蒸馏、水蒸气蒸馏和精馏。简单蒸馏可以把挥发的液体与不挥发的物质分离开，也可以分离两种或两种以上沸点相差较大（至少 30℃ 以上）的液体混合物。

液体在一定温度下具有一定的蒸气压。液体加热后，逐渐变为气体，蒸气压随温度的升高而增大。当蒸气压增大到与外界大气压相等时，液体即不断气化而达到沸腾，此时的温度就是这个液体的沸点。如把水加热至 100℃，水的蒸气压就等于外界大气压，通常为 101 325 Pa，水开始沸腾，此时的温度就是水的沸点，也就是说当大气压为 101 325 Pa 时，水的沸点为 100℃。从表 2.5－1 中可以看出，水在不同的温度，蒸气压不同，蒸气压随温度的升高而逐渐增大。

表 2.5－1　水在不同温度下的饱和蒸汽压

温度(℃)	0	10	20	30	40	50	60	70	80	90	100
蒸汽压(kPa)				4.3	7.3	12.4	19.9	31.2	47.3	70.1	101.3
(毫米汞柱)				32	55	93	149	234	355	526	760

　　将液体加热至沸腾后,使蒸气通过冷凝装置冷却,又可凝结为液体收集起来,这种操作方法称为蒸馏。蒸馏就是利用不同液体具有不同的沸点,也就是说,在同一温度下,不同液体的蒸气压不同。低沸点液体易挥发,高沸点液体难挥发而且挥发出的少量气体易被冷凝下来。这样在蒸馏过程经过多次液相与气相的热交换,使得低沸点液体不断上升最后被蒸馏出来,高沸点液体则不断流回蒸馏瓶内,从而将沸点不同的液体分开。纯液体有机物在一定压力下具有一定沸点,且沸点范围很小(0.5～1℃)。在压力一定时,凡纯净化合物,必有一固定沸点。因此,一般利用测定化合物的沸点鉴定其是否纯净。但必须指出,具有固定沸点的液体不一定都是纯化合物,因为某些有机化合物常常和其他化合物组成二元或三元共沸混合物,它们也有固定的沸点。共沸混合物不能利用简单蒸馏的方法将其各个组分分开,因为在共沸混合物中,和液体平衡的蒸气组分与液体本身的组成相同。

　　蒸馏是有机化学实验中重要的基本操作之一,它可应用于以下几方面:

　　(1) 分离液体混合物。混合物的沸点相差较大(如 30℃)时采用。

　　(2) 提纯液体有机物或低熔点固体。

　　(3) 回收溶剂或蒸出部分溶剂使溶液浓缩。

　　(4) 测定有机物的沸点(常量法)。

【蒸馏装置】

　　简单蒸馏最常用的装置是由蒸馏瓶、温度计、直形冷凝管、接引管和接收瓶组成的(图 2.5－1)。蒸馏瓶与蒸馏头之间常常借助于大小口接头连接。普通温度计是借助于温度计套管固定在蒸馏头的上口处。温度计液球上端应与蒸馏头侧管的下限在同一水平线上。冷凝水应从下口进入,上口流出,上端的出水口应朝上,以保证冷凝管套管中充满水。所用

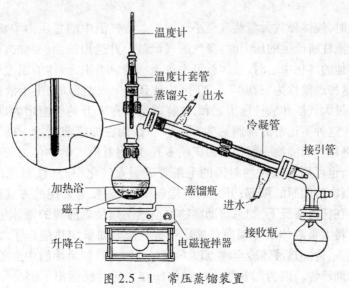

图 2.5－1　常压蒸馏装置

仪器都必须清洁干燥。仪器安装顺序是：先在架设仪器的铁台上放好加热浴，再根据加热浴的高低安装蒸馏瓶，瓶底不要触及加热浴底部。用水浴锅时，瓶底应距水浴锅底 1 cm 左右。安装冷凝管的高度应和已装好的蒸馏瓶高度相适应，在冷凝管尾部通过接引管连接接收瓶（可用锥形瓶或梨形瓶，注意不要用烧杯等广口的器皿接收蒸出液）。接收瓶需事先称量并作记录。

安装仪器顺序一般总是自下而上，从左到右；要准确、端正、竖直；无论从正面或侧面观察，全套仪器的轴线都要在同一平面内；铁架都应整齐地放在仪器的背部。

在小量、半微量合成中，由于产品量少，蒸馏仪器的选择显得尤其重要。蒸馏瓶与冷凝管是蒸馏体系的主要组成部分，一般说来，沸点（bp）在 130～150℃ 以下用直形冷凝管，其长短粗细，首先决定于被蒸馏物的沸点，沸点愈低，蒸气愈不易冷凝，则需选择长一些的冷凝管，内径相应粗；反之，沸点愈高，蒸气愈易冷凝，可用较短的冷凝管，内径也相应细。当实验中需要回收溶剂，蒸馏物量多，所用蒸馏瓶的容量较大，由于受热面增加，单位时间内从蒸馏瓶内排出的蒸气量也大，因此，所需冷凝管应长些和粗些。值得注意的是，蛇形冷凝管切不可斜装，以免使冷凝液停留在其中，阻塞了通道而发生事故。冷凝水的速率也很重要，蒸馏物沸点在 70℃ 以下时，水速要快，100～120℃ 时水流应缓；沸点在 120～150℃ 时，水的流速要极缓慢；130～150℃ 时，则可考虑改用空气冷凝管；超过 150℃ 时，则必须用空气冷凝管，也可选用适当粗细的玻璃管，其长、短、粗、细要以蒸馏物的沸点和体积大小而定。在小量产品的蒸馏中，为减少产品损失，可选用直形冷凝管。

加热浴的温度一般须比蒸馏物沸点高出 20～30℃ 为宜，即使蒸馏物沸点很高，也绝不要将浴温超出 40℃。浴温过高会由于蒸馏速率过快，蒸馏瓶和冷凝器上部蒸气压过大，使大量蒸气来不及冷凝而逸出，导致产品损失，或突发着火或蒸馏物过热发生分解。

蒸馏物沸点高时，选用仪器的容积大小，更要注意与蒸馏物的体积相适。尽管如此，往往还是会发生蒸馏物易被冷凝，蒸气未达到蒸馏头支管处已经回流冷凝，液滴回到烧瓶中。此时，应迅速将简单蒸馏改为减压蒸馏，或在蒸馏瓶颈上保温。否则，持续时间过长，高沸点蒸馏物易受热分解变质。

蒸馏过程中的"过热"现象和"暴沸"现象的发生和避免，关系到蒸馏操作的成败，应该给予足够重视。

液体在沸腾时，液体释放大量蒸气至小气泡中。待气泡中的总压力增加到超过大气压，并足够克服由于液柱所产生的压力时，蒸气的气泡就上升逸出液面。此时，如在液体中有许多小空气泡或其他的气化中心时，液体就可平稳地沸腾。否则，液体的温度可能上升到超过沸点而不沸腾，这种现象称为"过热"。这时，一旦有一个气泡形成，由于液体在此温度时的蒸气压已远远超过大气压和液柱压力之和，这样就会使得上升的气泡增大得非常快，甚至将液体冲溢出瓶外，这种不正常的沸腾称为"暴沸"。因而在加热前应加入助沸物引入气化中心，以保证沸腾平稳。助沸物一般是表面疏松多孔、吸附有空气的物体，如素瓷片、沸石或玻璃沸石等。另外，也可用几根一端封闭的毛细管以引入气化中心（注意毛细管有足够的长度，使其上端可搁在蒸馏瓶的颈部；开口的一端朝下）。现较为常用的方式是通过磁子搅拌避免体系暴沸。在任何情况下，切忌将助沸物加至已受热接近沸腾的液体中，否则常因突然放出大量空气而将大量液体从蒸馏瓶口喷出造成危险。如果加热前忘了加入助沸物，补加时必须先移去热源，待加热液体冷至沸点以下后方可加入。如果沸腾中途停止，则在重新加热前应补加新的助沸物。因为起初加入的助沸物在加热时已逐出了部分空气，在冷却时吸附了液体,可能已经失效。另外,如果采用浴液间接加热,保持浴温不要超过蒸馏液沸点20℃,这种加热方式不但可大大减少瓶内蒸馏液中各部分之间的温差,而且可使蒸气的气泡,不单从烧瓶的底部上升,也可沿着液体的边沿上升,因而也可大大减小过热的可能。

【操作方法】

将待蒸馏液通过玻璃漏斗小心倒入蒸馏瓶中。加入磁子,塞好带温度计的温度计套管。先由冷凝管下口缓缓通入冷水,自上口流出引至水槽中,开动电磁搅拌,然后开始加热。加热时可以看见蒸馏瓶中液体逐渐沸腾,蒸气逐渐上升,温度计的读数也略有上升。当蒸气的顶端达到温度计液球部位时,温度计读数就急剧上升。这时应适当调小加热速率,使瓶颈上部和温度计受热,让液球上液滴和蒸气温度达到平衡。控制加热温度,调节蒸馏速率,通常以每秒1~2滴为宜。在整个蒸馏过程中,应使温度计液球上常有被冷凝的液滴滴下。此时的温度即为液体与蒸气平衡时的温度。温度计的读数就是液体(馏出液)的沸点。进行蒸馏前,至少要准备两个接收瓶。因为在达到预期物质的沸点之前,沸点较低的液体先蒸出,这部分馏液称为"前馏分";前馏分蒸完,蒸出的就是较纯的物质,应更换一个洁净干燥的接收瓶接收,当温度稳定后记下这部分液体开始馏出时和最后一滴时温度计的读数,即是该馏分的沸程;在所需要的馏分蒸出后,若再继续升高加热温度,温度计的读数会显著升高,继续蒸馏所得馏分为高沸点杂质,若维持原来的加热温度,就不会再有馏分蒸出,温度会突然下降。

蒸馏完毕,应先停止加热,然后停止通水,拆下仪器。拆除仪器的顺序和装配的顺序相反,先取下接收器,然后拆下接引管、冷凝管、蒸馏头和蒸馏瓶等。

液体的沸程常可代表它的纯度,纯粹的液体沸程一般不超过1~2℃。

【注意事项】

(1)蒸馏前根据待蒸液体量的多少,选择合适规格的蒸馏瓶是至关重要的,瓶子越大,相对地产品损失越多。从表面上看,液体是蒸完了,但瓶子中充满了蒸气,当其冷却后,即成为液体。尤其是待蒸液体积少时,更要选择大小合适的蒸馏瓶。

(2)绝大多数液体加热时,如无磁子搅拌或未加入沸石等,经常发生过热现象。当继续加热时,液体会突然暴沸,冲入冷凝管中,或冲出瓶外造成损失,甚至造成着火事故!

(3)热源:对于沸点较低、可燃的液体,宜在热水或沸水浴中加热,沸点在80℃以下的液体可用水浴加热。通常热源温度和沸点温度相差20~30℃时即可顺利进行蒸馏,若温差再小时,往往蒸馏太慢。液体沸点高于80℃以上者,可用油浴、沙浴、金属浴、电热套等加热。

(4)在蒸馏沸点高于130℃的液体时,一般需用空气冷凝管。若用水冷凝管,由于气体温度较高,冷凝管外套接口处因局部骤然遇冷容易破裂。

(5)应当注意蒸馏装置不能成封闭系统。因为一旦在封闭系统中进行加热蒸馏,随着压力升高,会引起仪器破裂或爆炸。

(6)铁夹不应夹得太紧或太松,以夹住仪器后,稍用力仪器能转动为宜。铁夹与玻璃物之间要垫有橡皮等软质物,以防加热膨胀致使仪器破损。

(7)蒸馏乙醚等低沸点有机溶剂时,特别要注意蒸馏速率不能太快,否则冷凝管不能将乙醚全部冷凝下来。应在冷凝管下端带支管的接引管侧口连接一根橡皮管,使其导入流动的水中,以便把挥发的乙醚蒸气带走。因乙醚易燃,乙醚蒸气又比空气重,总是积聚在桌面附近,不易散去,如遇明火很易发生着火事故。

【实验内容】 蒸馏 50％丙酮-水混合物

搭装简单蒸馏装置,并准备三只 15 mL 量筒作为接受器,分别注明 A、B、C。在 50 mL 圆底烧瓶内放置 30 mL 1∶1 丙酮-水混合液,使用电磁搅拌器加热、磁子搅拌蒸馏,调整加热速度使蒸馏速度为 1~2 滴/s。将初馏液收集于量筒 A,注意并记录温度计读数及接受器 A 的馏出液总体积。继续蒸馏,记录每增加 1 mL 馏出液时的温度及总体积。温度达 62℃时换量筒 B 接收,98℃时用量筒 C 接收,直至蒸馏烧瓶中残液为 1~2 mL,停止加热。记录三个馏分的体积,以馏出液温度为纵坐标,馏出液体积(mL)为横坐标,绘制温度体积曲线。

【思考题】

1. 已知 101.325 kPa 下,甲醇的沸点是 65℃,水的沸点是 100℃,试问哪一种液体在 25℃、65℃和 100℃有较高的蒸气压?

2. 蒸馏时为什么蒸馏瓶所盛液体的量不应超过容积的 2/3,也不少于 1/3?

3. 蒸馏时加入沸石的作用是什么? 如果蒸馏前忘加沸石,能否立即将沸石加至将近沸腾的液体中? 当重新蒸馏时,用过的沸石能否继续使用?

4. 在蒸馏装置中,为什么是冷凝水从冷凝管夹套下端进入从上端流出而不是流向相反?

5. 蒸馏时一般应控制馏出液保持怎样的流速? 为什么?

（六）分　馏

【实验目的】

1. 了解用分馏法分离和提纯液体化合物的原理和意义。

2. 掌握分馏柱的使用方法。

【实验原理】

利用简单蒸馏可以分离两种或两种以上沸点相差较大的液体混合物。而对于沸点相差较小的、或沸点接近的液体混合物的分离和提纯则是采取分馏的办法。根据经验,两种待分离物质的沸点差小于 30℃时,简单蒸馏往往无法实现完全分离,只有采用分馏才能得到满意的分离结果。分馏在化学工业和实验室中被广泛应用,现在最精密的分馏设备已能将沸点相差仅 1~2℃的混合物分开。

如果将几种沸点不同而又完全互溶的液体混合物加热,当其总蒸气压等于外界压力时开始沸腾气化。蒸气中易挥发组分所占的比例比原液相中所占的比例要大。若将该气体凝结成液体,其中有较多的低沸点成分,根据这一现象可以把液体混合物中的各组分分离开。

为了简化,仅讨论混合物是二组分理想溶液的情况。所谓理想溶液,即是指在这种溶液中,相同分子间的相互作用与不同分子间的相互作用是一样的。也就是各组分在混合时无热效应产生,体积没有改变。只有理想溶液才遵守拉乌尔(Raoult)定律。

由组分 R 和 S 组成的理想溶液,当 $P_{R(气)} + P_{S(气)} = P_外$ 时,即 R 和 S 的分压和等于外界压力($P_外$)时,溶液就开始沸腾,蒸气中易挥发液体的成分较在原混合液中要多。而理想溶

液,就是指遵从拉乌尔定律的溶液。这时溶液中每一组分的蒸气压等于此纯物质的蒸气压和它在溶液中的摩尔分数的乘积,即

$$P_R = P_R^0 X_R, \quad P_S = P_S^0 X_S \tag{1}$$

式中 P_R、P_S 分别为溶液中 R、S 组分的分压,P_R^0、P_S^0 分别为纯物质的蒸气压,X_R、X_S 分别为 R、S 在溶液中的摩尔分数。

根据道尔顿分压定律,气相中每一组分的蒸气压和它的摩尔分数成正比。因此,在气相中各组分蒸气的成分为

$$X_{R(气)} = \frac{P_R}{P_R + P_S}, \quad X_{S(气)} = \frac{P_S}{P_R + P_S} \tag{2}$$

由(1)和(2)可以得到

$$\frac{X_{R(气)}}{X_{S(气)}} = \frac{P_R}{P_S} = \frac{P_R^0 X_R}{P_S^0 X_S} \tag{3}$$

如果在 R 和 S 的混合液上面一定体积的蒸气中,组分 R、S 的摩尔分数与其本身的分压成正比,且(3)式中 R 比 S 更易挥发,即 $P_R^0 > P_S^0$,那么 $P_R^0 / P_S^0 > 1$。此时从(3)式可知

$$X_{R(气)} / X_{S(气)} > X_R / X_S$$

即蒸气中易挥发组分的摩尔分数 $X_{R(气)}$ 与 $X_{S(气)}$ 比值大于与之平衡的液相中的相应比。由此可知,在任何温度下蒸气相中总比与之平衡的沸腾液相中有更多的易挥发组分,利用这一原理,沸点相近的液体化合物借助分馏柱就可以被分离。

了解分馏原理最好是应用恒压下的沸点-组成曲线图(称为相图,表示这两组分体系中相的变化情况)。通常它是用实验测定在各温度时气液平衡状况下的气相和液相的组成,然后以横坐标表示组成,纵坐标表示温度而作出的(如果是理想溶液,则可直接由计算作出)。图 2.6-1 即是 0.1 MPa 下的苯、甲苯溶液的沸点-组成图,从图中可以看出,由摩尔分数 20% 的苯和 80% 的甲苯组成的液体(L_1)在 102℃时沸腾,与此液相平衡的蒸气(V_1)组成约为苯 40% 和甲苯 60%。若将此组成的蒸气冷凝成同组成的液体(L_2),则与此溶液达成平衡的蒸气(V_2)组成

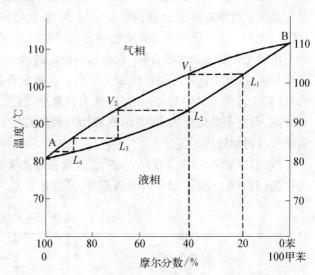

图 2.6-1　苯-甲苯体系的沸点-组成曲线图

约为苯 60% 和甲苯 40%。显然如此继续重复,即可获得接近纯苯的气相。

大多数均相液体的性质近似理想溶液,但还有许多已知的例子是非理想的。在这些溶液中不同分子相互之间的作用是不同的,以致发生对拉乌尔定律的偏离。有些溶液蒸气压

较预期的大,即所谓正向偏离;另有一些则较预期的要小,即所谓负向偏离。在正向偏离情况下,两种或两种以上的分子之间的引力要比同种分子间的引力弱,故其合并起来的蒸气压要比单一的易挥发的组分的蒸气压大。于是在此组成范围内的混合物(指图 2.6-2 X 与 Y 之间),其沸点要比任何一个纯组分低(Z 点),Z 点的组成可成为第三组分,组成了最低沸点共沸物(图 2.6-2)。这个最低沸点共沸物有一定的组成(Z 点)。

例如,水与乙醇(bp 78.5℃)形成最低沸点共沸物,沸点为 78.2℃,其组成为水(4.4%)-乙醇(95.6%)。

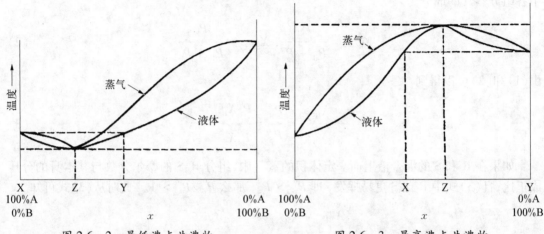

图 2.6-2 最低沸点共沸物　　　　图 2.6-3 最高沸点共沸物

在负向偏离的情况下,两种或两种以上的分子间的引力,要比同种分子间的引力大,故其合并起来的蒸气压要比单一的难挥发的组分的蒸气压低,故组成了最高沸点共沸物。于是在此组成范围内的混合物(图 2.6-3 X 与 Y 之间),沸腾温度比纯的高沸点组分还高(图 2.6-3),这个最高沸点共沸物也有一定的组成(Z 点)。因此在分馏过程中,有时可能得到与单纯化合物相似的混合物,它也具有恒定的沸点和固定的组成,其气相和液相的组成也完全相同,因此不能用分馏法进一步分离。这种混合物称为共沸混合物(或恒沸混合物),其沸点(高于或低于其中的每一组分)称为共沸点(或恒沸点)。共沸混合物虽不能用分馏来进行分离,但它不是化合物,它的组成和沸点要随压力而改变,用其他方法破坏共沸组分后再蒸馏可以得到纯粹的组分。

例如,甲酸(bp 100.7℃)与水形成最高沸点共沸物,其沸腾温度为 107.3℃,该沸点组成为甲酸(77.5%)-水(22.5%),除该点外,蒸馏该体系,在分馏时都会获得共沸组成的残液。

表 2.6-1　几种常见的共沸混合物

组成(沸点/℃)		共沸混合物	
		沸点/℃	各组分摩尔分数/%
二元共沸混合物	水(100) 乙醇(78.5)	78.2	4.4 95.6
	水(100) 苯(80.1)	69.4	8.9 91.1

组成(沸点/℃)		共沸混合物	
		沸点/℃	各组分摩尔分数/%
二元共沸混合物	乙醇(78.5)	67.8	32.4
	苯(80.1)		67.6
	水(100)	108.6	79.8
	氯化氢(-83.7)		20.2
	丙酮(56.2)	64.7	20.0
	氯仿(61.2)		80.0
三元共沸混合物	水(100)	64.6	7.4
	乙醇(78.5)		18.5
	苯(80.1)		74.1
	水(100)	90.7	29.0
	丁醇(117.7)		8.0
	乙酸丁酯(126.5)		63.0

　　连续的蒸馏过程是如何在分馏柱中实现的呢？如图2.6-4所示,在分馏过程中的液体蒸气进入分馏柱中,其中较难挥发的成分在柱内遇冷即凝为液体,流回原容器中,而易挥发成分仍为气体进入冷凝管中,冷凝为液体蒸出液(馏分)。在此过程中,柱内流回的液体和上升的蒸气进行热交换,使流回液体中较易挥发的成分,因遇热蒸气而再次气化,同时,高沸点液体蒸气在柱内冷凝时放热,使气体中的易挥发成分继续保持上升至冷凝管中。因此,这种热交换作用是提高分馏效果的必要条件之一,即要求流回的液体和上升的蒸气在柱内有充分的接触机会。为此,通常是在分馏柱内放入填充物,或设计成各种高效的塔板,使流回的液体于其上形成一层薄膜,从而保证其与上升的蒸气有最大的接触面进行热交换。同时,也有利于气液平衡。

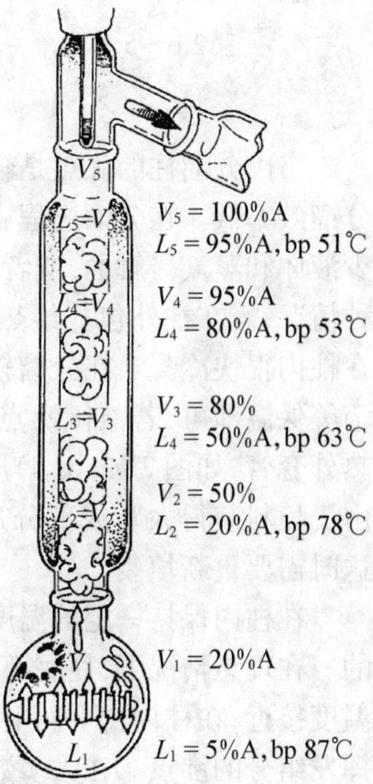

$V_5 = 100\%A$
$L_5 = 95\%A, bp\ 51℃$

$V_4 = 95\%A$
$L_4 = 80\%A, bp\ 53℃$

$V_3 = 80\%$
$L_4 = 50\%A, bp\ 63℃$

$V_2 = 50\%$
$L_2 = 20\%A, bp\ 78℃$

$V_1 = 20\%A$

$L_1 = 5\%A, bp\ 87℃$

图2.6-4　分馏过程示意图

【分馏柱及分馏效率】

　　分馏柱的种类很多,但其都有一个从蒸馏瓶通向冷凝管的垂直通道,这一垂直通道要比简单蒸馏长得多。如图2.6-5所示,当蒸气从蒸馏瓶沿分馏柱上升时,有些就冷凝下来。一般柱的下端比柱的上端温度高,沿柱流下的冷凝液有一些将重新蒸发,未冷凝的气体与重新蒸发的气体在柱内一起上升,经过一连串凝聚蒸发过程,这些过程就相当于反复的简单蒸馏。在这个过程中,每一步产生的气相都使易挥发的组分增多,沿柱流下的冷凝液体在每一层上要比与之接触的蒸气相含有更多的难挥发组分。这样整个柱内气液相之间建立了众多的气液平衡,在柱顶的蒸气几乎全是易挥发的组分,而在蒸馏瓶底部的液体则多为难挥发组分。

　　要达到这一状态,最重要的先决条件是:

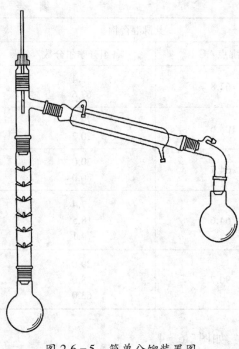

图 2.6－5 简单分馏装置图

① 在分馏柱内气液相要广泛紧密地进行接触,以利于热量的交换和传递;② 分馏柱自下而上保持一定的温度梯度;③ 分馏柱应有足够的高度;④ 混合液各组分的沸点有一定差距。

若具备了前两个条件,则沸点差距较小的化合物也可以用长的分馏柱或高效率分馏柱进行满意的分离。因为组分间沸点差距与所需的柱长之间具有反比例的关系,即组分间沸点差距越小,所需分馏柱的柱长越长;反之,组分间沸点差距越大,所需分馏柱的柱长就可以短一些。

为使气液相充分接触,最常用的方法是在柱内填上惰性材料,以增加表面积。填料包括玻璃、陶瓷,或螺旋形、马鞍形、网状形等各种形状的金属小片。

当分馏少量液体时,经常使用一种不加填充物但柱内有许多"锯齿"的分馏柱,叫韦氏分馏柱,如图 2.6－6(a)所示。

韦氏分馏柱的优点是较简单,而且较填充柱黏附的液体少;缺点是较同样长度的填充柱分馏效率低。在分馏过程中,不论使用哪一种柱,都应防止回流液体在柱内聚集,否则会减少液体和蒸气接触面,或者上升蒸气会把液体冲入冷凝管中,达不到分馏目的。为了避免这种情况,需在柱外包扎绝热物以保持柱内温度,防止蒸气在柱内很快冷凝。在分馏较低沸点的液体时,柱外包上铝箔等保温即可;若液体沸点较高,则需安装真空外套或电热外套管,如图 2.6－6(b)所示。当使用填充柱时,也往往由于填料装得太紧或部分过分紧密,造成柱内液体聚集,这时需要重新填装。

在柱内保持一定的温度梯度,对分馏来说是极为重要的。在理想情况下,柱底部的温度与蒸馏瓶内液体的沸腾温度接近,在柱内自下而上温度不断降低直至柱顶达到易挥发组分的沸点。在大多数分馏中,柱内温度梯度的保持是通过适当调节蒸馏速率建立起来的。若加热太猛,蒸出速率太快,整个柱体自上而下几乎没有温差,这样就达不到分馏的目的。另一方面,如果蒸馏瓶加热太迅猛而柱顶移去蒸气太慢,柱体将被流下来的冷凝液所液阻,发生液泛。如果要避免上述情况的出现,可以通过控制加热和回流比来实现。所谓回流比,是指在一定时间内冷凝的蒸气以及重新流回柱内的冷凝液的数量与从柱顶移去的蒸馏液数量之间的比值。回流比大,分馏效率好,但分馏速度慢。

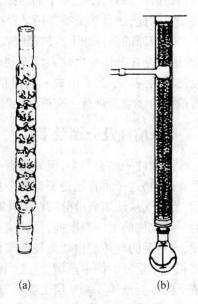

(a)
(b)

(a) 韦氏(Vigreux)分馏柱
(b) 夹套电阻丝加热分馏柱

图 2.6－6 分馏柱

在分馏柱上安装全回流可调蒸馏头(图 2.6-7),就可以测量和控制回流比。在一定的时间内从冷凝管尖端 P 滴下的液滴数量是全回流的数值,而通过活塞 S 流入接收瓶 R 的液滴数是出料量的数值。若全回流中每十滴中有一滴流入接收瓶,则回流比为 9∶1。我们知道,回流比越大,分馏效率越好。对于某些精馏,可采用 100∶1 回流比的高效分馏柱。

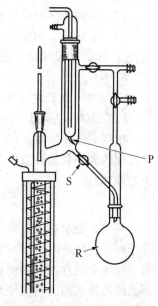

图 2.6-7
全回流可调蒸馏头

【实验内容】 50％丙酮-水混合物分馏

搭简单分馏装置,并准备三只 15 mL 量筒作为接受器,分别注明 A、B、C。在 50 mL 圆底烧瓶内放置 30 mL 1∶1 丙酮-水混合液,使用电磁搅拌器加热、磁子搅拌蒸馏,调整加热速度使分馏速度为 1~2 滴/s。将初馏液收集于量筒 A,注意并记录柱顶温度及接受器 A 的馏出液总体积。继续蒸馏,记录每增加 1 mL 馏出液时的温度及总体积。温度达 62℃ 时换量筒 B 接收,98℃ 时用量筒 C 接收,直至蒸馏烧瓶中残液为 1~2 mL,停止加热(A:56~62℃,B:62~98℃,C:98~100℃)。记录三个馏分的体积,待分馏柱内液体流回到烧瓶时测量并记录残留液体积,以柱顶温度为纵坐标,馏出液体积(mL)为横坐标,将实验结果在常压蒸馏实验所用的同一张纸上绘成沸腾曲线,讨论分离效率。

【思考题】

1. 分馏和蒸馏在原理及装置上有哪些异同? 如果是两种沸点很接近的液体组成的混合物能否用分馏来提纯呢?

2. 用分馏法提纯液体时,为了取得较好的分离效果,为什么分馏柱必须保持一定的回流比?

3. 什么是共沸混合物? 为什么不能用分馏法分离共沸混合物?

4. 根据丙酮-水混合物的蒸馏和分馏曲线,哪一种方法分离混合物各组分的效率较高?

（七）水 蒸 气 蒸 馏

【实验目的】

1. 了解水蒸气蒸馏的原理及应用。
2. 掌握水蒸气蒸馏的装置与操作技术。

【实验原理】

水蒸气蒸馏是分离、提纯有机化合物的常用方法之一,它适用于以下几种情况:
(1) 从大量树脂状杂质或不挥发性杂质中分离有机物。
(2) 除去挥发性的有机杂质。

（3）从固体多的反应混合物中分离被吸附的液体产物。

（4）某些热敏物质在达到沸点时易被破坏，用水蒸气蒸馏可在100℃以下蒸出。但使用这种方法时，被提纯物质还应具备下列条件：

a. 不溶或几乎不溶于水；

b. 与水一起长时间沸腾不起化学反应；

c. 在100℃左右具有一定的蒸气压，一般不小于1 333.2 Pa（10 mmHg）。

根据道尔顿分压定律，二组分混合液体在一定温度下，每种液体都有各自的蒸气压，其蒸气压的大小和每种液体单独存在时的蒸气压一样。整个系统的蒸气压，应为各组分蒸气压之和，即：

$$P = p_A + p_B$$

其中 p 表示总的蒸气压，p_A、p_B 分别为两物质的蒸气压。当混合物中各组分蒸气压总和等于外界大气压时，混合物开始沸腾，这时的温度即为它们的沸点。所以混合物的沸点，比每一物质单独存在时的沸点低。如果其中一种液体为水，混合物在100℃以下即开始沸腾，那么沸点比水高的物质便与水一起蒸馏出来。此时混合物蒸气压中各气体分压（p_A、p_B）之比等于它们的物质的量之比（设蒸气中两物质分别含有 n_A、n_B 摩尔），即：

$$n_A / n_B = p_A / p_B$$

而

$$n_A = W_A / M_A, \quad n_B = W_B / M_B$$

其中 W_A，W_B 为各物质在一定容积中蒸气的重量，M_A，M_B 为其式量。因此

$$W_A / W_B = (M_A n_A) / (M_B n_B) = (M_A p_A) / (M_B p_B)$$

可见，这两种物质在馏出液中的相对重量（就是它们在蒸气中的相对重量）与它们的蒸气压和式量的乘积成正比。

水具有低的式量和较大的蒸气压，其乘积 $M_水 \times p_水$ 是低的。这样就有可能来分离较高式量和较低蒸气压的物质。以溴苯为例，溴苯的沸点为156℃，水的沸点为100℃，在95.5℃时，溴苯的蒸气压为15.2 kPa，水的蒸气压为86.1 kPa，此时总的蒸气压为101.3 kPa。因此混合物在95.5℃沸腾，馏出液中两种物质之比为：

$$W_水 / W_溴苯 = (18 \times 86.1) / (157 \times 15.2) = 6.5 / 10$$

即每馏出6.5 g水可蒸出10 g溴苯，溴苯占馏出物61%。实际上蒸出的水量要多于理论计算值，这是因为上述关系式只适用于与水不互溶的物质，而实际上很多化合物在水中或多或少都有些溶解。另一个原因是，进入蒸馏瓶的水蒸气可能在一部分尚未与被提纯物质（或欲除去的挥发性有机杂质）充分混合就离开烧瓶，未起到"带走"该物质的作用。所以水蒸气蒸馏操作应注意通入的水蒸气与被蒸馏物混合均匀。

某些有机物在100℃左右时的蒸气压低于666.5 Pa（5 mmHg），在馏出液中的含量甚低，即使蒸出很多的水，也只能蒸出极少量该物质。在这种情况下，可用过热水蒸气蒸馏，其原理是利用过热水蒸气来提高此物质的蒸气压，以使其在馏出液中的含量增高。

【实验装置】

水蒸气蒸馏装置一般由水蒸气发生器（图2.7-1）和蒸馏装置（图2.7-3）两部分组成。

这两部分在连接部分尽可能紧凑,以防蒸气在通过较长的管道后有部分冷凝成水而影响水蒸气蒸馏的效果。为此,这两部分之间最好接上气液分离器(或 T 形管)(图 2.7－2),以除去其中的冷凝水。

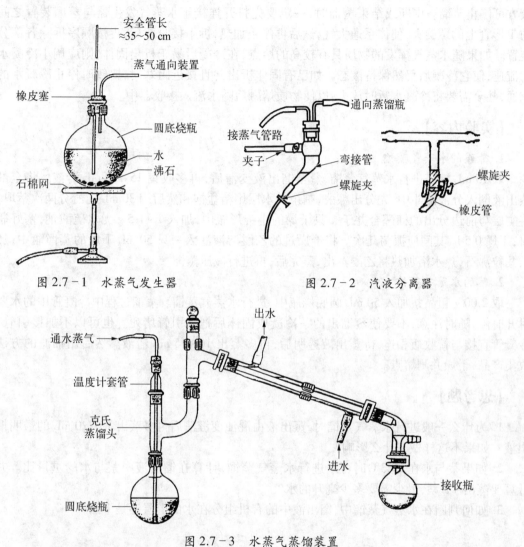

图 2.7－1　水蒸气发生器　　　　　　　图 2.7－2　汽液分离器

图 2.7－3　水蒸气蒸馏装置

【操作步骤】

水蒸气蒸馏通常采用以下两种方法:

方法 1　将需蒸馏的有机化合物放在装有克氏蒸馏头的圆底烧瓶中,克氏蒸馏头与冷凝管相接(克氏蒸馏头用来防止蒸馏时蒸馏瓶中的混合物溅入冷凝管)。然后将水蒸气经玻璃管导入蒸馏瓶的底部。在较长时间进行水蒸气蒸馏时,外部通入的水蒸气可能有部分在蒸馏瓶内冷凝下来,为此可温和地加热蒸馏瓶以防止水蒸气冷凝。

方法 2　如果只要少量水蒸气就可以把所有的有机物蒸出的话,就可以省去水蒸气发生器,而直接将有机化合物与水一起放在蒸馏瓶内,加热蒸馏瓶,使之产生水蒸气进行蒸馏。

值得注意的是,第一种方法先将被蒸物放入蒸馏瓶中,加热水蒸气发生器,直至水开始沸腾后,才可以将 T 形管上的螺旋夹旋紧,使蒸气直接进入蒸馏瓶。

水蒸气蒸馏过程中,可以看见一滴滴混浊液随热蒸气冷凝聚集在接收瓶中。当被蒸物质全部蒸出后,蒸出液由混浊变澄清,此时不要结束蒸馏,要再多蒸出 10~20 mL 的透明馏出液方可停止蒸馏。中断或结束蒸馏时,一定要先打开连接于水蒸气发生器与蒸馏装置之间的 T 形管上的螺旋夹,使体系通大气,然后再停止加热,拆下接收瓶后,再按顺序拆除各部分装置。如果随水蒸气挥发的物质具有较高的熔点,在冷凝后易于析出固体,则应调小冷凝水的流速,使它冷凝后仍然保持液态。如已有固体析出并且接近阻塞时,要暂时停止冷凝水的流通,甚至需要将冷凝水暂时放去,以使物质熔融后随水流入接收器中。

【实验内容】

1. 糠醛的水蒸气蒸馏

取 15 mL 糠醛进行水蒸气蒸馏,蒸至馏出液变清后,再多收集 15~20 mL 清液。将全部蒸出液倒入分液漏斗中,先分出糠醛,剩余的水层用精盐饱和然后用 30 mL 乙醚分两次萃取,将醚层与前边分出的糠醛合并于一只干燥的小锥形瓶中,加入 1~1.5 g 无水硫酸钠,塞好瓶口,干燥 0.5 h,其间应振荡几次。将干燥过的乙醚溶液滤入一只 50 mL 干燥的蒸馏瓶中,加入几粒沸石,热水浴加热将乙醚蒸出,蒸完后,再进行减压蒸馏。

2. 萘的水蒸气蒸馏

取 2.00 g 粗品萘加入 50 mL 圆底烧瓶中,进行水蒸气蒸馏。蒸馏过程中冷凝管中的水要时开时停,随时注意,不要使蒸馏出的萘冷凝成固体后把接引管堵死。也可以不加接引管,冷凝管直接与接收瓶相连,待蒸出液透明后,再多蒸出 10~15 mL 清液。然后用抽滤的方法收集产品,干燥并测熔点。

【思考题】

1. 为什么一般进行水蒸气蒸馏时,蒸出液由混浊变澄清后再多蒸出 15~20 mL 的透明馏出液? 如果不这样做有什么影响?

2. 如果萘与水在 99.3℃ 时可以进行水蒸气蒸馏,计算在馏出液中萘与水的重量比。并计算要蒸出 4 g 萘,最少需要多少毫升的水?

3. 如何判断在水蒸气蒸馏中,馏出液中的有机组分在水的上层还是下层?

(八) 减 压 蒸 馏

【实验目的】

1. 了解减压蒸馏的原理和应用。
2. 掌握减压蒸馏的装置与操作技术。

【实验原理】

减压蒸馏是分离、提纯有机化合物的重要方法之一,它特别适用于那些在常压下蒸馏时,未达到沸点温度就受热分解或氧化、聚合的物质。有时也因为被蒸馏物质沸点太高,而考虑采用减压蒸馏的方法。

液体的沸点是指它的饱和蒸气压等于外界大气压时的温度。因此当外界在液体表面上的压力降低时,液体的沸点也随之降低。这种在较低压力下进行蒸馏的操作称为减压蒸馏。减压蒸馏亦称真空蒸馏。

1. 图 2.8-1 的应用

在减压蒸馏前,应先查阅该化合物在所选择的压力下相应的沸点,如果查不到此数据,则可根据图 2.8-1 的经验曲线来推算。例如,已知某一个液体化合物在常压下沸点为290℃,实验中循环水泵减压下蒸馏体系压力为 20 mmHg(2.67 kPa)。该压力下,这一液体化合物的沸点是多少呢?用尺子连接(c)上的 20 mmHg(2.67 kPa)与(b)上的 290℃两点,延伸至(a)上的 160℃,便是该液体化合物在 20 mmHg 下的沸点(约为 160℃),表示为 160℃/2.67 kPa。同理,当已知某一液体化合物文献沸点为 120℃/2 mmHg(0.266 kPa), 也可以用图 2.8-1 估计出其常压下的沸点约为 295℃。

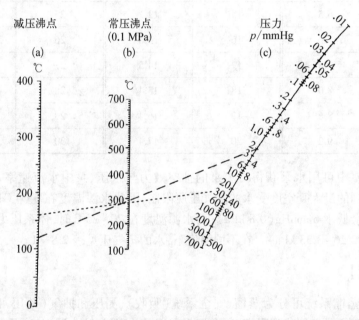

图 2.8-1　液体在常压下的沸点与减压下的沸点的近似关系图
＊按国家标准,压力的单位应为 Pa,1 mmHg=0.133 kPa。

一般来说,当压力降到 2 666.4 Pa(20 mmHg)时,大多数有机物的沸点比常压沸点降低100~120℃左右,在 1 333.2~3 333 Pa(10~25 mmHg)之间,压力每相差 133.3 Pa(1 mmHg),沸点相差约 1℃。

2. 真空度的划分

所谓真空只是相对真空,我们把任何压力较常压为低的气态空间均称为真空。因此真空在程度上有很大的差别。为了应用方便,常常把不同程度的真空划分成几个等级。

(1) 高真空($10^{-8} \sim 10^{-3}$ mmHg,$0.133 \times 10^{-8} \sim 0.133 \times 10^{-3}$ kPa)。

在实验室获得高真空主要用扩散泵。它是利用一种液体的蒸发和冷凝,使空气附着在凝聚时所形成的液滴的表面上,达到富集气体分子的目的而被另一泵抽出。该泵在这里的作用,一方面是抽走集结的气体分子,另一方面它可以降低所用液体的气化点,使其易沸腾。

扩散泵所用的工作液可以是汞或其他特殊油类,其极限真空主要决定于工作液体的性质。

（2）中度真空（气压 $10^{-3} \sim 10$ mmHg,$0.133 \times 10^{-3} \sim 1.33$ kPa）。

一般可用油泵获得,最好可达到 0.001 mmHg(0.133×10^{-3} kPa)左右。

（3）低真空（气压 $10 \sim 760$ mmHg,$1.33 \sim 101$ kPa）。

表 2.8-1　温度在 1~30℃时水的蒸气压

$t/℃$	$P/$mmHg	$t/℃$	$P/$mmHg	$t/℃$	$P/$mmHg
1	4.9	11	9.8	21	18.5
2	5.3	12	10.5	22	19.7
3	5.7	13	11.2	23	20.9
4	6.1	14	11.9	24	22.2
6	6.5	15	12.7	25	23.5
6	7.0	16	13.6	26	26.0
7	7.5	17	14.5	27	26.5
8	8.0	18	15.4	28	28.1
9	8.6	19	16.4	29	29.8
10	9.2	20	17.4	30	31.6

一般在实验室中可用水泵获得。水泵的抽空效力与水压、泵中水流速率及水温有关。好的水泵所能达到的最大真空度受水的蒸气压所限制,因此水源温度在 3~4℃时,水泵减压下的体系压力不会低于 6 mmHg(0.8 kPa);而水源温度在 20~25℃时,体系压力最低只能达到 17~25 mmHg(2.26~3.33 kPa)。在不同温度下,水的蒸气压见表 2.8-1。

【实验装置】

常用的减压蒸馏系统可分为蒸馏、安全系统（吸收）、测压和抽气（减压）四部分,如图 2.8-2 所示。整套仪器必须装配紧密,所有接头需润滑并密封,防止漏气,这是保证减压蒸馏顺利进行的先决条件。

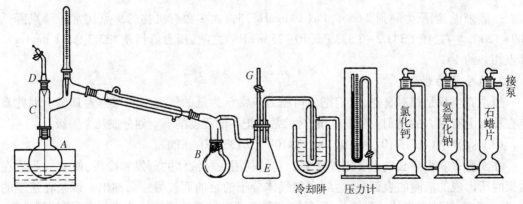

图 2.8-2　减压蒸馏装置

1. 蒸馏部分

蒸馏部分常用克氏蒸馏烧瓶,克氏蒸馏烧瓶又称双颈蒸馏烧瓶,主要优点是可以减少或避免液体沸腾时常由于暴沸或泡沫的发生而溅入蒸馏烧瓶支管的现象。为了平稳地蒸馏,避免液体过热而产生暴沸溅跳现象,可在克氏蒸馏瓶中插入一根末端拉成毛细管的玻璃管,毛细管口距离瓶底约 1~2 mm。毛细管口要很细,检查毛细管口的方法是,将毛细管插入小试管的乙醚内,用洗耳球在玻璃管口轻轻吹气,若毛细管能冒出一连串的细小气泡,仿如一条细线,即为可用。如果不冒气,表示毛细管闭塞了,不能用。玻璃管另一端应拉细一些或在玻璃管口套上一段橡皮管,用螺旋夹夹住橡皮管,用于调节进入瓶中的空气量。否则,将会引入大量空气,达不到所需要的真空度。

接受器一般采用多尾承接管和圆底烧瓶连接起来。转动多尾承接管,就可使不同的馏分进入指定的圆底烧瓶(注意,切不可用平底烧瓶或锥形瓶)。

2. 吸收部分(安全系统)

吸收装置的作用是吸收对真空泵有损害的各种气体或蒸气,借以保护减压设备,一般由下述几部分组成:

(1)冷却阱:用来冷凝水蒸气和一些挥发性物质,冷却瓶外可用冰-盐混合物、干冰-丙酮、液氮冷却。

(2)硅胶(或无水氯化钙)干燥塔:用来吸收水蒸气。

(3)氢氧化钠吸收塔:用来吸收酸性蒸气。

(4)石蜡片吸收塔:吸收某些烃类气体。

3. 测压装置

实验室通常采用水银压力计或真空表来测量减压系统的压力。图[2.8-3(a)(1)]为开口式水银压力计,两臂汞柱高度之差即为大气压力与系统中压力之差。因此,蒸馏系统内的实际压力(真空度)应是大气压力减去这一压力差。封闭式水银压力计[图2.8-3(a)(2)],两臂液面高度之差即为蒸馏系统中的真空度。测定压力时,可将管后木座上的滑动标尺的零点调整到右臂的汞柱顶端线上,这时左臂的汞柱顶端线所指示的刻度即为系统的真空度。开口式压力计较笨重,读数方式也较麻烦,但读数比较准确。封闭式的比较轻巧,读数方便,但常常因为有残留空气以致不够准确,需用开口式来校正。图[2.8-3(a)(3)]为转动式真空规,又称麦氏真空规(Mcleodvacuum gauge),当体系内压力降至 1 mmHg 以下时使用。平时

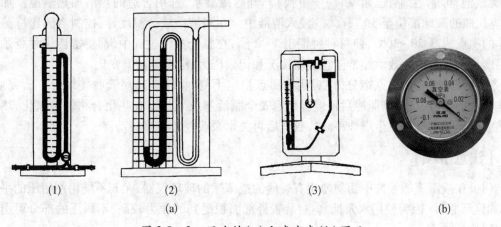

(1)	(2)	(3)
(a)		(b)

图 2.8-3 压力计(a)和真空表(b)图示

麦氏真空规横向放置,待系统减压后,欲观察压力时,才将真空规向左慢慢旋至垂直位置。右臂水银面升至一标准线,此时左臂水银液面所达到的刻度即为系统内压力。读数完毕应将真空规慢慢向右旋转至横向位置。所有的压力计使用时都应避免水或其他污物进入压力计内,否则将严重影响其准确度。图 2.8-3(b)为真空表,是循环水泵中常用的测压仪表。水泵未工作状态下,表的初始值为 0;水泵工作状态下,其测量值介于 0~-0.1 MPa 之间。真空表上的指示值不是真空度的绝对值,而是真空度的相对值。如真空表的读数为 0.095,则系统内的压力为 $1.01 \times 10^5 \times (1-0.095)$ Pa,即约为 5 kPa(38 mmHg)。

4. 减压部分

在有机化学实验室通常使用水泵和油泵进行减压。

● 水泵

水泵所能抽到的最低压力,理论上相当于当时室温下的水蒸气压力。例如,水温在 25℃、20℃、10℃时,水蒸气压力分别为 3 200、2 400、1 203 Pa(24、18、9 mmHg)(目前有些实验室所使用的循环机械水泵可接近这一数值)。用水泵抽气时,应在水泵前装上安全瓶,以防止压力下降时,水流倒吸。停止蒸馏时要先放气,然后关水泵。

● 油泵

若要较低的压力,可使用油泵。好的油泵能抽到 $10^{-3} \sim 10^{-1}$ mmHg,$0.133 \times 10^{-3} \sim 0.133 \times 10^{-1}$ kPa 以下。油泵的好坏决定于其机械结构和油的质量,使用油泵时必须把它保护好,如果蒸馏挥发性较大的有机溶剂时,有机溶剂会被油吸收,结果增加了蒸气压从而降低了抽空效能;如果是酸性蒸气,还会腐蚀油泵;如果是水蒸气就会使油成乳浊液搞坏真空油。因此,使用油泵时必须注意下列几点:① 在蒸馏系统和油泵之间,必须装有吸收装置;② 蒸馏前必须先用水泵彻底抽去系统中的有机溶剂的蒸气;③ 减压系统必须保持密封不漏气,橡皮管要用厚壁的真空橡皮管,磨口玻璃须涂上真空脂,但不宜过多,旋转至磨口处透明即可。

【实验操作】

仪器安装好后,需先试系统是否漏气,方法是:关闭毛细管,减压至压力稳定以后,捏住连接系统的橡皮管,观察压力计有无变化,无变化说明不漏气,有变化即表示漏气。漏气,可能是接头部分连接不紧密,或没有用油脂润滑好。检查仪器不漏气后,加入待蒸的液体,量不要超过蒸馏瓶容积的一半。开始减压,调节螺旋夹,使液体中有连续平稳的小气泡通过(如无气泡,可能毛细管已阻塞,应予更换)。开启冷凝水,选用合适的热浴加热蒸馏。加热时,克氏瓶的圆球部位至少应有 2/3 浸入浴液中。在浴液中放一温度计,控制浴温比待蒸馏液体的沸点约高 20~30℃,使每秒钟馏出 1~2 滴,在整个蒸馏过程中,都要密切注意瓶颈上的温度计和压力的读数。经常注意蒸馏情况和记录压力、沸点等数据变化。

往往开始时有低沸点馏分,待观察到沸点稳定不变时,转动燕尾管收接馏分。蒸完后,应先移去加热浴,待蒸馏瓶冷后再慢慢开启安全瓶活塞放气。因有些化合物较易氧化,热时突然放入大量空气会发生爆炸事故!放气后再关水泵或停止油泵转动。

【注意事项】

(1)在减压蒸馏系统中切勿使用有裂缝的或薄壁的玻璃仪器,尤其不能用不耐压的平底瓶(如锥形瓶)。因为使用水泵抽真空,装置外部面积受到的压力较高,不耐压的部分可引起内向爆炸。

（2）减压蒸馏最重要的是系统不漏气,压力稳定,平稳沸腾。为了防止暴沸,保持稳定沸腾,可采用磁子搅拌或拉制一根细而柔软的毛细管尽量伸到蒸馏瓶底部。在减压蒸馏中加入沸石,一般对防止暴沸是无效的。蒸馏时,为了控制毛细管的进气量,可在露于瓶外的毛细玻璃管上套一段乳胶管,并夹一螺旋夹,最好在橡皮管中插入一段细铁丝,以免因螺旋夹夹紧后不通气,或夹不紧进气量过大。有些化合物遇空气很易氧化,在减压时,可由毛细管通入氮气或二氧化碳气体保护。

（3）蒸出液接收部分,通常使用燕尾管,连接两个梨形瓶或圆底烧瓶。在安装接收瓶前需先称每个瓶的质量,并作记录以便计算产量。

（4）在使用水泵时应特别注意因水压突然降低,使水泵不能维持已经达到的真空度,蒸馏系统中的真空度比该时水泵所产生的真空度高,因此,水会流入蒸馏系统沾污产品。为了防止这种情况,需在水泵和蒸馏系统间安装安全瓶。

【实验内容】 糠醛的减压蒸馏

在 50 mL 的蒸馏瓶中加入 15 mL 糠醛,装好仪器,进行减压蒸馏。在蒸馏以前,先从手册上查出它们在不同压力下的沸点,供减压蒸馏时参考。

【思考题】

1. 为什么有些化合物需要用减压蒸馏进行提纯?

2. 使用油泵时要注意哪些事项? 在减压蒸馏系统中为什么要有吸收装置? 其作用是什么?

3. 在进行减压蒸馏时,为什么必须用油浴加热? 为什么必须先抽真空后加热而不是相反?

4. 当减压蒸完所要的化合物后,应如何停止减压蒸馏? 为什么?

（九）萃　取

【实验目的】

1. 了解萃取的基本原理,掌握分液漏斗的使用方法。
2. 学习利用酸碱法进行多组分的分离提纯。

【实验原理】

萃取是分离和提纯有机化合物常用的方法之一。通常被萃取的是固体或液体物质。

从液体中萃取常用分液漏斗,从固体中萃取一般用脂肪提取器。应用萃取法可以从固体或液体混合物中提取所需要的物质,也可用以洗去混合物中的少量杂质。通常称前者为"抽提"或"萃取",称后者为"洗涤"。

从液体中萃取,即液-液萃取,其理论依据为分配定律。假如一物质在两液相 A 和 B 中的浓度分别为 c_A 和 c_B,则在一定温度下 $c_A / c_B = K$, K 为常数,即分配系数。它可近似地看作为此物质在两溶剂中溶解度之比。

设在 V 毫升的溶液中溶解有 W_0 克的物质,每次用 S 毫升与上述溶液不互溶的有机溶剂重复萃取。假如 W_1 克为萃取一次后物质剩余量,则在原溶液中的浓度和在提取溶剂中的浓度就分别为 W_1/V 和 $(W_0-W_1)/S$,两者之比应等于 K,即

$$\frac{W_1/V}{(W_0-W_1)} = K$$

或

$$W_1 = W_0 \frac{KV}{Kv+S}$$

同理,设 W_2 克为萃取两次后物质剩余量,则有

$$\frac{W_2/V}{(W_1-W_2)/S} = K$$

或

$$W_2 = W_1 \frac{KV}{KV+S} = W_0\left(\frac{KV}{KV+S}\right)^2$$

因此,设 W_n 克为萃取 n 次后物质剩余量,应有

$$W_n = W_0\left(\frac{KV}{KV+S}\right)^n$$

当用一定量的溶剂萃取时,因上式中 $\frac{KV}{KV+S} < 1$,故 n 越大 W_n 就越小,即把一定量溶剂分成多次萃取的效果较好。例如,含有 4 克某有机酸的 100 mL 水溶液,15℃时用 100 mL 苯来萃取该酸。已知 15℃时该酸在水和苯中的分配系数 $K = 1/3$。用 100 mL 苯一次萃取后,该酸在水溶液中的剩余量为:

$$W_1 = 4 \times \frac{\frac{1}{3} \times 100}{\frac{1}{3} \times 100 + 100} = 1.0 \text{ g}$$

如果 100 mL 苯分 3 次萃取,每次用 33.33 mL 苯,经过第 3 次萃取后,该酸在水溶液中的剩余量为:

$$W_3 = 4 \times \left[\frac{\frac{1}{3} \times 100}{\frac{1}{3} \times 100 + 33.3}\right]^3 = 0.5 \text{ g}$$

【萃取溶剂的选择】

1. 选择合适萃取溶剂的原则

一般从水中萃取有机物,要求溶剂在水中溶解度很小或几乎不溶;被萃取物在溶剂中要

比在水中溶解度大;对杂质溶解度要小;溶剂与水和被萃取物都不反应;萃取后溶剂应易于用简单蒸馏回收。此外,价格便宜、操作方便、毒性小、溶剂沸点不宜过高、化学稳定性好、密度适当也是应考虑的条件。一般地讲,难溶于水的物质用石油醚提取;较易溶于水的物质,用乙醚或甲苯萃取;易溶于水的物质则用乙酸乙酯萃取效果较好。

2. 经常使用的溶剂

乙醚、氯仿、石油醚、二氯甲烷、正丁醇、乙酸乙酯等,使用乙醚的最大缺点是容易着火,在实验室中可以小量使用,但在工业生产中不宜使用,以甲基叔丁基醚代替。

【萃取操作方法及装置】

萃取的主要仪器是分液漏斗(图 2.9 - 1)。使用前须在下部活塞上涂凡士林,然后,于漏斗中放入水摇荡,检查两个塞子处是否漏水。确实不漏时再使用。

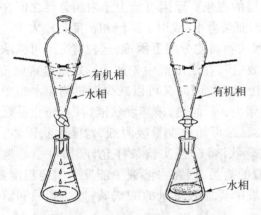
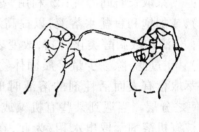

图 2.9 - 1　使用分液漏斗萃取　　　　图 2.9 - 2　摇动分液漏斗的正确持法

将水溶液倒入分液漏斗中,加入溶剂,塞紧塞子,右手握住漏斗口颈,食指压紧漏斗塞,左手握在漏斗活塞处,拇指压紧活塞,把漏斗放平摇荡,见图 2.9 - 2,然后,把漏斗上口向下倾斜,下部支管指向斜上方,但要注意不要指向其他实验者。左手仍握在活塞支管处,食拇两指开动活塞放气(图 2.9 - 3),经几次摇荡、放气后,把漏斗架在铁圈上,并把上口塞子上的小槽对准漏斗口颈上的通气孔。待液体分层后,将两层液体分开。下层液体由下部支管放出,上层液体应由上口倒出。应注意哪一层为有机溶液,将它存放在干燥的锥形瓶中,水溶液再

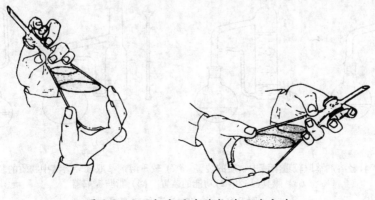

图 2.9 - 3　分液漏斗放气的正确方法

倒回分液漏斗中,留待再一次萃取。如分不清哪一层是有机溶液,可取少量任何一层液体,于其中加水,如加水后分层,即为有机相;不分层,说明是水相。在实验结束前,均不要把萃取后的水溶液倒掉,以免一旦搞错无法挽救！有时萃取剂溶解有机物后,密度会改变,不要以为密度小的溶剂在萃取时一定在上层。

用乙醚萃取时,应特别注意周围不要有明火。摇荡时,用力要小,时间短,应多摇多放气,否则,漏斗中蒸气压力过大,液体会冲出造成事故。

用分液漏斗进行萃取,应选择比被萃取液大 1~2 倍体积的分液漏斗。初学者往往忽略估计溶液和溶剂的体积,将分液漏斗中的溶液和溶剂装得很满,振摇时不能使溶剂和溶液分散为小的液滴,被萃取物质不能与两溶液充分接触,影响了该物质在两溶剂中的分配,降低了萃取效率。

在萃取某些含有碱性或表面活性较强的物质(如蛋白质、长链脂肪酸等)时,易出现经摇振后溶液乳化,不能分层或不能很快分层的现象。原因可能由于两相分界之间存在少量轻质的不溶物;也可能两液相交界处的表面张力小;或由于两液相密度相差太少。碱性溶液(例如氢氧化钠等)能稳定乳状质的絮状物而使分层更困难,这种情况下可采取如下措施：① 采取长时间静置；② 利用"盐析效应",在水溶液中先加入一定量电解质（如氯化钠）,或加饱和食盐水溶液,以提高水相的密度,同时又可以减少有机物在水相中的溶解度；③ 滴加数滴醇类化合物,改变表面张力；④ 加热,破坏乳状液(注意防止易燃溶剂着火)；⑤ 过滤,除去少量轻质固体物(必要时可加入少量吸附剂,滤除絮状固体)。如若在萃取含有表面活性剂的溶液时形成乳状溶液,当实验条件允许时,可小心地改变pH,使之分层。当遇到某些有机碱或弱酸的盐类,因在水溶液中能发生一定程度解离,很难被有机溶剂萃取出水相,为此,在溶液中要加入过量的酸或碱,以达到顺利萃取之目的。

对于某些在原溶液中溶解度很大的物质,用分液漏斗分次萃取效率很低,为了减少萃取溶剂的量,宜采用连续萃取。其装置有两种,如图2.9-4所示,分别适用于自较重的溶液中用较轻溶剂进行萃取,和自较轻的溶液中用较重溶剂进行萃取。其过程都是溶剂在萃取后

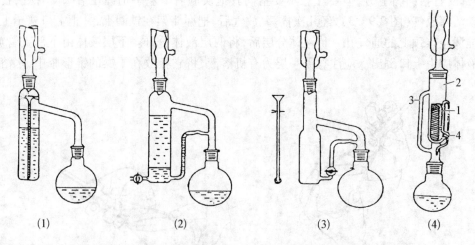

(1) 较轻溶剂萃取较重溶液中物质的装置　(2) 较重溶剂萃取较轻溶液中物质的装置
(3) 兼具(1)和(2)功能的装置　(4) 脂肪提取器

图 2.9-4　连续萃取装置

自动流入加热容器中,经蒸发冷凝后,再进行萃取,如此循环不已,就能萃取出绝大部分的物质。连续萃取的缺点是萃取时间长。

【实验内容】

三组分混合物的分离。

【实验试剂】

三组分混合物(甲苯、苯胺和苯甲酸)、盐酸 6 mol/L、盐酸 2 mol/L、NaOH 6 mol/L、NaHCO₃(饱和)、乙醚、粒状氢氧化钠。

【实验步骤】

用萃取法(酸碱法)分离三组分混合物,参考如下分离流程:

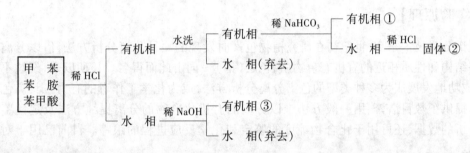

取 25 mL 混合物[1]充分搅拌下逐渐加入 6 mol/L 盐酸[2],使混合物溶液 pH＝2～3,将其转移至分液漏斗中,静置、分层,水相放入锥形瓶中待处理。向分液漏斗中的有机相加入适量水,洗去附着的无机酸,分离,弃去洗涤液,边摇荡边向有机相滴加饱和碳酸氢钠,使溶液 pH＝8～9,静置、分层。将有机相①分出,置于一干燥的锥形瓶中,用适量无水氯化钙干燥。常压蒸馏得一无色透明液体,约 12 mL,记录沸点范围。请问这是何物?

被分出的水相,置于一小烧杯中,不断搅拌下,滴加在 2 mol/L 盐酸,至溶液 pH＝2～3,此时有大量白色沉淀析出,得固体②。过滤,选择合适溶剂重结晶,干燥,称重约 0.8 g,测熔点,请问这是何化合物?(参考实验三重结晶和过滤)

将上述第一次置于锥形瓶待处理的水相,边振荡边加入 6 mol/L 氢氧化钠,使溶液 pH＝10,静置、分层。水层用乙醚萃取两次,并与有机相③合并置于锥形中。用粒状氢氧化钠干燥。先蒸去乙醚(温水浴),然后加入少量锌粉进行常压蒸馏(空气浴),得一无色透明液体 6～7 mL,记录沸点范围。请问这是何化合物?

【注释】

[1] 25 mL 混合物由 13 mL 甲苯、8 mL 苯胺和 10 mL 苯甲酸组成。
[2] 所用试剂用量均由学生通过计算后确定。

【思考题】

1. 此三组分分离实验中,利用了什么性质,在萃取过程中各组分发生的变化是什么? 写出详细的分离提纯的流程图。

2. 乙醚作为一种常用的萃取剂,其优缺点是什么?

3. 若用下列溶剂乙醚、氯仿、乙酸乙酯、苯等萃取水溶液,它们将在上层还是下层?

4. 实验室现有三组分混合物,已知其中含有对甲苯胺(一种碱)、苯酚(一种弱酸)和萘(一种中性物质),试根据其性质和溶解度,设计合理方案将各组分分离出来。

(十) 薄层色谱(TLC)

【实验目的】

1. 学习薄层色谱技术的原理和方法。
2. 掌握薄层色谱分离鉴定有机化合物的方法。

【实验原理】

色谱分离技术是20世纪初在研究植物色素时发现的一种分离分析方法,借以分离和鉴定一些结构和性质相近的有机有色物质,色层(谱)一词由此而得名。长期以来,经过不断改进,已成功地发展成为多种类型的色谱分离分析方法,成为化学工作者的有力工具。色谱分离技术提供了数目浩繁、用一般方法难以分离的有机化合物的分离提纯方法及定性鉴别和定量分析的数据,还可用于化合物纯度的鉴定和化学反应进程的跟踪。目前已用于对映体的分离。

与经典的分离提纯手段相比,色谱法具有高效、灵敏、准确及简便等特点,已广泛用于有机化学、生物化学的科学研究和有关的化工生产等领域内。

色谱法按其操作不同,可分为薄层色谱、柱色谱、纸色谱、气相色谱和高效液相色谱;按其作用原理不同又可分为吸附色谱、分配色谱、离子交换色谱和凝胶渗透色谱。

色谱法分离的基本原理,是利用混合物各组分在固定相和流动相中分配平衡常数的差异。简单地说,当流动相流经固定相时,由于固定相对各组分的吸附或溶解性能的不同,使吸附力较弱或溶解度较小的组分在固定相中移动速度较快,在多次反复平衡过程中导致各组分在固定相中形成了分离的"色带",从而得到了分离。

薄层色谱(thin layer chromatography)常用TLC表示。

薄层色谱是吸附色谱的一种,其原理是由于混合物中的各个组分对吸附剂(固定相)的吸附能力不同,当展开剂(流动相)流经吸附剂时,进行反复的吸附和解吸作用,吸附力弱的组分随流动相向前移动,吸附力强的组分滞留在后,由于各组分具有不同的移动速率,最终得以在固定相薄层上分离。这一过程可表示为:

$$化合物在固定相 \overset{K}{\rightleftharpoons} 化合物在流动相$$

平衡常数 K 的大小取决于化合物吸附能力的强弱。一个化合物愈强烈地被固定相吸附,K 值愈低,那么这个化合物沿着流动相移动的距离就愈小。

薄层色谱除了用于分离外,更主要的是通过与已知结构化合物相比较来鉴定少量有机物的组成。此外,薄层色谱也经常用于寻找柱色谱的最佳分离条件。

应用薄层色谱进行分离鉴定的方法是将被分离鉴定的试样用毛细管点在薄层板一端,

样点干后放入盛有少量展开剂的器皿中展开。借吸附剂的吸附作用,展开剂携带着组分沿着薄层板缓慢上升,如各个组分本身有颜色,那么待薄层板干燥后就会出现一系列的斑点;如果化合物本身不带颜色,那么可以用显色方法使之显色,如用荧光板,可在紫外灯下进行分辨。

一个化合物在薄层板上上升的高度与展开剂上升的高度的比值称为该化合物的 R_f 值(比移值):

$$R_f = \frac{溶质的最高浓度中心至原点的距离}{溶剂前沿至原点中心的距离}$$

当实验条件严格控制时,每种化合物在选定的固定相和流动相体系中有特定的 R_f 值,把不同的 R_f 值的数据积累起来可以供鉴定化合物用。但是在实际工作中,R_f 值的重复性较差,因此不能孤立地用比较 R_f 值来进行鉴定。然而当未知物与已知结构的化合物在同一薄层板上用几种不同的展开剂展开时都有相同的 R_f 值时,那么就可以将未知物与已知物在同一块板上点样,在适合于分离已知物的展开剂中展开,通过比较 R_f 值即可确定未知物,如图 2.10-1(1)。TLC 也可以用于监视某些化学反应的进程,以寻找出该反应的最佳反应时间和达到的最高反应产率。反应进行一段时间[图 2.10-1(2)所示的 1 h 和 2 h]后,将反应混合物和产物的样品分别点在同一块薄层板上,展开后观察反应混合物中反应物斑点体积不断减少和产物斑点体积逐步增加,了解反应进行的情况。

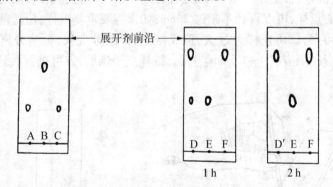

(1) 未知物的鉴定　　　　(2)利用薄板监测化学反应

A:已知物;B:未知物;C:未知物;D,D′:反应混合物;E:反应物;F:产物

图 2.10-1　用薄层色谱鉴定化合物

【实验操作】

1. 薄层板的制法

薄层色谱常用的吸附剂是硅胶或氧化铝,常用的粘合剂是锻石膏、羧甲基纤维素钠等。硅胶是无定形多孔性物质,略具酸性,适用于酸性物质的分离和分析。薄层色谱用的硅胶分为"硅胶 H"——不含粘合剂;"硅胶 G"——含锻石膏粘合剂;"硅胶 HF_{254}"——含荧光物质,可于波长 254 nm 紫外光下观察荧光;"硅胶 GF_{254}"——既含锻石膏,又含荧光剂等类型。

与硅胶相似,氧化铝也因含粘合剂或荧光剂而分为氧化铝 G、氧化铝 GF_{254} 及氧化铝 HF_{254}。

粘合剂除上述的锻石膏($2CaSO_4 \cdot H_2O$)外,还可用淀粉、羧甲基纤维素钠。通常又将薄层板按加粘合剂和不加粘合剂分为两种,加粘合剂的薄层板称为硬板,不加粘合剂的称为软板。

氧化铝的极性比硅胶大,比较适用于分离极性较小的化合物(烃、醚、醛、酮、卤代烃等)。由于极性化合物能被氧化铝较强烈地吸附,分离较差,R_f 较小;相反,硅胶适用于分离极性较大的化合物(羧酸、醇、胺等),而非极性化合物在硅胶板上吸附较弱,分离较差,R_f 较大。

薄层板分为"干板"与"湿板"。干板在涂层时不加水,一般用氧化铝作吸附剂时使用。这里主要介绍湿板。湿板的制法有以下几种:

(1)涂布法:利用涂布器铺板。

(2)浸法:把两块干净玻璃片背靠背贴紧,浸入吸附剂与溶剂调制的浆液中,取出后分开,晾干。

(3)平铺法:把吸附剂与溶剂调制的浆液倒在玻璃片上,用于轻轻振动至平。

平铺法较为简便,本实验采用此法。取 5 g 硅胶 GF_{254} 与 13 mL 0.5%~1% 的羧甲基纤维素钠水溶液,在烧杯中调匀,铺在清洁干燥的玻璃片上,大约可铺 10 cm × 4 cm 玻璃片 8~10 块,薄层的厚度约 0.25 mm。室温晾干后,在 110℃ 烘箱内活化 0.5 h,取出放冷后即可使用。

2. 点样

将样品用低沸点溶剂配成 1%~5% 的溶液,用内径小于 1 mm 的毛细管点样(图 2.10-2)。点样前,先用铅笔在薄层板上距一端 1 cm 处轻轻划一横线作为起始线,然后用毛细管吸取样品,在起始线上小心点样,斑点直径不超过 2 mm;如果需要重复点样,应待前一次点样的溶剂挥发后,方可重复再点,以防止样点过大,造成拖尾、扩散等现象,影响分离效果。若在同一板上点两个样,样点间距应在 1~1.5 cm 为宜。待样点干燥后,方可进行展开。

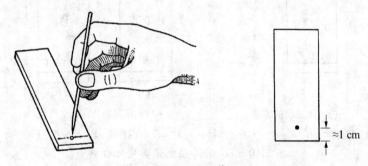

图 2.10-2 毛细管点样

3. 展开

薄层展开要在密闭的器皿中进行(图 2.10-3),如广口瓶或带有橡皮塞的锥形瓶都可作为展开器。加入展开剂的高度为 0.5~1.0 cm,可在展开器中放一张滤纸,以使器皿内的蒸气很快地达到气液平衡,待滤纸被展开剂饱和以后,把带有样点的板(样点一端向下)放入展开器内,并与器皿成一定的角度,同时使展开剂的水平线在样点以下,盖上盖子。当展开剂上升到接近板的顶部时取出,并立即用铅笔标出展开剂的前沿位置,待展开剂干燥后,在紫外灯下观察斑点的位置。

4. 显色

被分离的样品本身有颜色,薄层展开后,即可直接观察到斑点。若样品无颜色,则需要

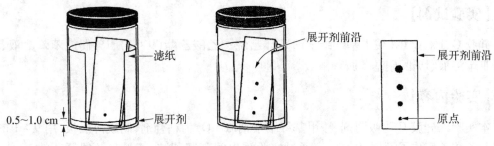

图 2.10 - 3　薄层色谱展开

进行显色。

紫外灯显色　硅胶 GF_{254}、硅胶 HF_{254} 是在硅胶中加入了 0.5% 的荧光粉,这样的荧光薄层在紫外灯下,薄层本身显荧光,样品斑点成暗点。如果样品本身具有荧光,经层析后可直接在紫外灯下观察斑点位置。

显色剂显色　使用一般吸附剂,在样品本身无色的情况下需使用显色剂。

通用性的显色剂有如下几种。

● 碘

＊ 0.5% 碘的氯仿溶液:热溶液喷雾在薄板上,当过量碘挥发后,再喷 1% 的淀粉溶液,出现蓝色斑点。

＊ 碘蒸气:将少许碘结晶放入密闭容器中,容器内为碘蒸气饱和,将薄板放入容器后几分钟即显色,大多数化合物呈黄棕色。还可在容器内放一小杯水,增加湿度,提高显色灵敏度。这种方法是基于有机物可与碘形成分子络合物(烷烃和卤代烷烃除外)而带有颜色。板在空气中放置一段时间,由于碘升华,斑点即消失。

● 硫酸

＊ 浓硫酸与甲醇等体积小心混合后冷却备用;

＊ 15% 浓硫酸正丁醇溶液;

＊ 5% 浓硫酸乙酸酐溶液;

＊ 5% 浓硫酸乙醇溶液;

＊ 浓硫酸与乙酸等体积混合。

使用以上任一硫酸试液喷雾后,空气干燥 15 min,于 110℃加热至显色,大多数化合物炭化呈黑色,胆固醇及其脂类有特殊颜色。

● 磷钼酸

5%~10% 磷钼酸乙醇溶液,薄板展开后吹干展开剂,于显色剂中沾湿或喷壶喷匀,热枪吹热至显色清晰。

5. 记录

薄板层析的记录,应该包括薄板种类、展开剂组成情况,并将展开后的薄板情况画出图示:标明点样线(展开起始线)、溶剂展开前沿,通过显色能够观察到的薄板上所有样点情况、样点的图示应该与实际观察到的点的大小和形状一致;因为各类化合物的性质差别,显色强弱与斑点大小并不都能反映含量多少,因此需要特别注意不要遗漏显色较弱的斑点。计算 R_f 值时应以斑点的中心位置量取距离。

【实验试剂】

硅胶 G、1% CMC(羧甲基纤维素钠)、环己烷：乙酸乙酯(9∶1)、1%偶氮苯苯溶液、1%苏丹Ⅲ苯溶液、1%间硝基苯胺苯溶液。

【实验内容】

本实验以硅胶 G 为吸附剂,羧甲基纤维素钠(CMC)为粘合剂,制成薄层板,用9∶1的环己烷与乙酸乙酯作展开剂(9∶1)。通过实验测出间硝基苯胺、苏丹Ⅲ及偶氮苯的 R_f 值,并分析确定混合试样的组成。

【思考题】

1. 在一定的操作条件下,为什么可利用 R_f 值来鉴定化合物?
2. 在调制硅胶板时,糊状物应该怎样调制?
3. 在混合物薄层色谱中,如何判定各组分在薄层上的位置?
4. 展开剂的高度超过了点样线,对薄层色谱有何影响?

(十一) 柱 色 谱

【实验目的】

1. 学习柱色谱技术的原理和方法。
2. 掌握柱色谱技术分离有机化合物的方法。

【实验原理】

柱色谱(又称柱上层析)是最早的色谱法,简称柱层析。1903 年首次成功地用于植物色素的分离。现在,对于分离相当大量的混合物仍是最有用的一个方法。柱色谱常见的有吸附色谱、分配色谱和离子交换色谱。吸附色谱常用氧化铝和硅胶为吸附剂,填装在柱中的吸附剂将混合物中各组分先从溶液中吸附到其表面上,而后用溶剂洗脱。溶剂流经吸附剂时发生无数次吸附和脱附的过程,由于各组分被吸附的程度不同,吸附强的组分移动得慢留在柱的上端,吸附弱的组分移动得快在柱的下端,从而达到分离的目的。分配色谱与液-液连续萃取法相似,它是利用混合物中各组分在两种互不相溶的液相间的分配系数不同而进行分离,常以硅胶、硅藻土和纤维素作为载体,以吸附的液体作为固定相。离子交换色谱是基于溶液中的离子与离子交换树脂表面的离子之间的相互作用,使有机酸、碱或盐类得到分离。

1. 吸附剂

常用硅胶和氧化铝。吸附剂一般经纯化和活性处理,颗粒均匀,吸附剂颗粒越小,表面积越大,吸附能力越高,但溶剂流速越慢。供柱色谱用的氧化铝有酸性、中性和碱性三种。酸性氧化铝用1%盐酸浸泡后用蒸馏水洗至氧化铝悬浮液的 pH 为 4,用于分离酸性物质;中性氧化铝的 pH 约为 7.5,用于分离中性物质;碱性氧化铝的 pH 为 10,用于分离胺或其他碱性化合物。吸附剂的活化一般是用加热的办法,氧化铝随着表面含水量的不同而分成 5 个活性等级。

Ⅰ级氧化铝活性最高,并且很容易失去活性,加入水可以制备其他等级的氧化铝,其活性递减。Ⅰ级氧化铝常用于分离非极性有机化合物,其他等级的氧化铝用于分离极性稍高的有机化合物。硅胶一般用于分离极性的有机化合物。

2. 溶质的结构与吸附能力的关系

化合物的吸附性与它们的极性成正比,化合物分子中含有极性较大的基团时,吸附性也较强,吸附剂对各种化合物的吸附性按以下次序递减:

酸和碱>醇、胺、硫醇>酯、醛、酮>芳香族化合物>卤代物、醚>烯>饱和烃

3. 溶解样品溶剂的选择

样品溶剂的选择也是重要的一环,通常根据被分离化合物中各种成分的极性、溶解度和吸附剂活性等来考虑:① 溶剂要求较纯,否则会影响样品的吸附和洗脱。② 溶剂和吸附剂不起化学反应。③ 溶剂的极性应比样品极性小一些,否则样品不易被吸附剂吸附。④ 样品在溶剂中的溶解度不能太大,否则影响吸附;也不能太小,如太小,上样溶液的体积增加,易使色谱分散。常用的溶剂有石油醚、甲苯、乙醇、乙醚、氯仿等,沸点不宜过高,一般在40~80℃之间。有时也可用混合溶剂。如有的成分含有较多的极性基团,在极性较小的溶剂中溶解度太小时,可先选用极性较大的氯仿溶解,而后加入一定量的甲苯,这样既降低了溶液的极性,又减少了上样溶液的体积。

4. 洗脱剂

样品吸附在吸附柱上后,用合适的溶剂进行洗脱,这种溶剂称为洗脱。洗脱剂的选择通常是先用薄层色谱法进行探索,这样只需花较少的时间就能完成对溶剂的选择试验,然后将薄层色谱法找到的最佳溶剂或混合溶剂用于柱色谱。

层析的展开首先使用非极性溶剂,用来洗脱出极性较小的组分。然后用极性稍大的溶剂将极性较大的化合物洗脱下来。通常使用混合溶剂,在非极性溶剂中加入不同比例的极性溶剂,这样使极性不会剧烈增加,防止柱上"色带"很快洗脱下来。常用溶剂和混合溶剂的洗脱力按递增次序排列如下:

己烷和石油醚<环己烷<四氯化碳<三氯乙烯<二硫化碳<甲苯<苯<二氯甲烷<氯仿<环己烷-乙酸乙酯(80∶20)<二氯甲烷-乙醚(80∶20)<二氯甲烷-乙醚(60∶40)<环己烷-乙酸乙酯(20∶80)<乙醚<乙醚-甲醇(99∶1)<乙酸乙酯<四氢呋喃<丙酮<正丙醇<乙醇<甲醇<水<吡啶<乙酸<甲酸

影响柱色谱分离的因素包括:① 吸附剂;② 溶剂的极性;③ 相对于需待分离的物料量的柱子尺寸(长度和直径);④ 洗脱的速率。借助于仔细选择各种条件,几乎任何混合物均可被分离,甚至可以用光学活性的固定相来分离对映异构体。

【柱色谱装置】

色谱柱装置是一根带有下旋塞或无下旋塞的玻璃管,如图2.11-1所示。一般来说,吸附剂的质量应是待分离物质质量的25~30倍,根据待分离混合物各组分的难易程度选择合适的柱子(柱的高度和直径)。

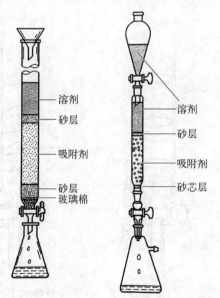

溶剂
砂层
吸附剂
砂层
玻璃棉

溶剂
砂层
吸附剂
砂芯层

图2.11-1　柱色谱装置

【实验操作】

1. 装柱

装柱是柱色谱中最关键的操作,装柱的好坏直接影响分离效果。装柱前应先将色谱柱洗干净,进行干燥,垂直固定在铁架上。在柱底铺一小块脱脂棉,再铺约 0.5 cm 厚的石英砂,然后进行装柱。装柱分为湿法装柱和干法装柱两种。

湿法装柱:湿法装柱将吸附剂(氧化铝或硅胶)用洗脱剂中极性最低的洗脱剂调成糊状,在柱内先加入约 3/4 柱高的洗脱剂,再将调好的吸附剂边敲打边倒入柱中,同时,打开下旋塞,在色谱柱下面放一个干净并且干燥的锥形瓶,接收洗脱剂。当装入的吸附剂有一定高度时,洗脱剂下流速度变慢,待所用吸附剂全部装完后,用流下来的洗脱剂转移残留的吸附剂,并将柱内壁残留的吸附剂淋洗下来。在此过程中,应不断敲打色谱柱,以使色谱柱填充均匀并没有气泡。柱子填充完后,在吸附剂上端覆盖一层约 0.5 cm 厚的石英砂。覆盖石英砂的目的是使样品均匀地流入吸附剂表面;并当加入洗脱剂时,防止吸附剂表面被破坏。在整个装柱过程中,柱内洗脱剂的高度始终不能低于吸附剂量上端,否则柱内会出现裂痕和气泡。

干法装柱:干法装柱在色谱柱上端放一个干燥的漏斗,下端接水泵抽气,将吸附剂倒入漏斗中,使其成为细流连续不断地装入柱中,并轻轻敲打色谱柱柱身,使其填充均匀并且紧密,加入所需要的吸附剂后,在吸附剂上端覆盖一层约 0.5 cm 厚的石英砂,然后从柱色谱上端再加入混合洗脱剂中极性较小的溶剂,等到溶剂湿润吸附剂的前沿到达柱子下端时,关闭柱子下端活塞并去掉水泵抽气。在色谱柱下面放一个干净并且干燥的锥形瓶,柱子上端稍微加压并打开柱子下端活塞,等溶剂液面与吸附剂上端相平时,关闭活塞并停止加压,装柱完毕。此法装柱简便快速,但操作人员需要一定的经验。

装柱时表面不平整或柱子未被夹持在两个平面中完全垂直的位置,会造成谱带重叠。第二条谱带最前面的边缘在第一条谱带洗脱完毕之前就开始洗脱出来了(见图 2.11 - 2)。吸附剂表面或内部不均匀,有气泡或裂缝,会使谱带前沿的一部分从谱带主体部分中向前伸出,形成沟流(见图 2.11 - 3)。

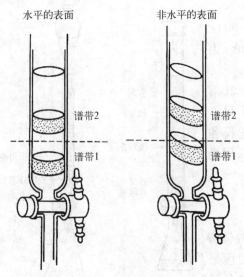

图 2.11 - 2　水平的和非水平的
谱带前沿对比

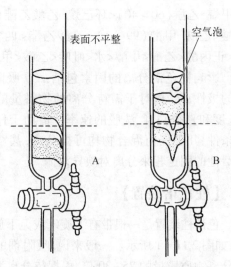

图 2.11 - 3　表面不平整(A)或空气
造成的沟流(B)

2. 样品配制

把试样溶解在尽可能少量的体积的溶剂中,但应该保证样品溶液具有良好的流动性,不宜过稠或黏。溶剂一般选用洗脱剂或极性低于洗脱剂的溶剂。这是较为常用的"湿法上样"。有时样品在洗脱剂或更低极性溶剂中溶解度太小,需要使用极性更强的溶剂溶解,如直接将该样品溶液加到层析柱中,将严重影响分离效果甚至导致分离完全失败。此时可将样品溶液用适量吸附剂吸附分散后采用旋蒸法去除溶剂,然后将干燥的吸附剂样品加入到层析柱中,此即"干法上样"。

3. 上样

A 湿法上样:在填装均匀并已平衡好的层析柱中,打开下端活塞,使洗脱剂液面慢慢下降至与吸附剂上表面平齐时,将吸取了样品溶液的滴管贴近吸附剂上表面处,将溶液沿玻璃壁轻轻滴入层析柱中。

B 干法上样:与湿法上样不同,上样前洗脱剂液面要高于吸附剂上表面一段,其高度可根据样品量估算,一般是保证样品加入后溶剂面略高于样品;将样品分若干小份轻轻加入至层析柱中,使样品在溶剂中分散均匀,沉降后表面平整。

4. 展开及洗脱

样品加入后,打开活塞使层析柱中的溶液慢慢下降至与吸附剂上表面平齐,关闭活塞,用少量洗脱剂洗涤柱壁上所沾试液,放出后再重复如上步骤 2~3 次。小心加入洗脱剂至足量,开始展开和洗脱。由于不同极性的组分在柱中移动的快慢不同,因而混合物中的各个组分在柱上分成不同的色谱带(指有颜色的组分)。逐步洗脱,在层析柱底端用锥形瓶等按份接收。

5. 样品接收和检测

根据层析柱大小和样品量确定每份适宜的接收体积(几毫升至几十毫升),通过薄层层析检测洗脱进程和分离效果,至全部组分或所需组分洗脱完毕后停止洗脱。若洗脱速率较慢,可以在层析柱顶部适当加压或在层析柱底部适当减压。

6. 层析柱中溶剂的回收

柱层析结束后,层析柱中的吸附剂中吸附了相当量的溶剂,应将之回收(可采用在吸附柱顶端加入自来水以将有机溶剂置换出,或用双链球加压赶出有机溶剂,前一方法更为彻底)。

【注意事项】

(1)加入石英砂的目的是使加料时不致把吸附剂冲起,影响分离效果。也可用无水硫酸钠、玻璃毛代替。

(2)在层析结束前都应当保证柱中溶剂不能流干,否则会使柱身干裂且往往无法复原,以致严重影响分离效果甚至导致层析失败。

【实验试剂】

中性氧化铝(100~200 目)、1 mL 溶有 1 mg 荧光黄和 1 mg 碱性湖蓝 BB 的 95%乙醇溶液、乙醇;3 mL 邻硝基苯胺和对硝基苯胺的甲苯溶液、甲苯。

【实验内容】

1. 荧光黄和碱性湖蓝 BB 的分离

荧光黄是桔红色结晶,商品一般是二钠盐,稀的水溶液带有荧光黄色;碱性湖蓝 BB 又称

亚甲基蓝。可含 3~5 个结晶水。三水合物是暗绿色结晶,其稀的乙醇溶液为蓝色。结构式如下:

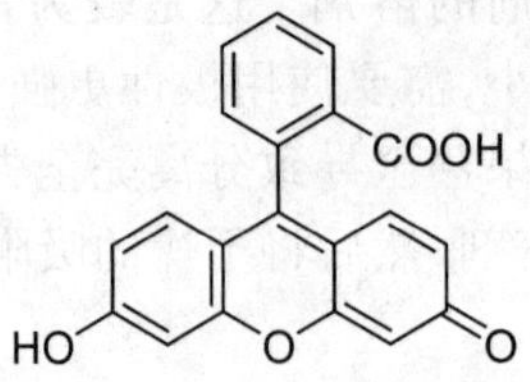

荧光黄 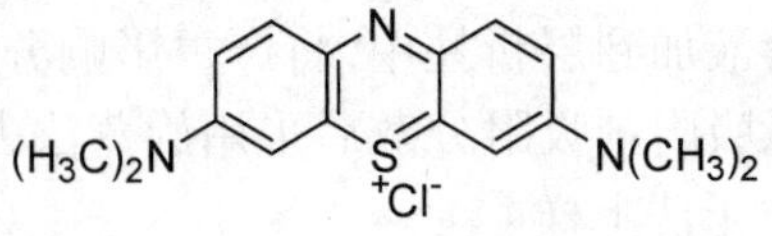　　　　　　　　　　　　　　　碱性湖蓝BB

本实验以中性氧化铝为吸附剂,分别以 95% 的乙醇溶液和水为洗脱剂,通过柱层析的方法将两者进行分离。

2. 邻硝基苯胺和对硝基苯胺的分离

邻硝基苯胺由于形成分子内氢键,极性小于对硝基苯胺,对硝基苯胺可与吸附剂形成氢键,利用柱色谱可将二者分离。

【思考题】

1. 色谱柱如填充得不均匀会有什么影响?如何避免?

2. 柱色谱中为什么极性大的组分要用极性大的溶剂来洗脱?

3. 试解释为什么荧光黄比碱性湖蓝 BB 在色谱柱上吸附得更加牢固?

(十二)气相色谱(GC)

【实验目的】

1. 学习气相色谱技术的原理和方法。

2. 掌握气相色谱技术分离检测有机化合物的方法。

【实验原理】

气相色谱(Gas Chromatography)又称气相层析,一种用气体作为流动相的色谱分析方法。1953 年由英国生物化学家马丁(A. J. P. Martin)等人创立。气相色谱主要是用于分离和鉴定气体及易挥发性液体混合物,广泛应用于石油工业、燃料工业、医药工业、环境保护和有机化学等方面,其缺点是不能用于热稳定性差、蒸气压低或离子型等化合物。对于高沸点液体可使用高效液相色谱分离和鉴定。

气相色谱是在色谱的两相中用气体作为流动相。根据固定相的状态不同,气相色谱又可分为气-固色谱和气-液色谱两种。气液色谱的固定相是吸附在小颗粒固体表面的高沸点液体,通常将这种固体称为载体;而把吸附在载体表面上的高沸点液体称为固定液。由于被分析样品中各组分在固定液中的溶解度不同,将混合物样品分离。气相色谱是分配色谱的一种形式。气-固色谱的固定相是固体吸附剂,如硅胶、氧化铝和分子筛等,主要是利用不同组分在固定相表面吸附能力的差别而达到分离的目的。

由于气-液色谱中固定液的种类繁多,因此它的应用范围比气-固色谱要更为广泛。常用的气相色谱仪是由色谱柱、检测器、气流控制系统、温度控制系统、进样系统和信号记录系统等部件所组成(图2.12-1)。

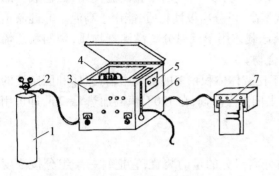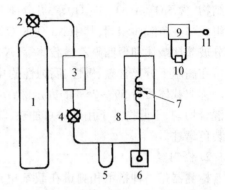

图2.12-1　气相色谱仪　　　　　　　　图2.12-2　气相色谱仪流程图

1—钢瓶　2—减压阀　3—样品进口　4—色谱柱　　　1—载气瓶　2—减压阀　3—干燥剂　4—控制阀

5—样品出口　6—流速计　7—记录仪　　　　　5—流量计　6—加热进样器　7—色谱柱

8—加热炉　9—检测器　10—电子记录仪　11—出口

色谱柱、检测器和记录仪是气相色谱的主要组成部分。如图2.12-2所示流程:1~5部分是用来提供一定流速的干燥载气,柱7与供气部分相连并置于一加热炉8内;加热炉内的温度用恒温装置和加热元件控制。需分离的样品在进样器6进入流动系统,进样器单独加热帮助样品气化。然后气化样品由载气带入柱内。当样品通过柱时,各组分就在载气中分离成单个的区带,而后经过检测器9。检测器发出电信号,其电压(除去载气本底的部分)是与组分的量成比例。记录仪10记录下随时间而改变的电压得到气相色谱图,然后流经检测器的气体在出口11进入大气或收集系统。

1. 色谱柱

最常用的色谱柱是一根细长的玻璃管或金属管(内径3~6 mm,长1~3 m),弯成U形或螺旋形,在柱中装满表面涂有固定液的载体。另一种是毛细管色谱柱,它是一根内径0.5~2 mm的玻璃或熔融石英毛细管,内壁涂以固定液,长度可达几十米,用于复杂样品的快速分析。

色谱柱分离效能的高低,首先取决于固定液的选择。在固定液中溶解的各组分的挥发性依赖于它们之间的作用力,此作用力包括氢键的形成、偶极-偶极作用或络合物的形成等。根据经验,要求固定液的结构、性质、极性与被分离的组分相似或相近,因此,对非极性组分一般选择非极性的角鲨烷、阿匹松(Apiezon)等作固定液。非极性固定液与被溶解的非极性组分之间的作用力弱,组分一般按沸点顺序分离,即低沸点组分首先流出。如样品是极性和非极性混合物,在沸点相同时,极性物质最先流出。对于中等极性的样品,选择中等极性的固定液如邻苯二甲酸二壬酯,组分基本上按沸点顺序分离,而沸点相同的极性物质后流出。含有弱极性基团的组分一般选用强极性的固定液,如β,β-氧二丙腈等,组分主要按极性顺序分离,非极性物质首先流出。而对于能形成氢键的组分,例如甲胺、二甲胺和三甲胺的混合物,在用三乙胺作固定液的色谱柱中,则按其形成氢键的能力大小分离,三甲胺(不生成氢键)最先流出,最后流出的是甲胺,刚好与沸点顺序相反。固定液的选择除考虑结构、性质和极性以外,还必须具备热稳定性好,蒸气压低,在操作温度下应为液体等条件。

固体载体具有热稳定性和惰性,具有较大的表面积和很小的颗粒(30~80目),颗粒较小的柱比颗粒较大的柱分配效率高。通常适用的载体是硅藻土型和非硅藻土型两类。硅藻土型使用历史长,应用普遍,分为红色载体和白色载体。红色载体的化学组成为多孔的硅藻土烧结物,含 SiO_2、Al_2O_3、Fe_2O_3 等,可分离非极性和弱极性物质,不宜高温使用;白色载体的化学组成与红色载体相同,其中 Na_2O、K_2O 含量高,可分离极性物质,能用于高温。非硅藻土型可分玻璃球载体和聚四氟乙烯载体等,玻璃球载体用于低温分离高沸点物质,聚四氟乙烯载体可在高温下分离含氟、极性、腐蚀性的化合物。

称取载体质量5%~25%的固定液,溶于比载体体积稍多的溶剂中,将载体和固定液的溶液混合均匀,不断搅拌下用红外灯加热,除去低沸点溶剂,在120℃恒温加热1~2 h,即可用来填装色谱柱。

2. 检测器

检测器是一种指示和测量在载气里被分离组分的量的装置,它把每一个组分按浓度大小定量地转成电信号,经放大后,在记录仪上记录下来。检测器应维持在一定的温度下,以防止试样蒸气的冷凝。通常使用的有热导检测器和氢火焰离子化检测器。热导检测器最低可检测到每 100 mL 载气含有 5×10^{-6} g试样;氢火焰离子化检测器灵敏度高于热导检测器,对于碳氢化合物最低可检测到每 100 mL 载气含 5×10^{-9} g试样。

在测量时先将载气调节到所需流速,把进样室、色谱柱和检测器调节到操作温度,待仪器稳定后,用微量注射器进样,气化后的样品被载气带入色谱柱进行分离。试样的气化并不影响载气的流速,载气携带试样气体进入色谱柱。常用的载气是贮于钢瓶中的氮气、氢气和氦气,用减压阀控制载气流量,用皂膜流速计可以测量载气流速,一般流速控制在 30~120 mL/min。分离后的单组分依次先后进入检测器,检测器的作用是将分离的每个组分按其浓度大小定量地转换成电信号,经放大后,最后在记录仪上记录下来。记录的色谱图纵坐标表示信号大小,横坐标表示时间。在相同的分析条件下,每一个组分从进样到出峰的时间都保持不变,因此可以进行定性分析。样品中每一组分的含量与峰的面积成正比,因此根据峰的面积大小也可以进行定量测定。

【气相色谱分析】

图2.12-3为三组分混合物的气相色谱图。当每一组分从柱中洗脱出来时,在色谱图上出现一个峰;当空气随试样被注射进去后,由于空气挥发性很高,它和载气一样,最先通过色谱柱,故第一个峰是空气峰。从试样注入到一个信号峰的最大值时所经过的时间叫做某一

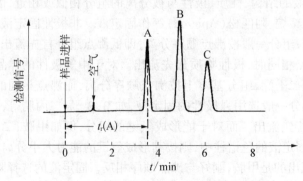

图 2.12-3　三组分混合物的气相色谱图

组分的保留时间,例如图 2.12－3 中 A 组分的保留时间用 $t_r(A)$ 表示,为 3.6 min。在色谱条件相同的情况下,特定化合物的保留时间是一个常数。无论这个化合物是以纯的组分或以混合物进样,这个值均不变。为了比较保留时间,测量时必须使用同一色谱柱,进样系统以及柱系统应有相同的温度,并且载气和流速等条件应完全相同。

1. 定性分析

比较未知物与已知物的保留时间,可以鉴定未知物。若在相同的色谱条件下,未知物与已知物的保留时间相同,可以认为两者相同,但不能绝对地认为两者相同,因为许多有机化合物具有相同的沸点,许多不同的有机化合物在特定的色谱条件下可能会有相同的保留时间。为了准确地鉴定未知物,必须保证在几种极性不同的固定液柱中未知物与已知物都有相同的保留时间。如果未知物和已知物在相同的色谱条件下,在任意一种柱上保留时间不同(±3%),那么这两个化合物不相同。

另一种定性鉴定的方法叫做峰(面积)增高(大)法,即把怀疑的某纯化合物掺进混合物,与未掺进前的色谱进行比较,看峰的高度(面积)有无变化,若某一个峰增高(面积增大),那么可以确定两者相同。当各个组分从气相色谱仪出口分离出来时,用冷的捕集器可以分别接收,以便作进一步的分析鉴定用。

2. 定量分析

气相色谱用于定量分析小量挥发性混合物的根据是:被分析组分的质量(或浓度)与色谱峰面积成正比,通过测量相应的峰面积,可以确定混合物组成的相对量。最简单的测量峰面积的方法是三角形峰面积的近似值法,即用峰高 H 乘以半峰高 $W_{1/2}$,得峰面积 A(图 2.12－4)。

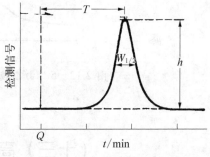

$$A = h \times W_{1/2}$$

图 2.12－4　峰面积计算

这种方法快速,并能给出较准确的结果(要求峰形是对称的)。如果峰宽狭窄到不能准确测量的话,可以使用一个较快的记录速率,使狭峰变为较宽的峰。

相对峰面积的测量,也可以采用把峰剪下来,在分析天平上称其质量的方法。好的定量记录纸每单位面积的质量相同,被剪下峰的质量正比于峰的相对面积。这种方法准确度高,特别适用于不对称峰面积的测量。还有一种测量峰面积的方法叫做峰高定量法,即用峰的高度代替峰面积。这种方法快速,但准确度稍差。峰面积确定后,混合物中各个组分的质量分数可用每一组分的面积除以总的峰面积再乘以 100%,即

$$\omega_i = [A_i / (A_1 + A_2 + A_3 + \cdots + A_n)] \times 100\%$$

其中 A_i 为任一组分的峰面积;A_1,$\cdots$,A_n 为各组分的峰面积;ω_i 为任一组分的质量分数。

【实验内容】　乙酸异戊酯分析

自制乙酸异戊酯。

【测试条件】

色谱仪:sp2305　　　　　　　　　　　柱温:100℃

热导检测器：桥流 200 mA　　　　载气：H₂流速 30 mL/min

色谱柱：200 cm×4 mm(不锈钢)　　气化室温度：200℃

载体：6201 红色载体 60~80 目　　检测室温度：100℃

固定液：聚乙二醇(PEG-20M)　　样品量：1 μL

自进样处起,用尺子测量各峰出现的距离并与标样图(图 2.12-5)进行比较。

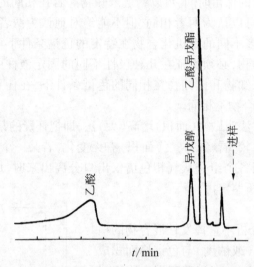

图 2.12-5　由乙酸异戊酯等标准样组成的气相色谱图

（十三）高效液相色谱(HPLC)

【实验目的】

1. 学习高效液相色谱的原理和方法。

2. 了解高效液相色谱分离检测有机化合物的方法。

【实验原理】

高效液相色谱(high performance liquid chromatograph)简称 HPLC。20 世纪 70 年代后期,HPLC 开始在有机实验中应用,逐渐发展成一种高效、快速分离分析有机化合物的工具。高效液相色谱的原理与柱色谱相似,当液态的流动相在高压驱动下流经填充着固定相的 HPLC 色谱柱时,加载的样品得以分离,并利用其不同的物理性质加以检测。根据选用的固定相的不同,HPLC 的分离采用吸附、分配、尺寸排阻、离子交换或反相过程。有机化学实验室使用最普遍的是吸附色谱和反相色谱。

与柱色谱比较,HPLC 具有分离效率高、简便及重现性好等优点,使之远优于常规的柱色谱成为出色的分离手段,其原因在于固定相填料的尺寸小。经典柱色谱的尺寸在 0.15~0.5 mm 的范围,而 HPLC 的固定相通常采用小到 0.003 mm 的填料,填料颗粒比普通柱色谱小几千倍,随着填料尺寸的减小和表面积的增大,色谱柱的操作更接近于平衡状态,从而产生了较好的分离效果。填料尺寸的减小也伴随着流速的大大降低,这种情况可以在高压下用泵输送溶剂流经色谱柱来加以克服。此外,普通柱色谱通常用于制备(化合物最终被分离),而 HPLC 则主要用于分析。目前,半制备和制备型 HPLC 也广泛被采用。大部分开管色谱柱使用一两次就需更换,而 HPLC 的色谱柱如维护得当,可重复使用,寿命长。

与气相色谱(GC)相比,HPLC 可用来分析和制备由于挥发性小不适合于 GC 进行研究的大分子化合物,从而使蛋白质、核酸、多糖及合成高聚物的研究成为可能。目前已有 80% 的有机化合物能用 HPLC 进行分离分析。另一个优于 GC 的用途是在制备模式下,相对大量的物质(约 0.1 g)可以按照顺序很容易地被分离和收集。

高效液相色谱按固定相和流动相之间相对极性的大小可分为正相色谱和反相色谱。如果固定相是极性的化合物,移动相为非极性的或者极性相对较弱的化合物,叫做正相色谱。正相色谱通常用于分离极性比较强的化合物。反之,若以非极性或极性比较弱的化合物为固定相,而移动相为极性相对较强的化合物,叫做反相色谱。由于反相色谱操作的多变性,此项技术可分离的样品种类就比较多。

一台高效液相色谱仪(HPLC)由以下几部分组成:溶剂储存器、一个或多个输液泵、溶剂混合室、进样器、色谱柱、检测器和数据记录装置。根据进行的目的是分析还是制备,色谱柱的流出液分别收集在废品回收装置或将各部分分开收集在试管中。现代的 HPLC 设备中,检测器、数据记录装置和输液泵由计算机控制。

溶剂的混合在它们流经输液泵之前或之后均可以进行。在输液泵之前进行溶剂的混合称低压混合,仅需要一个输液泵。溶剂分别流经输液泵然后混合,这个过程叫做高压混合。因为后者需要两个输液泵,因此比只用一个输液泵的系统要昂贵很多,但却可以提供更好的控制混合剂比例的能力。图 2.13 - 1 为低压高效液相色谱的示意图。

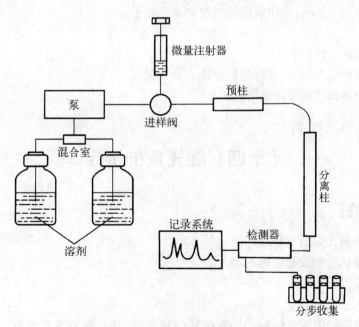

图 2.13 - 1　低压高效液相色谱示意图

【高效液相色谱分析】

可以利用与 GC 相似的方法对高效液相色谱进行定量判断,例如内标法。还有一种叫做标准曲线的方法,这种是高效液相色谱所用的主要方法。如下所示:

$$A = F \times V \times c$$

式中,A 为峰面积,c 为标准样品的浓度,V 为注入体积,F 为绝对响应因子。

如果注入体积一定,那么所给出的图形就是 A 关于 C 的一条倾斜直线,注射循环使每次的注射量完全相同。因此,由于 V 是确定的,有可能得到一条完美的关于 A 和 C 的直线。这和 GC 分析有所不同,因为 GC 很难控制每次样品注入的体积相同。

在高效液相色谱中,能够通过测量该区域包含不同的样品浓度和峰面积,然后利用 A 和 C 之间的线性关系来计算绝对响应因子,当确定了绝对响应因子后,分析这条标准曲线,通过测量该区域的面积计算出未知样品的浓度。

【高效液相色谱的注意事项】

为了省时和提高效率,使用 HPLC 时应注意以下几点:

（1）只能用高效液相色谱级的专用溶剂。

（2）流动相必须洁净。

（3）平衡柱在用之前,至少应用 5 个柱体积的溶剂进行清洗。

（4）所用溶剂和固定相应是兼容的。

（5）只能加入洁净的样品。

（6）仪器在运行过程中不要碰注射阀,使其保持注入。

（7）如果使用了缓冲水溶液,要用 3 个柱体积高效液相级的水冲洗仪器和样品环。

（8）当长时间不用时,应用规定的溶剂来储存柱子。

使用禁忌:

（1）不能让泵空转。

（2）不能突然改变压力,或者是超过压力最大量程。

（3）体系中不能残留缓冲水溶液。

（十四）旋光度的测定

【实验目的】

1. 学习了解旋光仪的工作原理。

2. 掌握手性化合物旋光度的测定方法。

【实验原理】

手性有机物能使偏振光的振动平面旋转一定角度,这角度称为旋光度。具有这种性质的物质叫光活性物质,其分子具有实物与镜像不能重叠的特点,即具有"手征性"（chirality）。

生物体内大部分有机分子都是光活性的。

普通光光波振动面可以是无数垂直于光前进方向的平面。当光通过一特制的尼科耳（Nicol）棱镜时，其光振动的平面就只有一个和镜轴平行的平面，这种仅在某一平面上振动的光叫偏振光。光活性物质能使偏振光的振动平面旋转一定角度。使偏振光振动平面向右旋转（顺时针方向）叫右旋，向左旋转（逆时针方向）叫左旋。测定物质旋光度的仪器是旋光仪。在旋光仪中，起偏镜是一个固定不动的尼科耳棱镜，它使光源发出的光变成偏振光。检偏镜是能转动的尼科耳棱镜，用来测定物质偏振光振动面的旋转角度和方向，其数值可由刻度盘上读出（图 2.14−1 所示）。

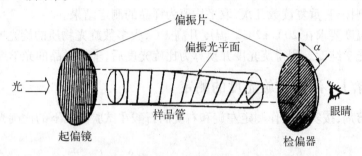

图 2.14−1　旋光仪原理示意图

物质旋光度的大小随测定时所用溶液的浓度、旋光管的长度、温度、光波的波长以及溶剂的性质等而改变。在一定条件下，各种旋光活性物质的旋光度为一常数，通常用比旋光度 $[\alpha]$ 表示。可通过下式计算溶液的比旋光度：

$$[\alpha]_\lambda^t = \alpha/(cl)$$

式中 α 为由旋光仪测得的旋光度；l 为旋光管的长度，以 dm 表示；λ 为所用光源的波长，通常是钠光源，以 D 表示；t 为测定时温度；c 为溶液浓度，以 1 mL 溶液所含溶质的克数表示。

例如：由肌肉中取得的乳酸的比旋光度表示为 $[\alpha]_D^{20} = +3.8°$，意思是 20℃ 以钠光为光源，乳酸比旋光度是右旋 3.8°。

如被测的旋光活性物质本身是液体，可直接放入旋光管中测定，而不必配溶液。纯液体的比旋光度可由下式求出：

$$[\alpha]_\lambda^t = \alpha/(c\rho)$$

式中 ρ 为纯液体的密度（g/cm^3）。

测得物质的比旋光度后，用下式求得样品光学纯度，即手性产物的比旋光度与该纯净物的比旋光度之比：

$$光学纯度 = ([\alpha]_\lambda^t \text{观测值}/[\alpha]_\lambda^t \text{理论值}) \times 100\%$$

由于溶质与溶剂间存在相互作用等原因，比旋光度的数值通常随溶剂变化而变化，有时甚至旋光方向也会发生变化。此外，不同浓度下测定的比旋光度也会不同。因此，测出的比旋光度必须标明溶剂、浓度等测量参数。自测样品的比旋光度时，应使用相同溶剂并尽量以与文献值中标明数据相近的浓度进行测量，所得数据与文献值才具有可比性。

【实验操作方法】

（1）配制溶液，准确称量 0.1~0.5 g 样品，放到 25 mL 容量瓶中配成溶液。一般溶剂可选用水、乙醇或氯仿等。如因样品导致溶液不清亮时需用定性滤纸加以过滤。

（2）仪器接入 220 V 交流电源上，打开电源开关，预热 5 min，钠光灯点亮。

（3）打开示数开关，调节零位手轮，使旋光示值为零。

（4）将样品管装蒸馏水或空白溶剂，放入样品室，盖上箱盖。样品管中若有气泡，让气泡浮在凸处，用软布擦干通光面两端的雾状水滴。样品管螺帽不宜旋得过紧，以免产生应力，影响读数。检查零点是否变化。

（5）取出样品管，装入样品。按相同位置和方向放入样品室内，盖好盖，示数盘将转出该样品的旋光度，红色示值为左旋(-)，黑色示值为右旋(+)。

（6）按复测按钮，重复读数几次，取平均值为样品的测定结果。

（7）测定温度要求在 20℃±2℃。温度升高 1℃，大多数旋光物质的旋光度减少 0.3%。

（8）计算光学纯度。测得旋光度并换算为比旋光度后，求出样品的光学纯度(OP）。

【实验内容】 酒石酸旋光度的测定

以氯仿为溶剂，按实验操作测定左旋和右旋酒石酸在试验温度下的比旋光度。

（十五）波谱在有机化合物的结构解析中的应用

随着科学技术的发展，有机化学工作者越来越普遍地使用紫外-可见光谱红外光谱、核磁共振谱和质谱等波谱技术来测定有机化合物的结构。其中尤以红外光谱和核磁共振谱最为重要和常用，对于许多共轭的不饱和化合物则可用紫外光谱测定。

【实验目的】

1. 通过对一些现代化学测试仪器的参观和演示，使同学们对波谱法测定有机化合物结构方面有具体的感性认识，为进一步深入的学习和实践打下基础。

2. 通过学习，掌握解析简单有机化合物谱图的方法。

【原理和方法】

1. 紫外-可见光谱

紫外-可见光谱法研究被测物质对可见和紫外区域辐射吸收。当分子吸收了此区域内的辐射，分子的价电子发生跃迁，所以也称为电子光谱。因为分子电子能级改变的同时也伴随着振动能级和转动能级的变化，因此，分子的电子光谱是带光谱。可见和紫外吸收光谱是应用范围十分广泛的分析方法。在现代分析化学中差不多有 60% 左右的分析任务是由该方法完成的。该方法利用化合物的吸收过程波长的变化可以对许多有机化合物，特别是具有共轭体系的有机化合物进行定性分析，而利用被测物对某一波长的辐射的吸收程度（称吸光度）进行定量分析，这在化合物的定量分析中占有重要的地位。

2. 红外光谱

红外光谱为我们提供了许多有关分子内存在哪些化学键或官能团方面的有用信息。红外光谱图上的纵坐标表示了吸收峰的强度，横坐标表示了吸收峰的位置，以微米（μm）或波数(cm^{-1})来表示,通常仪器所测定的红外吸收峰的范围为 2.5 ~ 15 μm(4 000 cm^{-1} ~ 667 cm^{-1})。

● 各类化学键(官能团)的特征吸收峰

红外光谱图上的少数吸收峰可明确地归属于某些特征基团,这些吸收峰在谱图的解析上非常有用,见表 2.15 - 1。

表 2.15 - 1　常见官能团和化学键的特征吸收频率

基　　　团	波　数/cm^{-1}	强　　度
A. 烷基		
C—H	2 853—2 962	($m-s$)
—$CH(CH_3)_2$	1 380—1385	(s)
	及 1 365—1 370	(s)
—$C(CH_3)_3$	1 385—1395	(m)
	~1365	(s)
B. 烯烃基		
C—H(伸缩)	3 010—3 095	(m)
C=C(伸缩)	1 620—1 680	(v)
R—CH=CH_2	985—1 000	(s)
	及 905—920	
R_2C=CH_2	880—900	(s)
(Z)-RCH=CHR	675—730	(s)
(E)-RCH=CHR	960—975	(s)
C. 炔烃基		
≡C—H(伸缩)	~3 300	(s)
C≡C(伸缩)	2 100—2 260	(v)
D. 芳烃基		
Ar—H(伸缩)	~3 300	(v)
芳环取代类型(C—H 面外弯曲)		
一取代	690—710	(v, s)
	及 730—770	(v, s)
邻二取代	735—770	(s)
间二取代	680—725	(s)
	及 750—810	(s)
对二取代	790—840	(s)
E. 醇、酚和羧酸		
OH(醇、酚)	3 200—3 600	(宽,s)
OH(羧酸)	2 500—3 600	(宽,s)
F. 醛、酮、酯和羧酸		
C=O(伸缩)	1690—1750	(s)
G. 胺		
N—H(伸缩)	3 300—3 500	(m)
H. 腈		
C≡N(伸缩)	2 200—2 600	(m)

从表 2.15 - 1 可见,当在某一波长处出现吸收峰时,不一定都能确切肯定存在某种基团,但反之,若我们知道待测的化合物中存在某种特征官能团时,就一定会在红外图谱上出现与之相应的吸收峰。

● 样品的制备

制样时应注意下列各点:① 样品中不应含有游离水,水的存在不仅干扰试样的吸收峰面积,而且会损坏吸收池。② 样品应是纯品,否则各组分光谱互相重叠,使谱图无法解释。③ 样品的浓度和测试厚度要适当,一张好的光谱图,其吸收峰的透过度应大都处于 20% ~ 60% 范围内。

(1) 液体样品试样的制备。

一般液体样品使用可拆吸收池,把样品滴在盐片上面,再盖上另一盐片,借助于拧紧吸收池架上的螺丝来夹紧两盐片,使样品形成一薄膜,称为薄膜法。对于吸收很强的液体样品,用调整样品厚度的方法得不到满意的图谱,对不宜夹片的固体样品,则可以选择一种合适的溶剂配成溶液(浓度为 0.05% ~ 1.0%),然后再用可拆吸收池,或灌注到固定密封池中进行测定,这就是溶液法。

采用溶液法时,所选溶剂除了对样品有较大的溶解度外,还需要具备在红外光区域内透明,不腐蚀吸收池盐片,对溶质不发生很强的溶剂效应和与待测样品特征峰不重叠的特点。

常用的溶剂有二硫化碳、四氯化碳、氯仿等。

(2) 固体样品的制备。

① 压片法。将少量样品(1 mg 左右)与溴化钾(100 ~ 200 mg)混合均匀,在玛瑙研钵中研磨成粒径 2 μm 左右的细粉末,装填在压膜的上下垫片之间。然后放在油压机上压制成透明的薄片。再把直径为 13 mm 的透明片置于固体样品吸收池中进行测定。要注意溴化钾极易吸潮,故从制样到获得谱图的过程中应保持干燥。

② 糊状法。把样品研磨成细粉末,然后滴上几滴糊剂,在玛瑙研钵中继续研磨,直到成均匀的糊状物,再涂在可拆液体吸收池的盐片上,盖上另一盐片,制成均匀薄层即可测定。糊剂一般用液体石蜡油、氟化煤油等。

③ 溶液法。用适当的溶剂把固体样品配成一定浓度(0.05% ~ 10%)的溶液来进行测定(参见液体样品的溶液法)。

3. ^{1}H 核磁共振谱

氢核磁共振谱提供了丰富的有机物结构方面的信息,特别是当氢核磁共振谱和红外、紫外、质谱等联合应用时尤甚。

● 谱图分析

(1) 进行核磁共振谱分析时,首先要注意所用的溶剂,要搞清楚图谱上哪些谱线是由溶剂产生的。由于重氢(氘)在质子相应的频率范围内给定的磁场下无吸收,因此在核磁共振谱分析上经常应用氘代溶剂。然而,由于各种氘代溶剂不可能是 100% 都重氢化的(例如 $CDCl_3$ 中常包含有少量的 $CHCl_3$ 等等),因此它们将会产生多余的吸收。有时溶剂中含有少量水,其共振频率将依据形成氢键的程度和浓度而有较大的变化。四氯化碳无质子,无共振吸收峰,是非极性和弱极性有机物的常用溶剂。

(2) 从核磁共振图谱上的积分曲线,可确定图谱上每一部分的质子的个数。由于在大多数情况下分子中质子的总数是已知的,在图谱上可得出相应的总面积和各种质子的相对面积,再根据面积积分曲线的高低可以确定图谱上某一部位的质子数目。

（3）先注意观察图谱上是否有单峰，如果有的话进一步观察它是强而尖的峰还是宽峰，注意它的化学位移值。把这些信息和峰面积结合起来考虑，就可确定分子中是否含有不同任何其他质子偶合的甲基（例如—O—CH$_3$）、某些类型的芳环上的质子或者在某些情况下的可交换的质子如—OH、—CO$_2$H 和—NH$_2$ 等。其次要考察多重峰的中心位置，并将其和化学位移值关联起来。下面讨论与各类杂原子相连的质子的核磁共振峰。

① 氧原子。

醇和酚： 通常情况下，由于在溶液中往往存在有足够酸性的杂质，它可以催化羟基上的质子进行快速的交换，以至于它来不及和邻近质子发生偶合作用，因此羟基上的质子往往以单峰形式出现。只是在特殊情况下（例如应用绝对干燥的溶剂），才能观察到羟基质子和邻近质子的偶合现象。醇羟基上质子的化学位移值将依据待测体系的浓度、温度和溶剂而改变，这种可变性是由于氢键的形成而降低了质子周围的电子云密度，从而使质子的共振吸收峰移向低场。由此一个含有可交换质子的化合物的核磁图谱，可以通过加入重水并振摇而使之简单化，这样由于质子被重氢交换后，就不再在图谱上出现共振吸收峰。

羧酸： 在非极性溶剂中，羧酸通过氢键以稳定的二聚体形式存在，羧基上质子的吸收峰出现在 $\delta = 6.8 \sim 10$ 处并且受浓度的影响很小。质子性溶剂会迁移吸收峰的位置，在质子可以被交换的情形下，吸收峰的宽度将和交换速度有关，在中等交换速率下，观察到的是宽峰。

② 氮原子。

氮原子上的质子，当处于快速交换条件下时是去偶合的，因此与氮原子相邻的碳原子上的质子将以单峰的形式出现。假如氮原子质子以中等速率进行交换，将发生部分去偶合作用，因此—NH$_2$ 将以宽峰的形式出现，邻近的质子也不会出现裂分。假如氮上的质子交换速度很慢，那么—NH$_2$ 仍将以宽峰形式出现，并将引起相邻质子的分裂。

③ 硫原子。

通常与硫原子相连的氢，交换速度很慢，所以即使以仅有痕迹量酸存在的情况下，也会观察到质子间的偶合现象，然而—SH 基上的质子也可用重水交换掉。

表 2.15 - 2 列出了与各种杂原子相邻的碳原子上质子或直接与杂原子相连质子的化学位移值。

表 2.15 - 2　一些常见基团质子的化学位移

质子的类型	化学位移/ppm	质子的类型	化学位移/ppm
RCH$_3$	0.9	RCH$_2$I	3.2
R$_2$CH$_2$	1.3	ROH	1~5（温度、溶剂、浓度改变时影响很大）
R$_2$CH	1.5	RCH$_2$OH	3.4~4
$\diagdown$C═CH$_2$	4.5~5.3	R—OCH$_3$	3.5~4
—C≡CH	2~3	$\overset{\text{O}}{\overset{\|}{R-C-H}}$	9~10
R$_2$C═CH$\underset{\|}{R}$	5.3	HCR$_2$COOH	2

续　表

质子的类型	化学位移/ppm	质子的类型	化学位移/ppm
⟨苯⟩—CH₃	2.3	R₂CHCOOH	10~12
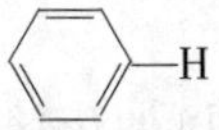 ⟨苯⟩—H	7.27	R—C(=O)—O—CH₃	3.7~4
RCH₂F RCH₂Cl	4 3~4	R—C(=O)—CH₃	2~3
RCH₂Br	3.5	RNH₂	1~5(峰不尖锐)

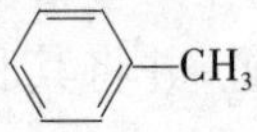

（4）鉴定多重峰的裂分数。由于邻近质子的存在才引起质子吸收峰的裂分,而裂分数是决定于邻近的等同质子的数目($n+1$)。相互偶合的质子,由于每组多重峰间的距离(偶合常数)是相等的,因此是容易鉴定的。也要记住相互有偶合关系的多重峰,通常彼此间呈对称的倾斜关系。等价质子,例如 X—CH₂—CH₂—X 中的质子彼此间是不会裂分的。

（5）偶合常数的测定和应用。两个质子间的自旋——自旋相互作用的定量数额可用偶合常数来说明。在简单的多重峰中,各个组分峰之间的间隔为偶合常数 J,其单位为赫兹(Hz)。

对于非环系的大多数脂肪族质子间的相互作用,其偶合常数经常在 7.5 Hz 左右,不同类型质子的 J 值不同。例如顺式碳碳双键上的 $J_{顺式}\cong10$ Hz,而反式双键上的 $J_{反式}\cong17$ Hz。在一般化合咱中,偶合常数介于 0~18 Hz 范围内。J 值的大小往往为结构提供线索,某些有代表性的 J 值,列于表 2.15-3 中。

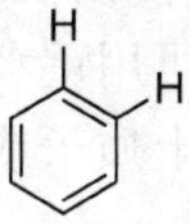

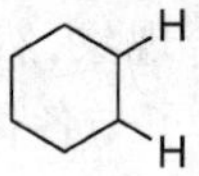

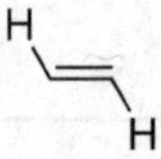

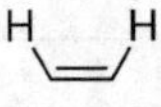

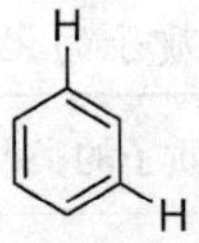

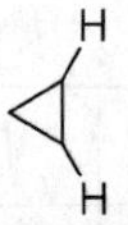

表 2.15-3　某些代表性化合物的偶合常数(Hz)

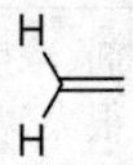

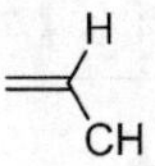

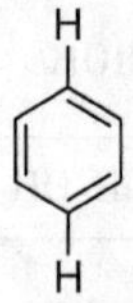

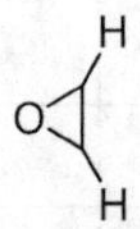

（6）根据核磁图谱上讯号的数目,相对面积,化学位移的偶合常数就可以对一个未知物的结构作出判断。

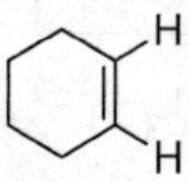

● 样品的制备

进行核磁共振测定时一般需要 10~30 mg 样品,样品太少,则信号小、噪音大,一些弱峰可能观察不清。因此,要得到一张满意的图谱,一定要有足够的样品。样品用适当氘代溶剂配制好后,装入直径为 5 mm 的特制玻璃管中(NMR 管),溶液的体积一般为 0.4~0.5 mL。管口套上塑料帽以防样品挥发。

所用有机溶剂对被测化合物要有很好的溶解度,为了避免溶剂中氢核的干扰可采用四氯化碳、二硫化碳等不含质子溶剂,若在这些溶剂中溶解度不佳,则必须采用氘代溶剂,如氘代氯仿、氘代丙酮等。

4. 质谱

有机化合物的质谱图,能提供许多有关结构方面的信息,特别是能简单迅速地为我们提供分子量和分子式方面的信息。

● 初步观察

当我们得到一张质谱图,首先观察图的质量高的那端,一般我们可以肯定具有最高质量处的峰组代表了母离子峰,从而告诉我们有关化合物的分子量,例如苯 78、乙醚 74、丙酮 58、苯胺 93、硝基苯 143、二硝基苯 188 等,注意,如果一个分子含有奇数个氮原子,那么其分子量总是奇数值。

这里我们应用了"峰组"这个词,这是由于我们在计算上列一系列化合物的分子量时,总是用含量最丰的同位素来进行计算的,而表 2.15-4 给出了在有机化合物中经常会遇到的某些具有最低质量的同位素的相对丰度。

表 2.15-4　同位素的相对丰度

元素	原子量	丰度	原子量	丰度	原子量	丰度
H	1	100	2	0.016		
C	12	100	13	1.08		
N	14	100	15	0.36		
O	16	100	17	0.04	18	0.2
F	19	100				
Cl	35	100			37	32.7
Br	79	100			81	97.5
I	127	100				
S	32	100	33	0.78	34	4.39
P	31	100				
Si	28	100	29	5.07	30	3.31

由此,在质谱图最右端(质量最高)将给出与涉及到的元素有关的一束峰。

例如:溴将观察到两个近乎相等的峰,分别为 M 和(M+2)。氯有两个峰,其比例为 3∶1,相应于 M 和(M+2)。硫有三个峰,M、(M+1)和(M+2),(M+2)峰较大,(M+1)峰较小。

• 结构的证实

把从红外、核磁图谱分析中得到的有关一个化合物中官能团和结构方面的信息,和从质谱图中得到的有关分子量方面的确切信息结合在一起进行分析,就可得出可能的分子式或结构式。

要注意,质谱仪在非常高的能量状况下,母离子会以多种途径再裂成碎片,而最有利的途径是通过消去一个稳定分子或者基团后形成稳定的正离子,例如,$PhCH_2^+$,Me_2C^+ 和 $PhCO^+$ 等。质谱分析中研究断裂的碎片,也将为推测结构提供十分有用的信息。这方面可进一步参阅相关质谱的专著。

【实验与演示】

1. 紫外-可见吸收光谱仪:通过测定苯酚的紫外吸收光谱了解紫外-可见光谱仪在定性和定量分析中的应用。

2. 红外吸收光谱仪:通过测定苯乙酮或苯甲醛的红外吸收光谱,了解红外光谱分析的制样、扫描、识谱等过程。

3. 核磁共振波谱仪:通过测定乙醇的核磁共振谱,了解核磁共振波谱仪的工作原理和对有机化合物结构解析的应用。

4. 气相色谱-质谱仪:通过对香精香料的色质联用分析的演示试验,了解质谱仪的工作原理和联用技术对复杂样品的分离和定性鉴定以及结构分析的重要性。

第三章 基础有机合成

（一）卤　代　烃

　　卤代烷烃和卤代芳烃是一类重要的有机溶剂和重要的有机合成中间体。卤代烃一般不存在于自然界中，是通过有机合成反应来制备的。多种脂肪族及芳香族化合物均可直接进行卤化反应，使其 C-H 键上的氢原子被卤原子取代，但二者的反应历程却不相同。烷烃的卤代及丙烯的 α-卤代是按游离基的历程进行，而芳香族化合物的卤代是按芳香亲电取代反应历程。醛、酮、羧酸及其衍生物的 α-H 卤代是通过卤素对烯醇的亲电加成反应进行。羧酸及其酯的 α-H 活泼性比醛、酮小，可采用羧酸与卤素及磷、三卤化磷反应，先将羧酸转变为酰卤再卤代，增强了 α-H 的活泼性，反应产率可达 80%~90%。

　　醇与无水卤化氢、氢卤酸或溴化钠与硫酸混合体系、磷的卤化物（三卤化磷、五氯化磷、亚硫酰氯）等反应都可制得卤代烷。低分子的溴代烷可由相应的一级、二级醇与三溴化磷反应，反应温度低于 0℃ 时，重排和消除反应以及异构化等副反应显著降低。烯烃与卤素、卤化氢、次卤酸的加成的反应也是被普遍应用的卤代烃及 α-卤代醇的合成方法。

　　卤代烃的合成通常采用以下几种方法：

1. 醇和氢卤酸反应

$$n\text{-}C_4H_9OH + HBr \longrightarrow n\text{-}C_4H_9Br + H_2O$$
$$t\text{-}C_4H_9OH + HCl \longrightarrow n\text{-}C_4H_9Cl + H_2O$$

卤化反应的速率随所用氢卤酸与醇的结构不同而改变，一般是：

$$HI > HBr > HCl; \quad R_3COH > R_2CHOH > RCH_2OH$$

通常也采用醇与浓硫酸和氢卤酸盐反应：

$$n\text{-}C_4H_9OH + NaBr + H_2SO_4 \longrightarrow n\text{-}C_4H_9Br + NaHSO_4 + H_2O$$

　　在酸性介质中，反应开始时，首先是醇质子化，使原来较难离去的基团—OH 变成较易离去的基团—OH_2^+：

$$ROH + H^+ \rightleftharpoons ROH_2^+$$

　　亲核试剂 X^- 对于底物 ROH_2^+ 的反应是按 S_N1 或是 S_N2 机理进行，这主要取决于醇的结构，即一级醇主要按 S_N2 机理进行，而三级醇按 S_N1 机理进行。值得注意的是，与取代反应同时存在的是消除反应，对于一级醇、二级醇可能还存在着分子的重排反应。因此，针对不同的反应底物,可能会存在着醚、烯烃或重排的副产物。

2. 醇和氯化亚砜(SOCl$_2$)反应

$$n - C_5H_{11}OH + SOCl_2 \xrightarrow[\text{吡啶}]{C_5H_5N} n - C_5H_{11}Cl + SO_2 + HCl$$

此方法是制备氯代烷的较好方法,因其具有无副反应、产率高、纯度好等优点,产物中除氯代烷外都是气体,因而便于提纯。

3. 醇与卤化磷反应

$$n - C_5H_{11}OH + PI_3 \longrightarrow n - C_5H_{11}I + H_3PO_3$$

常用的卤化磷有 PCl$_3$、PCl$_5$、PBr$_3$、PI$_3$,后两者通常采用在红磷存在下,加溴或碘而制得。

4. 烯烃和卤素反应制备 1,2-二卤代烷

烯烃在液态或溶液中与卤素加成生成二卤化物。这是双键的典型反应。由于双键的活泼性,反应不需催化剂或光照,在常温下就可以迅速而定量地进行。因此不但可以用于烯烃定性检验,也可以进行定量测定。

5. 卤素对烯丙型及苯甲型化合物 α-H 的取代

实验室制备烯丙型和苯甲型溴代烷可以用 NBS(N-溴代丁二酰亚胺)来进行,这是一个自由基反应,可以通过光照或加过氧化物引发。

实验一 正 溴 丁 烷

正溴丁烷是一种重要的卤代烷烃,有着多方面的用途,可用作稀有元素的萃取溶剂、有机合成的中间体及烷基化试剂。例如正溴丁烷可用作生产塑料紫外线吸收剂及增塑剂的原料;用作制药原料(如合成"丁溴东莨菪碱",可用于肠、胃溃疡、胃炎、十二指肠炎、胆石症等,合成麻醉药盐酸丁卡因等);用作合成染料、香料合成原料、制备功能性色素的原料(如压敏色素、热敏色素、液晶用双色性色素);半导体中间原料等。

【实验目的】

1. 了解由醇制备正溴丁烷的原理和方法。

2. 掌握回流和有害气体吸收装置的安装和操作。

3. 巩固分液漏斗的使用、液体化合物的干燥、蒸馏等基本操作。

【实验原理】

$$n - C_4H_9OH + NaBr + H_2SO_4 \longrightarrow n - C_4H_9Br + NaHSO_4 + H_2O$$

【实验试剂】

正丁醇 4.0 g(5.0 ml,54.7 mmol)、无水溴化钠 6.8 g(约 66.1 mmol)、浓硫酸 8.3 ml (15.3 g,155 mmol)、饱和碳酸氢钠溶液、无水氯化钙。

【实验装置】

图 3.1-1　反应装置图

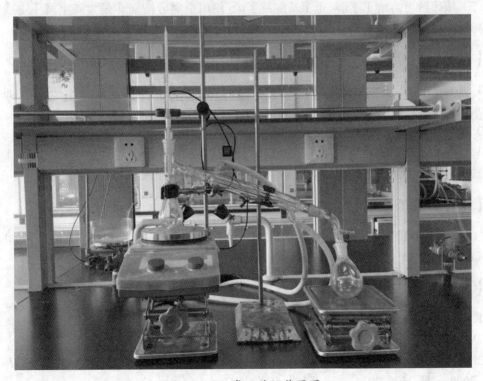

图 3.1-2　常压蒸馏装置图

【实验步骤】

在 50 mL 的圆底烧瓶中加入 8.3 mL 水和 8.3 mL 浓硫酸,混合均匀后,冷至室温。加入 4.00 g 正丁醇及 6.80 g 溴化钠,振摇后,加入磁子,装上回流冷凝管,冷凝管上端接溴化氢吸收装置,用 5%氢氧化钠溶液作吸收剂,如图 3.1-1 所示。

将烧瓶温和加热回流 0.5 h。反应完毕,稍冷却,改为蒸馏装置(如图 3.1-2 所示),蒸出正溴丁烷,至馏出液清亮为止。粗蒸馏液中除正溴丁烷外,常含有水、正丁醚、正丁醇,还有一些溶解的丁烯,液体还可能由于混有少量溴而带颜色。

将粗产品移入分液漏斗中,分出水层。把有机相转入另一干燥的分液漏斗中,用 4 mL 浓硫酸洗一次,分出硫酸层。有机层用 5%的亚硫酸氢钠溶液洗一次以除去溴,再依次用等体积的水、饱和碳酸氢钠溶液及水各洗一次至呈中性。将正溴丁烷分出,放入干燥的锥形瓶中,用无水氯化钙干燥后蒸馏,收集 99~103℃馏分。产量 3.00~4.20 g,产率 53%~66%。

纯正溴丁烷为无色透明液体,bp 101.6℃,d_4^{20} 1.276 0,n_D^{20} 1.439 9。

【注意事项】

(1) 根据反应瓶中油层是否消失可判断正溴丁烷是否蒸完。当蒸出液由混浊变澄清时,用试管加 2~3 mL 水,接收几滴馏出液摇动,观察是否有油珠出现。

(2) 产品中的少量溴是由浓硫酸的氧化生成的,可用亚硫酸氢钠溶液洗去。

$$2NaBr + 3H_2SO_4 \longrightarrow Br_2 + SO_2 + 2NaHSO_4 + 2H_2O$$
$$Br_2 + 3NaHSO_3 \longrightarrow 2NaBr + NaHSO_4 + 2SO_2 + H_2O$$

(3) 浓硫酸可溶解正丁醇、正丁基醚及丁烯,使用干燥分液漏斗是为防止漏斗中残余水分冲稀硫酸而降低洗涤效果。分液时硫酸应尽量分干净。

【思考题】

1. 加料时,如不按实验操作中的加料顺序,而先使溴化钠与浓硫酸混合,然后再加正丁醇和水,将会出现何现象?

2. 从反应混合物中分离出粗产品正溴丁烷时,为何用蒸馏分离,而不直接用分液漏斗分离?

3. 本实验有哪些副反应发生?后处理时,各步洗涤的目的何在?为什么要用等体积的浓硫酸洗一次?为什么在用饱和碳酸氢钠水溶液洗涤前,首先要用水洗一次?

【化合物表征数据】

^{1}H NMR (500 MHz, CDCl$_3$):δ=3.51 (t, J=7.1 Hz, 2H), 1.82-1.75 (m, 2H), 1.31-1.25 (m, 2H), 0.9 (t, J=8.0 Hz, 3H)

【参考文献】

1. A simplified synthesis of lower alkyl bromides. R. Kozlowski, Z. Kubica, B. Rzeszotarska, *Org. Prep. Proced. Int.* **1988**, *20*, 177-180.

2. An industrial synthesis improvement of *n*-butyl bromide. Sh-B. Liu, Ch-M. Yu, *HuaXue Shiji*, **2009**, *31*, 289-291.

实验二 3-溴环己烯

【实验原理】

卤素可对烯丙型及苯甲型化合物发生 α-H 的取代。N-溴代丁二酰亚胺简称 NBS,是重要的溴化试剂,适于在较低温度和实验室条件下进行反应。反应过程中,它首先与反应体系中存在的微量酸或水汽作用,产生少量的溴;溴在光或引发剂如过氧化苯甲酰作用下,生成溴游离基;溴游离基再与丙烯作用生成 α-溴丙烯。在反应体系中,溴始终保持着较低的浓度,有利于取代反应的进行。一般反应均用非极性的四氯化碳作溶剂,以避免溴与丙烯发生加成作用。

$$CH_3CH{=}CH_2 + \text{(NBr)} \xrightarrow{\text{过氧化苯甲酰}} BrCH_2CH{=}CH_2 + \text{(NH)}$$

反应过程:

$$\text{(NBr)} + HBr \rightleftharpoons \text{(NH)} + Br_2$$

$$\text{(C}_6\text{H}_5\text{COOOCC}_6\text{H}_5) \xrightarrow{h\nu} \text{(C}_6\text{H}_5\text{CO·)} + CO_2 + \text{(C}_6\text{H}_5·)$$

$$\text{(C}_6\text{H}_5·)} + Br_2 \longrightarrow \text{(C}_6\text{H}_5{-}Br)} + Br·$$

$$CH_3CH{=}CH_2 + Br· \longrightarrow ·CH_2CH{=}CH_2 + HBr$$

$$·CH_2CH{=}CH_2 + Br_2 \longrightarrow BrCH_2CH{=}CH_2 + Br·$$

【实验目的】

1. 了解由卤素对烯丙型及苯甲型化合物 α-H 取代制备卤代烷的原理和方法。
2. 巩固过滤、蒸馏等基本操作。

【实验原理】

$$\text{(环己烯)} + \text{(NBr)} \xrightarrow{\text{过氧化苯甲酰}} \text{(3-溴环己烯)} + \text{(NH)}$$

【实验试剂】

环己烯 6.8 g(0.083 mol)、N-溴代丁二酰亚胺 8.9 g(0.05 mol)、过氧化苯甲酰 0.2 g、四

氯化碳(预先用五氧化二磷干燥)。

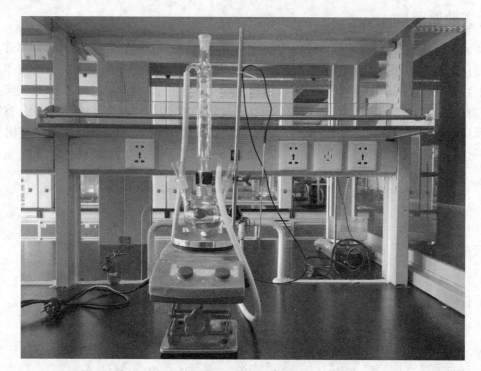

图 3.1－3　反应装置图

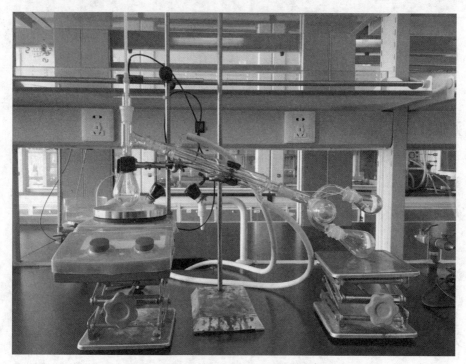

图 3.1－4　减压蒸馏装置图

【实验步骤】

在 250 mL 三颈烧瓶中放置加入磁子、6.8 g 环己烯和 100 mL 用五氧化二磷干燥过的四氯化碳中,装上回流冷凝管。开动搅拌再加入 8.9 g 干燥的 N -溴代丁二酰亚胺和 0.2 g 过氧化苯甲酰。加热回流至反应开始,保持平稳地沸腾。待密度较大的溴代丁二酰亚胺全部转变为丁二酰亚胺浮于液面的现象出现时,可以认为是反应终点。为了保证反应完全,将反应液再加热回流 10 min(反应时间总共 1 小时左右)(实验装置如 3.1 - 3 所示)。冷却,把 N -丁二酰亚胺减压滤去(实验装置如 3.1 - 4 所示),并用少量四氯化碳洗涤。合并滤液和洗液,在旋转蒸发仪上除去溶剂四氯化碳,然后减压蒸馏,收集 70℃ ~72℃ /33 mmHg(4.4 kPa)馏分,产量 5.0~5.5 g(产率 62% ~68%)。

【注意事项】

溴化物能刺激皮肤和催泪,在实验过程中应注意用保护手套和安全镜。

【思考题】

1. 本实验中 NBS 的作用是什么? 写出反应历程。
2. 还有哪些制备 3 -溴环己烯的方法?

【化合物表征数据】

^{1}H NMR(400 MHz, CDCl$_3$):$\delta = 5.89 - 5.96$(m, 1H), $5.80 - 5.86$(m, 1H), $4.83 - 4.89$(m, 1H), $1.65 - 2.28$(m, 6H)

【参考文献】

Ammonium-Directed Olefinic Epoxidation:Kinetic and Mechanistic Insights. M. B. Brenna, T. D. W. Claridge, R. G. Compton, S. G. Davies, A. M. Fletcher, M. C. Henstridge, D. S. Hewings, W. Kurosawa, J. A. Lee, P. M. Roberts, A. K. Schoonen, J. E. Thomson. *J. Org. Chem*, **2012**, *77*, 7241 - 7261.

实验三 1,2 -二溴乙烷

1,2 -二溴乙烷主要用于汽油抗爆剂的添加剂。以前汽油抗爆剂是以四乙基铅为主体(目前已使用无铅汽油),并且添加 1,2 -二溴乙烷、1,2 -二氯乙烷和其他一些添加剂。汽车用汽油抗爆剂含 1,2 二溴乙烷约 17%,航空用汽油抗爆剂中含 35%。1,2 -二溴乙烷还可用做有机合成和熏蒸消毒用的溶剂。

在乙烯制备中,硫酸既是脱水剂,又是氧化剂,因此反应过程中常伴有乙醇被氧化的副反应,生成二氧化碳、二氧化硫等气体。二氧化硫能与溴发生反应:

$$Br_2 + 2H_2O + SO_2 \longrightarrow 2HBr + H_2SO_4$$

所以生成的乙烯气体要先经氢氧化钠溶液洗涤。反应完毕,粗产品中混有少量未反应完全的溴,可以用水和氢氧化钠溶液洗涤除去。

$$3Br_2 + 6OH^- \longrightarrow 5Br^- + BrO_3^- + 3H_2O$$

【实验目的】

1. 了解卤素与烯烃反应制备二卤代烷的原理和方法。
2. 掌握现场制备乙烯并参与反应装置及有害气体吸收装置的安装和操作。
3. 巩固分液漏斗的使用、液体化合物的干燥、蒸馏等基本操作。

【实验原理】

$$CH_2 = CH_2 + Br_2 \longrightarrow CH_2BrCH_2Br$$

【实验试剂】

溴 3.0 mL(0.10 mol)、乙醇、浓硫酸、氢氧化钠水溶液。

【实验装置】

图 3.1－5　反应装置图

【实验步骤】

反应装置如图 3.1－5 所示,从左至右 250 mL 三口瓶为乙烯发生器(在 250 mL 的三口瓶中,加入 2～3 勺沙子,以避免加热产生乙烯时出现泡沫,影响反应进行;温度计插到离瓶底 2 mm 处)。锥形瓶 2 是安全瓶(瓶内盛少量水,一根长玻璃管插到水面以下;如果发现玻璃管内的水柱上升很高,甚至喷出来时,应停止反应,检查系统是否有堵塞)。锥形瓶 3 是洗气瓶(内装 5% 的氢氧化钠水溶液,以吸收乙烯气中的酸气,如二氧化碳、二氧化硫等)。吸滤管 4 是反应管(吸滤管内装 3.0 mL 溴,上面覆盖 3~5 mL 水,以减少溴的挥发;吸滤管外可用烧杯盛冷水冷却)。烧杯 5 是吸收用烧杯(内装 5% 氢氧化钠水溶液,吸收溴的蒸气)。

仪器装好后,在冰水冷却下,将 24 mL 浓硫酸慢慢滴加到 12 mL 乙醇中,混匀后取 6 mL 加入到三口瓶中,剩余部分倒入分液漏斗中。取一支 20 mL 的吸滤管,加入 3~5 mL 水,然后小心量取 3.0 mL 溴倒入吸滤管中。加热前,先切断锥形瓶 3 与吸滤管 4 的连接处;待温度上升到约 120℃ 时,此时大部分空气已被排出,然后连接锥形瓶 3 与吸滤管 4;待温度上升到约 180℃ 时,此时有乙烯产生,开始慢慢滴加乙醇硫酸混合液,并维持温度在 180~200℃ 左右,产生的乙烯被溴吸收。如果滴速过快,会使乙烯来不及被溴吸收而跑掉,同时也会带走一些溴进入烧杯 5。当溴的颜色全部褪掉时,反应即告结束。在整个反应过程中,要注意由于温度和压力的变化而发生反吸。反应完成,先取下反应管 4,然后再停止加热。将产物转移到分液漏斗中,依次以等体积的水、等体积的 1% 氢氧化钠水溶液各洗一次,再用水洗两次至中性。适量无水氯化钙干燥,过滤,蒸馏,收集 129~132℃ 的馏分,产量 5.00~6.00 g。

【注意事项】

(1) 仪器各部分连接必须紧密,不得有漏气处,这是本实验的关键;否则无足够压力使乙烯通至反应管内,并且给定的乙醇-硫酸的量不足以使溴全部褪色,还需补充。

(2) 由于 1,2 二溴乙烷凝固点为 9℃,反应管外不能过冷。

【思考题】

1. 反应开始为什么温度先要上升到约 180℃ 有乙烯产生,才开始慢慢滴加乙醇硫酸混合液,并维持温度在 180~200℃ 左右?

2. 加热前,为什么先切断瓶 3 与瓶 4 的连接处?

【化合物表征数据】

^{1}H NMR (300 MHz, CDCl$_3$) : $\delta = 3.65$ (s, 4H)

【参考文献】

Halogenobis(*N*, *N* − dialkyldithiocarbamato) iron (Ⅲ) com. p. lexes as potential catalysts for halogen addition reactions to alkenes. C. A. Tsipis, G. A. Katsoulos, F. D. Vakoulis. *J. Chem. Soc.*, *Chem. Commun.*, **1985**, *0*, 1404 − 1405.

实验四　4-溴乙酰苯胺

芳环的溴代反应是一类亲电取代反应,所用试剂通常为液溴。由于液溴的高腐蚀性和毒性,它在基础实验中的应用受到限制。一个改进的方法是不直接用液溴,而用现场生成的溴。用此法生成的溴与乙酰苯胺反应,能顺利生成 4-溴乙酰苯胺,且产率较高,后处理简便。

【实验目的】

1. 了解卤素与芳香族化合物反应制备卤代芳烃的原理和方法。

2. 掌握现场制备溴并参与反应装置及有害气体吸收装置的安装和操作。

3. 巩固减压抽滤、固体的洗涤及重结晶等基本操作。

【实验原理】

$$6H^+ + 5Br^- + BrO_3^- \longrightarrow 3Br_2 + 3H_2O$$

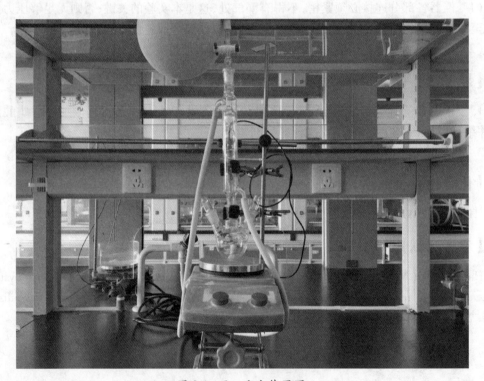

【实验试剂】

乙酰苯胺 1.0 g（1.5 mmol）、溴酸钾 425 mg（2.5 mmol）、冰乙酸 10 mL、氢溴酸（≥40%）1.5 mL（2.6 mmol）、水 125 mL、95%乙醇。

【实验装置】

图 3.1 - 6　反应装置图

【实验步骤】

按如图 3.1 - 6 反应装置搭好仪器，在 50 mL 三口烧瓶中加入 1.0 g 乙酰苯胺，425 mg 溴酸钾，10 mL 冰乙酸及搅拌子，在快速磁力搅拌下，加入 1.5 mL 含量 40%以上的氢溴酸，反应液呈现桔黄色。室温搅拌 30 min，将反应混合物倒入有 125 mL 冰水的烧杯中，有浅黄色沉淀析出,再搅拌 15 min,抽滤收集固体粗产品。先用亚硫酸氢钠水溶液洗涤固体以除去游离溴,再用水洗。重复上述操作直至无溴存在。产物在空气中干燥后,再用 95% 乙醇重结晶得无色针状晶体 4-溴乙酰苯胺 0.9 g 左右,熔点 170~171℃。

【注意事项】

(1) 反应体系不要密闭,最好在冷凝管口用一气球,防止酸气及溴溢出。
(2) 固体洗涤时,尽量把溴除尽,否则将影响产品质量。

【思考题】

苯或甲苯溴化需用铁作催化剂,而本实验的溴化反应为何不需用铁作催化剂?

【化合物表征数据】

^{1}H NMR (400 MHz, CH$_3$CN-d$_3$):$\delta = 8.40$ (s, br, 1H),7.50-7.48 (m, 2H),7.45-7.42 (m, 2H),2.04 (s, 3H)

【参考文献】

1. Eco-friendly and versatile brominating reagent prepared from a liquid bromine precursor. S. Adimurthy, G. Ramachandraiah, A. Bedekar, S. Ghosh, B. C. Ranu, P. K. Ghosh, *Green Chem.*, **2006**, *8*, 916-922.

2. A quick, mild and efficient bromination using a CFBSA/KBr system. P. P. Jiang, X-J. Yang, *RSC Adv*, **2016**, *6*, 90031-90034.

实验五 7,7-二氯双环[4,1,0]庚烷

卡宾(carbene)是通式为 R$_2$C: 的中性、活性中间体的总称,其中碳原子与两个原子或基团以键相连,另外还有一对非键电子。最简单的卡宾是亚甲基(:CH$_2$),二卤卡宾(:CX$_2$)则是常见的取代卡宾。由于碳原子周围只有六个外层电子,卡宾具有很强的亲电性。卡宾最典型的反应是与碳-碳双键发生加成反应,生成环丙烷及其衍生物;也可与碳氢键进行插入反应,但二卤卡宾一般不能发生此反应。二氯卡宾是最常见的二卤卡宾,制备的方法不少,由于它非常活泼,一般用捕获法来证明它的存在。例如:

这些方法,不是操作条件比较严格,就是要很强的碱,无水,或者使用剧毒试剂,因为 :CCl₂ 产生后停留在水相中,就会与水作用生成如下副产物:

$$CO + 2Cl^- + 2H^+ \xleftarrow{H_2O} :CCl_2 \xrightarrow{2H_2O} HCOO^- + 2Cl^- + 3H^+$$

因此在这种水溶液中产生出来的 :CCl₂ 不能有效地被捕获,最后得到的加成物产率很低,仅为 5%。若在相转移催化剂存在下,由于氯仿在 50% 氢氧化钠作用下,在水相中生成的 CCl₃⁻ 阴离子很快地转入有机相,并分解成 :CCl₂,:CCl₂ 在有机溶剂中立即与环己烯发生加成,产率较高,操作也简便。

相转移催化剂也称 PT,是 20 世纪 60 年代以来在有机合成中应用日趋广泛的一种新的合成方法。在有机合成中,常遇到水溶性的无机负离子和不溶于水的有机化合物之间的反应,这种非均相反应在通常条件下,速度慢、产率低,甚至有时很难发生。但如果用水溶解无机盐,用极性小的有机溶剂溶解有机物,并加入少量(通常为 0.05 mol 以下)的季铵盐或季磷盐,反应则很容易进行。这些能促使提高反应速度并在两相之间转移负离子的鎓盐,称为相转移催化剂。

常用相转移催化剂主要有两类:

(1) 盐类化合物:季铵盐、季磷盐、砷盐、硫盐,其中以苄基三乙基氯化铵(TEBA)和四丁基硫酸氢铵(TBAB)最为常用。在这类化合物中,烃基是脂溶性基团,若烃基太小,则脂溶性差,一般要求烃基的总量大于 $150 \text{ g} \cdot \text{mol}^{-1}$。

(2) 冠醚:常用的有 18-冠-6、二苯基-18-冠-6、二环己基-18-冠-6。冠醚具有和某些金属离子络合的性能而溶于有机相,例如,18-冠-6 与氰化钾水溶液中的 K⁺ 络合,而与络合离子形成离子对的 CN⁻ 也随之进入有机相。

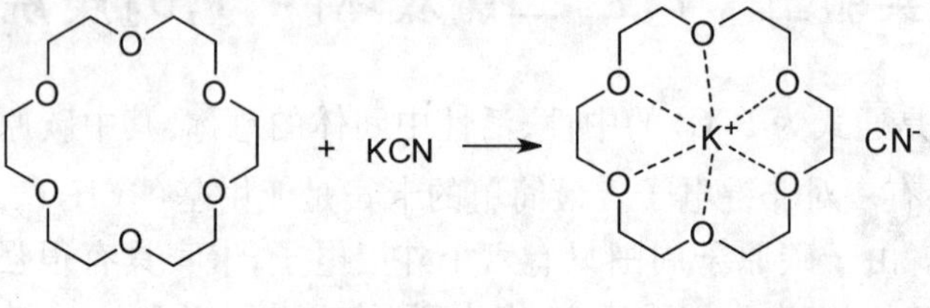

【实验目的】

1. 了解相转移催化剂催化反应的原理和方法。
2. 了解卡宾的制备方法及反应活性。
3. 巩固萃取、减压抽滤、减压蒸馏等基本操作。

【实验原理】

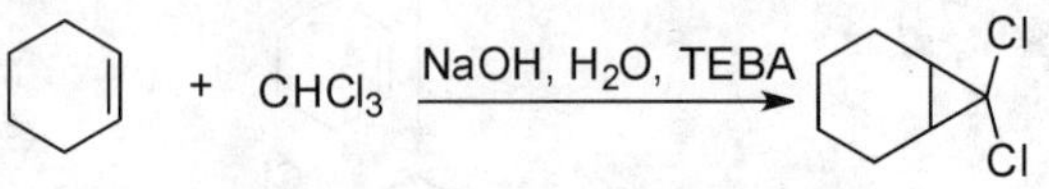

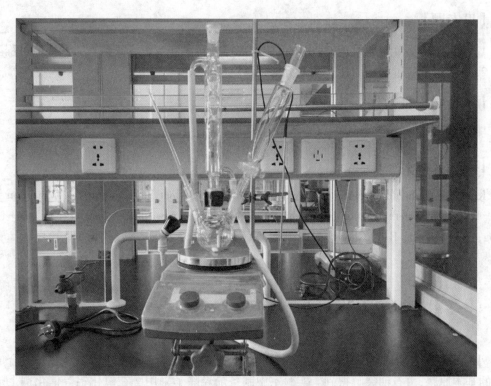

【实验试剂】

环己烯 1.62 g(20.0 mmol)、TEBA 0.30 g、氯仿 20 mL、氢氧化钠 4.00 g(100 mmol)。

【实验装置】

图 3.1－7　反应装置图

【实验步骤】

在装有回流冷凝管、温度计和滴液漏斗的三口瓶中(如图 3.1－7 所示),加入强力搅拌磁子、1.62 g 环己烯、0.30 g TEBA(三乙基苄基氯化铵)和 10 mL 氯仿;在电磁搅拌下,由滴液漏斗滴加 4.00 g 氢氧化钠溶在 4 mL 水中的溶液,此时有放热现象。滴加完毕,在剧烈搅拌下温和回流 40 min。反应液为黄色,并有固体析出。

待反应液冷却至室温,加入 10 mL 水使固体溶解。将混合液移到分液漏斗中,分出有机层,水层用 10 mL 氯仿提取一次,提取液与有机层合并,每次用 10 mL 水洗涤(约 3 次)至中性。有机层用无水硫酸钠干燥,旋蒸出氯仿后,进行减压蒸馏,收集 80～82℃/16 mmHg (2.13 kPa)或 95～97℃/35 mmHg(4.67 kPa)或 102～104℃/50 mmHg(6.67 kPa)的馏分。产量 1.80 g,为无色透明液体。此产品也可简单蒸馏,沸点 198～200℃,但略有分解现象。

【注意事项】

(1) 氯仿有毒,注意室内通风,萃取可用二氯甲烷或石油醚替代氯仿。本实验使用氢氧化钠溶液,严防溅入眼睛。

(2) 此反应是在两相中进行,反应过程中必须剧烈搅拌反应物,否则影响产率。

(3) 接触浓的氢氧化钠溶液时,磨口处应涂好油脂(凡士林等),用过的滴液漏斗应立即洗净;否则,碱性物质会使活塞粘连难以打开。

(4) 反应液在分层时,常出现较多絮状物,可用布氏漏斗过滤。

【思考题】

1. 根据相转移反应的原理,写出本反应中离子的转移和二氯卡宾的产生及反应过程。
2. 本实验反应过程中为什么要充分搅拌反应混合物?

【化合物表征数据】

^{1}H NMR (400 MHz, CDCl$_3$): $\delta = 1.95 - 1.92$ (m, 2H), $1.68 - 1.17$ (m, 8H)

【参考文献】

Kinetics of dichlorocyclopropanation using 4 (dimethyloctylammonium) propansultan and 1,4‐bis (triethylmethylammonium) benzene dibromide as new phase transfer catalysts. M-L. Wang, Y-M. Hsieh, R-Y. Chang, *React. Kinet. Catal. Lett.*, **2004**, *81*, 49‐56.

(二) 烯 烃

小分子的烯烃如乙烯、丙烯、丁二烯是三大合成材料工业(合成纤维、合成塑料、合成橡胶)的基本原料,由石油裂解得到。实验室中制备烯烃除了采用醇在氧化铝等催化剂上进行高温催化脱水之外,主要采用酸性条件下醇脱水和碱性条件下卤代烷脱卤化氢两种方法。烯烃的合成通常采的方法如下:

1. 醇的酸催化脱水反应

醇的酸催化脱水通常被认为是 E1 机理:

形成碳正离子的一步是决定反应速率的一步,碳正离子越稳定,过渡态位能越低,反应速率越快。碳正离子稳定性顺序为:

$$^+CR_3 > {}^+CHR_2 > {}^+CH_2R$$

故醇的反应活性:三级醇>二级醇>一级醇。三级醇较一级醇容易失水并且失水温度较低,整个反应是可逆的。为了使反应完全,必须不断地把生成的烯(沸点较低)蒸出,这样也避免了烯烃的聚合。根据醇的结构不同,常用的失水剂有硫酸、磷酸、草酸、五氧化二磷等。当有两种以上的烯烃可能生成时,主要产物是遵照 Zaytzeff 规则,主要生成双键碳上有较多取代基的烯烃。

2. 卤代烷脱卤化氢反应

卤代烷脱卤化氢常用碱性试剂,如氢氧化钠醇溶液、乙醇钠-乙醇、叔丁醇钾-叔丁醇等,以及胺类化合物,如三乙胺、吡啶、喹啉等。一般认为,这是一个双分子的消去反应(E2)。与醇脱水反应一样,当有可能生成两种以上烯烃时,反应遵循 Zaytzeff 规则。由于存在与之竞争的取代反应,副产物分别是醇和醚等。

除以上两种合成烯烃的方法外,二卤代烃脱卤素、含有活泼 α-氢的化合物(如醛、酮、羧酸、腈、硝基化合物等)在碱作用下与羰基化合物的缩合反应(如羟醛缩合、Knovenagel 反应、Perkin 反应等)、Wittig 及 Wittig-Horner 反应、Diels-Alder 反应、Hofmann 消除反应、氧化胺及酯的热裂解反应也是另一类制备取代烯烃及环烯烃的重要方法。

实验六　环　己　烯

环己醇可在浓硫酸或磷酸催化下脱水制备环己烯,但在使用硫酸时常常会产生一些黑色物使反应瓶不易刷洗干净,故本实验采用磷酸催化。

【实验目的】

1. 了解醇在酸性条件下脱水制备烯烃的原理和方法。
2. 巩固分馏、分液、减压抽滤及常压蒸馏等基本操作。

【实验原理】

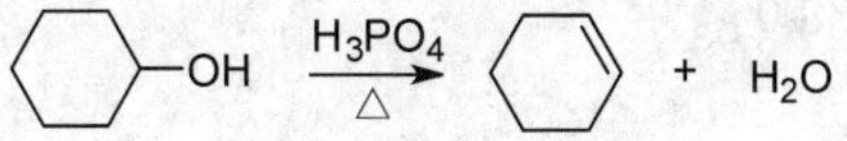

【实验试剂】

环己醇 4.82 g(5.0 mL,48.1 mmol)、85%磷酸 3 mL、无水氯化钙、食盐、碳酸钠水溶液(100 mmol)。

【实验装置】

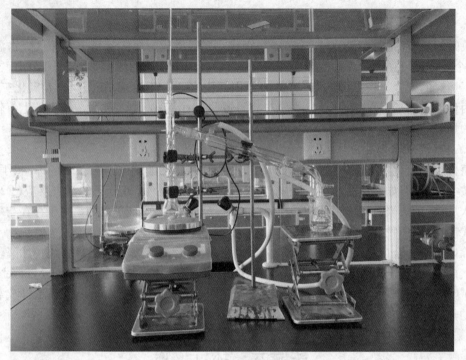

图 3.2－1　反应装置图

【实验步骤】

实验装置如图 3.2－1 所示。在 25 mL 的圆底烧瓶中加入 4.82 g 环己醇、3 mL 磷酸,振荡均匀;烧瓶上装一短的分馏柱,接上冷凝管,接收器浸在碎冰里冷却。开动搅拌,控制温度慢慢加热烧瓶,收集 85℃ 以下的蒸出液,蒸馏液为带水的混浊液体。至无液体蒸出时,加热升高温度,当有大量的白烟生成时(或烧瓶里只剩下少量溶液时),立即停止加热,反应即完成。

蒸出液用食盐饱和,然后用 10% 的碳酸钠水溶液中和微量的酸。把液体倒入分液漏斗中,分出有机相,倒入一干燥的锥形瓶中,用适量的无水氯化钙干燥,过滤,常压蒸馏收集 82~84℃ 的馏分。产量约 2.00~3.00 g。

【注意事项】

(1) 环己醇与酸应振荡均匀,使它们充分混合后才能加热,尤其是使用浓硫酸更应注意,以免炭化。本实验使用 85% 的磷酸效果较好。

(2) 反应中环己烯-水形成共沸物 bp 70.8℃,含水 10%。没有反应的环己醇与水形成共沸物 bp 97.8℃,含水 80%。反应加热时温度不可过高,以减少未反应的环己醇被蒸出。

(3) 在收集和转移环己烯时,最好保持充分冷却,以免因挥发而造成损失。

【思考题】

1. 在粗制环己烯中,为什么要加入食盐使水层饱和?

2. 如何鉴别分液漏斗中哪一层是有机层？如何取出？

3. 写出无水氯化钙吸水后的化学反应方程式,为什么在蒸馏之前一定要将它过滤掉？

【化合物表征数据】

^{1}H NMR (400 MHz, CDCl$_3$)：$\delta = 5.67 - 5.60$ (m, 2H), $2.05 - 195$ (m, 4H), $1.66 - 160$ (m, 4H)

【参考文献】

Phosphoric acid in organic reactions. W. M. Dehn, K. E. Jackson, *J. Am. Chem. Soc.*, **1933**, *55*, 4284 - 4287.

实验七 1,2-二苯乙烯

羰基用磷叶立德变为烯烃,称 Wittig 反应(叶立德反应、维蒂希反应),这是一个非常有价值的合成方法,用于醛、酮直接合成烯烃。1953 年,Wittig 开始研究磷叶立德试剂和醛酮的反应,并用于有机合成上作为制烯烃的方法,为此 Wittig 获得了 1979 年诺贝尔化学奖。

在 Wittig 反应中,ylide 中带负电的碳进攻羰基碳原子,生成不稳定的环状化合物,后者迅速分解成烯烃和氧化三苯膦:

$$(C_6H_5)_3\overset{+}{P}-\overset{..}{C}R_2 + \underset{R'}{\overset{R'}{C}}=O \longrightarrow \left[\underset{-O-CR_2'}{(C_6H_5)_3\overset{+}{P}-CHR_2} \longleftrightarrow \underset{O-CR_2'}{(C_6H_5)_3\overset{+}{P}-CR_2} \right] \longrightarrow (C_6H_5)_3P=O + R_2'C=CR_2$$

当 ylide 中带负电的碳上连接两个氢原子烷基时,这样的 ylide 十分活泼,能与水、氧及酸等反应,如:

$$(C_6H_5)_3\overset{+}{P}-\overset{H}{\underset{H}{\overset{|}{C}}} + \overset{\delta-}{O}\underset{H}{\overset{H}{<}} \longrightarrow (C_6H_5)_3P-OH + \overset{-}{C}H_3$$

当连接的是吸电子基团时,则形成的 ylide 反应活性就降低,比较稳定。其中如有一个是苯基,则该 ylide 就不能与芳酮反应,但还能与苯甲醛起正常的 Wittig 反应;若其中一个是对硝基苯基,则其反应活性更低,与水不起反应,甚至可在水中制备,但还能与醛反应;若两个全都是苯基时,就不能与水、醇和酸等反应,也不能和羰基化合物起 Wittig 反应。Wittig 反应是在分子内导入双键的重要方法,可以用来合成一些用其他方法难于得到的化合物。Wittig 反应条件温和,产率高,产物中碳碳双键的位置总是相当于原来碳氧双键的位置,没有双键位置不同的烯烃异构体,可以用来合成一些对酸敏感的烯烃和共轭烯烃。Wittig 反应的立体化学一般得到顺反异构体的混合物。

【实验目的】

1. 了解 Wittig 反应制备烯烃的原理和方法。
2. 巩固抽滤、洗涤、萃取、重结晶等基本操作。

【实验原理】

$$(C_6H_5)_3P + ClCH_2C_6H_5 \xrightarrow[\text{reflux}]{CHCl_3} (C_6H_5)_3\overset{+}{P} CH_2C_6H_5Cl^- \xrightarrow{NaOH}$$

$$(C_6H_5)_3P=CHC_6H_5 \xrightarrow{C_6H_5CHO} C_6H_5CH=CHC_6H_5 + (C_6H_5)_3PO$$

【实验试剂】

3 g（2.8 mL，0.024 mol）苄氯、6.2 g（0.024 mol）三苯基膦、1.6 g（0.5 mL，0.015 mol）苯甲醛、氯仿、乙醇、二氯甲烷、50%氢氧化钠溶液、95%乙醇。

【实验装置】

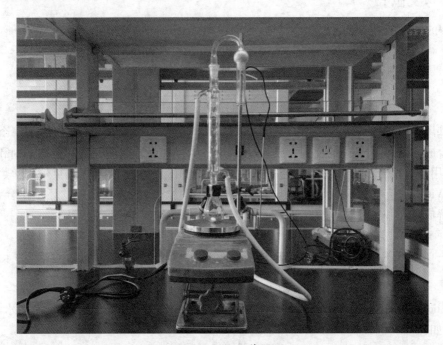

图 3.2 - 2　反应装置图

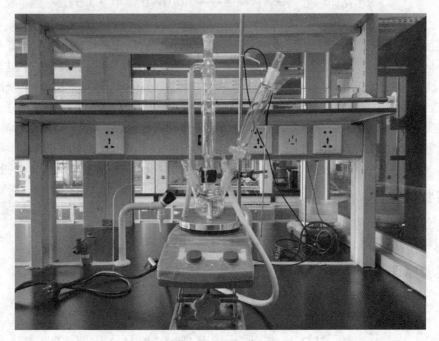

图 3.2 - 3　反应装置图

【实验步骤】

1. 氯化苄基三苯基鏻

如图 3.2 - 2 所示,在 50 mL 圆底烧瓶中,加入 3 g 苄氯、6.2 g 三苯基膦和 20 mL 氯仿,装上带有干燥管的回流冷凝管,加热回流 2~3 h。反应完后改为蒸馏装置,蒸出氯仿。向烧瓶中加入 5 mL 甲苯,充分摇振混合,真空抽滤。用少量甲苯洗涤结晶,于 110℃ 烘箱中干燥 1 h,得 7 g 季鏻盐。产品为无色晶体,熔点 310~312℃,贮于干燥器中备用。

2. 1,2 - 二苯乙烯

如图 3.2 - 3 所示,在 50 mL 三口圆底烧瓶中,加入 5.8 g 氯化苄基三苯基鏻,1.6 g 苯甲醛,和 10 mL 二氯甲烷,装上回流冷凝管。在电磁搅拌器的充分搅拌下,恒压滴液漏斗滴入 7.5 mL 50% 氢氧化钠水溶液,约 15 min 滴完。加完后,继续搅拌 0.5 h。

将反应混合物转入分液漏斗,加入 10 mL 水和 10 mL 乙醚,摇振后分出有机层,水层每次用乙醚 10 mL 萃取 2 次,合并有机层和乙醚萃取液,每次用 10 mL 水洗涤 3 次,然后用无水硫酸镁干燥,滤去干燥剂,在旋蒸仪上蒸去有机溶剂。残余物加入 95% 乙醇加热溶解(约需 10 mL),然后置于冰浴中冷却,析出反 1,2 - 二苯乙烯结晶。抽滤,干燥后称重。产量约 1 g,熔点 123~124℃。进一步纯化可用甲醇-水重结晶。

【注意事项】

(1) 苄氯蒸气对眼睛有强烈的刺激作用,转移时切勿滴在瓶外,如不慎滴在手上,应用水冲洗后再用肥皂擦洗。

(2) 有机膦化物通常是有毒的,与皮肤接触后应立即用肥皂擦洗。

(3) 作为替换,可用 2 g (0.015 mol) 肉桂醛代替苯甲醛,得到 1,4 - 二苯基-1,3 - 丁二烯,产量约 1 g,熔点 150~151℃。

【思考题】

1. 三苯亚甲基膦能与水起反应,三苯亚苄基膦则在水存在下可与苯甲醛反应,并主要生成烯烃,试比较二者的亲核活性并从结构上加以说明。

2. 为什么 Witting 反应中要除去苯甲醛中所含的苯甲酸?

【化合物表征数据】

^{1}H NMR (300 MHz, CDCl$_3$):$\delta = 7.12$ (s, 2H),7.30 - 7.45 (m, 6H),7.72 (m, 4H)

【参考文献】

Synthesis and tyrosinase inhibition activity of trans-stilbene derivatives. T. Ismail, S. Shafi, J. Srinivas, D. Sarkar, Y. Qurishi, J. Khazir, M. S. Alam, H. M. S. Kumar, *Bioorg. Chem.*, **2016**, *64*, 97 - 102.

（三）醇

醇是应用极广的一类有机化合物,不但用作溶剂,而且易转变成卤代烷、烯、醚、醛、酮、羧酸和羧酸酯等多种化合物,是一类重要的化工原料。醇的制法很多,简单和常用的醇在工业上利用水煤气合成、淀粉发酵、烯烃水合及易得的卤代烃的水解等反应来制备。实验室醇的制备,通常采用羰基化合物的还原、Grignard 反应和烯烃硼氢化-氧化反应与羟汞化等反应来进行制备。

1. 羰基化合物还原

醛、酮、羧酸和羧酸酯的还原是制备醇的重要方法,以醛、酮的还原最为普遍,还原可采用催化氢化或负氢试剂还原策略。催化氢化常用的催化剂有活性钯、铂、Renny 镍等,在室温或较低压力下即可进行。该方法具有操作简便,产率高、产物纯等优点。更广泛还原羰基化合物的方法是使用负氢试剂 $NaBH_4$ 和 $LiAlH_4$。$NaBH_4$ 是温和的还原试剂,通常用于醛、酮的还原,反应可在乙醇或水-有机溶剂两相体系中进行。$LiAlH_4$ 是还原性极强的还原剂,可将醛、酮、羧酸和羧酸酯还原为相应的醇,反应需在严格的无水条件和非质子性溶剂四氢呋喃、乙醚等中进行。金属氢化物的还原具有反应条件温和、副反应少、产率高及立体选择性好等优点。

$$HO \overset{R}{\underset{R(H)}{\diagdown}} \xleftarrow[\text{or } LiAlH_4]{NaBH_4} \overset{R}{\underset{(H)R}{\diagdown}}C{=}O \xrightarrow[\text{催化剂}]{H_2} \overset{R}{\underset{(H)R}{\diagdown}}OH$$

2. Grignard 反应合成法

Grignard(格林尼亚),法国有机化学家,法国科学院院士,最大贡献是发现有机化学上十分有用的试剂-格林尼亚试剂(也称格氏试剂),并由此获得 1912 年诺贝尔化学奖。

由卤代烷和溴代芳烃与金属镁在无水乙醚中反应生成烃基卤化镁,即 Grignard 试剂。试剂为烃基卤化镁与二烃基镁和卤化镁的平衡混合物。

$$RX + Mg \xrightarrow{\text{无水乙醚}} RMgX$$

$$2RMgX \rightleftharpoons R_2Mg + MgX_2$$

醚在 Grignard 试剂的制备中有重要作用,醚分子中氧原子上的非键电子可以与试剂中带部分正电荷的镁形成配合物,使有机镁化合物稳定,并能溶解于乙醚。此外,乙醚价格低廉,沸点低,反应结束后容易除去。

镁与许多脂肪族卤代烃、芳香族卤代烃都可反应生成 Grignard 试剂,其中从碘到氯活泼性降低,碘代烃反应速率最快,但它比相应的溴化物与氯化物的产率要差,这是因为最活泼的碘代烃最易发生偶合副反应;氯代烃一般与镁较难以反应。乙醚是该反应最好的溶剂,如需在较高温下反应时,可选用丙醚、异丙醚、丁醚、……、苯甲醚、四氢呋喃等,某些情况下四氢呋喃也是极好的溶剂。镁,应使用细小镁屑或镁粉,事先可在 60~80℃ 干燥 30 min,再经真空干燥器内干燥,保存于密闭的玻璃容器中。对活性较差的卤化物或反应不易发生时,可活化镁,即将理论计算量的镁和少量碘放入反应瓶,温和加热至瓶内充满碘蒸气,待冷却后,再加入反应所需其他试剂即可进行反应,或事先已制好的 Grignard 试剂引发反应发生。

一般情况下,制备 Grignard 试剂,1 mol 脂肪族或芳香族卤代烃需用 1 mol 镁,但往往因有副反应,加镁需过量 10% ~ 15%,卤代烃不易过量。在反应中采用滴加卤代烃的方法是至关重要的操作,因为 Grignard 反应是一个放热反应。调节卤代烃乙醚溶液的滴加速率以控制反应,使乙醚保持微沸腾,避免一次加入大量卤代烃而使反应过分剧烈而不易控制。实验事实证明,过量的卤代烃存在于反应体系中也会造成卤代烃自身的偶合反应。当全部卤代烃滴加完后,沸腾将逐渐停止,可将反应混合物加热 0.5 ~ 2 h。制备 Grignard 试剂反应结束,醚溶液应是灰色或浅褐色的混浊液,此时可将另一反应组分,如醛、酮等的醚溶液滴入。为了保证 Grignard 试剂不过量,也可采取相反的加料方式。

Grignard 试剂中,碳—金属键是极化的,带部分负电荷的碳具有显著的亲核性质,在增长碳链的方法中有重要用途,其最重要的性质是与醛、酮、羧酸衍生物、环氧化合物、二氧化碳及腈等发生反应,生成相应的醇、羧酸和酮等化合物。反应所产生的卤化镁配合物,通常由冷的无机酸水解,即可使有机化合物游离出来。对强酸敏感的醇类化合物可用氯化铵溶液进行水解。

Grignard 试剂的制备必须在无水条件下进行,所用仪器和试剂均需干燥,因为微量水分的存在抑制反应的引发,而且会分解形成的 Grignard 试剂而影响产率。此外,Grignard 试剂还能与空气中的氧和二氧化碳作用及过量卤代烃发生偶合反应。

$$RMgX + H_2O \longrightarrow RH + Mg(OH)X$$

$$2RMgX + O_2 \longrightarrow 2ROMgX$$

$$RMgX + RX \longrightarrow R\text{—}R + MgX_2$$

3. 羟汞化反应

实验室制备醇的另一途径是通过烯烃的羟汞化反应。醋酸汞的水溶液与烯烃反应,生成具有 C—Hg 键的金属有机化合物,经 $NaBH_4$ 还原后成醇。相当于烯烃与水的加成,产物取向服从马氏规则,反应条件温和,产率高,反应过程不发生重排。

$$R\text{—}CH=CH_2 \xrightarrow[\text{2) }NaBH_4]{\text{1) }Hg(OAc)_2, H_2O} R\text{—}\underset{OH}{CH}\text{—}CH_3$$

实验八 2-甲基-2-己醇

【实验目的】

1. 了解并掌握 Grignard 试剂的制备及其运用于醇的制备的原理和方法。
2. 巩固分馏、减压抽滤、常压蒸馏等基本操作。

【实验原理】

$$n-C_4H_9Br + Mg \xrightarrow{\text{无水乙醚}} n-C_4H_9MgBr$$

$$n-C_4H_9MgBr + CH_3\underset{\underset{O}{\|}}{C}CH_3 \xrightarrow{\text{无水乙醚}} n-C_4H_9\underset{OMgBr}{C}(CH_3)_2$$

$$n-C_4H_9\underset{OMgBr}{C}(CH_3)_2 + H_2O \xrightarrow{H^+} n-C_4H_9\underset{OH}{C}(CH_3)_2$$

【实验试剂】

镁屑 3.1 g(0.13 mol)、正溴丁烷 17 g(13.5 mL,约 0.13 mol)、丙酮 7.9 g(10 mL,0.14 mol)、无水乙醚、乙醚、硫酸溶液、碳酸钠溶液、无水碳酸钠。

【实验装置】

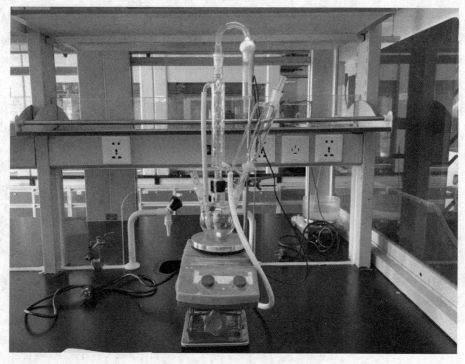

图 3.3-1 反应装置图

【实验步骤】

1. Grignard 试剂的制备

实验装置如图 3.3－1 所示，在 250 mL 三颈瓶中加入磁子，并装置冷凝管及滴液漏斗，在冷凝管及滴液漏斗的上口装置氯化钙干燥管。瓶内放置 3.1 g 镁屑、15 mL 无水乙醚及一小粒碘片。在滴液漏斗中混合 13.5 mL 正溴丁烷和 15 mL 无水乙醚。先向瓶内滴入约 5 mL 混合液，此时不要开动搅拌，数分钟后即见溶液呈微沸状态，镁屑周围出现浑浊，且碘的颜色消失（若不发生反应，可用电吹风稍微加热）。反应开始比较剧烈。待反应缓和后，自冷凝管上端加入 25 mL 无水乙醚。开动搅拌，并滴入其余的正溴丁烷乙醚混合液。控制滴加速度维持反应液呈微沸状态。滴加完毕后，再在油浴上回流 20 min，使镁屑几乎作用完全。

2. 2－甲基－2－己醇的制备

将上面制好的 Grignard 试剂冷却到室温后，由油浴换为冰水浴冷却并搅拌，自滴液漏斗中滴入 10 mL 丙酮和 15 mL 无水乙醚的混合液，控制滴加速度，勿使反应过于猛烈。加完后，在室温继续搅拌 10 min。溶液中可能有白色粘稠状固体析出。

将反应瓶在冰水浴冷却和搅拌下，自滴液漏斗分批加入 100 mL 10% 硫酸溶液，分解产物（开始滴入宜慢，以后可逐渐加快）。待分解完全后，将溶液倒入分液漏斗中，分出醚层。水层每次用 25 mL 乙醚萃取两次，合并醚层，用 30 mL 5% 碳酸钠溶液洗涤一次，用无水碳酸钠干燥。将干燥后的粗产物醚溶液减压抽滤过滤干燥剂，然后用 50 mL 单口瓶分批在旋蒸仪上蒸去乙醚，最后再在石棉网上直接加热蒸出产品，收集 139~141℃ 馏分，产量 7~8 g。

纯 2－甲基－2－己醇的沸点为 141~142℃，折光率 $n_4^{20}=1.417\ 5$。

【注意事项】

（1）本实验所用仪器及试剂必须充分干燥。正溴丁烷用无水氯化钙干燥并蒸馏纯化；丙酮用无水碳酸钾干燥，也经蒸馏纯化。所用仪器，在烘箱中烘干后，取出稍冷即放入干燥器中冷却，或将仪器取出后，在开口处用塞子塞紧，以防止在冷却过程中玻璃内壁吸附空气中的水分。

（2）2－甲基－2－己醇与水能形成共沸物，蒸馏前必须很好的干燥，否则前馏分将大大的增加。

【思考题】

1. 本实验为什么采用滴液漏斗滴加正溴丁烷和无水乙醚的混合溶液？如果采用镁丝与正溴丁烷在乙醚中一起反应，会产生什么结果？
2. 本实验有什么副反应？应如何避免？
3. 本实验得到的粗产物能否用无水氯化钙干燥？为什么？
4. 用 Grignard 反应制备 2－甲基－2－己醇，还可以采用什么原料？写出该反应式并对不同的路线加以比较。

【化合物表征数据】

^{1}H NMR（300 MHz, CDCl$_3$）：$\delta=1.48$（s, 1H），1.44－1.29（m, 6H），1.21（s, 6H），0.98－0.92（m, 3H）

【参考文献】

1. A. I. Vogel, *Vogel's Textbook of Practical Organic Chemistry*, *5th ed.*; John Wiley & Sons: New York, **1989**, 538.

2. Silanol-Based Surfactants: Synthetic Access and Properties of an Innovative Class of Environmentally Benign Detergents. N. Hurkes, H. M. A. Ehmann, M. List, S. Spirk, M. Bussiek, F. Belaj, R. Pietschnig, *Chem. Eur. J.*, **2014**, *20*, 9330-9335.

实验九　二 苯 甲 醇

二苯甲酮可以通过多种还原剂还原,得到二苯甲醇。在碱性醇溶液中用锌粉还原,是制备二苯甲醇常用的方法,适用于中等规模的实验室制备;对于小量或微型合成,硼氢化钠是更理想的试剂。硼氢化钠是一种选择性地将酮醛还原成相应醇的负氢试剂。它操作方便,反应可在含水醇中进行。1摩尔硼氢化钠理论上能还原4摩尔醛酮。

【实验目的】

1. 了解并掌握多种还原试剂还原酮制备醇的原理和方法。
2. 巩固减压抽滤、重结晶等基本操作。

l. 方法一:硼氢化钠还原

【实验原理】

$$4(C_6H_5)_2C=O + NaBH_4 \longrightarrow Na^+B[OCH(C_6H_5)_2]_4^-$$

$$\downarrow H_2O$$

$$4(C_6H_5)_2CHOH$$

【实验试剂】

二苯酮 1.83 g(10.0 mmol)、硼氢化钠 0.23 g(6.1 mmol)、甲醇 8 mL、石油醚(60~90℃)。

【实验步骤】

实验装置如图 3.3-2 所示,在 25 mL 圆底烧瓶中,加入搅拌磁子、1.83 g 二苯酮和 8 mL 甲醇,搅拌使其溶解。迅速称取 0.23 g 硼氢化钠加入瓶中,装上回流冷凝管并搅拌,反应物自然升温至沸腾,然后室温下反应 20 min。加入 3 mL 水,在油浴上加热至沸,保持 5 min。冷却,析出结晶。减压过滤,粗品干燥后用石油醚(60~90℃)或环己烷重结晶。产率 70%~80%,*m.p.* 67~68℃(纯品为 69℃)。

【实验装置】

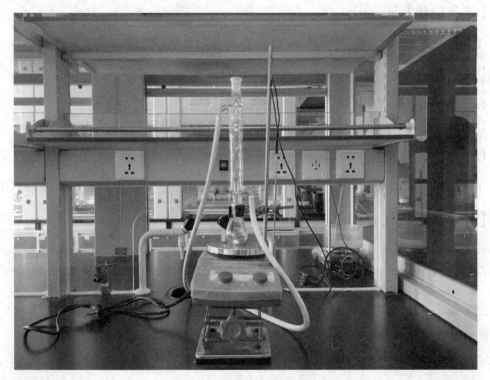

图 3.3 - 2　反应装置图

2. 方法二：锌粉还原

【实验原理】

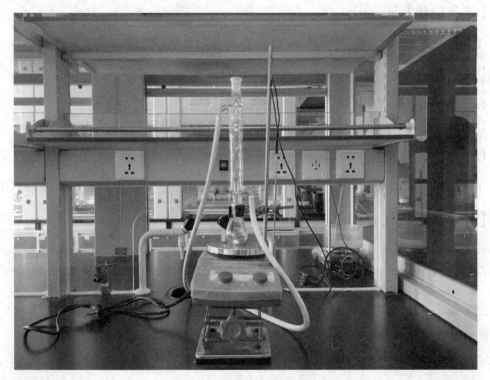

【实验试剂】

二苯酮 1.83 g(10.0 mmol)、锌粉 1.97 g(30.1 mmol)、氢氧化钠 1.97 g(49.3 mmol)、95%乙醇、盐酸、石油醚(60～90℃)。

【步骤】

实验装置如图 3.3 - 2 所示,在装有冷凝管的 50 mL 圆底烧瓶中,依次加入搅拌磁子、1.97 g 氢氧化钠、1.83 g 二苯酮、1.97 g 锌粉和 20 mL 95% 乙醇,装上回流冷凝管,搅拌下并油浴加热,于80℃回流 2 h。然后停止搅拌,冷却。用布氏漏斗减压过滤,残渣用少量 95% 乙醇洗涤。将滤液倒入盛有 90 mL 冰水和 4 mL 浓盐酸的烧杯中,立即出现白色沉淀,减压过滤。

粗品干燥后用石油醚(60~90℃)重结晶得白色针状晶体 1.40~1.60 g,产率约 80%,*m.p.* 67~68℃(纯品为 69℃)。

【注意事项】

硼氢化钠是强碱性物质,易吸潮,有腐蚀性,称量时要小心操作,勿与皮肤接触。

【思考题】

1. 比较 $LiAlH_4$ 和 $NaBH_4$ 的还原特性有何区别?
2. 方法一中,为什么反应后加入 3 mL 水,并加热至沸,然后再冷却结晶?

【化合物表征数据】

^1H NMR (300 MHz, $CDCl_3$):$\delta = 7.49 - 7.11$(m, 10H),5.80(s, 1H),2.29(br, 1H)

【参考文献】

1. Mild and efficient reduction of organic carbonyl com.p.ounds to their corresponding alcohols with $Zn(BH_4)_2$ under protic condition. D. Setamdideh, B. Khezri, M. Rahmatollahzadeh, A. A. Poramjad, *Asian. J. Chem*, **2012**, *24*, 3591－3596.

2. A convenient and environmentally benign method of reducing aryl ketones or aldehydes by zinc powder in an aqueous alkaline solution. Ch-Zh. Zhang, H. Yang, D.-L. Wu, G-Y. Lu, *Chin. J. Chem*, **2007**, *25*, 653－660.

实验十 1-苯基-3-丁烯-1-醇
——在水中进行的类格氏反应

格氏反应是一类常见的在反应过程中形成新的碳-碳键的反应,它的应用范围相当广泛。但由于其反应条件严格,需在无水、无氧条件下进行,因此造成操作很不方便。近来人们发现了一种用锌代替镁,在水存在下,用活泼的烯丙基卤与醛反应,制备不饱和芳香醇的方法。此方法被称为类格氏反应,具有原料易得、操作方便、锌粉无需活化、反应时间短、副反应少、产率高等优点。

【实验目的】

1. 了解类格氏反应的原理。
2. 巩固分馏、减压抽滤、常压蒸馏等基本操作。

【实验原理】

类格氏反应的机理如下图所示。在微量酸的活化下,锌的初始电子向在其表面吸附的烯丙基卤分子转移使之形成阴离子,然后与苯甲醛分子进行亲核加成反应,生成产物。

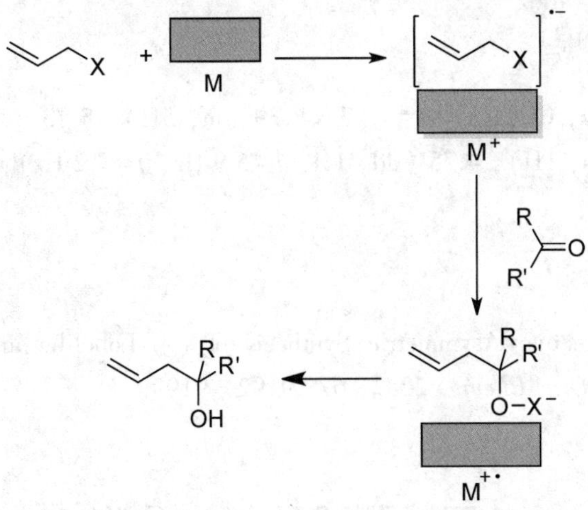

【实验原理】

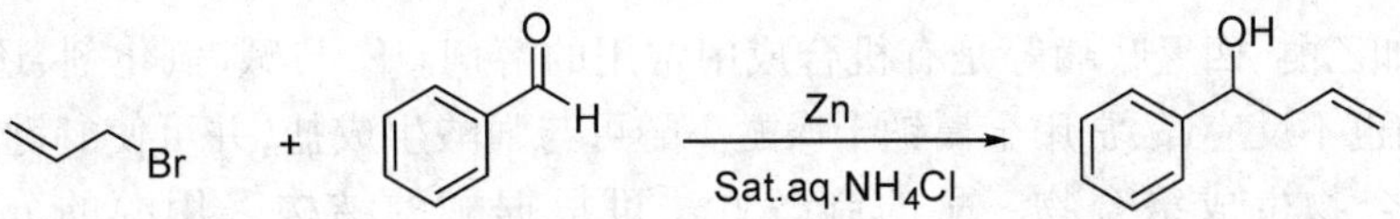

【实验试剂】

锌粉 78 mg（1.20 mmol）、氯化铵饱和溶液 1 mL、THF 0.5 mL、苯甲醛 0.1 mL（约 104 mg，0.98 mmol）、烯丙基溴 0.11 mL（1.2 mmol）、乙醚 6 mL、无水硫酸镁。

【实验装置】

略。

【实验步骤】

在装有 78 mg 锌粉和 1 mL 氯化铵饱和溶液的 10 mL 圆底烧瓶（或大试管）中加入 0.5 mL THF、0.1 mL 的苯甲醛和搅拌子，开动磁力搅拌器，进行快速搅拌，再加入 0.11 mL 的丙烯基溴，反应立即发生，锌粉逐渐消失，变为白色絮状物。混合物搅拌 0.5 h 后，加入 3 mL 乙醚，充分搅拌后。滤去固体杂质，并用 1 mL 乙醚洗涤固体，并入滤液。滤液置于离心试管中静置分层，用毛细滴管进行分层操作，水层用 2 mL 乙醚萃取，合并有机层，用少量无水硫酸镁干燥。滤去干燥剂，减压浓缩滤液，得淡黄色油状液体约 120 mg，即为 1-苯基-3-丁烯-1-醇。

【注意事项】

（1）苯甲醛需新蒸，以去除其中少量的苯甲酸等杂质。
（2）反应液为水相和有机相，需充分搅拌。
（3）溴化物沸点较低（70~71℃），加入时应将每滴都滴入反应混合物中，勿滴在烧瓶壁上。

【思考题】

氯化铵饱和水溶液及 THF 分别起什么作用？

【化合物表征数据】

^{1}H NMR (300 MHz, CDCl$_3$)：$\delta = 7.27 - 7.39$ (m, 5H)，$5.73 - 5.94$ (m, 1H)，$5.18 - 5.23$ (m, 1H)，5.13 (s, 1H)，4.75 (dd, 1H, $J = 5.9$ Hz, $J = 7.2$ Hz)，$2.49 - 2.57$ (m, 2H)，2.04 (br, 1H)

【参考文献】

A Highly Stereoselective Asymmetric Synthesis of (-)-Lobeline and (-)-Sedamine. F-X. Felpin, J. Lebreton, *J. Org. Chem.*, **2002**, *67*, 9192 − 9199.

（四）醚和环氧化合物

简单醚如乙醚、四氢呋喃等是有机合成中常用的溶剂。醚与碱、氧化剂、还原剂均不反应，与金属钠也不反应，故常用金属钠干燥醚。醚可与强酸生成盐，并可使醚键断裂，醚也可与缺电子化合物生成络合物。醚的制备方法可根据醚的结构采用醇的分子间脱水或Williamson 合成法来进行制备。

1. 醇分子间脱水法

在酸存在下，两分子醇进行分子间脱水反应生成醚，此法适用于制备对称的醚即单醚。反应是通过质子和醇先形成锌盐，使碳氧键的极性增强，烷基中的碳原子带有部分正电荷，另一分子醇羟基与其发生亲核取代，生成二烷基盐离子，然后失去质子得醚。

这是一个平衡反应，为了使反应向右进行，一是增加原料，二是反应过程中蒸出产物醚和水。反应产物与温度的关系很大，在 90℃ 以下醇和酸失水生成硫酸酯。在较高温度（140℃ 左右）下，两个醇分子之间失水生成醚。在更高温度（大于 170℃）下，醇分子内脱水生成烯。因此要获得某种产物必须严格控制反应温度。当然，副产物总不可避免。对于一级醇的分子间失水是双分子亲核取代反应（S$_N$2），二级、三级醇一般按单分子亲核取代（S$_N$1）机制进行。不同结构的醇发生消除反应的倾向性为：三级醇>二级醇>一级醇。因此用醇失水法制醚时，最好是一级醇，产率较高。

在制取乙醚时，反应温度（140℃）比原料乙醇的沸点（78℃）高得多，因此可采用先将脱水剂加热至所需要的温度，然后再将乙醇直接加到脱水剂中，以避免乙醇的蒸出。由于乙醚（34.6℃）较低，当它生成后就立即从反应瓶中蒸出。在制取正丁醚时，由于原料正丁醇（117.7℃）和产物正丁醚（沸点 142℃）的沸点都较高，故可使反应在装有水分离器的回流装置中进行，控制加热温度，并将生成的水或水的共沸物不断蒸出。虽然蒸出的水中会混有正丁醇等有机物，但是由于正丁醇等在水中溶解度较小，相对密度又较水轻，浮于水层之上，因此借助水分离器可使绝大部分的正丁醇等自动连续地返回反应瓶中，而水则沉于水分离器的下部,根据蒸出的水的体积,可以估计反应进行的程度。

2. Williamson 法

由卤代烷或硫酸酯(如硫酸二甲酯、硫酸二乙酯)与醇钠或酚钠反应制备醚的方法称为 Williamson 合成法。此法既可以合成单醚,也可以合成混合醚。反应机理是烷氧(酚氧)负离子对卤代烃或硫酸酯的亲核取代反应(S_N2)。冠醚就是用这种方法合成的。由于烷氧负离子是一个较强的碱,在与卤代烷反应时总伴随有卤代烷的消除反应,产物是烯烃,尤其三级卤代烷,主要不是生成取代产物而是消除产物烯烃。因此,用 Williamson 法制备醚,不能用三级卤代烷,而主要用一级卤代烷。对烷氧负离子而言,其亲核能力随烷基的结构不同也有所差异,即三级>二级>一级。

直接连在芳环上的卤素不容易被亲核试剂取代,因此由芳烃和脂肪烃组成的醚,不用卤代芳烃和脂肪醇钠制备,而用相应的酚与相应脂肪卤代烃制备,酚是比水强的酸,因此酚的钠盐可以用酚和氢氧化钠制备。而醇的酸性比水弱,因此制备醇钠必须用金属钠和干燥的醇来制备。

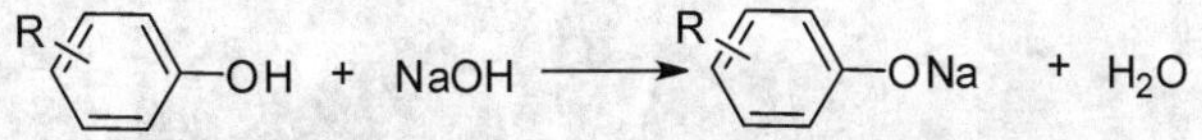

$$R{-}\!\!\bigcirc\!\!{-}OH + NaOH \longrightarrow R{-}\!\!\bigcirc\!\!{-}ONa + H_2O$$

$$2ROH + Na \longrightarrow 2RONa + H_2\uparrow$$

实验十一　正 丁 醚

【实验目的】

1. 了解并掌握醇在酸性条件下脱水制备醚的原理和方法。
2. 掌握回流分水装置,巩固分液洗涤、减压抽滤、常压蒸馏等基本操作。

【实验原理】

主反应:

$$2CH_3CH_2CH_2CH_2OH \xrightarrow[\quad]{H_2SO_4,\ 135℃} CH_3CH_2CH_2CH_2OCH_2CH_2CH_2CH_3 + H_2O$$

副反应:

$$CH_3CH_2CH_2CH_2OH \xrightarrow{H_2SO_4} CH_3CH_2CH{=}CH_2 + H_2O$$

【实验试剂】

正丁醇 25 g(31 mL,0.034 mol)、浓硫酸 4.5 mL、无水氯化钙。

【实验装置】

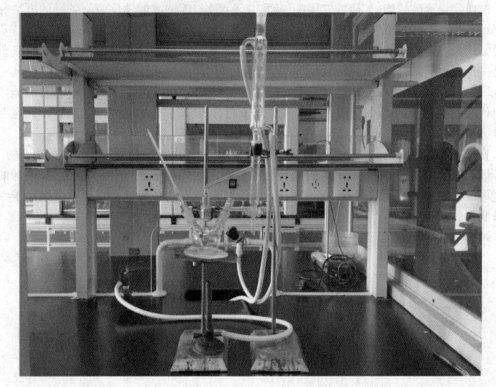

图 3.4-1　反应装置图

【实验步骤】

在干燥的 100 mL 三颈瓶中,加入 31 mL 正丁醇、4.5 mL 浓硫酸和几粒沸石,摇匀后按图 3.4-1 装置仪器。三颈瓶一侧口装上温度计。温度计水银球应浸入液面以下,中间口装分水器,分水器上接一回流冷凝管,先在分水器内投置($V-3.5$) mL 水,另一口用塞子塞紧。然后将烧瓶在石棉网上用小火加热。保持反应物微沸,回流分水,随着反应进行,回流液经冷凝管收集于分水器内,分液后水珠沉于下层,上层有机相积至分水器支管时,即可返回烧瓶。当烧瓶内反应物温度上升至 135℃ 左右。分水器全部被水充满时,即可停止反应,大约需要 1.5 h。若继续加热,则反应液变黑并有较多的副产物烯生成。

将反应液冷至室温,转入盛 50 mL 水的分液漏斗中,充分摇振并放气,静置分层后弃去下层液体,上层粗产物依次用 25 mL 水、15 mL 5% 的氢氧化钠溶液、15 mL 水和 15 mL 饱和氯化钠溶液洗涤,然后用 1~2 g 无水氯化钙干燥。干燥后的产物滤入 25 mL 蒸馏瓶中,蒸馏收集 140~144℃ 馏分,产量 7~8 g。

纯正丁醚的沸点 142.4℃,折光率 $n_D^{20} = 1.398\ 8$。

本实验约需 6 h。

【注意事项】

(1) V 为分水器的体积,本实验根据理论计算失水体积为 3 mL,实际分出水的体积略大于计算量,故分水器放满水后先分掉约 3.5 mL。

(2)制备正丁醚的较宜温度是 130~140℃,但这一温度在开始回流时是很难达到的。因为正丁醚可与水形成共沸物(沸点 94.1℃,含水 33.4%);另外,正丁醚与水及正丁醇形成三元共沸物(沸点 90.6℃,含水 29.9%,正丁醇 34.6%),正丁醇与水也可形成共沸物(沸点 93.0℃,含水 44.5%)。故应控制温度在 90~100℃ 之间较合适,而实际操作是在 100~115℃ 之间。

(3)在碱洗涤过程中,不要太剧烈地振摇分液漏斗,否则生成的乳浊液很难被破坏而影响分离。

【思考题】

1. 根据反应机制,说明本实验所采用的特别装置及其作用原理。
2. 根据本实验正丁醇的用量计算应生成的水的体积。
3. 反应结束后为什么要将混合物倒入 50 mL 水中?各步洗涤的目的何在?
4. 能否用本实验的方法由乙醇和 2-丁醇制备乙基仲丁基醚?试设计一个较合理的方法。

【化合物表征数据】

^{1}H NMR (300 MHz, CDCl$_3$):δ=3.40 (t, J=6.8 Hz, 4H), 1.80-1.25 (m, 8H), 0.92 (t, J=6.8 Hz, 6H)

【参考文献】

Preparation of high-purity n-dibutyl ether. D. V. Sidorov, O. G. Shutova, B. E. Kozhevnikov, P. A. Storozhenko, *Khimicheskaya Tekhnologiya* (*Moscow, Russian Federation*), **2007**, 7, 305-307.

实验十二 苯乙醚

【实验目的】

1. 了解并掌握 Williamson 法制备醚的原理和方法。
2. 巩固分液洗涤、常压蒸馏等基本操作。

【实验原理】

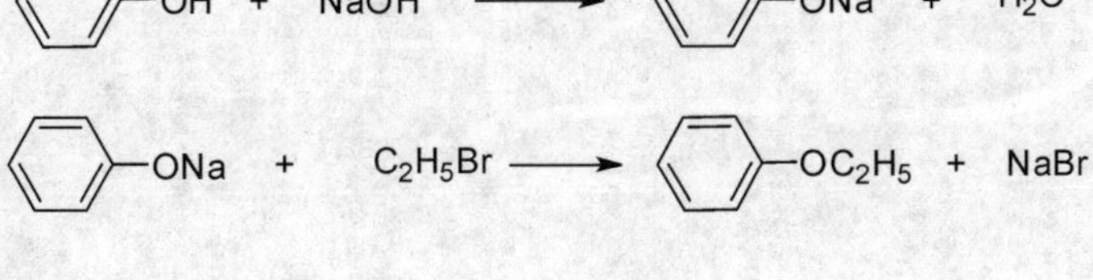

【实验试剂】

7.5 g(0.08 mol)苯酚、13 g(8.9 mL,0.12 mol)溴乙烷、5 g(0.125 mol)氢氧化钠、乙醚、氯

化钠、无水氯化钙。

【实验装置】

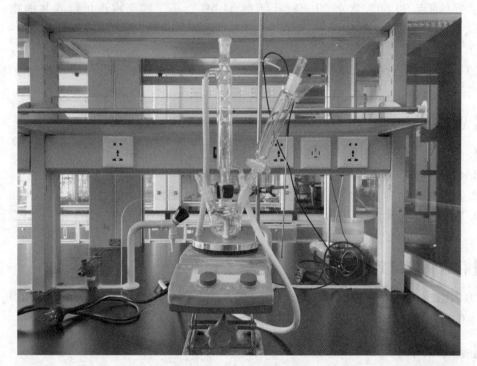

图 3.4-2 反应装置图

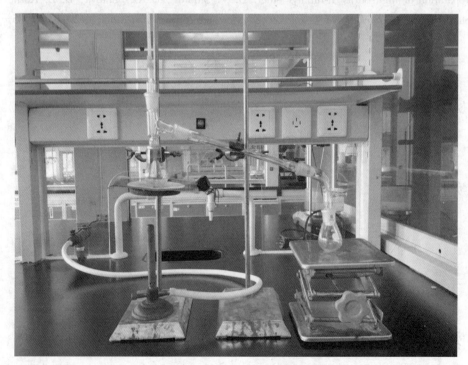

图 3.4-3 常压蒸馏装置图

【实验步骤】

在装有搅拌磁子、回流冷凝管和滴液漏斗的 50 mL 三口瓶中,加入 7.5 g 苯酚,5 g 氢氧化钠,4 mL 水,开动电磁搅拌,加热使固体全部融解,调节浴温度在 80~90℃之间,开始慢慢滴加 8.9 mL 溴乙烷,约 1 h 可滴加完毕,继续保温搅拌 1 h,然后冷至室温(实验装置如图 3.4-2 所示)。加适量水(10~20 mL)使固体全部溶解。将液体转入分液漏斗中,分出水相。有机相用等体积饱和食盐水洗两次(若出现乳化现象时,可减压过滤),分出有机相。合并两次的洗涤液,用 15 mL 乙醚提取一次,提取液与有机相合并,用无水氧化钙干燥。过滤旋蒸出乙醚,再常压蒸馏,收集 171~180℃馏分(实验装置如图 3.4-3 所示)。纯苯乙醚为无色液体,沸点为 169~170℃,$n_D^{20} = 1.508\,0$。

【注意事项】

(1)溴乙烷沸点低,回流时冷却水流量要大,以保证有足够量的溴乙烷参与反应。
(2)若有结块出现,则应停止滴加溴乙烷,待充分搅拌后再继续滴加。

【思考题】

1. 反应中,回流的液体是什么? 出现的固体又是什么? 为什么反应到后期回流不明显了?
2. 用饱和食盐水洗涤的目的是什么?

【化合物表征数据】

^{1}H NMR (300 MHz, CDCl$_3$):$\delta = 7.24$ (t, $J = 7.9$ Hz, 2H), $6.84 - 6.93$ (m, 3H), 3.98 (q, $J = 7.0$ Hz, 2H), 1.37 (t, $J = 7.0$ Hz, 3H)

【参考文献】

Nanosized ferric hydroxide catalyzed C—O cross-coupling of phenol and halides to generate phenoxy ether. H. Sun, Y. Sun, X. Tian, Y. Zhao, X. Qi, *Asian. J. Chem*, **2013**, 25, 6189 - 6191.

实验十三 2-苯甲酰基-3-苯基环氧乙烷

环上含有氧的醚类化合物称为内醚或环氧化合物,是广泛存在和应用在有机合成中的。例如含有多个氧的大环醚,因形如皇冠而被称为冠醚,是一种相转移催化剂;二氧六环和四氢呋喃是常见的有机溶剂。其中三元环醚 1,2-环氧乙烷,由于环张力的存在,具有很高的反应活性,对酸碱和亲核试剂都很敏感,可与卤化氢、水、醇、胺、格氏试剂等多种试剂发生反应而开环,是合成 β-卤代醇、1,2-二醇、β-羟基胺等化合物的原料,是有机合成的重要中间体。这类化合物常见的合成方法主要是烯烃的环氧化,也可由 β-卤代醇发生分子内亲核取代反应或 Darzens 反应制得。

冠醚（18-冠-6）　　二氧六环　　四氢呋喃（THF）　　1,2-环氧乙烷

Darzens 反应指醛或酮在强碱作用下和一个 α-卤代羧酸酯反应生成 α, β-环氧酸酯的反应。卤素 X 适用于 Cl、Br、I，除了酯基以外，很多的吸电子基团例如羰基、氰基、硝基、砜基等也使用于这个反应。传统的 Darzens 反应需要在干燥的有机溶剂中进行，本次实验使用苯甲醛和 α-氯代苯乙酮在水的悬浊液中制备环氧化合物 2,3 - epoxy - 1,3 - diphenyl - 1 - propanone。

【实验目的】

1. 学习用 Darzens 反应制备环氧化合物的原理和方法。
2. 练习水相 Darzens 反应的操作。
3. 练习重结晶和过滤的操作。

【实验原理】

【仪器试剂】

仪器：三颈烧瓶、烧瓶、布氏漏斗、抽滤瓶。

试剂：苯甲醛、氯代苯乙酮、氢氧化钠、水、乙醇。

【实验步骤】

在 10 mL 反应管中加入苯甲醛(0.21 g, 1.94 mmol)，氯代苯乙酮(0.30 g, 1.94 mmol)，氢氧化钠(0.08 g, 2 mmol)和 3 mL 水，室温搅拌 2 小时。过滤并用水洗涤固体，得到 2,3 - 环氧 - 1,3 - 二苯基 - 1 - 丙酮粗产物 0.41 g，产率 94%。进一步纯化可用乙醇重结晶可能得无色棱柱状晶体，熔点 82~85℃。

本实验约需 4 小时。

【思考题】

1. 试写出该反应的机理。

2. 反应中有哪些可能的副反应？应该如何避免？

【参考文献】

Darzens condensation reaction in water. K. Tanaka and R. Shiraishi *Green Chem.*，**2001**，*3*，135－136.

（五）醛　酮

醛、酮是重要的化工原料及有机合成的试剂。实验室常用制备醛、酮的方法根据醛、酮的结构可采用醇的氧化或 Friedel－Crafts 酰基化反应来进行制备。

1. 脂肪族醛和酮的制备

简单的脂肪族醛酮在工业上主要采用醇的催化氧化脱氢及烯烃的催化氧化法合成。实验室制备脂肪醛酮和脂环醛酮最常用的方法是将伯醇和仲醇用铬酸氧化。铬酸是重铬酸盐与 40%～50% 硫酸的混合物。制备相对分子质量低的醛（丙醛、丁醛），可以将铬酸滴加到热的酸性醇溶液中，以防止反应混合物中有过量的氧化剂存在，并采用将沸点较低的醛不断蒸出的方法，可以达到中等的产率。尽管如此，仍有部分醛被进一步氧化成羧酸，并生成少量的酯。酯的生成是由于醛与未反应的醇生成半缩醛，后者进一步氧化的结果。利用铬酸酐（CrO_3）在无水条件下操作，反应可停留在醛的阶段。例如利用三氧化铬－吡啶配合物 $CrO_3 \cdot 2C_5H_5N$）在二氯甲烷中室温下反应 1 h，可将 1－辛醇以 95% 的收率转化为辛醛，这是一个制备沸点较高的醛的良好试剂。

$$Na_2Cr_2O_7 + 2H_2SO_4 \longrightarrow 2NaHSO_4 + H_2Cr_2O_7 \xrightarrow{H_2O} 2H_2CrO_4$$

$$3RCH_2OH + 2H_2Cr_2O_7 + 3H_2SO_4 \longrightarrow 3RCHO + Cr_2(SO_4)_3 + 8H_2O$$

$$3RCHO + 2H_2Cr_2O_7 + 3H_2SO_4 \longrightarrow 3RCOOH + Cr_2(SO_4)_3 + 8H_2O$$

$$RCH{=}O \xrightarrow[H^+]{RCH_2OH} \overset{OH}{\underset{|}{R}}CHOCH_2R \xrightarrow{H_2CrO_4} \overset{O}{\overset{||}{R}}COCH_2R$$

仲醇利用铬酸氧化是制备脂肪酮常采用的方法。酮对氧化剂比较稳定，不易进一步遭受氧化。氧化是放热反应，必须严格控制反应温度以免反应过于剧烈发生过氧化碳碳键断链现象。对不溶于水的化合物，可用铬酸在丙酮或冰醋酸中进行反应。铬酸在丙酮中的氧化反应速率较快，并且选择性地氧化羟基，分子中的双键通常不受影响。

醇与铬酸的反应机理一般认为是通过铬酸酯来进行的：

$$R_2CHOH \xrightarrow[Cr(VI)]{H_2CrO_4} R_2\overset{\frown}{C}\underset{\underset{H}{|}}{-}O{-}CrO_3H \longrightarrow R_2C{=}O + \overset{HCrO_3^-}{Cr(IV)}$$

$$3H_2CrO_3 \atop Cr(IV) + 3H_2SO_4 \longrightarrow \overset{H_2CrO_4}{Cr(VI)} + \overset{Cr_2(SO_4)_3}{Cr(III)} + 5H_2O$$

氧化过程中,铬从正 6 价还原到不稳定的正 4 价状态。4 价铬在酸性介质中发生歧化反应,生成 6 价铬与 3 价铬的混合物。反应产物混合物的绿色即是 3 价铬的颜色。

20 世纪 80 年代发展的次氯酸钠-冰醋酸体系是氧化仲醇的有效试剂,它价格低廉,较铬酸对环境污染小,且产率较高;二元羧酸盐(钙或钡盐)加热脱羧是制备对称五元和六元环酮较好方法,随着二元羧酸碳原子数目的增加环变大时,产率很快下降;此外,Grignard 试剂与腈等羧酸衍生物的加成反应以及利用烯胺用于醛酮的烷基化和酰基化反应也是实验室制备酮及其衍生物的方法。

2. 芳香酮的制备

Friedel‐Crafts 酰基化是制备芳香酮的主要方法。在无水三氯化铝存在下,酰氯或酸酐与芳香烃反应,得到高产率的烷基芳基酮或二芳基酮。

$$R-\overset{O}{\overset{\|}{C}}-Cl\ +\ ArH\ \xrightarrow{AlCl_3}\ R-\overset{O}{\overset{\|}{C}}-Ar\ +\ HCl$$

$$Ar'-\overset{O}{\overset{\|}{C}}-Cl\ +\ ArH\ \xrightarrow{AlCl_3}\ Ar'-\overset{O}{\overset{\|}{C}}-Ar\ +\ HCl$$

$$R-\overset{O}{\overset{\|}{C}}-O-\overset{O}{\overset{\|}{C}}-R\ +\ ArH\ \xrightarrow{AlCl_3}\ R-\overset{O}{\overset{\|}{C}}-Ar\ +\ HCl$$

反应历程如下:

$$R-\overset{O}{\overset{\|}{C}}-Cl\ +\ AlCl_3\ \rightleftharpoons\ [RCO]^+[AlCl_4]^-\ \rightleftharpoons\ R\overset{+}{C}O\ +\ [AlCl_4]^-$$

$$[AlCl_4]^-\ +\ H^+\ \longrightarrow\ AlCl_3\ +\ HCl$$

三氯化铝的作用是促使产生亲电试剂-酰基正离子。酰基化反应与烷基化反应不同,烷基化反应所用三氯化铝是催化量的(0.1 mol);而在酰基化反应中,当用酰氯作酰基化试剂时,三氯化铝的用量约为 1.1 mol,因三氯化铝与反应中产生的芳香酮形成配合物$[ArCOR]^+[AlCl_4]^-$;当使用酸酐时,则需使用 2.1 mol,因反应中产生的有机酸也会与三氯化铝反应。

制备反应中,常用酸酐代替酰氯作酰化试剂。这是由于与酰氯相比,酸酐原料易得,纯度高;操作方便,无明显的副反应或有害气体放出;反应平稳且产率高,产生的芳酮容易提纯。一些二元酸酐如马来酸酐及邻苯二甲酸酐通过酰基化反应得到的酮酸是重要的有机合成中间体。

与烷基化反应的另一不同点是:酰化反应由于酰基的致钝作用,阻碍了进一步的取代发生,故产物纯度高,不存在烷基化反应的多元取代产物,因此,制备纯净的侧链烷基苯通常是通过酰基化反应接着还原羰基来实现的。酰基化反应也不存在烷基化反应中的重排反应,这是由于酰基正离子通过共振作用增加了稳定性。酰化反应通常用过量的芳烃或二硫化碳、二氯甲烷和硝基苯等作为反应的溶剂。

实验十四 环 己 酮

【实验目的】

1. 了解并掌握简单脂肪酮制备的原理和方法。

2. 巩固水蒸气蒸馏、分液洗涤、减压抽滤、常压蒸馏等基本操作。

【实验原理】

$$3\ \text{(cyclohexanol, OH)} + NaCr_2O_7 + 4H_2SO_4 \longrightarrow 3\ \text{(cyclohexanone, O)} + Cr_2(SO_4)_3 + Na_2SO_4 + 7H_2O$$

【实验试剂】

环己醇 5 g(5.5 mL,0.05 mol)、重铬酸钠(Na$_2$Cr$_2$O$_7$·2H$_2$O) 5.5 g (0.018 mol)、浓硫酸、乙醚、精盐、无水硫酸镁。

【实验步骤】

在 250 mL 烧杯中,溶解 5.5 g 重铬酸钠于 30 mL 水中,然后在搅拌下,慢慢加入 4.5 mL 浓硫酸,得一橙红色溶液,冷却至 30℃ 以下备用。

在 250 mL 圆底烧瓶中,加入 5.5 mL 环己醇,然后将上述制备好的铬酸溶液分三批加入,每加一次应摇振使充分混合。放入一温度计,测量初始反应温度,并观察温度变化情况。当温度上升至 55℃ 时,立即用水浴冷却,保持反应温度在 55~60℃ 之间,约 0.5 h 后,温度开始出现下降趋势,移去水浴再放置 0.5 h 以上。其间要不时摇振,使反应完全,反应液呈墨绿色。

在反应瓶内放入 30 mL 水和几粒沸石,改成蒸馏装置。将环己酮与水一起蒸出来,直至馏出液不再混浊后再多蒸 8~10 mL,约收集 25 mL 馏出液。馏出液用精盐饱和(约需 6 g)后,转入分液漏斗,静置后分出有机层。水层用 10 mL 乙醚提取一次,合并有机层与萃取液,用无水碳酸钾干燥,过滤后旋蒸蒸去乙醚,粗品常压蒸馏(用何种冷凝管)收集 151~155℃ 馏分,产量 3~4 g。

纯环己酮沸点为 155.7℃,折光率 $n_D^{20} = 1.450\ 7$。

本实验需 4~6 h。

【注意事项】

(1) 重铬酸钠是强氧化剂且有毒,避免与皮肤接触,反应残余物不得随意乱倒,应放入指定容器处理,以免污染环境。

(2) 反应温度低于 55℃,反应进行太慢,温度过高,可能导致酮的断链氧化。

(3) 环己酮 31℃ 时在水中的溶解度为 2.4 g/100 g。加入精盐的目的是产生盐析作用,降低环己酮的溶解度,并有利于环己酮的分层。注意水的馏出量不宜过多,否则即使使用盐析,仍不可避免有少量环己酮溶于水中而损失掉。

【思考题】

1. 重铬酸钠浓硫酸混合液为什么要冷至室温后使用?

2. 本实验的氧化剂能否改为高锰酸钾?为什么?

【化合物表征数据】

^{1}H NMR（300 MHz，CDCl$_3$）：$\delta = 2.50 - 2.20$（m，4H），$2.07 - 1.55$（m，6H）

【参考文献】

Shaken not stirred；oxidation of alcohols with sodium dichromate. J-D. Lou，Ch-L. Gao，Y-Ch. Ma，L-H. Huang，L. Li，*Tetrahedron.Lett.*，**2006**，*47*，311 - 313.

实验十五　环　戊　酮

【实验目的】

1. 了解并掌握二羧酸盐加热脱羧制备对称五元环酮的原理和方法。
2. 巩固分液洗涤及常压蒸馏等基本操作。

【实验原理】

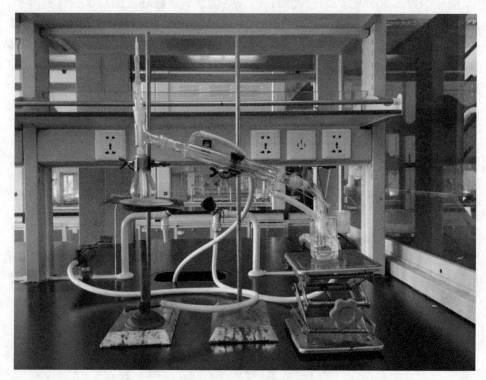

【实验装置】

图 3.5－1　反应装置图

【实验试剂】

己二酸 10.0 g（0.07 mol）、氢氧化钡 0.5 g（0.003 mol）、无水碳酸钾。

【实验步骤】

反应装置如图 3.5 - 1 所示，将 10 g 己二酸及 0.5 g 氢氧化钡在研钵中均匀混合后，装入 50 mL 蒸馏瓶内，放入几粒沸石，装成蒸馏装置，蒸馏头上口安装一支温度计，一直插到接近瓶底（约离底 5 mm 处），接受瓶置于冰水中。于石棉网上均匀加热混合物，使氢氧化钡固体与熔融的酸混合。当固体完全融化后，较快地加热，直至温度达 285℃，开始有环戊酮蒸出，这时反应瓶内温度应严格控制在 285~295℃ 之间进行脱羧反应，加热至瓶内仅有少量干燥残渣为止，约需 1 小时。

向蒸馏液中加入无水碳酸钾，以中和被带出来的未反应的己二酸，同时还起到盐析作用，减少环戊酮在水中的溶解度。把液体转入分液漏斗中，分出水相，有机相用无水碳酸钾干燥后进行蒸馏，收集 127~130℃ 的馏分，产量约 3~4 g。

纯环戊酮的沸点为 130.6℃，折光率 $n_D^{20} = 1.436\ 6$。

此实验约需 4 h。

【注意事项】

（1）若温度高于 300℃ 时，未作用的己二酸也被很快蒸出，故温度应尽可能控制在 295℃ 以下。

（2）如瓶内残渣不易洗掉，可加入几毫升乙醇和 2~3 粒氢氧化钠，放置过夜后再用水洗。

（3）加碳酸钾既可中和蒸馏液中少量己二酸，还可起到盐析作用，减少环戊酮在水中的溶解度。

【思考题】

1. 在本实验中，氢氧化钡的作用是什么？
2. 除本实验的方法外，还有什么方法可用来制备环戊酮？写出其反应方程式。
3. 把己二酸钠盐和碱石灰的混合物加热熔融，得到的主要产物是什么？

【化合物表征数据】

^{1}H NMR （300 MHz, CDCl$_3$）：δ = 2.33 - 1.80 （m，8H）

【参考文献】

Cyclopentanone. J. F. Thorpe, G. A. R. Kon, *Organic Synthesis*, **1925**, *V*, 37 - 38.

实验十六　对甲苯乙酮
——Friedel - Crafts 反应

【实验目的】

1. 了解并掌握 Friedel - Crafts 反应制备芳香酮的原理和方法。
2. 掌握有害气体吸收装置，巩固分液洗涤、减压抽滤、常压蒸馏等基本操作。

【实验原理】

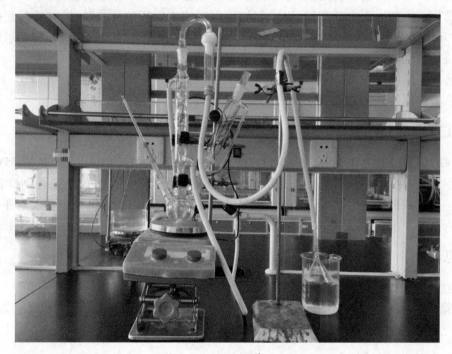

Me—⟨ ⟩ + (CH₃CO)₂O $\xrightarrow{\text{无水AlCl}_3}$ Me—⟨ ⟩—C(=O)Me + CH₃COOH

【实验试剂】

无水甲苯 40 mL、无水三氯化铝 20 g(0.15 mol)、醋酸酐 6 mL(约 6.5 g,0.063 mol)、浓盐酸 50 mL、5%氢氧化钠溶液、无水硫酸镁。

【实验装置】

图 3.5-2 反应装置图

【实验步骤】

实验装置如图 3.5-2 所示,在 250 mL 三颈瓶中,加入搅拌磁子并装置滴液漏斗及冷凝管。在冷凝管上端装一氯化钙干燥管,后者再接上氯化氢气体吸收装置。迅速称取 20 g 经研碎的无水三氯化铝,放入三颈瓶中,再加入 30 mL 无水甲苯,在搅拌下滴入 6 mL 醋酸酐及 10 mL 无水甲苯的混合液(约 20 min)。加完后,加热至回流 0.5 h,至无氯化氢气体逸出为止。将反应液冷至室温,然后将三颈瓶浸于冷水浴中,在搅拌下慢慢滴入 50 mL 浓盐酸与 50 mL 冰水的混合液。当瓶中固体物完全溶解后,分出甲苯层。依次用水、5%氢氧化钠溶液、水各 20 mL 洗涤,有机层用无水硫酸镁干燥。过滤并旋蒸除去甲苯,残余物在石棉网上常压蒸馏收集 220~222℃的馏分,产量 5~5.5 g。

纯对甲苯乙酮的沸点为 225~226℃/760 mmHg(101.3 kPa),113℃/(1.5 kPa)熔点为 28℃,折光率 n_D^{20} =1.533 5。本实验需 6~8 小时。

【注意事项】

（1）仪器必须充分干燥,否则影响反应顺利进行。装置中凡是和空气相接的地方,应安装干燥管。

（2）无水三氯化铝的质量是实验成败的关键之一。研细、称量、投料都要迅速,避免长时间暴露在空气中。为此,可以在带塞的锥形瓶中称量。

（3）冷却时要防止气体吸收装置中的水倒吸入反应瓶中。

（4）由于最终产物不多,宜选用较小的蒸馏瓶常压蒸馏。

【思考题】

1. 水和潮气对本实验有何影响? 在仪器装置和操作中应注意哪些事项?

2. 本反应能否用硝基苯作溶剂? 为什么? 本实验主要副产物是什么? 反应完成后为什么要加入浓盐酸和冰水的混合液?

3. 在酰基化和烷基化反应中,三氯化铝的用量有何不同? 为什么? 这两个反应各有什么特点?

4. 下列试剂在无水三氯化铝存在下相互作用,应得到什么产物?

① 甲苯+ClCH₂CH₂Cl;② 氯苯和丙酸酐;③ 甲苯和邻苯二甲酸酐;④ 甲苯和1-氯丙烷。

【化合物表征数据】

^{1}H NMR (400 MHz, DMSO-d$_6$)：δ = 7.84 (d, J = 8.1 Hz, 2H), 7.23 (d, J = 8.1 Hz, 2H), 2.54 (s, 3H), 2.38 (s, 3H)

【参考文献】

Design, synthesis and pharmacology of 1, 1-bistrifluoromethylcarbinol derivatives as liver X receptor β-selective agonists. M. Koura, T. Matsuda, A. Okuda, Y. Watanabe, Y. Yamaguchi, S. Kurobuchi, Y. Matsumoto, K. Shibuya, *Bioorg. Med. Chem. Lett*, **2015**, *25*, 2668-2674.

实验十七　乙酰环己酮
——烯胺反应

烯胺(enamine)是具有—C=C—N—结构的一类化合物的通称。1954年,G. Stork首次将烯胺用于醛酮的烷基化和酰基化,避免了醛酮在强碱存在下自身的缩合反应和不希望发生的多元取代,且反应条件温和,产率较好,从而为非活化羰基化合物的烷基化和酰基化找到了一条新的途径。烯胺可通过仲胺和醛酮在酸性催化剂存在下进行制备,通常用恒沸带水的方法使可逆反应更趋于完全。常用的仲胺有吗啉、六氢吡啶和四氢吡咯等环状的仲胺。催化剂可以是对甲苯磺酸,也可以是强脱水性的四氯化钛等。例如:

由于双键与氮原子孤对电子的共轭,烯胺 β-碳原子具有亲核性,可以与卤代烷、酰氯等发生亲核取代反应,也可以与不饱和羰基化合物发生 Michael 加成反应,是有机合成一个重要的中间体。反应结束后,进行水解即可得到产物。

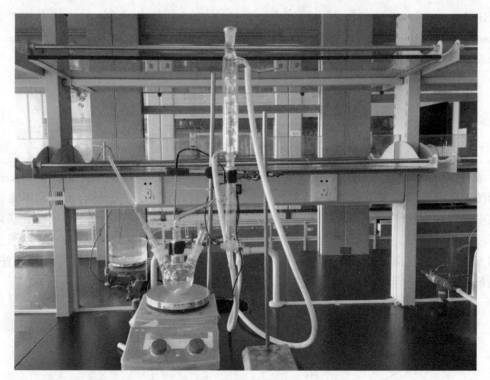

【实验目的】

1. 了解并掌握烯胺用于醛酮的烷基化和酰基化的原理和方法。
2. 掌握回流分水装置,巩固分液洗涤、减压抽滤、常压蒸馏等基本操作。

【实验试剂】

环己酮 7.5 g(7.5 mL,0.076 mol)、六氢吡啶 7.5 g(8.7 mL,0.088 mol)、乙酰氯(新蒸)4.5 g(4.1 mL,0.072 mol)、对甲苯磺酸 0.1 g、三乙胺 5 mL、甲苯 50 mL、氯仿 45 mL、浓盐酸 10 mL、无水硫酸钠。

【实验装置】

图 3.5-3　反应装置图

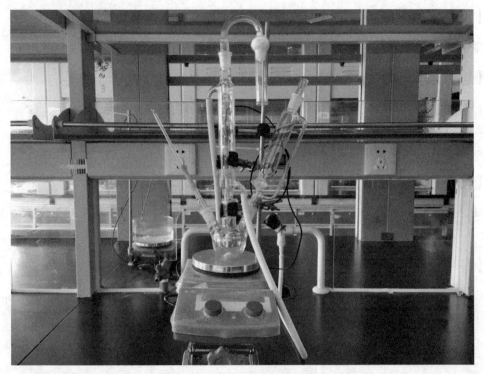

图 3.5－4　反应装置图

【实验步骤】

1. N－(1－环己烯基)六氢吡啶

实验装置如图 3.5－3 所示,在装有分水器和冷凝管的 50 mL 三口圆底烧瓶中,加入 7.5 mL 环己酮、8.7 mL 六氢吡啶、0.1 g 对甲苯磺酸、30 mL 甲苯和磁力搅拌子。加热回流反应混合物。反应过程中生成的水与甲苯共沸混合物经冷凝后在分水器中分层,上层甲苯不断流回反应瓶。约 3 h 后,反应基本结束,可分出接近理论量的水(理论计算为多少毫升),停止加热。将反应物转入 50 mL 单颈圆底烧瓶中,旋蒸仪上蒸出甲苯和未反应的六氢吡啶,再将剩余物减压蒸馏,收集 118~120℃/1.33 kPa(10 mmHg)或 94~96℃/1.07 kPa(8 mmHg)馏分,产量约 7.5 g。

2. 2－乙酰基环己酮

实验装置如图 3.5－4 所示,在装有搅拌器、冷凝管、干燥管和滴液漏斗的 100 mL 三口瓶中,加入 6.5 g(0.04 mol)上述制得的 N－(1－环己烯基)六氢吡啶、5 mL 三乙胺、45 mL 氯仿。开动搅拌,由滴液漏斗慢慢加入 4.1 mL 乙酰氯溶于 20 mL 氯仿的溶液,约 30 min 加完。滴加完毕后,加热回流 1 h。待反应混合物冷至室温后,在搅拌下加入 10 mL 浓盐酸溶于 10 mL 水的溶液。滴加完毕后,继续回流 1 h,使乙酰化后的烯胺水解。水解完毕后,将反应混合物冷至室温,转入分液漏斗,分出有机层,每次用 50 mL 水洗涤两次。用无水硫酸钠干燥。滤去干燥剂,旋蒸仪上蒸出氯仿(倒回指定回收瓶),然后将粗产物减压蒸馏收集 107~114℃/1.9 kPa(14 mmHg)馏分,纯 2－乙酰基环己酮产量约 3 g。

本实验需 10~12 h。

【注意事项】

酰氯的质量直接影响反应的产率,放置时间长的乙酰氯需要重新蒸馏后使用。

【思考题】

1. 试写出 2-甲基环己酮与四氢吡咯作用得到的烯胺,并说明理由。
2. 为什么制备烯胺时,常用环状的而很少用链状的仲胺?
3. 在酰化反应步骤中,加入三乙胺的目的是什么?

【化合物表征数据】

^{1}H NMR(300 MHz,CDCl$_3$):$\delta = 15.8$(s,1H),2.26-2.36(m,4H),2.10(s,3H),1.62-1.72(m,4H)

【参考文献】

Clay catalysis: Stork's alkylation and acylation of cyclohexanone without isolation of enamine. M. Hammadi, D. Villemin, *Syn. Commun*, **1996**, *26*, 2901-2904.

实验十八 3-正丁基环己烯酮

【实验目的】

1. 学习基本的无水无氧操作。
2. 学习格氏试剂的制备。
3. 学习低温反应的基本操作和注意事项。
4. 学习基本监测反应的手段。
5. 学习柱层析分离法。
6. 了解核磁基础对化合物的鉴定原理。

【实验原理】

本实验分为两步完成。第一步,用格氏试剂对环己烯酮发生 1,2-加成;第二步用 PCC 对烯丙醇氧化得到产物。

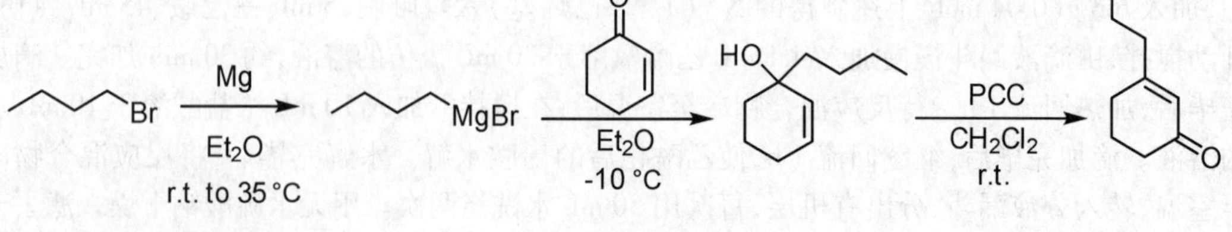

【仪器试剂】

仪器: 磁力搅拌器(两个)、三口瓶(100 mL,两个)、搅拌磁子(两个)、恒压漏斗

(100 mL,两个)、回流冷凝管(一个)、气球(5 个)、温度计(一个)、水浴锅(一个)、TLC 展开槽(一个)、锥形瓶(250 mL,五个)、烧杯(250 mL,三个)、分液漏斗(250 mL, 两个)、三角漏斗(四个)、玻璃针管 (50 mL,两个)、长针头(两个)、层析柱子(带活塞的,两个)、试管架(两个)、试管(100 根)、薄层硅胶板。

试剂: 无水乙醚,碘,镁屑,正溴丁烷,环己烯酮,氯铬酸吡啶盐(PCC),中性氧化铝,无水二氯甲烷,乙酸乙酯,正己烷,无水硫酸钠,氯化铵饱和溶液,氯化钠饱和溶液,柱层析硅胶,氘代氯仿。

【实验步骤】

在装有搅拌磁子、恒压漏斗、回流冷凝管、氮气保护的三口瓶(100 mL)中, 加入 580 mg 镁屑,3 mL 无水乙醚和一小粒碘片。恒压漏斗中加入(2.74 g,2.16 mL)正溴丁烷,10 mL 无水乙醚,并混合均匀。先向瓶中滴入 2 mL 混合溶液,引发格氏反应的发生(溶液微沸,碘的颜色消失),待反应缓和后,从冷凝管上端加入 5 mL 无水乙醚。在搅拌的状态下,将剩余的正溴丁烷乙醚混合溶液缓慢滴入,控制滴加速度维持反应液呈微沸。滴加完毕,再用水浴回流 20 分钟,使镁屑几乎完全作用。

在装有搅拌磁子、恒压漏斗、氮气保护、干燥的三口瓶(100 mL)中,加入 1.0 mL 环己烯酮和 30 mL 无水乙醚,用冰盐浴将体系冷却至−10℃,将制备好的格氏试剂小心转移(用玻璃针筒)到恒压漏斗中,并缓慢滴入三口瓶,约 15 分钟加完。用 TLC 监测反应。

在−10℃下向三口瓶中缓慢加入 5 mL 5% HCl 淬灭反应,再向其中加入 15 mL 氯化铵饱和溶液,用分液漏斗分出有机相,水相用乙酸乙酯萃取一次。合并有机相依次用饱和氯化铵溶液,饱和食盐水各洗一次,有机相用无水硫酸钠干燥。蒸去溶剂可得粗产品 A。将所得产品用核磁的方法进行鉴定分析。

在装有搅拌磁子、平底的锥形瓶(100 mL)中,加入氯铬酸吡啶盐(4.3 g,2.0 equiv)和柱层析硅胶(4.3 g),向其中加入无水二氯甲烷 30 mL,搅拌均匀(5 分钟)。将上一步的粗产品 A 溶于二氯甲烷(5 mL),用滴管缓慢加入上述悬浮液中(观察反应现象),用 TLC 监测反应。待原料完全反应,向体系中加入 30 mL 无水乙醚,并搅拌 25 分钟。

制备一个 15 厘米的中性氧化铝柱(需要一个 30 厘米,直径 3 厘米以上的层析柱),将上述悬浮液过滤,并用乙醚淋洗两个柱体积。注意含铬化合物的安全回收,滤液应为淡黄色,蒸去溶剂可得粗产品。将粗产品用层析分离,得到纯化合物 3 -正丁基环己烯酮,并用核磁的方法进行鉴定分析。

【注意事项】

(1)溶剂要严格除水。

(2)格氏试剂引发时,溶剂不要加太多,只需没过镁屑就行,格氏试剂引发以后再加入溶剂。

【思考题】

试说出冰盐浴有哪些体系? 各能控制温度在多少度?

实验十九 α,α,α-三氟苯乙酮

向有机分子中引入氟原子或含氟基团可能导致该化合物的化学性质和物理性质发生巨大的变化,尤其是许多含氟有机分子具有独特的生理以及光电性质,使得其在药物、生物领域以及材料得到了越来越多的应用,因此含氟有机物的合成是当前有机合成化学研究的一个热点。α,α,α-三氟苯乙酮是常见的一种含有三氟甲基的有机中间体,可以很方便地制备一些含有三氟甲基的化合物。另外,格氏试剂对 Weinreb 酰胺的加成是实验室常见的制备酮的方法,本实验利用苯基格氏试剂和三氟甲基 Weinreb 酰胺发生加成消除反应制备三氟苯乙酮。

【实验目的】

1. 学习用格氏试剂制备酮的原理和方法。
2. 学习 Weinreb 酰胺的制备。
3. 练习格氏试剂的制备与使用。
4. 练习减压蒸馏的原理和操作。

【实验原理】

本实验分为两步完成。第一步,用三氟乙酸酐和 N,O-二甲基盐酸羟胺反应生成三氟甲基 Weinreb 酰胺;第二步用苯基格氏试剂和三氟甲基 Weinreb 酰胺反应得到三氟苯乙酮。

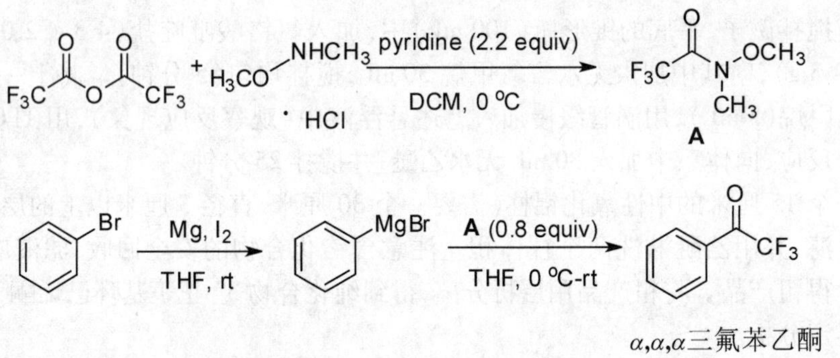

【仪器试剂】

仪器: 恒压滴液漏斗、三颈烧瓶、分液漏斗、减压蒸馏装置、恒压滴液漏斗、三颈烧瓶、布氏漏斗、抽滤瓶。

试剂: N,O-二甲基盐酸羟胺、溴苯、镁屑、碘、THF(无水)、饱和 NH_4Cl 溶液、无水 $MgSO_4$、三氟乙酸酐、吡啶、二氯甲烷(无水)、2 M HCl、饱和食盐水。

【实验装置】

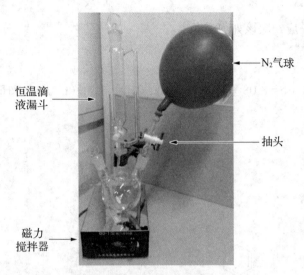

恒温滴液漏斗

磁力搅拌器

N₂气球

抽头

图 3.5-5 反应装置Ⅰ   图 3.5-6 反应装置Ⅱ

【实验步骤】

1. 三氟乙酰胺的合成

将三颈烧瓶预先烘干。如图 3.5-5 所示,在 0℃(冰浴)下用恒压滴液漏斗把三氟乙酸酐(2.10 g,10 mmol)和吡啶(1.74 g,22 mmol)混合物滴加到 N,O-二甲基盐酸羟胺(1.07 g,1.1 mmol)和二氯甲烷(6 mL)的混合悬浊液中,0℃ 下继续搅拌 1 h。反应混合物用 5 mL 冰水稀释,再用 2 M 盐酸(5 mL)洗涤。分液,水相用二氯甲烷萃取两次,合并有机相,用无水硫酸镁干燥,把有机层过滤后浓缩,即可得到 Weinreb 酰胺 A 的粗产品,产率约 80%,无需纯化。

2. 三氟苯乙酮的合成

搭好图 3.5-6 装置,然后在三颈瓶中加入镁屑(13 mmol,1.3 equiv),抽真空下烘烤、然后抽换氮气 3 次,通氮气下在滴液漏斗中加入四氢呋喃 THF(25 mL)和溴苯(10 mmol,1.0 equiv),在三颈瓶中加入 1 小粒碘,然后把一小部分溴苯的四氢呋喃溶液一次性放入镁屑中,碘颜色褪去后,搅拌下把剩余的溴苯的四氢呋喃溶液缓慢滴加到反应液中,保持反应液微沸,加完后室温下搅拌 2 h。

将反应液冷至 0℃,然后在恒压滴液漏斗中加入干燥的四氢呋喃(10 mL)和 Weinreb 酰胺 A 的粗产品(约 8 mmol,0.8 equiv),然后缓慢滴加至格氏试剂中,加完后升至室温搅拌过夜,通过 TLC 监测,反应完毕后,加入饱和 NH₄Cl 溶液(5 mL)淬灭反应,抽滤,分液,水相有乙醚萃取三次。合并有机相,用水和饱和食盐水洗涤,再用无水 MgSO₄ 干燥,过滤浓缩得粗产物,通过柱层析或减压蒸馏进一步提纯,产率约 70%。本实验约需 24 小时。

【注意事项】

(1)溶剂要严格除水。

(2)格氏试剂引发时,溶剂不要加太多,只需没过镁屑就行,格氏试剂引发以后再加入溶剂。

【思考题】

1. 试写出该反应的机理。
2. 反应中有哪些可能的副反应？应该如何避免？

【化合物表征数据】

¹H NMR (500 MHz, CDCl₃)：$\delta = 8.08$（d, $J = 8.0$ Hz, 2H），7.71（t, $J = 7.5$ Hz, 1H），7.55（t, $J = 7.5$ Hz, 2H）

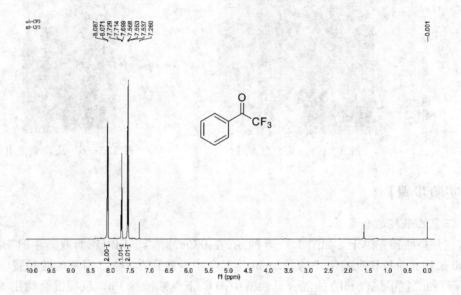

【参考文献】

1. Chemoenzymatic dynamic kinetic resolution of α – trifluoromethylated amines：influence of substitutions on the reversed stereoselectivity. G. Cheng, B. Xia, Q. Wu and X. Lin *RSC Adv.*, **2013**, *3*, 9820 – 9828.

2. An Experimentally Derived Model for Stereoselectivity in the Aerobic Oxidative Kinetic Resolution of Secondary Alcohols by (Sparteine) PdCl₂. R. M. Trend and B. M. Stoltz *J. Am. Chem. Soc.*, **2004**, *126*, 4482 – 4483.

实验二十　1-对-甲苯基-3-苯基-2-丙烯-1-酮

在稀碱中含有 α-H 的醛酮可以发生自身的加成作用,先生成 β-羟基醛酮,提高反应温度, β-羟基醛酮往往进一步脱水,生成 α,β-不饱和醛酮。这被称为羟醛缩合反应(aldol condensation),是合成 α,β 不饱和羰基化合物的重要方法,也是有机合成中增长碳链的重要手段。常用的缩合剂(稀碱)为氢氧化钠、氢氧化钾、氢氧化钡和氢氧化钙等,使用稀碱的目的是为了避免在浓碱条件下发生进一步缩合反应。

如果以两种不同的醛酮进行反应,产物为四种不同的 β-羟基醛酮,没有制备意义,但如果无 α 活泼氢的芳醛与有 α 活泼氢的醛酮发生交叉的羟醛缩合,缩合产物自发脱水生成稳定的共轭体系 α,β 不饱和醛酮,在有机合成上具有重要的意义。这种交叉羟醛缩合称为 Claisen – Schmidt 反应。

【实验目的】

1. 了解并掌握 Claisen – Schmidt 反应制备 α,β 不饱和醛酮的原理和方法。
2. 巩固减压抽滤、固体洗涤以及重结晶等基本操作。

【实验原理】

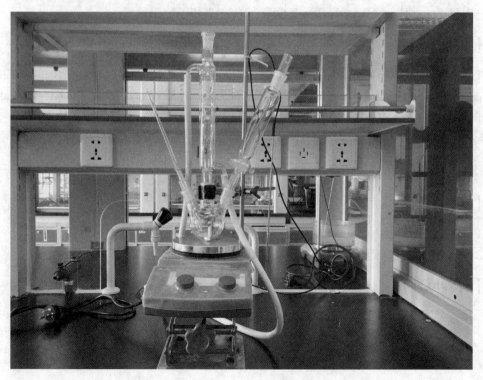

【实验试剂】

苯甲醛 2.7 g(2.6 mL,0.025 mol)、对甲苯乙酮 3.4 g(3.4 mL,0.025 mol)、氢氧化钠 1.3 g、95%乙醇。

【实验装置】

图 3.5 – 7　反应装置图

【实验步骤】

实验装置如图 3.5 - 7 所示,在 50 mL 或 100 mL 三颈瓶中分别装置搅拌器、温度计和冷凝管。在瓶中放入 1.3 g 氢氧化钠,12 mL 水和 7.5 mL 95%乙醇。搅拌使氢氧化钠溶解后,加入 3.4 mL 对甲苯乙酮(3.4 g,0.025 mol)。继续搅拌,由滴液漏斗滴加 2.6 mL 苯甲醛(2.7 g,0.025 mol)。控制滴加速度,保持反应温度 20~30℃。搅拌 2~2.5 h 在反应后期,瓶内可能会有固体产物析出。反应结束后,用冰浴冷却反应物,并继续搅拌至大量产物析出。将产物在布氏漏斗上抽滤,用水洗涤至中性。再用 0.5~1 mL 冰水冷却过的 95%乙醇洗涤,洗去未反应的对甲苯乙酮和苯甲醛,挤压抽干。干燥,称重得粗产物 4.8 g。如若要得到更纯的产物,可用 95%乙醇重结晶,得产物 4.0 g(产率约 72%)。熔点 73~75℃。

纯 1-对-甲苯基-3-苯基-2-丙烯-1-酮的熔点为 75℃。

【注意事项】

(1) 苯甲醛在使用前要新蒸馏过。
(2) 用乙醇洗涤时,量不宜多,且一定要用冰水冷却。

【思考题】

本实验中可能会产生哪些副反应?实验中采取了哪些措施来避免副产物的生成?

【化合物表征数据】

^{1}H NMR (400 MHz, CDCl$_3$):δ = 8.03 - 8.01 (m, 2H), 7.80 (d, J = 15.2 Hz, 1H), 7.60 - 7.48 (m, 6H), 7.23 (d, J = 7.6 Hz, 2H), 2.40 (s, 3H)

【参考文献】

Transition-Metal-Free Synthesis of Homo - and Hetero - 1, 2, 4 - Triaryl Benzenes by an Unexpected Base-Promoted Dearylative Pathway. M. Rehan, S. Maity, L. K. Morya, K. Pal, P. Ghorai, *Angew. Chem. Int. Ed.*, **2016**, *55*, 7728 - 7732.

实验二十一 二苄叉丙酮

【实验目的】

1. 了解并掌握 Claisen - Schmidt 反应制备 α,β 不饱和醛酮的原理和方法。
2. 巩固减压抽滤、固体洗涤以及重结晶等基本操作。

【实验原理】

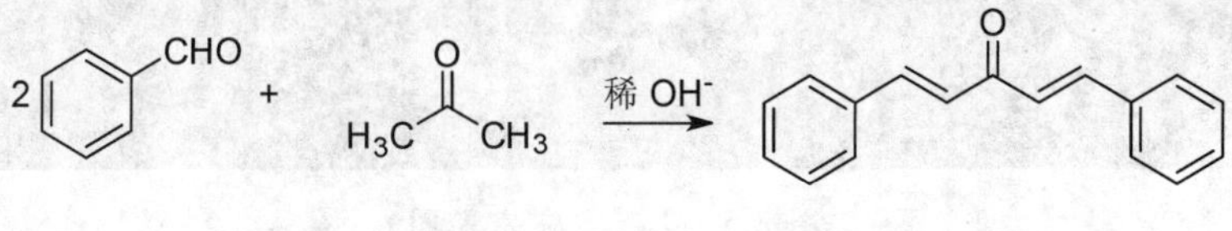

【实验试剂】

新蒸苯甲醛(2.6 mL,0.025 mol)、丙酮(1.0 mL,0.013 mol)、氢氧化钠、95%乙醇、乙酸乙酯。

【实验装置】

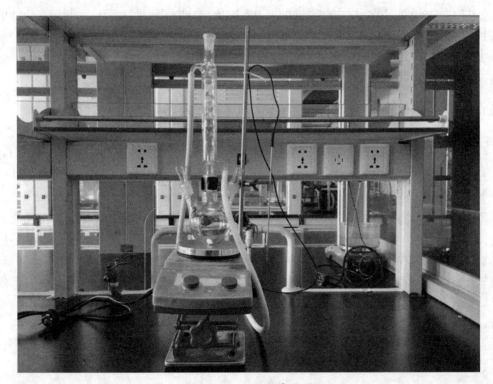

图 3.5－8　反应装置图

【实验步骤】

实验装置如图 3.5－8 所示,在 125 mL 置有搅拌磁子的三颈瓶中,加入 2.5 g 氢氧化钠、25 mL 水搅拌使其溶解,然后加入 20 mL 乙醇。保持溶液温度在 20~25℃,搅拌加入一半事先配制好的 2.6 mL 苯甲醛和 1 mL 丙酮的混合液,剧烈搅拌,2~3 min 内形成絮状的沉淀。10 min 后加入剩余的一半混合液,继续搅拌 20 min。抽滤析出的固体,并用冷水洗涤 3 次,尽可能除去产物中的碱性。干燥粗产物约 2.0 g,熔点 110~111℃。粗产物用乙酸乙酯重结晶(每克约需 2.5 mL),产量约 1.5 g。纯粹二苯亚甲基丙酮的熔点为 112℃。

【注意事项】

(1)苯甲醛要用新蒸的。因为含有苯甲酸的苯甲醛会显著影响二苄叉丙酮的产率。

(2)本实验试剂用量要准确,若苯甲醛过量,则生成二苄叉丙酮;若丙酮过量,则生成苄叉丙酮。

(3)洗涤时氢氧化钠必须除尽,否则重结晶就很困难。

【化合物表征数据】

^{1}H NMR (400 MHz, CDCl$_3$): $\delta = 7.78$ (d, $J = 16.0$ Hz, 2H), 7.65 (dd, $J = 6.6$, 2.8 Hz, 4H), 7.48 – 7.42 (m, 6H), 7.13 (d, $J = 16.0$ Hz, 2H)

【参考文献】

A facile solvent free Claisen-Schmidt reaction: synthesis of α, α' – bis-(substituted-benzylidene) cycloalkanones and α, α' – bis-(substituted-alkylidene) cycloalkanones. A. F. M. M. Rahman, R. Ali, Y. Jahng, A. A. Kadi, *Molecules*, **2012**, *17*, 571 – 583.

（六）羧酸及其衍生物

实验二十二 己 二 酸

羧酸是重要的有机化工产品。制备羧酸多用氧化法,烯、醇和醛等氧化都可以用来制备羧酸,所用的氧化剂有重铬酸钾、硫酸、高锰酸钾、硝酸、过氧化氢及过氧酸等。叔醇一般不易被氧化,仲醇氧化得酮,酮不能被弱氧化剂所氧化,但遇到强氧化剂高锰酸钾、硝酸等时,则被氧化,这时碳链断裂生成多种碳原子数较少的羧酸混合物。环己酮由于环状结构,氧化断裂后得到单一产物——己二酸。它是合成尼龙-66 的原料。另外,氰的水解、Grignard 试剂与二氧化碳作用及卤仿反应,也是实验室制备某些羧酸常用的方法。

氧化反应一般都是放热反应,所以必须严格控制反应条件和反应温度,如果反应失控,不仅破坏产物、降低收率,有时还有发生爆炸的危险。

【实验目的】

1. 了解己二酸的制备方法。
2. 复习巩固重结晶的方法。

【实验原理】

$$3\ \text{环己醇} + 8KMnO_4 + H_2O \longrightarrow 3HO_2C(CH_2)_4CO_2H + 8MnO_2 + 8KOH$$

【仪器试剂】

仪器:磁力搅拌器、三颈烧瓶、回流冷凝管、温度计、烧杯、布氏漏斗、抽滤瓶。
试剂:环己醇、高锰酸钾、10%氢氧化钠溶液、亚硫酸氢钠、浓硫酸。

【实验步骤】

在 250 mL 烧杯或三颈烧瓶中加入搅拌磁子,5 mL 10%氢氧化钠溶液和 50 mL 水,搅拌下加入 9 g 高锰酸钾。待高锰酸钾溶解后,用滴管或滴液漏斗慢慢加入 2.1 mL 环己醇,放热。控制滴加速度维持反应温度在 45℃ 左右。滴加完毕反应温度开始下降时,在沸水浴中将混合物加热 5 min,使氧化反应完全并使二氧化锰沉淀凝结。用玻璃棒蘸取一滴反应混合物点到滤纸上做点滴实验。如有高锰酸钾盐存在,则在二氧化锰点的周围出现紫色的环,可加入少量的固体亚硫酸氢钠直到点滴实验呈负性为止。

趁热抽滤混合物,滤渣二氧化锰用少量热水洗涤 3 次。合并滤液和洗涤液,用约 4 mL 浓盐酸酸化,使溶液呈强酸性。在石棉网上加热浓缩使溶液体积减少至约 10 mL 左右,加少量活性炭脱色、过滤后放置结晶,得白色己二酸晶体,熔点 151~152℃,产量约 1.5~2 g。

【注意事项】

（1）环己醇熔点为 20~22℃,熔融时为黏稠液体。为减少转移时的损失,可用少量水冲洗量筒,并入滴液漏斗中。在室温较低时,这样做还可降低其熔点,以免堵住漏斗。

（2）此反应为强烈放热反应,故滴加速度不宜太快,以避免反应剧烈,引起爆炸。

【思考题】

1. 本实验中为什么必须控制反应温度和环己醇的滴加速度?
2. 写出几种制备己二酸的方法。

【化合物表征数据】

^{1}H NMR（400 MHz, CDCl$_3$）$\delta = 2.33$（m, 4H）, 1.67（m, 4H）

实验二十三　苯甲醇和苯甲酸

芳醛和其他无 α-活泼氢的醛(如甲醛、三甲基乙醛等)与浓的强碱容易作用时,发生自身氧化还原反应,一分子醛被还原为醇,另一分子醛被氧化为酸,此反应称为 Cannizzaro 反应（康尼查罗反应）。

Cannizzaro 反应的实质是羰基的亲核加成。反应涉及了羟基负离子对一分子芳香醛的亲核加成,加成物的负氢离子向另一分子苯甲醛的转移和酸碱交换反应,其机理可表示如下:

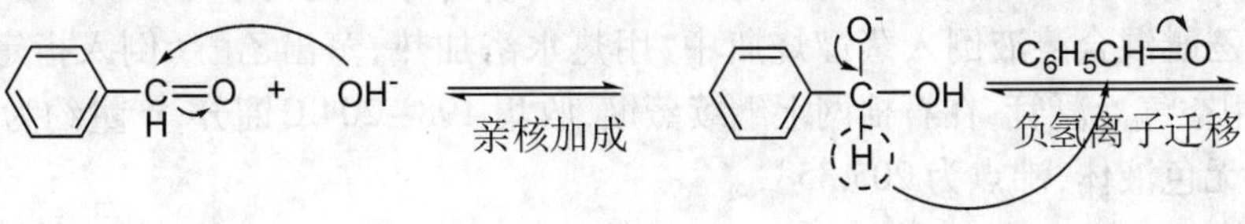

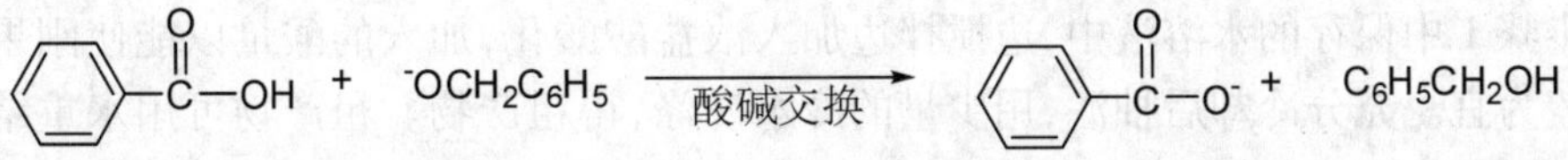

如在低温和过量碱的存在下,产物中可分离出苯甲酸苄酯,这可能是由于苯甲醇在碱溶液中形成苄氧基负离子对苯甲醛发生亲核加成反应的结果。

在 Cannizzaro 反应中,通常使用 50% 的浓碱,其中碱的物质的量比醛的物质的量多一倍以上。否则反应不完全,未反应的醛与生成的醇混在一起,通过一般蒸馏很难分离。

【实验目的】

1. 了解 Cannizzaro 反应的机理。
2. 熟练掌握液体有机物的洗涤和干燥等基本操作。
3. 掌握有机酸的分离方法。

【实验原理】

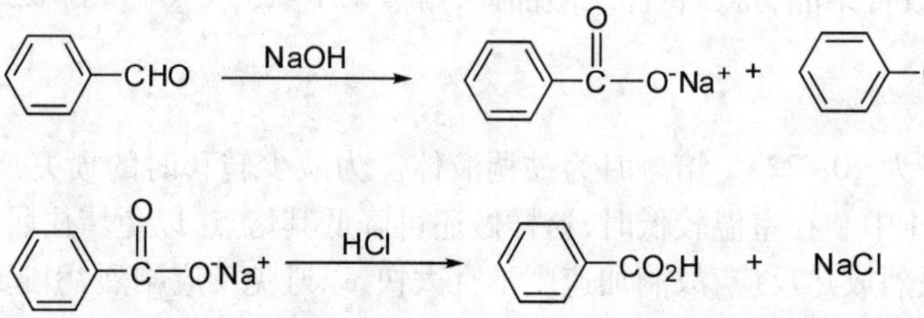

【仪器试剂】

仪器:锥形瓶、橡胶塞、分液漏斗、圆底烧瓶、蒸馏头、空气冷凝管、承接管、布氏漏斗、抽滤瓶。

试剂:苯甲醛、氢氧化钾、乙醚、饱和亚硫酸氢钠溶液、10%碳酸钠溶液、浓盐酸。

【实验步骤】

在 100 mL 锥形瓶中加入 15.7 g(0.28 mol)氢氧化钾和 15 mL 水,振荡使氢氧化钾溶解并冷却至室温。在振摇下,分批加入新蒸过的苯甲醛(13.5 mL,0.13 mol),每次加入 5 mL,每加一次都应塞紧橡胶瓶塞,用力振荡。振摇过程中,若瓶内温度过高,需放在冷水浴中冷却,最后反应混合物变成白色蜡糊状。塞紧橡胶瓶塞,放置过夜。

1. 苯甲醇的制备

向反应物中加入 40~50 mL 水,使反应混合物中的苯甲酸盐溶解。转移至分液漏斗中,用 40 mL 乙醚分两次萃取苯甲醇,合并醚溶液,依次用 3 mL 饱和亚硫酸氢钠溶液、8 mL 10%碳酸钠溶液及 8 mL 水洗涤醚溶液,用无水硫酸镁干燥。保存萃取过的水溶液供步骤 2 使用。

将干燥后的乙醚混合溶液倒入蒸馏烧瓶中,用热水浴加热,蒸出乙醚(倒入指定的回收瓶内)。然后改用空气冷凝管,在石棉网上继续蒸馏,收集 198~204℃馏分,产量约为 5 g。

纯苯甲醇为无色液体,沸点为 205.35℃。

2. 苯甲酸的制备

向步骤 1 中保存的水溶液中,边搅拌边加入浓盐酸酸化,加入的酸量以能使刚果红试剂由红变蓝为宜。充分冷却后抽滤,用少量的冷水洗涤,得粗产物。粗产物可用水重结晶后晾干,产量约 5.5~6 g。

纯苯甲酸为白色针状晶体,熔点为 122.4℃。

【注意事项】

(1)苯甲醛易被空气中的氧气氧化。所以保存时间较长的苯甲醛在使用前,应重新蒸馏,收集 179℃ 的馏分。

（2）充分振摇是反应成功的关键。如混合充分,放置 24 小时后混合物通常在瓶内固化,苯甲醛气味消失。

【思考题】

1. 本实验中两种产物是根据什么原理分离提纯的? 用饱和的亚硫酸氢钠溶液、10% 碳酸钠溶液以及水洗涤的目的何在?

2. 乙醚萃取后的水溶液,用浓盐酸酸化到中性是否最恰当? 为什么? 如果不用试纸或试剂检验,怎样知道酸化已经恰当?

实验二十四　肉 桂 酸

芳香醛和酸酐在碱性催化剂作用下,可以发生类似羟醛缩合的反应,生成 α,β-不饱和芳香醛,称为 Perkin 反应。催化剂通常是相应酸酐的羧酸钾或钠盐,有时也可以用碳酸钾或叔胺作催化剂。

典型的 Perkin 反应就是肉桂酸的制备。碱的作用是促进酸酐的烯醇化,生成醋酸酐碳负离子,碳负离子作为亲核试剂与芳醛的醛基发生亲核加成,之后经过氧酰基交换产生更稳定的 β-酰氧基丙酸负离子,最后经过 β-消去产生肉桂酸盐。经酸化后,得到肉桂酸。

Perkin 反应过程可表示如下:

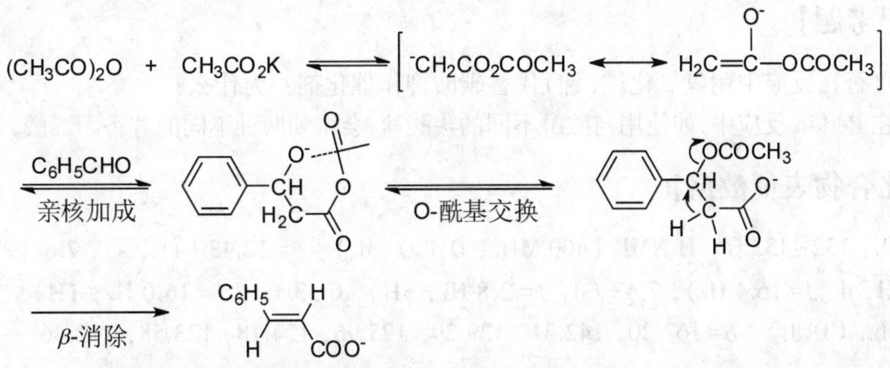

$$(CH_3CO)_2O \ + \ CH_3CO_2K \ \rightleftharpoons \ \left[\ ^-CH_2CO_2COCH_3 \ \longleftrightarrow \ H_2C=\overset{O^-}{\underset{}{C}}-OCOCH_3 \ \right]$$

Perkin 反应主要得到反式肉桂酸（熔点 133℃）,顺式异构体（熔点 68℃）不稳定,在较高的反应温度下很容易转变为热力学更稳定的反式异构体。

【实验目的】

1. 了解 Perkin 反应的机理。
2. 掌握水蒸气蒸馏装置的安装以及应用水蒸气蒸馏的条件。
3. 复习巩固回流、重结晶等基本操作。

【实验原理】

$$C_6H_5CHO + (CH_3CO)_2O \xrightarrow[\text{or } K_2CO_3]{CH_3CO_2K} \xrightarrow{H^+} C_6H_5CH=CHCO_2H + CH_3CO_2H$$

【仪器试剂】

仪器：圆底烧瓶、油浴锅、回流冷凝管、水蒸气蒸馏装置、烧瓶、布氏漏斗、抽滤瓶。

试剂：苯甲醛（新蒸）、醋酸酐（新蒸）、无水碳酸钾、10%氢氧化钠水溶液、浓盐酸。

【实验步骤】

在 100 mL 圆底烧瓶中加入 3.5 g 无水碳酸钾、2.5 mL（0.025 mol）苯甲醛和 7 mL（0.078 mol）醋酸酐，将混合物在 170~180℃的油浴中，加热回流 40 min。由于有二氧化碳溢出，最初反应会出现泡沫。待反应混合物稍冷却后，慢慢加入 20 mL 水浸泡几分钟，用玻璃或不锈钢刮刀轻轻捣碎瓶中的固体，进行水蒸气蒸馏，直至无油状物蒸出为止。将烧瓶冷却后，加入 20 mL 10%氢氧化钠水溶液，使生成的肉桂酸形成钠盐而溶解。再加入 40 mL 水，加热煮沸后加入少量活性炭脱色，趁热过滤。待滤液冷却至室温后，在搅拌下加入 10 mL 浓盐酸和 10 mL 水的混合液，至溶液呈酸性。冷却结晶，抽滤析出晶体，并用少量冷水洗涤，干燥后称重，粗产品约 4 g。可用乙醇-水（1：3）重结晶。

【注意事项】

（1）此反应也可用无水醋酸钾作催化剂。

（2）也可以用简单的空气浴代替油浴进行加热，即将烧瓶底部向上移动，稍微离开石棉网进行加热回流。

【思考题】

1. 可否在反应中用氢氧化钠（钾）代替碳酸钾作催化剂？为什么？
2. 在 Perkin 反应中，如使用与酸酐不同的羧酸盐，会得到两种不同的芳香丙烯酸，为什么？

【化合物表征数据】

M.P.：132~133℃. ^1H NMR（400 MHz，DMSO$-d_6$）：$\delta = 12.43$（1H，s），7.67（2H，m），7.59（1H，d，$J = 16.4$ Hz），7.42（d，$J = 2.8$ Hz，3H），6.53（d，$J = 16.0$ Hz，1H）. ^{13}C NMR（100 MHz，CDCl$_3$）：$\delta = 167.20$，142.31，129.29，125.96，124.18，123.58，112.46

实验二十五　氢化肉桂酸

催化氢化是一项重要的实验方法，与化学试剂还原比较，它具有反应产物纯、后处理简单、催化剂能反复使用和无环境污染等优点。由于催化氢化一般可在常温常压下进行，因此对高温或酸碱敏感化合物的还原尤为适用。

实验室或工业上最常用的氢化催化剂是 Raney 镍，即用镍铝合金经氢氧化钠溶液处理及洗涤后制得的海绵状的镍，使用时根据氢化对象不同采取不同的处理方法，产生不同的活性。它价格便宜，制备简单，活性也比较理想。

催化氢化反应机理被认为是氢和有机分子中不饱和键首先被吸附在催化剂表面，被催化剂的活化中心活化后，分步完成加成反应，生成饱和的有机分子，最后从催化剂表面解吸附。由于两个氢原子通常是从不饱和键的同一侧加上去的，因此催化氢化一般是顺式加成。

烯烃的结构对反应有着明显的影响,随着不饱和键取代基数目的增多和体积增大,反应活性降低,氢化速度减慢;取代基电子效应也会影响反应活性;此外,氢化用的溶剂、反应温度和压力等因素对氢化速度也有明显的影响。由于催化氢化为三相反应——气相(氢气)、固相(催化剂)及液相(溶剂),分子间相互接触碰撞机会少,所以搅拌或振荡对催化氢化是必不可少的。

本实验介绍了用高活性的 Raney 镍,在常温常压下,用氢气将肉桂酸还原成氢化肉桂酸,反应几乎是定量进行的。生成的氢化肉桂酸熔点为 48.5℃,比肉桂酸的熔点 135.6℃ 低得多,因此很容易鉴别。也可用 TLC 对反应产物进行鉴别。

【实验目的】

1. 了解氢化反应的机理。
2. 掌握 Raney 镍的制备方法。
3. 掌握催化氢化的操作方法。

【实验原理】

$$NiAl_2 + 6NaOH \longrightarrow Ni + 2Na_3AlO_3 + 3H_2 \uparrow$$

$$C_6H_5CH=CHCO_2H + H_2 \xrightarrow{Ni} C_6H_5CH_2CH_2CO_2H$$

【仪器试剂】

仪器:圆底烧瓶、烧杯、贮氢筒、分液漏斗、电磁搅拌。

试剂:镍铝合金(含镍 40%~50%)、肉桂酸、氢氧化钠、95%乙醇。

【实验装置】

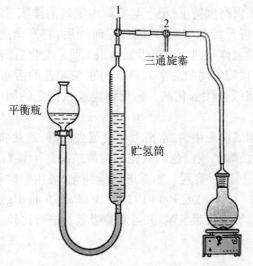

图 3.6-1 反应装置图

1
2
三通旋塞
平衡瓶
贮氢筒

【实验步骤】

1. Raney 镍的制备

在 250 mL 圆底烧瓶中,放置 3 g 镍铝合金及 30 mL 蒸馏水,旋摇烧杯使混合均匀。然后分批加入 5 g 固体氢氧化钠,并同时加以旋摇。反应强烈放热,并伴有大量氢气逸出。控制碱的加入速度,以泡沫不溢出为宜,至无明显的氢气逸出为止。反应物在室温放置 10 min,然后在 70℃ 水浴中保温 0.5 h。用倾析法倾去上层清夜,依次以蒸馏水和 95% 乙醇各洗涤 2~3 次,用 10 mL 95% 乙醇覆盖备用。使用时将乙醇倾去,每毫升催化剂含镍约 0.6 g。用这种方法制备的催化剂是略带碱性的高活性催化剂。催化剂的存储导致活性显著降低,故最好新鲜制备,可得到较高的转化率。催化剂制好后,取少许于滤纸上,待溶剂挥发后,催化剂能立即自燃,表示活性较好,否则需要重新制备。

2. 肉桂酸的催化氢化

简易常压催化装置如图所示,由 50 mL 圆底烧瓶(氢化瓶)、贮氢筒(500 mL)、分液漏斗(平衡瓶、500 mL)及电磁搅拌组成。三通活塞 1 接氢气贮存系统氢气袋,三通活塞 2 接真空系统。

在氢化瓶内溶解 1.5 g 肉桂酸于 25 mL 温热的 95% 乙醇中。冷至室温后加入 1 mL 已制好的催化剂,并用少量乙醇冲洗瓶壁。放入磁棒后塞紧插有导气管的橡皮塞,使与氢化系统相连,检查整个系统是否漏气。

检查的方法是:将整个氢化系统与带有压力计的水泵相连,开启水泵,当抽至一定压力后,关闭水泵,切断与氢气系统的连接,观察压力计读数是否发生变化。若系统漏气,应逐次检查玻璃活塞、磨口塞是否塞紧及橡皮管连接处是否紧密等。

氢化开始前,旋转活塞 1,把盛有蒸馏水的平衡瓶的位置提高,使贮氢筒内充满水,赶尽筒内的空气。关闭活塞 1,打开三通活塞 2,与真空系统相连,抽真空排除整个氢化系统内的空气。抽到一定真空度后关闭活塞 2,打开与氢气袋相连的活塞 1 进行充氢。如此抽真空充氢重复 2~3 次,即可排除整个系统内的空气,最后再对贮氢筒内进行充氢。

方法是:关闭与真空系统相连的活塞 2,打开与氢气袋相连的活塞 1,使氢气与贮氢筒连通,同时降低平衡瓶的位置,用排水集气法使贮氢筒内充满氢气,关闭活塞 1。取下平衡瓶,使其平面与贮氢筒中水平面高度持平,记下贮氢筒内氢气的体积,即可开始氢化反应。开动电磁搅拌器,记下氢化反应开始的时间,每隔一定时间后,将平衡瓶水平面与贮氢筒内氢气的体积变化,作出时间-吸氢体积曲线。当吸氢体积无明显变化后,表明反应已经完成。

反应结束后,关闭连接贮氢筒的活塞 1,打开与水泵相连的活塞 2,放掉系统内的残余氢气,取下氢化瓶,用折叠滤纸去除催化剂。催化剂应放入指定的回收瓶中,切勿随便扔入废物缸,以免引起着火。

将滤液转入 50 mL 圆底烧瓶中,在水浴上尽量蒸去乙醇,趁热将产品倒在一已称重的表面皿内,冷却后既得略带淡绿色或白色的氢化肉桂酸结晶。干燥后称重,产量约 1.3 g,熔点 47~48℃。产物可用纸层析进行鉴别。如需进一步纯化,可用半微量装置进行减压蒸馏,收集 145~147℃/2.4 kPa(18 mmHg) 或 194~197℃/10 kPa(75 mmHg) 馏分。

按投入的肉桂酸量计算理论吸氢量,并与实验吸氢量进行比较。

【注意事项】

(1) 所用氢气袋由氢气钢瓶进行充氢。使用前应了解氢气袋所承受的最大压力及钢瓶的使用方法。氢气易燃易爆,实验过程中必须注意安全! 严格按操作规程进行,并注意室内通风,熄灭一切火源。

(2) 氢化前须排除系统内的空气,氢化过程严禁空气进入氢化系统内。

(3) 反应时,平衡瓶的水平面应略高于贮氢筒内的水平面,以增大反应体系的压力。

（4）取少量肉桂酸和氢化肉桂酸,分别溶于乙醇,并分别在两条 15 cm×1.5 cm 的滤纸上点样,待干燥后用 6∶40∶160(体积比)的浓氨水-水-乙醇展开。当溶剂到达"终止线"时,取出干燥,用溴酚绿(0.2 g/100 mL)和 3%醋酸铅水溶液显色,在蓝色背景上出现黄色样点,计算 R_f 值。

【思考题】

1. 为什么氢化反应过程中,搅拌或振荡速度对氢化速度有显著的影响?
2. 计算氢化 1.5 g 肉桂酸所需的氢气体积,并以此监测氢化反应的进程。

【化合物表征数据】

^{1}H NMR (300 MHz, Chloroform-d)：$\delta = 7.37 - 7.21$ (m, 5H), 3.00 (t, $J = 7.8$ Hz, 2H), 2.76 - 2.68 (m, 2H)；^{13}C NMR (101 MHz, Chloroform-d)：$\delta = 179.6, 140.3, 128.7, 128.4, 126.5, 35.8, 30.7$

实验二十六　扁桃酸

扁桃酸又名苦杏仁酸,是有机合成的中间体和口服治疗尿路感染的消炎药物,也是用于测定某些金属的试剂。它含有一个手性碳原子,化学方法合成得到的是外消旋体。用旋光性的碱如麻黄素可拆分为具有旋光性的组分。

扁桃酸传统上可用扁桃腈[$C_6H_5CH(OH)CN$]和 α, α -二氯苯乙酮($C_6H_5COHCl_2$)的水解歧化来制备,但合成路线长、操作不便且欠安全。本实验采用相转移催化和卡宾加成反应,一步即可得到产物,显示了相转移催化的优点。二氯卡宾不仅能对碳碳双键、碳碳三键发生顺式加成反应,而且也可对碳氧双键加成。

相转移反应机理一般认为是反应中产生的二氯卡宾对苯甲醛的羰基加成,再经重排和水解:

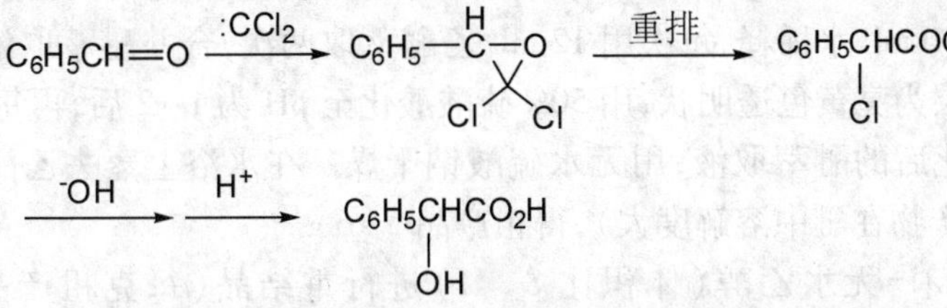

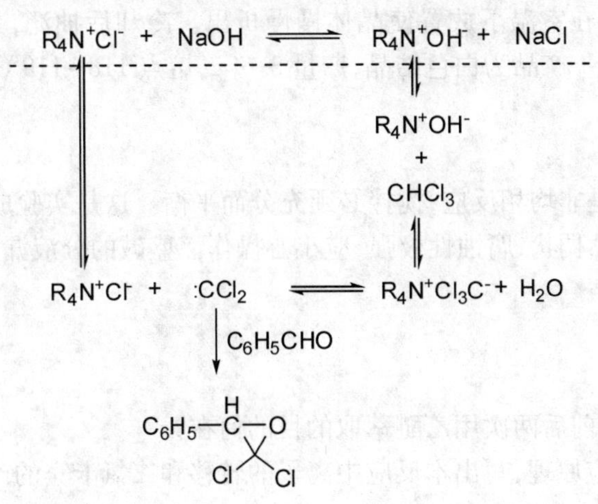

【实验目的】

1. 了解相转移催化的原理及方法。
2. 学习由苯甲醛与氯仿在相转移催化作用下制备扁桃酸的原理及方法。

【实验原理】

$$C_6H_5CH=O + CHCl_3 \xrightarrow[\text{TEBA}]{\text{NaOH}} \xrightarrow{H^+} \underset{\underset{OH}{|}}{C_6H_5CHCO_2H}$$

【仪器试剂】

仪器：锥形瓶、回流冷凝管、温度计、分液漏斗、布氏漏斗、抽滤瓶。

试剂：苯甲醛（新蒸）、氯仿、苄基三乙基氯化铵（TEBA）、氢氧化钠、乙醚、硫酸、甲苯、无水硫酸钠、无水乙醇。

【实验装置】

参见图 1.6 - 1(2)。

【实验步骤】

在锥形瓶中小心配制 12 g 氢氧化钠溶于 12 mL 水的溶液，在水浴中冷至室温。在 100 mL 装有搅拌磁子、回流冷凝管、温度计的三口瓶中，加入 5.1 mL(0.05 mol，5.3 g)苯甲醛、0.7 g 苄基三乙基氯化铵（TEBA）和 12 mL 氯仿。开动搅拌，在水浴上加热，待温度上升至 50~60℃时，自冷凝管上口慢慢地加配制好的 50%的氢氧化钠溶液。滴加过程中控制反应温度在 60~65℃（不得超过 70℃），约需 45 min 加完，加完后，保持此温度继续搅拌 1 h，此时反应液 pH 应接近中性。

将反应液用 140 mL 水稀释，每次用 12 mL 乙醚萃取两次，合并醚萃取液，倒入指定容器待回收。此时，水层为亮黄色透明状，用 50%硫酸酸化至 pH 为 1~2 后，再每次用 30 mL 乙醚萃取两次，合并酸化后的醚萃取液，用无水硫酸钠干燥。在水浴上蒸去乙醚，并用水泵减压抽净残留的乙醚（产物在醚中溶解度大），得粗产品 5~6 g。

将粗产物用甲苯-无水乙醇（体积比 8∶1）进行重结晶（每克粗产品约需混合溶剂 3 mL），趁热过滤，母液在室温下放置使晶体慢慢析出。冷却后抽滤，并用少量石油醚（30~60℃）洗涤促使其快干。产品为白色结晶，产量 3~4 g，熔点 118~119℃。

【注意事项】

（1）相转移反应是非均相反应，搅拌必须充分而平衡。这是实验成功的关键。

（2）浓碱溶液呈粘稠状，腐蚀性极强，应小心操作。盛碱的分液漏斗用后要立即洗干净，以防活塞受腐蚀而黏结。

【思考题】

1. 本实验中，酸化前后两次用乙醚萃取的目的何在？
2. 根据相转移反应原理，写出本反应中离子的转移和二氯卡宾的产生及反应过程。

实验二十七　乙酰水杨酸

　　乙酰水杨酸又名阿司匹林(Aspirin),是由水杨酸(邻羟基苯甲酸)和乙酸酐合成的。早在18世纪,人们从柳树皮中提取了水杨酸,并注意到它可以作为止痛、退热和抗炎药,不过对肠胃刺激作用较大。1897年,德国拜尔公司费利克斯·霍夫曼成功地合成了可以替代水杨酸的有效药物——乙酰水杨酸。这是世界上第一种真正的人造药物,用于治疗发热、头疼、痛经、肌肉痛、活动性风湿病及类风湿关节炎等,除溃疡以外均可服用。阿司匹林同非那西汀、咖啡因APC(复方阿司匹林)就是最常见的止痛药。一百余年来阿司匹林不仅是一个广泛使用的具有解热止痛作用和治疗感冒的药物,而且研究表明,阿司匹林也能抑制引发心脏病和中风的血液凝块的形成。

　　水杨酸是一个具有酚羟基和羧酸的双官能团化合物,酚羟基和羧酸能分别与其他的酰化剂或羟基化合物进行两种不同的酯化反应。当与乙酸酐作用时,可以得到乙酰水杨酸,即阿司匹林。反应式如下:

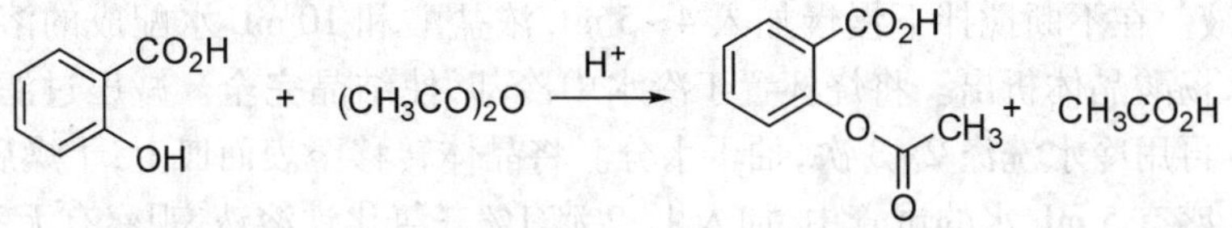

副反应:

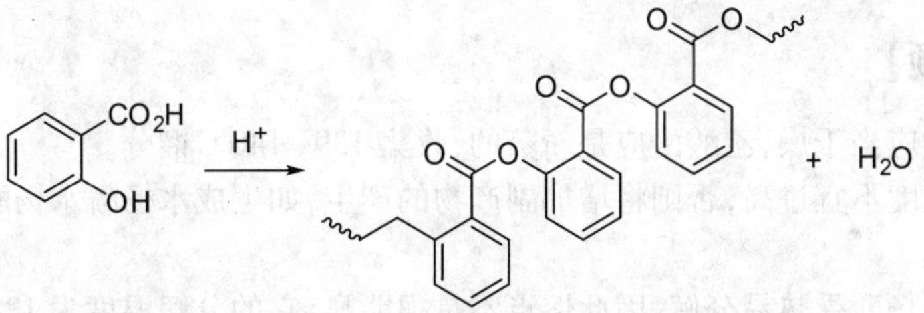

　　乙酰水杨酸能溶于碳酸氢钠水溶液,而副产物在碳酸氢钠水溶液中不溶,这种性质上的差别可用于乙酰水杨酸的纯化。

　　存在于最终产物中的杂质可能是水杨酸本身,这是由于乙酰化反应不完全或由于产物在分离步骤中发生水解造成的。它可能在各步纯化过程和产物的重结晶过程中被除去。与大多数酚类化合物一样,水杨酸可与三氯化铁形成配合物而显色,阿司匹林因酚羟基已被酰化,不再与三氯化铁发生颜色反应,因此杂质很容易被检出。

【实验目的】

1. 学习酚酯的合成反应。
2. 学习由水杨酸与酸酐在酸催化作用下制备乙酰水杨酸的原理及方法。

【实验原理】

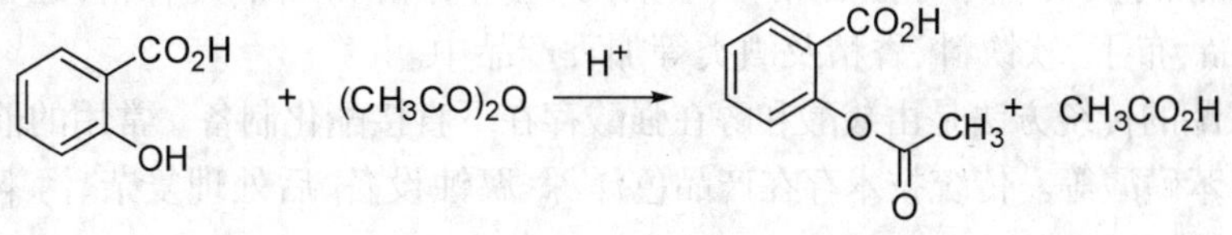

【仪器试剂】

仪器：锥形瓶、烧杯、布氏漏斗、抽滤瓶。

试剂：水杨酸、乙酸酐、浓硫酸、饱和碳酸氢钠溶液。

【实验步骤】

在 150 mL 锥形瓶中加入 2 g(0.014 mol)水杨酸、4.7 mL(0.05 mol)乙酸酐和 5 滴浓硫酸，充分摇动使水杨酸全部溶解后，在水浴上加热 5~10 分钟，控制浴温 85~90℃。冷却至室温，即有乙酰水杨酸结晶析出(如不结晶，可用玻棒摩擦瓶壁并将反应物置于冰水中冷却使结晶产生)。加入 50 mL 水，混合物继续在冰水浴中冷却使结晶完全。减压过滤，用滤液反复淋洗锥形瓶，直至所有结晶被收集到布氏漏斗中。用少量冷水洗涤结晶几次，继续抽吸，将溶剂尽量抽干。粗产品转移至表面皿上，在空气中风干，称重，粗产品约 1.8 g。

将粗产品放入 150 mL 烧杯中，在搅拌下加入 25 mL 饱和碳酸氢钠溶液，加完后继续搅拌几分钟，直至无二氧化碳气泡产生。抽滤，除去少量聚合物固体。用 5~10 mL 冰水洗涤滤饼两次，合并滤液。在不断搅拌下慢慢加入 4~5 mL 浓盐酸和 10 mL 水配成的溶液。这时，即有大量乙酰水杨酸晶体析出。将烧杯置于冷水中冷却，使结晶完全。减压过滤，用干净的玻塞挤压滤饼。再用冷水洗涤 2~3 次，抽干水分。将晶体转移至表面皿上，干燥后约 1.5 g。取几粒晶体加入盛有 5 mL 水的试管中，加入 1~2 滴 1%三氯化铁溶液，观察有无颜色反应。

乙酰水杨酸为白色针状晶体，熔点为 136℃。

【注意事项】

(1) 水杨酸应当干燥，乙酸酐应是新蒸的，收集 139~140℃馏分。

(2) 反应温度不宜过高，否则将增加副产物的产生，如生成水杨酰水杨酸酯、乙酰水杨酰水杨酸酯。

(3) 乙酰水杨酸受热易分解，因此熔点不是很明显，它的分解温度为 128~135℃，测定熔点时，应先将载体加热至 120℃左右，然后放入样品测定。

【思考题】

1. 制备阿司匹林时，加入浓硫酸的目的何在？
2. 反应中有哪些副产物？如何除去？

实验二十八　苯甲酸乙酯

苯甲酸乙酯为无色或淡黄色的透明液体，略似依兰油香气，具有较强的水果和冬青油香气，香味柔和略带甜。因其毒性小，美国实用香料制造者协会将它认定为可食用的安全物质。我国也将其规定为可普遍使用的食用香料，将其配制成人造依兰油和月下香油，主要用于调制樱桃、黑加仑子、草莓等型香精，少量用于皂用香精和烟草类香精，经常应用于冰淇淋、烘培类食品、布丁、软饮料、香精及酒类等加香产品中。

合成羧酸酯的传统方法是由羧酸和醇在强酸存在下直接酯化制备。常用的催化剂有硫酸、氯化氢和对甲苯磺酸等。传统技术存在产品色泽深、腐蚀设备、后处理复杂、污染严重、不利于清洁等缺点。近年来用固体超强酸作为酯化催化剂的研究已取得长足进步,其中稀土固体超强酸催化剂显示出高催化活性,具有不怕水、耐高温、耐腐蚀、无污染、易分离等优点。

本实验仍然采用传统的硫酸催化法,反应方程式如下:

$$\text{C}_6\text{H}_5\text{COOH} + \text{C}_2\text{H}_5\text{OH} \underset{}{\overset{\text{H}_2\text{SO}_4}{\rightleftharpoons}} \text{C}_6\text{H}_5\text{COOC}_2\text{H}_5 + \text{H}_2\text{O}$$

酯化反应是一个平衡反应,在反应过程中分去生成的水是提高产率的有效方法。

【实验目的】

1. 了解由有机酸合成酯的一般原理及方法。
2. 进一步巩固分水装置的使用。
3. 熟练掌握回流、洗涤、分离、干燥等操作。

【实验原理】

$$\text{C}_6\text{H}_5\text{COOH} + \text{C}_2\text{H}_5\text{OH} \underset{}{\overset{\text{H}_2\text{SO}_4}{\rightleftharpoons}} \text{C}_6\text{H}_5\text{COOC}_2\text{H}_5 + \text{H}_2\text{O}$$

【仪器试剂】

仪器:圆底烧瓶、分水器、回流冷凝管、温度计、分液漏斗、蒸馏装置。

试剂:苯甲酸、无水乙醇、浓硫酸、碳酸钠、乙醚、无水氯化钙。

【实验装置】

图 3.6 - 2　反应装置图

【实验步骤】

在 50 mL 圆底烧瓶中,放置 4 g(0.033 mol)苯甲酸、10 mL 无水乙醇、8 mL 苯和 3 mL 浓硫酸,摇匀后加入几粒沸石,再装上分水器,从分水器上端小心加水至分水器支管处然后再放去 3 mL,分水器上端接一回流冷凝管。

将圆底烧瓶在水浴上加强回流,开始时回流速度要慢,随着回流的进行,分水器中出现了上、中、下三层液体,且中层越来越多。约 2.5 h 后,分水器中的中层液体已达 2.5~3 mL 左右,即可停止加热。放出中、下层液体并记下体积。继续用水浴加热,使多余的乙醇和苯蒸至分水器中(当充满时可由活塞放出,注意放时应移去火源)。

将瓶中残液倒入盛有 30 mL 冷水的烧杯中,在搅拌下分批加入碳酸钠粉末至无二氧化碳气体产生(用 pH 试纸检验至呈中性)。用分液漏斗分出粗产物,用 15 mL 乙醚萃取水层。合并粗产物和醚萃取液,用无水氯化钙干燥。水层倒入公用的回收瓶中回收未反应的苯甲酸。先用水浴蒸去乙醚,再在石棉网上加热,收集 210~213℃ 的馏分,产量 3.5~4 g。

纯苯甲酸乙酯的沸点为 213℃。

【注意事项】

(1)本实验也可用环己烷代替苯,环己烷与乙醇、水形成共沸物,可将反应中生成的水带至分水器中。

(2)根据理论计算,带出的总水量约 1 g 左右。因本反应是借共沸蒸馏带走反应中生成的水,根据注意事项 3 计算,共沸物下层的总体积约为 3 mL。

(3)下层为原来加入的水,由反应瓶中蒸出的馏液为三元共沸物(沸点为 64.6℃,含苯 74.1%、乙醇 18.5%、水 7.4%)。它从冷凝管流入分水器后分为两层,上层占 84%(含苯 86.0%、乙醇 12.7%、水 1.3%),下层占 16%(含苯 4.8%、乙醇 52.1%、水 43.1%),此下层即为分水器中的中层。

(4)加碳酸钠的目的是除去硫酸及未作用的苯甲酸,要研细后分批加入,否则会产生大量泡沫而使液体溢出。

(5)若粗产物中含有絮状物难以分层,则可直接用 15 mL 乙醚萃取。

【思考题】

1. 本实验采用什么原理和措施提高产率?
2. 用固体碳酸钠中和反应液的目的何在?

实验二十九　苯甲酰乙酸甲酯

二羰基化合物是一种常用的有机合成试剂,本实验以苯乙酮和碳酸二甲酯为原料,在氢化钠的作用下,制备苯甲酰乙酸甲酯。

【实验目的】

1. 学习氢化钠的使用。
2. 学习苯乙酮和碳酸二甲酯制备苯甲酰乙酸甲酯的原理和方法。

3. 练习萃取和柱层析操作。

【实验原理】

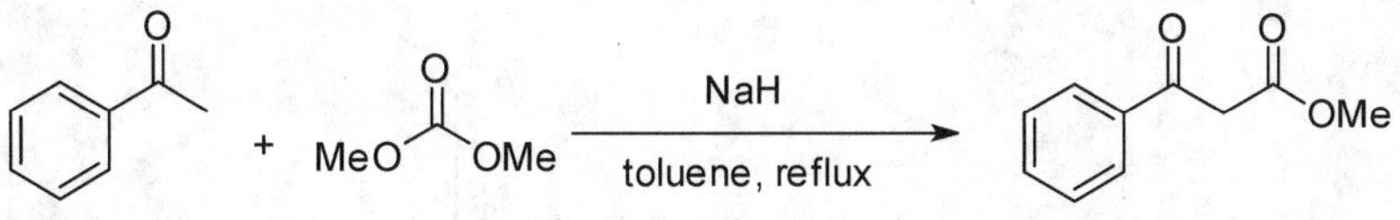

【仪器试剂】

仪器: 恒压滴液漏斗、回流冷凝管、三颈烧瓶、锥形瓶、分液漏斗。

试剂: 苯乙酮(3.96 g, 33 mmol)、碳酸二甲酯(5.9 g, 66 mmol)、氢化钠(3.7 g, 60% in mineral oil, 92 mmol)、冰醋酸、无水硫酸钠。

【实验步骤】

在氮气保护下,向装有恒压滴液漏斗和回流冷凝管的 250 mL 三颈烧瓶中加入氢化钠 (3.7 g, 60% in mineral oil, 92 mmol),碳酸二甲酯(5.9 g, 66 mmol)和甲苯(33 mL)。搅拌,油浴加热回流。这时将苯乙酮(33 mmol)的甲苯(17 mL)溶液通过滴液漏斗缓慢滴加(约 0.5 h)。可以观察到有气泡产生(氢气),待氢气释放完毕(约 20 min),停止反应并冷却至室温。将烧瓶置于冰水浴中,向反应混合液中缓慢滴加冰醋酸(10 mL),有糊状固体产生。继续滴加冰水至固体完全溶解,接着加入乙酸乙酯(200 mL)稀释。分液,有机相用水(20 mL)和饱和食盐水(20 mL)分别洗涤后用无水硫酸钠干燥。用旋转蒸发仪除去溶剂,残留物用柱层析分离(石油醚:乙酸乙酯=5:1),得无色油状液体约 5.70 g。本实验约需 6 小时。

【注意事项】

本实验必须严格无水,仪器在使用前必须干燥,不然产率会很低。

【思考题】

1. 写出反应的机理。
2. 为什么本次实验需要无水处理?

【化合物表征数据】[3]

^{1}H NMR (400 MHz, CDCl$_3$):δ = 12.53 (s, 0.2H), 7.93 (d, J = 7.6 Hz, 2H), 7.77 (d, J = 7.6 Hz, 0.4H), 7.60 - 7.57 (m, 1H), 7.49 - 7.45 (m, 2.2H), 7.42 - 7.38 (m, 0.4H), 5.68 (s, 0.2H), 4.01 (s, 2H), 3.78 (s, 0.6H), 3.73 (s, 3H)

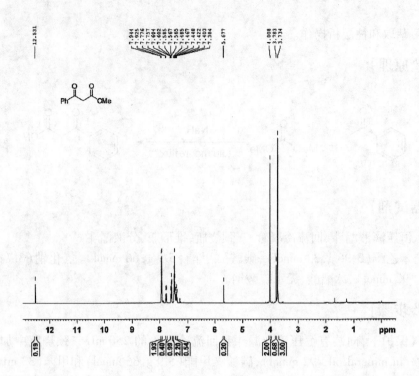

【参考文献】

1. Calcium-Catalyzed, Dehydrative, Ring-Opening Cyclizations of Cyclopropyl Carbinols Derived from Donor-Acceptor Cyclopropanes. M. J. Sandridge and S. France *Org. Lett.*, **2016**, *18*, 4218－4221.

2. Nickel-Catalyzed Asymmetric Transfer Hydrogenation of Olefins for the Synthesis of α－ and β－Amino Acids. P. Yang, H. Xu and J. Zhou *Angew. Chem. Int. Ed.*, **2014**, *53*, 12210－12213.

3. Iron-catalyzed selective oxidation of N－methyl amines: highly efficient synthesis of methylene-bridged bis－1,3－dicarbonyl compounds. H. Li, Z. He, X. Guo, W. Li, X. Zhao and Z. Li *Org. Lett.*, **2009**, *11*, 4176－4179.

实验三十 己 内 酰 胺

脂肪和芳香酮都可以和羟胺作用生成肟。肟受酸性催化剂如硫酸或五氯化磷等作用，发生分子重排生成酰胺的反应，称为 Bechmann 重排。其机理如下图所示。在酸的作用下，肟首先发生质子化，然后脱去一分子水，同时与羟基处于反位的基团迁移到缺电子的氮原子上，所形成的碳正离子与水反应得到酰胺。

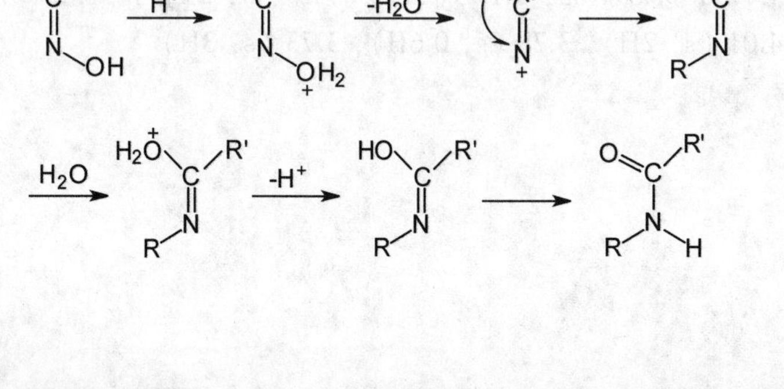

Bechmann 重排不仅可以用来测定酮的结构,而且在有机合成上也有一定的应用价值。例如环已酮肟发生 Bechmann 重排后得到己内酰胺,己内酰胺开环聚合可得到聚己内酰胺树脂(尼龙 6),它是一种性能优良的高分子材料。

【实验目的】

1. 了解由肟合成酰胺的一般原理及方法。
2. 熟练掌握洗涤、分离、减压蒸馏等操作。

【实验原理】

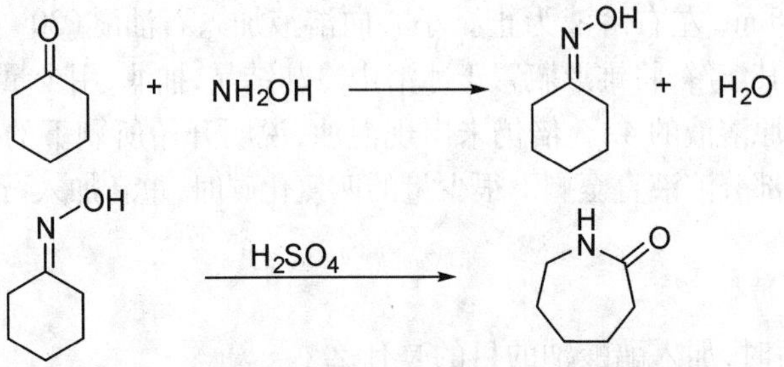

【仪器试剂】

仪器: 锥形瓶、布氏漏斗、抽滤瓶、烧杯、温度计、滴液漏斗、分液漏斗、克氏烧瓶、蒸馏装置。
试剂: 环已酮、羟胺盐酸盐、结晶醋酸钠、20%氨水溶液、浓硫酸。

【实验装置】

减压蒸馏参见图 1.6 − 2(2)。

【实验步骤】

1. 环已酮肟的制备

在 150 mL 锥形瓶中,将 5 g(0.07 mol)羟胺盐酸盐及 7 g 结晶醋酸钠溶于 15 mL 水中,温热此溶液,达到 35~40℃。分批加入 5.5 mL(5 g,0.55 mol)环已酮,边加边摇荡,此时即有固体析出。加完后,用橡皮塞塞紧瓶口,激烈摇振 2~3 min,环已酮肟呈白色粉状结晶析出。若此时环已酮肟呈白色小球状,则表示反应还未完全,须继续振摇。冷却后,抽滤并用少量水洗涤。抽干后再滤纸上进一步压干。红外灯干燥,得环已酮肟白色晶体,熔点 89~90℃。

2. 环已酮肟重排制备己内酰胺

在 600 mL 烧杯中,放置 5 g 环已酮肟及 10 mL 85%硫酸,旋摇烧杯使二者很好混溶。在烧杯内垂吊一支量程 200℃温度计,用小火加热。当开始有气泡时(约 120℃),立即移去火源,此时发生强烈的放热反应,温度很快自行上升(160℃),反应在几秒钟内即完成。稍冷后,将此溶液移入 100 mL 三颈瓶中,并在冰盐浴中冷却。三颈瓶上分别装置搅拌器、温度计及滴液漏斗。当溶液温度下降至 0~5℃时,在不停搅拌下小心滴入 20%氨水溶液。控制溶液温度在 20℃以下,以免己内酰胺在温度较高时发生水解,直至溶液呈碱性(通常需加约 30 mL 20%氨水,约 30 min 加完)。

粗产物移入分液漏斗,分出水层,油层转入 25 mL 克氏烧瓶,用油泵进行减压蒸馏。收集

127～133℃/0.93 kPa（7 mmHg）、137～140℃/1.6 kPa（12 mmHg）或140～144℃/1.86 kPa（14 mmHg）的馏分。馏出物在接收瓶中固化成无色结晶，熔点69～70℃，产量2.5～3 g。己内酰胺易吸潮，应储于密闭容器中。

【注意事项】

（1）用氨水进行中和时，开始要加的很慢，因此时溶液较黏，发热很厉害，否则温度突然升高，影响收率。

（2）己内酰胺也可用重结晶方法提纯：将粗产物转入分液漏斗，每次用10 mL四氯化碳萃取3次，合并萃取液，用无水硫酸镁干燥后，滤入一干燥的锥形瓶。加入沸石后再水浴蒸去大部分溶剂，到剩下8 mL左右溶液为止。小心向溶液加入石油醚（30～60℃），到恰好出现混浊为止。重新温热使其溶解，将锥形瓶置于冰浴中冷却结晶，抽滤，用少量石油醚洗涤结晶。如加入石油醚的量超过原溶液的4～5倍仍未出现混浊，说明开始所剩下的四氯化碳太多。需加入沸石后重新蒸去大部分溶液直至剩下很少量的四氯化碳时，重新加入石油醚进行结晶。

【思考题】

1. 制备环己酮肟时，加入醋酸钠的目的是什么？

2. 今欲配置50 mL 20%氨水溶液，需要浓氨水和水各多少毫升？

3. 下式为反式甲基乙基酮肟，它经Bechmann重排得到什么产物？

【化合物表征数据】

^{1}H NMR（400 MHz，CDCl$_3$）：δ = 6.79（br, 1.0H），3.19（q, J = 5.9 Hz, 2.0H），2.43－2.41（m, 2.0H），1.75－1.68（m, 2.0H），1.67－1.58（m, 4.0H）；^{13}C NMR（100 MHz，CDCl$_3$）δ = 179.5，42.7，36.7，30.5，29.6，23.1

实验三十一　异戊烯酸和异戊烯醇

卤仿反应是指CH$_3$COR或CH$_3$CHO一类有机物在碱性溶液中与NaXO作用时，三个氢原子被卤素原子（X）全部取代，然后被碱分解生成卤仿（CHX$_3$），同时得到少一个碳原子的羧酸的反应。卤仿反应在有机合成工业上主要用于合成氯仿或溴仿以及某些特殊结构的羧酸。

氢化铝锂作为金属还原剂除了可将羰基化合物还原成醇之外，还可将羧酸及其衍生物直接还原成醇。同时，它还能还原—CN、—C＝NOH、—NO$_2$、—CH$_2$X、—CH$_2$OTs以及H$_2$C—CH$_2$（除 C＝C 之外）等多数有机分子，并获得良好的收率（70%～80%），是应用十分广泛的"广谱性"负氢离子还原剂。

氢化铝锂可由粉末状氢化锂与无水三氯化铝在干燥溶剂中制备：

$$4LiH + AlCl_3 \longrightarrow LiAlH_4 + 3LiCl$$

氢化铝锂遇水、醇、酸等含活泼氢的化合物即发生水解，因而还原反应宜在无水情况下进行，并常用醚与 THF 为溶剂。

本实验产品是"消旋反式对甲氧甲基苄基菊酯"合成过程中的重要中间体。

【实验目的】

1. 熟悉由双丙酮经卤仿反应制异戊烯酸的原理和方法。

2. 了解由不饱和酸通过氢化铝锂选择性还原为不饱和醇的原理和方法。

【实验原理】

$$(1) \quad \begin{array}{c} H_3C \\ \diagdown \\ C=C-\overset{\displaystyle O}{\overset{\|}{C}}-CH_3 \\ \diagup \quad | \\ H_3C \quad H \end{array} + 3NaOCl \longrightarrow (CH_3)_2C=CHCOONa + CHCl_3 + 2NaOH$$

$$2(CH_3)_2C=CHCOONa + H_2SO_4 \longrightarrow 2(CH_3)_2C=CHCOOH + Na_2SO_4$$

$$(2) \quad \begin{array}{c} H_3C \\ \diagdown \\ C=C-COOH \\ \diagup \quad | \\ H_3C \quad H \end{array} \xrightarrow[\quad]{LiAlH_4 \quad H_2O} \begin{array}{c} H_3C \\ \diagdown \\ C=C-CH_2OH \\ \diagup \quad | \\ H_3C \quad H \end{array}$$

【仪器试剂】

仪器： 三颈瓶、Y 型管、滴液漏斗、冷凝管、磁力搅拌器、布氏漏斗、抽滤瓶、干燥管、分液漏斗、减压蒸馏装置。

试剂： 双丙酮、20% NaClO 溶液、50% H_2SO_4、Na_2SO_3、$LiAlH_4$、无水乙醚、浓硫酸、$NaHCO_3$。

【实验装置】

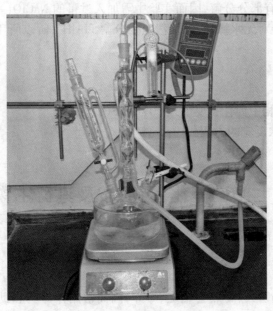

图 3.6-3　反应装置图

【实验步骤】

1. 异戊烯酸的制备

在 250 mL 三颈瓶中加入搅拌磁子、3 g(3.6 mL)双丙酮和用冷水冷却过的 50 mL 20% NaClO 溶液,装上 Y 型管、滴液漏斗、温度计和冷凝管,开动搅拌,此时因放热而温度上升,控制温度在 45~50℃(必要时可用冷水冷却)至不再升温。然后由滴液漏斗滴加 6.8 g(8 mL)双丙酮,继续搅拌,维持温度在 45~50℃。加完双丙酮,再由滴液漏斗滴加用冰水冷却过的 110 mL NaClO 溶液,温度仍维持在 50℃ 以下。加完后保温搅拌 2 h。之后,用冷水冷却至室温,搅拌下加入少量(1~1.5 g)Na_2SO_3 分解过量的 NaClO,用碘化钾-淀粉试纸检验,直至试纸不变蓝为止。静置分层,水层在冰水冷却下滴加 50% H_2SO_4,边加边搅拌,直至溶液对刚果红试纸呈强酸性,这时有白色固体析出,充分冷却,过滤,得粗品,称量,约 5~6 g,熔点 66~67.5℃。纯异戊烯酸熔点 68.5~69.5℃。

2. 异戊烯醇的制备

迅速称取 1.4 g 纯 $LiAlH_4$ 溶于盛有 25 mL 无水乙醚的 250 mL 干燥三颈瓶中,加入搅拌磁子,装上冷凝管、干燥管和滴液漏斗。称取 2.5 g 异戊烯酸(自制)溶于 15 mL 无水乙醚,加入滴液漏斗中。开动搅拌器,快速搅拌,滴加异戊烯酸-无水乙醚溶液,滴加速度以冷凝管能承受回流物为准。加完后,再搅拌回流 3 h。冷至室温,在冰浴冷却下从滴液漏斗缓缓滴加 10 mL 冰水(开始须极小心),再加入冰水硫酸(6 mL 浓硫酸加到 50 g 冰中)溶液。随后滴加速度可加快,搅拌至沉淀全溶。分液漏斗分出醚层,分别用 $NaHCO_3$ 溶液、水洗涤,醚层用无水 Na_2SO_4 干燥。温水浴蒸去乙醚,得黄色透明油状物即为产物粗品,约 1.5~2 g。若要得精品,可用减压蒸馏,收集 65℃/3.20 kPa(24 mmHg)的馏分。

【注意事项】

(1)理论上双丙酮与 NaClO 反应的物质的量比是 1:3,但考虑到所用的 NaClO 溶液的不稳定性,温度升高会有部分分解,因而实验中需加入过量的 NaClO(一般为 1:4.5~1:5)。

(2)还原过程须绝对无水操作,遇活泼氢会分解 $LiAlH_4$,所以所用仪器和药品均须干燥处理。

【思考题】

1. 静置分层后,水相中为什么要加入 50% H_2SO_4?
2. 写出 $LiAlH_4$ 与水反应的方程式。

(七)硝基化合物、胺及其衍生物

实验三十二　硝　基　苯

硝基芳香化合物遇明火、高热会燃烧、爆炸,因而常用作炸药和助爆剂(如 TNT、屈特尔等)。同时它也是一种重要的有机合成中间体及用作生产苯胺的原料,用于生产染料、香料、炸药等有机合成工业等。另外,硝基苯本身也是良好的溶剂,既溶解有机物,也可溶解许多无机盐(A1Cl₃,FeCl₃等),可以作为反应介质或重结晶的溶剂。硝化反应是制备芳香族硝基化合物的主要方法,也是最重要的芳香亲电取代反应。本实验利用浓硫酸存在下,苯与浓硝酸作用,其氢原子被硝基取代制备硝基苯。

【实验目的】

1. 学习硝化反应的原理和方法。
2. 学习尾气排放装置的搭建。
3. 练习蒸馏操作。

【实验原理】

$$\text{苯} + HNO_3\,(\text{浓}) \xrightarrow[50\text{-}55\,^{\circ}\text{C}]{H_2SO_4\,(\text{浓})} \text{硝基苯} + H_2O$$

反应机理:浓硫酸的作用是提供强酸性的介质有利于硝酰阳离子($O{=\!\!=}N^+{=\!\!=}O$)的生成,它是真正的亲电试剂。

$$HNO_3 + 2H_2SO_4 \rightleftharpoons O{=}N^+{=}O + H_3O^+ + 2HSO_4^-$$

【仪器试剂】

仪器:恒压滴液漏斗、三颈烧瓶、烧瓶、锥形瓶、温度计、烧杯、蒸馏支管、分液漏斗。

试剂:苯(8 g,9 mL,0.1 mol)、浓硝酸(12.8 g,9 mL,0.2 mol,$d=1.42$)、浓硫酸(18.5 g,10 mL,0.19 mol,$d=1.84$)、氢氧化钠溶液(5%)、无水氧化钙。

【实验步骤】

向100 mL锥形瓶中,加入9 mL浓硝酸,在振荡下慢慢加入10 mL浓硫酸制成混合酸,冷却备用。在装有搅拌磁子的100 mL三颈瓶上,分别装置温度计、恒压滴液漏斗和一用橡胶管连接通入水槽的玻璃弯管。在瓶内放置9 mL苯。开动搅拌,从滴液漏斗里逐滴加入上述制好的冷的混合酸。控制滴加速度使反应温度维持在50~55℃之间,勿超过60℃,必要时可用冷水浴冷却。将三颈瓶在60℃的油浴上继续搅拌15~30 min。

停止加热,待反应物冷却至室温后,倒入盛有50 mL水的烧杯中,充分搅拌后使其静置,待硝基苯沉降后尽可能倾倒出酸液(倒入专用废酸液桶)。粗产物转入分液漏斗,依次用等体积的水、氢氧化钠溶液、水洗涤,再用无水氯化钙干燥。将干燥好的硝基苯滤入烧瓶,接空气冷凝管,在石棉网上加热蒸馏,收集205~210℃馏分,产量8~9 g。纯硝基苯为淡黄色的透明液体,沸点210.8℃,折光率$n_D^{20}=1.5562$。

本实验约需4小时。

【注意事项】

（1）硝基化合物对人体有较大的毒性，吸入过量蒸气或被皮肤接触吸收，均会引起中毒！所以处理硝基苯或其他硝基化合物时，必须谨慎小心，如不慎触及皮肤，应立即用肥皂及温水擦洗。

（2）硝化反应为放热反应，温度若超过 60℃ 时，有较多的二硝基苯生成，且也有部分硝酸和苯挥发逸去。

（3）洗涤硝基苯时，特别是用氢氧化钠溶液洗涤时，不可过分用力摇荡，否则使产品乳化而难以分层。若遇此情况，可加入固体氯化钙或氯化钠饱和，或加数滴酒精，静置片刻，即可分层。

（4）由于二硝基苯和硝基苯在高温时易发生剧烈分解，故蒸馏时不可蒸干或使温度超过 214℃，也可以使用减压蒸馏来降低沸点。

【思考题】

1. 本实验中为什么要控制反应温度在 50~55℃ 之间？温度过高有什么不好？
2. 粗产品依次用水、碱液、水洗涤的目的何在？
3. 如粗产品中有少量的硝酸没有洗掉，在蒸馏过程中会有什么现象？

实验三十三　苯　　胺

芳香硝基化合物还原是制备芳香胺的主要方法，工业上常用催化氢化的方法，实验室小量制备一般采用在酸性溶液中加入金属来进行还原的方法。本实验利用铁-醋酸体系还原硝基苯制备苯胺。

【实验目的】

1. 学习硝基还原反应的原理和方法。
2. 练习水蒸气蒸馏的操作。
3. 练习旋转蒸发仪的使用。

【实验原理】

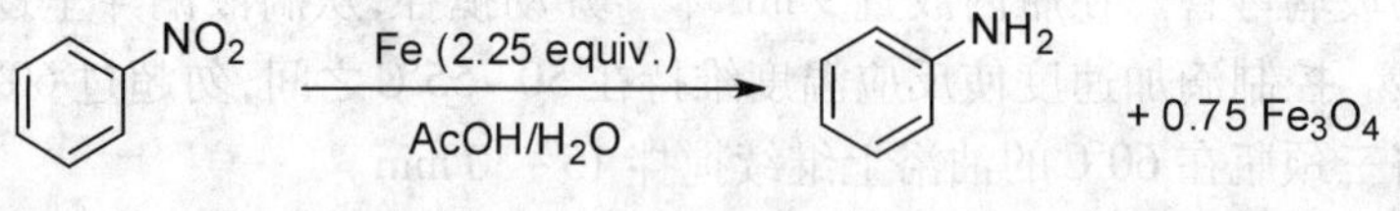

【仪器试剂】

仪器：圆底烧瓶、回流冷凝管、空气冷凝管、锥形瓶、温度计、水蒸气蒸馏装置、分液漏斗。

试剂：硝基苯（9.3 g，7.8 mL，0.075 mol）、还原铁粉（13.5 g，0.24 mol，40~100 目）、冰醋酸、乙醚、氯化钠、氢氧化钠。

【实验步骤】

在 250 mL 圆底烧瓶中,加入搅拌磁子、13.5 g 还原铁粉、25 mL 水及 1.5 mL 冰醋酸,搅拌使其充分混合。装上回流冷凝管,在油浴上加热煮沸约 10 min。稍冷后,从冷凝管顶端分批加入 7.8 mL 硝基苯,搅拌,使反应物充分混合。由于反应放热,当每次加入硝基苯时,均有一阵猛烈的反应发生。加完后,将反应物加热回流 0.5 h,搅拌,使还原反应进行完全,此时,冷凝管回流液应不再呈现硝基苯的黄色。

将反应瓶改为水蒸气蒸馏装置,进行水蒸气蒸馏,至馏出液变清,再多收集 10 mL 馏出液,共约需收集 75 mL。将馏出液转入分液漏斗,分出有机层,水层用氯化钠饱和后(约需 20 g 氯化钠),每次用 10 mL 乙醚萃取 3 次。合并有机相,用粒状氢氧化钠干燥。将干燥后的有机相转入圆底烧瓶中,用旋转蒸发仪除去乙醚,残留物用空气冷凝管蒸馏,收集 180~185℃ 馏分,产量 4~5 g。苯胺的沸点为 184.4℃,折光率 $n_D^{20} = 1.586\,3$。

本实验约需 6~8 小时。

【注意事项】

(1)苯胺有毒,操作时应做好防护工作,避免与皮肤接触或吸入其蒸气。若不慎触及皮肤,先用水冲洗,再用肥皂和温水洗涤。

(2)铁-醋酸作为还原剂时,铁首先与醋酸作用产生醋酸亚铁,它才是真正的还原物质,在反应中进一步被氧化生成碱式醋酸铁。总的来看,反应中主要是水提供质子,铁提供电子完成还原反应。

(3)硝基苯为黄色油状物,如果回流液黄色油状物消失而转变成乳白色油珠,表示反应已经完成。硝基苯必须反应完全,否则残留在产物中,在接下来几步纯化过程中很难分离,因而影响产品纯度。

(4)反应完后,圆底烧瓶壁上黏附的黑褐色物质,可用 6 mol/L 盐酸温热除去。

(5)在 20℃时,每 100 mL 水可溶解 3.4 g 苯胺,为了减少苯胺损失,根据盐析原理,加入氯化钠使馏出液饱和,原来溶于水中的绝大部分苯胺就成油状物析出。

(6)纯苯胺为无色液体,由于氧化而呈淡黄色,可以加入少许锌粉重新蒸馏,除去颜色。

【思考题】

1. 如果以盐酸代替醋酸,则反应后要加入饱和碳酸钠至溶液呈碱性后,才进行水蒸气蒸馏,这是为什么?

2. 有机物必须具备什么性质才能采用水蒸气蒸馏提纯?

3. 如果最后制得的苯胺中含有硝基苯,应该如何分离提纯?

实验三十四 偶 氮 苯

本实验利用镁粉还原溶解于甲醇中的硝基苯来制备偶氮苯,这也是制备该化合物最简单的方法。

【实验目的】

1. 学习镁粉还原硝基苯制备偶氮苯的原理和方法。

2. 练习重结晶纯化固体。

【实验原理】

$$2 \underset{\text{NO}_2}{\bigcirc} \xrightarrow[\text{MeOH}]{\text{Mg (4 equiv.)}} \bigcirc\text{N}{=}\text{N}\bigcirc + 4\,\text{Mg(OCH}_3)_2 + 4\,\text{H}_2\text{O}$$

【仪器试剂】

仪器：圆底烧瓶、回流冷凝管、烧杯、抽滤瓶、布氏漏斗。

试剂：硝基苯(1.55 g,1.3 mL,12.5 mmol)、镁屑(1.5 g,62 mmol)、无水甲醇、乙醇、冰醋酸。

【实验步骤】

在 100 mL 圆底烧瓶中,装入搅拌磁子,并接着加入 1.3 mL 硝基苯,28 mL 无水甲醇,0.75 g 镁屑和一小粒碘,并装上回流冷凝管。用电吹风加热引发反应,反应开始放热,足以使溶液沸腾,若反应过于剧烈,可用冰水冷却。当大部分开始加入的镁屑作用完毕,将反应物冷却并加入剩余的镁屑 (0.75 g)。然后在 80℃ 的油浴上回流 0.5 h,至镁屑基本消失。回流完毕后,将反应混合物倒入盛有 50 mL 水的烧杯中,并用 8 mL 水涮洗烧瓶。然后在搅拌和冷却下,向水溶液中慢慢加入冰醋酸至溶液呈中性或弱酸性,析出红色固体。抽滤,用少量冰水洗涤固体。粗产物用 95% 乙醇(每克需 3~4 mL)重结晶,得橙红色的针状结晶 0.5~0.7 g,熔点为 68℃。本实验得到的是更稳定反式异构体。

本实验约需 4 小时。

【注意事项】

本实验应使用无水甲醇,使用普通甲醇产率会偏低。

【思考题】

如在本实验中使用过量镁屑,反应时间过长有什么不好?

实验三十五　对　氯　甲　苯

芳香族伯胺在强酸性介质中与亚硝酸作用,生成重氮盐的反应,称为重氮化反应。

$$\text{C}_6\text{H}_5{-}\text{NH}_2 \xrightarrow[0\sim5℃]{\text{NaNO}_2,\ \text{HCl}} [\text{C}_6\text{H}_5\overset{+}{\text{N}}{\equiv}\text{N}]\text{Cl}^-$$

该反应生成的重氮盐,作为中间体可用来合成多种有机化合物,因此被称为芳香族的 Grignard 试剂,无论在工业或实验室制备中都具有很重要的价值。

重氮化反应需在低温(0~5℃)下进行,因为大多数重氮盐很不稳定,常温即被分解放出氮气。制成的重氮盐溶液也不宜长时间存放,应尽快进行下一步反应。由于大多数重氮盐在干燥的固态受热或震动能发生爆炸,所以通常不需要分离,而是将得到的水溶液直接用于下一步合成。只有氟硼酸重氮盐例外,可以分离出来并加以干燥。

酸的用量一般为 2.5~3 mol,1 mol 酸与亚硝酸钠反应生成亚硝酸,1 mol 酸生成重氮盐,余下的过量的酸是为了维持溶液一定的酸度,防止重氮盐与未起反应的胺发生偶联。邻氨基苯甲酸重氮盐是个例外,由于重氮化后生成的内盐比较稳定,故不需要过量的酸。

重氮化反应还必须注意控制亚硝酸的用量,若亚硝酸过量,则生成多余的亚硝酸会使重氮盐氧化而降低产率。因而在滴加硝酸钠溶液时,必须及时用碘化钾-淀粉试纸试验,至刚变蓝为止。过量的亚硝酸一般可加尿素进行分解。

重氮盐的用途很广,其反应可以分为两类。一类是用适当的试剂处理,重氮基被—H、—OH、—F、—Cl、—Br、—CN、—NO$_2$ 及—SH 等基团取代,制备相应的芳香族化合物。由于有氮气放出,故称为放氮反应。另一类是留氮反应,即重氮盐与相应的芳香胺或酚类起偶联反应,两个氮原子保留在分子中。生成偶氮染料,在染料工业中占有重要的地位。

1884 年,Sandmeyer 发现亚铜盐对芳基重氮盐的分解有催化作用。重氮盐溶液在氯化亚铜、溴化亚铜或氰化亚铜存在下,重氮基可以被氯、溴原子和氰基取代,生成芳香族氯化物、溴化物或芳氰,为从相应的芳胺制备取代的芳香化合物提供了理想的途径。一种观点认为,这是一个自由基反应,亚铜盐的作用是传递电子。

$$CuCl + Cl^- \longrightarrow CuCl_2^-$$

$$Ar \overset{+}{N_2} + CuCl_2^- \longrightarrow Ar \cdot + N_2 + CuCl_2$$

$$Ar \cdot + CuCl_2 \longrightarrow CuCl + ArCl$$

该反应的关键在于相应的重氮盐与氯化亚铜能否形成良好的复合物。实验中,重氮盐与氯化亚铜以等物质的量混合。由于氯化亚铜在空气中易被氧化,故以新鲜制备为宜。在操作上是将冷的重氮盐溶液慢慢加入较低温度的氯化亚铜溶液中。制备芳氰时,反应需在中性条件下进行,以免氢氰酸逸出。

【实验目的】

1. 熟悉由对甲基苯胺制备对氯苯胺的原理和方法。

2. 了解 Sandmeyer 反应的原理。

【实验原理】

$$2CuSO_4 + 2NaCl + NaHSO_3 + 2NaOH \longrightarrow 2CuCl\downarrow + 2Na_2SO_4 + NaHSO_4 + H_2O$$

【仪器试剂】

仪器:圆底烧瓶、滴液漏斗、分液漏斗、抽滤瓶、蒸馏装置。

试剂：对甲苯胺、亚硝酸钠、结晶硫酸铜、亚硫酸氢钠、精盐、氢氧化钠、浓盐酸、苯、淀粉-碘化钾试纸、无水氯化钙。

【实验步骤】

1. 氯化亚铜的制备

在 250 mL 圆底烧瓶中放置 15 g 结晶硫酸铜（$CuSO_4 \cdot 5H_2O$）、4.5 g 精盐及 50 mL 水，加热使固体溶解。趁热（60~70℃）在摇振下加入由 3.5 g 亚硫酸氢钠与 2.25 g 氢氧化钠及 25 mL 水配成的溶液。溶液由原来的蓝绿色变成浅绿色或无色，并析出白色粉末状固体，置于冷水浴中冷却。用倾析法尽量倒去上层溶液，再用水洗涤两次，得到白色粉末状的氯化亚铜。倒入 25 mL 冷的浓盐酸，使沉淀溶解，塞紧瓶塞，置冰水浴中冷却备用。

2. 重氮盐溶液的制备

在烧杯中放置 15 mL 浓盐酸、15 mL 水及 5.4 g 对甲苯胺，加热使对甲苯胺溶解。稍冷后，置冰盐浴中不断搅拌使成糊状，控制在 5℃ 以下。再在搅拌下，由滴液漏斗加入 3.8 g 亚硝酸钠溶于 10 mL 水的溶液，控制滴加速度，使温度始终保持在 5℃ 以下。当 90% 左右的亚硝酸钠溶液加入后，取 1~2 滴反应液在淀粉-碘化钾试纸上检验。若立即出现深蓝色，表示亚硝酸钠已适量，不必再加，搅拌片刻。重氮化反应越到后来越慢，最后每加一滴亚硝酸钠溶液须搅拌几分钟后再检验。

3. 对氯甲苯的制备

把上述制好的对甲苯胺重氮盐溶液，慢慢倒入冷的氯化亚铜盐酸溶液中，边加边振摇烧杯，不久析出重氮盐-氯化亚铜橙红色复合物。加完后，在室温下放置 15 min 到 0.5 h。然后用水浴慢慢加热到 50~60℃，分解复合物，直至不再有氮气逸出。将产物进行水蒸气蒸馏蒸出对氯甲苯。分出油层，水层每次用 10 mL 苯萃取两次，苯萃取液与油层合并，依次用 10% 氢氧化钠溶液、水、浓硫酸、水各 5 mL 洗涤。苯层经无水氯化钙干燥后在水浴上蒸去苯，然后蒸馏收集 158~162℃ 的馏分，产量 3.5~4 g。

纯对氯甲苯的沸点是 162℃。

【注意事项】

（1）氯化亚铜在空气中遇热或光易被氧化，重氮盐久置易于分解，为此，二者的制备应同时进行，且在较短的时间内进行混合。氯化亚铜用量较少会降低对氯甲苯产量。

（2）要在 50~60℃ 条件下分解重氮盐-氯化亚铜复合物，分解温度过高会产生副反应，生成部分焦油状物质。若时间许可，可将混合后生成的复合物在室温放置过夜，然后再加热分解。在水浴加热分解时，有大量氮气逸出，应不断搅拌，以免反应液外溢。

【思考题】

1. 为什么重氮化反应必须在低温下进行？如果温度过高或溶液酸度不够会发生什么副反应？

2. 氯化亚铜在盐酸存在下，被亚硝酸氧化，反应瓶可以观察到一种红棕色的气体放出，试解释这种现象，并用反应式来表示。

实验三十六 甲 基 橙

有机染料按结构可分为偶氮染料、蒽醌染料、靛蓝染料等,它们都是有许多双键的共轭体系(生色基),偶氮染料则是其中一大分支,它是由偶氮基连接两个芳环形成的一类化合物。为了改善颜色和提高染色效果,偶氮染料必须含有成盐的基团如酚羟基、氨基、磺酸基和羧基等。

偶氮染料可通过重氮基与酚类或芳胺发生偶联反应来制备,反应速率受溶液 pH 值影响颇大。重氮盐与芳胺偶联时,在高 pH 介质中,重氮盐易变成重氮酸盐;而在低 pH 介质中,游离芳胺则容易转变为铵盐,二者都会降低反应物的浓度。

$$ArN_2^+ + H_2O \rightleftharpoons ArN=N-O^- + 2H^+$$

$$ArNH_2 + H^+ \rightleftharpoons ArNH_3^+$$

只有当溶液的 pH 值在某一范围内使两种反应物都有足够的浓度时,才能有效地发生偶联反应。胺的偶联反应,通常在中性或弱酸性介质中进行,通过加入缓冲剂醋酸钠来加以调节;酚的偶联反应需在中性或弱碱性介质中进行,因为在此介质中酚易成为更活泼的酚氧负离子与重氮盐发生偶联。

合成甲基橙的原料对氨基苯磺酸因形成内盐在水中溶解度很小,不能用一般的方法重氮化。通常先将它与碳酸钠(或氢氧化钠)作用形成钠盐和亚硝酸钠配成溶液,然后在冷却下,慢慢滴入稀的盐酸中即形成很细的重氮盐沉淀。重氮盐在乙酸存在下与 N,N-二甲基苯胺偶联,与碱作用后得到甲基橙。甲基橙学名"对二甲氨基偶氮苯磺酸钠",溶于热水,微溶于冷水,几乎不溶于乙醇。

【实验目的】

1. 通过甲基橙的制备学习重氮化反应和偶联反应的实验操作。
2. 巩固盐析和重结晶的原理和操作。

【实验原理】

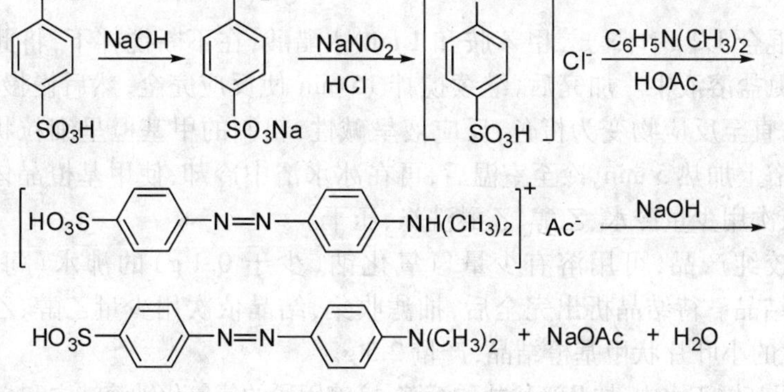

【仪器试剂】

仪器：烧杯、布氏漏斗、抽滤瓶、试管、表面皿。

试剂：对氨基苯磺酸晶体、亚硝酸钠、N,N-二甲苯胺、盐酸、氢氧化钠、乙醇、乙醚、冰醋酸、淀粉-碘化钾试纸。

【实验装置】

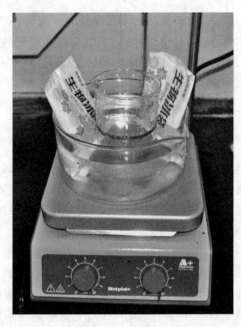

图 3.7-1　反应装置图

【实验步骤】

1. 重氮盐的制备

在烧杯中加入 10 mL 5%氢氧化钠溶液及 2.1 g 对氨基苯磺酸晶体,温水浴加热使溶。另溶 0.8 g 亚硝酸钠于 6 mL 水中,加入上述烧杯内,用冰盐浴冷至 0~5℃。在不断搅拌下,将 3 mL 浓盐酸与 10 mL 水配成的溶液缓缓滴加到上述混合溶液中,并控制温度在 5℃以下。滴加完后用淀粉碘化钾试纸检验。然后在冰盐浴中放置 15 min 以上,保证反应完全。

2. 偶合

在试管内混合 1.2 g N,N-二甲苯胺和 1 mL 冰醋酸,在不断搅拌下,将此溶液慢慢加到上述冷却的重氮盐溶液中。加完后,继续搅拌 15 min 使反应完全,然后慢慢加入 25 mL 5%氢氧化钠溶液,直至反应物变为橙色,反应液呈碱性,粗制的甲基橙呈细粒状沉淀析出。将反应物在沸水浴上加热 5 min,冷至室温后,再在冰水浴中冷却,使甲基橙晶体析出完全。抽滤收集结晶,依次用少量冷水、乙醇、乙醚洗涤,压干。

若要得到较纯产品,可用溶有少量氢氧化钠(少于 0.1 g)的沸水(每克粗产物约需 25 mL)进行重结晶。待结晶析出完全后,抽滤收集,结晶依次用少量乙醇、乙醚洗涤,压紧,抽干,得到橙色的小叶片状甲基橙结晶,产量 2.5 g。

溶解少许甲基橙于水中,加几滴稀盐酸溶液,接着用稀的氢氧化钠溶液中和,观察颜色变化。

【注意事项】

（1）对氨基苯磺酸是强酸弱碱型两性化合物，以酸性内盐存在，所以它能与碱作用成盐而不能与酸作用成盐。

（2）若反应物中含有未作用的 N,N-二甲苯胺醋酸盐，在加入氢氧化钠后，就会有难溶于水的 N,N-二甲苯析出，影响产物的纯度。湿的甲基橙在空气中受光的照射后，颜色很快变深，所以粗产物有时显紫红色。

（3）重结晶操作应迅速，否则由于产物呈碱性，在温度高时易使湿的产物变质，颜色变深。用乙醇、乙醚洗涤的目的是使其迅速干燥。

【思考题】

1. 试解释甲基橙在酸碱介质中的变色原因，并用反应式表示。

2. 在本实验中，制备重氮盐时为什么要把对氨基苯磺酸变成钠盐？本实验如改成下列操作步骤：先将对氨基苯磺酸与盐酸混合，再滴加亚硝酸钠溶液进行重氮化反应，可以吗？为什么？

实验三十七　3-对溴苯胺基-1-苯丙酮

含有活泼氢的酮（或醛、酯等）与甲醛和胺（仲胺或伯胺）作用时，这活泼氢原子被"胺甲基"所取代生成酮胺盐酸盐的反应称作曼尼希反应（Mannich reaction），反应一般在弱酸性的水、乙醇溶液中进行，反应条件温和，生成的酮胺盐酸盐产物经碱处理得到的游离酮胺（曼尼希碱）是有机合成中重要的中间体。

【实验目的】

1. 通过 3-对溴苯胺基-1-苯丙酮的制备学习曼尼希反应的原理和操作。

2. 巩固重结晶的原理和操作。

【实验原理】

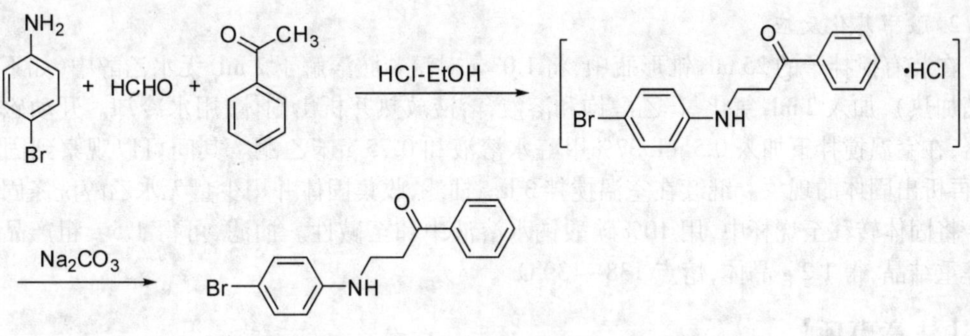

【仪器试剂】

仪器：锥形瓶、磁力搅拌器、布氏漏斗、抽滤瓶。

试剂：对溴苯胺、37%甲醛水溶液、苯乙酮、无水乙醇、氯化氢-乙醇饱和溶液。

【实验装置】

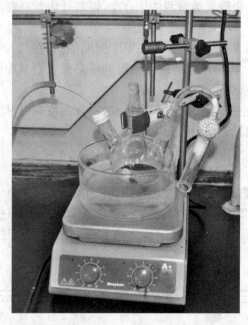

图 3.7－2　反应装置图

【实验步骤】

1. 氯化氢-乙醇饱和溶液的制备

将浓盐酸慢慢滴加到浓硫酸中制备氯化氢气体,浓盐酸与浓硫酸的体积比为 1∶1.5(一般情况下,制备 20 mL 氯化氢-乙醇溶液需用浓盐酸 20 mL)。制备的氯化氢气体要经过浓硫酸干燥。

在三口烧瓶中加入 10 mL 无水乙醇。三口烧瓶的一个口上装配无水氯化钙干燥管,一个口上装上一导管,导管的一端与氯化氢气体发生装置相连,另一端插入无水乙醇中。用冰将无水乙醇冷却至 0℃后,即可将干燥的氯化氢气体通入乙醇中。氯化氢的通入量为:每 10 mL 乙醇增重 5~6 g,氯化氢在乙醇中的含量约为 40%。

2. 胺甲基化反应

在装有搅拌子的 25 mL 锥形瓶中,将 1.03 g 对溴苯胺溶解于 2 mL 无水乙醇中(如不溶可稍稍加热),加入 2 mL 氯化氢-乙醇饱和溶液,溶液放热并析出固体,用水冷却。开动磁力搅拌器,在室温搅拌下加入 0.5 mL 37%甲醛水溶液和 0.75 g 苯乙酮。其间可以观察到固体溶解,再析出固体的现象。继续在室温搅拌 3 h。抽滤,收集固体并用少量无水乙醇洗涤固体两次。将固体转移至烧杯中,用 10%碳酸钠水溶液中和至碱性。抽滤,可得 1.5 g 粗产品。用乙醇重结晶,得 1.2 g 晶体,熔点 138~139℃。

【注意事项】

(1) 有时会析出很多固体,搅拌子搅不动。遇此情况,室温放置即可。

(2) 本实验还可选用苯胺、对氯苯胺为原料,产物的熔点分别为:109～110℃,133～134℃,产率均在 70%以上。

【思考题】

1. 试写出本实验中的反应历程并讨论氯化氢在反应中所起的作用。

2. 实验中可观察到固体溶解又析出的过程。观察这两种固体的不同之处并解释这一过程。

（八）杂环化合物

环上含有杂原子的有机物称为杂环化合物。它们是数目最庞大的一类有机物,广泛存在于自然界,多数与生物体密切相关,例如核酸、某些维生素、抗生素、激素、色素和生物碱等。此外,杂环化合物具有各种性能,其中有些具有药物、杀虫剂、除草剂、染料、塑料等用途,因此合成杂环化合物是非常重要的。

实验三十八 8-羟基喹啉

喹啉及其衍生物可由苯胺或其衍生物与无水甘油、浓硫酸及弱氧化剂等一起加热而制得,此谓 Skraup 反应。8-羟基喹啉是一种重要的医药中间体,是合成克泻痢宁、氯磺喹啉、双碘喹啉、扑喘息敏的原料。8-羟基喹啉也是染料、农药中间体,其硫酸盐和铜盐配合物是优良的杀虫剂、杀菌剂、灭藻剂,也可用作金属螯合物,广泛用于金属测定和分离,还可用作络合指示剂和色层析试剂。

本实验是以邻氨基酚、邻硝基酚、无水甘油和浓硫酸为原料合成 8-羟基喹啉。浓硫酸的作用是使甘油脱水生成丙烯醛,并使邻氨基酚与丙烯醛的加成物脱水成环。邻硝基酚为弱氧化剂能将环化产物 8-羟基-1,2-二氢喹啉氧化为 8-羟基喹啉,邻硝基酚本身则还原成邻氨基酚,也可参与缩合反应。

反应机理如下:

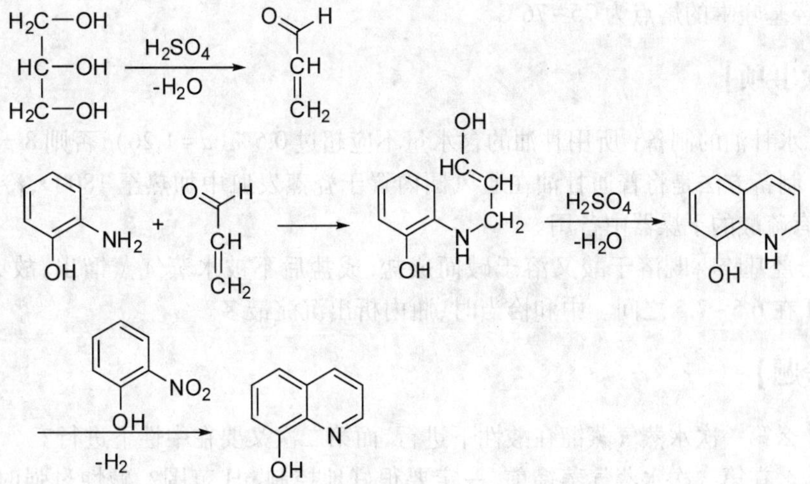

【实验目的】

1. 学习 Skraup 反应的原理、特点和方法。
2. 练习多步合成反应。
3. 掌握回流反应及水蒸气蒸馏的实验操作方法。

【实验原理】

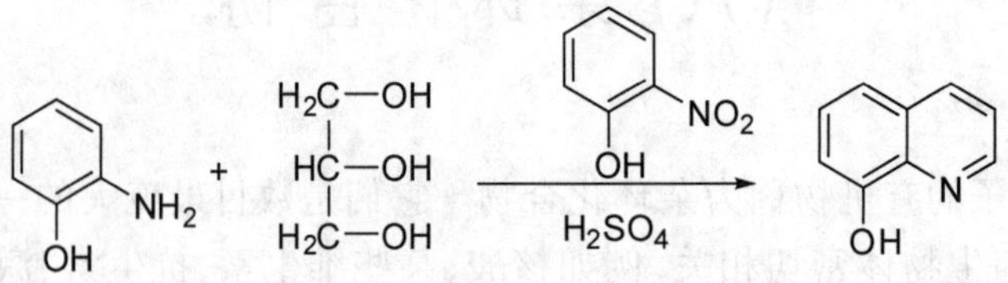

【仪器试剂】

仪器：圆底烧瓶、回流冷凝管、水蒸气蒸馏装置、布氏漏斗、抽滤瓶。
试剂：无水甘油、邻氨基苯酚、邻硝基苯酚、浓硫酸、氢氧化钠、乙醇。

【实验步骤】

在 100 mL 圆底烧瓶中放置 9.5 g 无水甘油，1.8 g 邻硝基苯酚和 2.8 g 邻氨基苯酚，使混合均匀。然后在冷却下缓缓加入 9 mL 浓硫酸，摇匀装上回流冷凝管，在石棉网上用小火加热。当溶液微沸时，立即移去火源。反应大量放热，致剧烈沸腾。待作用缓和后，继续加热，保持反应物微沸 1.5~2 h。

稍冷后，进行水蒸气蒸馏，瓶内液体冷却后，加入 6 g 氢氧化钠溶于 6 mL 水的溶液。再小心滴入饱和碳酸钠溶液，使呈中性。再进行水蒸气蒸馏，约收集馏分 200~250 mL。馏出液充分冷却后，抽滤收集析出物，用少量水洗涤，干燥后得粗产物 5 g 左右。粗产物用 4：1（体积比）的乙醇-水混合溶剂重结晶，得 8-羟基喹啉纯品 2~2.5 g，计算产率。

取 0.5 g 上述产物进行升华操作，可得针状结晶。

纯 8-羟基喹啉的熔点为 75~76℃。

【注意事项】

（1）无水甘油的制备：所用甘油的含水量不应超过 0.5%（$d=1.26$），否则 8-羟基喹啉的产量不高。制备方法是将普通甘油在通风橱内置于瓷蒸发皿中加热至 180℃，冷至 100℃ 左右，放入盛有硫酸的干燥器中备用。

（2）8-羟基喹啉既溶于酸又溶于碱而成盐，成盐后不被水蒸气蒸馏出，故必须小心中和，控制 pH 在 6.5~7.5 之间。中和恰当时，瓶内析出沉淀最多。

【思考题】

1. 为什么第一次水蒸气蒸馏在酸性下进行，而第二次又要在中性下进行？
2. 为什么在第二次水蒸气蒸馏前，一定要很好地控制 pH 范围？碱性过强时有何不利？

若已发现碱性过强时,应如何补救?

实验三十九 巴 比 妥 酸

巴比妥酸(丙二酰脲),学名2,4,6-三氧六氢嘧啶。微溶于冰水,易溶于热水、稀酸水溶液,水溶液呈强酸性。其亚甲基两个氢原子被烃基取代后的若干衍生物是一类重要的镇静安眠药(巴比妥类药物)。巴比妥酸还可用作聚合反应的催化剂。Adolf von Baeyer 首先在1864年用丙二酸二乙酯与尿素在乙醇钠催化下经脱醇缩合合成了巴比妥酸。

【实验目的】

1. 学习丙二酸二乙酯和尿素在碱催化下的缩合成环反应。
2. 掌握回流、抽滤、烘干等基本操作方法。

【实验原理】

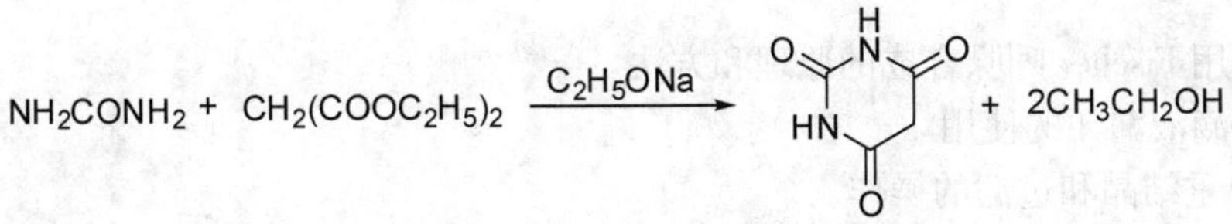

$$NH_2CONH_2 + CH_2(COOC_2H_5)_2 \xrightarrow{C_2H_5ONa} \text{(2,4,6-三氧六氢嘧啶)} + 2CH_3CH_2OH$$

【仪器试剂】

仪器: 回流冷凝管、圆底烧瓶、干燥管、布氏漏斗、抽滤瓶、表面皿。
试剂: 金属钠、丙二酸二乙酯、尿素(干燥)、无水乙醇、浓盐酸。

【实验步骤】

在装有回流冷凝管(上口加氯化钙干燥管)的干燥的100 mL 圆底烧瓶中,加入20 mL 无水乙醇及1 g 洁净的金属钠片。待所有金属钠完全反应后,加入6.5 mL 丙二酸二乙酯,然后慢慢加入2.4 g 干燥过的尿素和12 mL 无水乙醇所配成的溶液,加热回流两小时。

反应物冷却后白色巴比妥酸钠沉淀析出,冷却,过滤,把钠盐溶于30 mL 热水中(50℃),在搅拌下,用浓盐酸酸化(至 pH=3)。趁热过滤,滤液在冰水中冷却后,抽滤,得二水合巴比妥酸结晶。用10 mL 冷水洗涤,抽干。将结晶置于表面皿上,在110℃下干燥,即脱去结晶水,得巴比妥酸,产品约重2~3 g,熔点244~245℃。

【注意事项】

(1) 无水乙醇应是金属钠处理过的,即用适量金属钠完全溶解于无水乙醇后,再将乙醇蒸出。
(2) 反应一定不可过热。
(3) 回流速度不可过快,保持微沸状态。

【思考题】

1. 利用丙二酸二乙酯合成下列化合物:己酸、异戊酸、己二酸、环丙烷甲酸。

2. 选择适当的试剂合成 2,5-二羰基哌嗪。

实验四十 2-对甲苯基吲哚

吲哚是吡咯与苯共用两个碳原子而成的苯并体系。吲哚及其衍生物广泛存在于自然界,主要存在于天然花油,如茉莉花、苦橙花、水仙花、香罗兰等中。例如,吲哚最早是由靛蓝降解而得;吲哚及其同系物也存在于煤焦油内;精油(如茉莉精油等)中也含有吲哚;粪便中含有 3-甲基吲哚;许多瓮染料是吲哚的衍生物;动物的一个必需氨基酸色氨酸是吲哚的衍生物;某些生理活性很强的天然物质,如生物碱、植物生长素等,都是吲哚的衍生物。因此,发展有效的方法来合成吲哚骨架是非常重要的。

1883 年,E. Fischer 用苯腙在酸性条件下发生反应得到了吲哚衍生物,后来人们把这种在酸性条件下,醛或酮的苯腙发生反应生成吲哚结构的过程称为 Fischer 吲哚合成。本次实验使用苯肼和对甲基苯乙酮在质子酸催化下合成吲哚。

【实验目的】

1. 学习用 Fischer 吲哚合成的原理和方法。
2. 练习滴液漏斗的使用。
3. 练习重结晶和过滤的操作。

【实验原理】

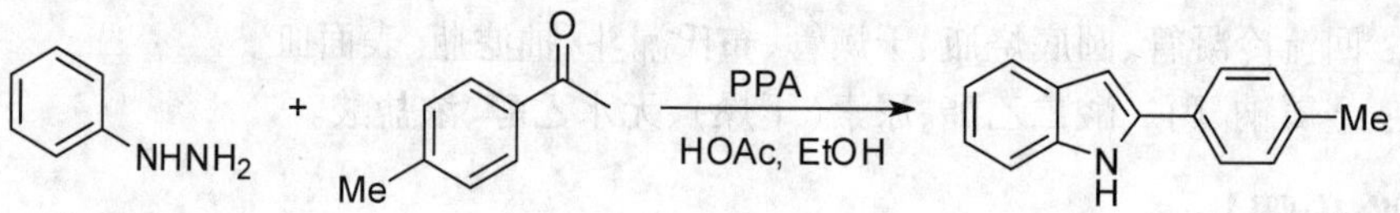

反应的机理为:

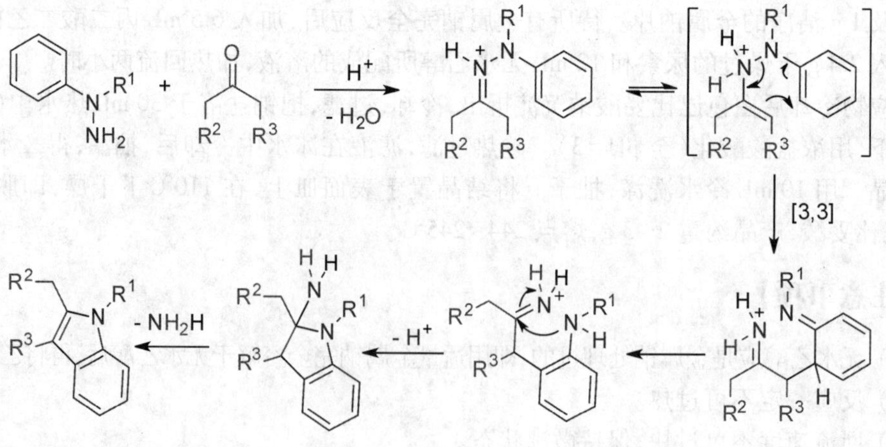

【仪器试剂】

仪器: 三颈烧瓶、冷凝管、布氏漏斗、抽滤瓶等。

试剂：苯肼、苯乙酮、多聚磷酸、冰醋酸、2 M 氢氧化钠溶液、二氯甲烷、乙醇等。

【实验步骤】

将对甲基苯乙酮（1.19 g，10 mmol，1.34 mL），苯肼（1.08 g，10 mmol，0.99 mL）溶于 5 mL 乙醇中，并加入几滴冰醋酸。加热至 80℃搅拌 2 小时，整去溶剂，得到苯腙中间体，再加入 20 g 多聚磷酸，温度会缓慢升至 120℃，保持 1 小时。反应混合物倒入碎冰中并用 2 M 的氢氧化钠溶液中和，接着用二氯甲烷萃取。合并有机相，并用水洗，接着用无水硫酸钠干燥，浓缩后得到 2-对甲苯基吲哚 1.64 g，产率 79%，为白色固体，熔点 218~220℃（文献：220℃）。

本实验约需 6 小时。

【思考题】

想一想该反应的催化剂可以用哪些替代？

【参考文献】

Easily Accessible and Highly Tunable Indolyl Phosphine Ligands for Suzuki-Miyaura Coupling of Aryl Chlorides. C. M. So, C. P. Lau and F. Y. Kwong *Org. Lett.*, **2007**, *9*, 2795–2798.

实验四十一　2,5-二甲基吡咯
——Paal-Knorr 合成法

吡咯及其衍生物广泛用作有机合成、医药、农药、香料、环氧树脂固化剂等的原料，也广泛应用于有机合成及制药工业。1884 年，C. Paal 和 L. Knorr 同时报道了在酸性条件下，1,4-二羰基化合物能脱水得到呋喃衍生物，这种方法被称为 Paal-Knorr 合成法。后来，向反应体系中加入氨或胺，这种方法也可以用来制备吡咯及其衍生物。本次实验使用 2,5-己二酮为原料，在碳酸铵的作用下合成 2,5-二甲基吡咯。

【实验目的】

1. 学习 Paal-Knorr 合成法的原理和方法。
2. 练习空气冷凝管的使用。
3. 巩固减压蒸馏的操作。

【实验原理】

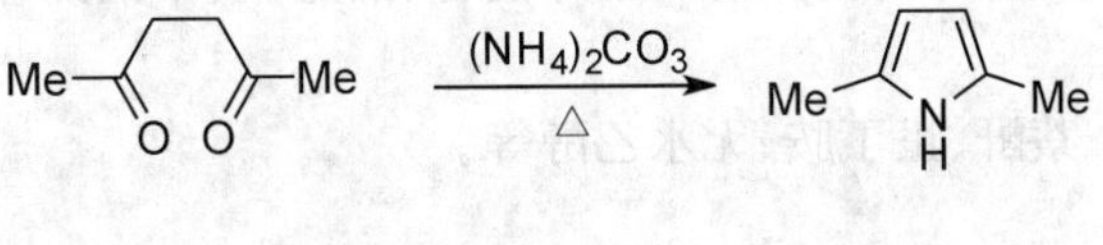

【仪器试剂】

仪器：三颈烧瓶、冷凝管、搅拌器、分液漏斗、蒸馏装置、旋蒸等。
试剂：乙酰丁酮、碳酸铵、氯仿、无水氯化钙等。

173

【实验步骤】

500 ml 圆底烧瓶上搭上空气冷凝管,烧瓶中加入 100 g 乙酰丁酮和 200 g 碳酸铵,混合体系加热到 100℃,开始体系会冒泡,而且碳酸铵会升华,需要不停用玻璃棒将升华的碳酸铵退回反应体系或者用少量热水冲洗。约 90 min 后,体系不再冒泡,将空气冷凝管换成回流冷凝管,混合体系加热到回流(115℃)30 min 以上。体系冷却,上层黄色的有机层分离,下层用 15 mL 氯仿萃取。萃取液与原来的有机层混合,然后无水氯化钙干燥。注意:干燥所用的瓶子事先充好氮气。体系转移至减压蒸馏装置之前蒸干氯仿,然后减压蒸出产物。51~53℃ / 8 mmHg 或 78~80℃ /25 mmHg。

注意:减压蒸馏完毕待体系冷却后再放气,产物充好氮气避光保存。

【思考题】

1. 想一想该反应的催化剂可以用哪些替代?
2. 请写出反应机理。

实验四十二　4-溴-N-丁基-1,8-萘酰亚胺

【实验目的】

1. 了解苯二酰基亚胺的原理和方法。
2. 巩固柱层析纯化的操作。

【实验原理】

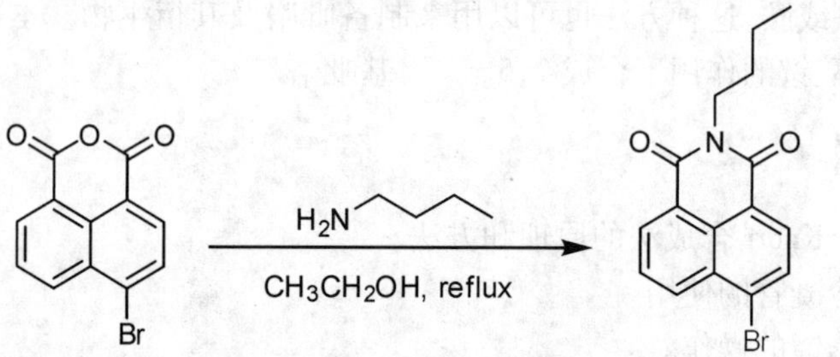

【仪器试剂】

仪器:三颈瓶、烧杯、量筒、玻璃棒、回流冷凝管、抽滤瓶、布氏漏斗、薄层层析板、紫外检测仪等。

试剂:4-溴-1,8-萘酐、正丁胺、无水乙醇等。

【实验步骤】

在 250 mL 圆底烧瓶中依次加入 4-溴-1,8-萘酐 5 g,无水乙醇 80 mL,再逐渐加入正丁胺(边加边晃动圆底烧瓶,摇匀)。反应物加热回流,待反应物完全溶解后[1]再继续反应 1 小时。TLC 跟踪监测反应。反应完全后,冷却,静置析出固体,抽滤收集析出物,用少量无水乙

醇洗涤得到粗产物。粗产物用二氯甲烷柱层析分离得到白色固体产物。所得纯品用 ^{1}H NMR 鉴定结构。

本实验约需 6 小时。

【注释】

（1）反应过程中必须保证固体原料全部溶解,否则影响收率以及产品纯度。

【思考题】

1. 分析该反应的反应机理。

2. 分析该反应可能的主要副产物,如何控制尽量减少副产物的生成?

实验四十三　5-氯靛红的合成

靛红,又称 2,3-吲哚醌,最早是由法国化学家奥古斯特·罗朗分离出来。靛红及其衍生物存在于很多植物和海洋生物当中,在有机合成中具有广泛的用途,是合成颜料、染料、药物(消炎镇痛药二氯芬酸和治疗阿尔茨海默氏病的他克宁的重要原料)、天然产物的重要中间体。同时它也是一类很重要的有机合成中间体,广泛应用在 3,3-二取代氧化吲哚衍生物的合成上。本次实验使用对氯苯胺、水合三氯乙醛、盐酸羟胺先在盐酸作用下生成对氯异亚硝基乙酰苯胺中间体,接着发生分子内的傅-克酰基化反应关环,制得 5-氯靛红。

【实验目的】

1. 了解 5-氯靛红及其制备的原理和方法。
2. 巩固重结晶纯化的操作。

【实验原理】

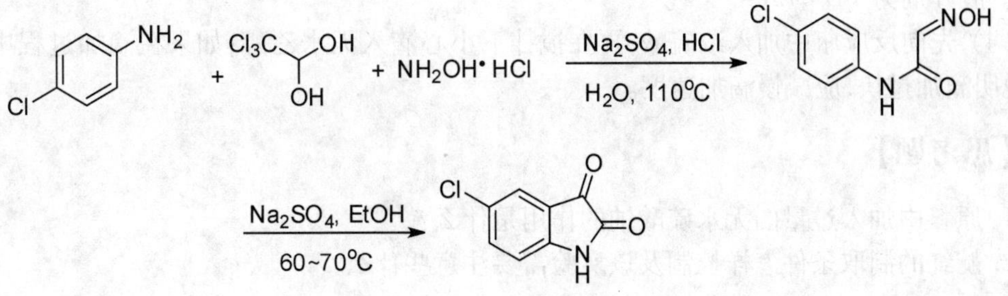

【仪器试剂】

仪器: 三颈瓶、烧杯、量筒、玻璃棒、回流冷凝管、抽滤瓶、布氏漏斗、温度计、温度计套管、玻璃塞、薄层层析板、紫外检测仪、DNP 显色剂、高锰酸钾显色剂、碘缸、展缸等。

试剂: 对氯苯胺(6.35 g)、水合三氯乙醛(8.96 g)、盐酸羟胺(10.98 g)、浓硫酸、浓盐酸、无水硫酸钠、氢氧化钠、无水乙醇、乙酸乙酯、饱和 $NaHCO_3$ 溶液、饱和食盐水等。

【实验步骤】

向 500 mL 三颈瓶内加入一粒适当大小的磁子,加入 100 mL 蒸馏水后,再依次加入水合三氯乙醛 8.96 g 和 60 mL 蒸馏水,此时设加热器温度为 40℃。再分批依此加入无水硫酸钠 22.9 g 和 40 ml 蒸馏水的混合物,4.7 mL 浓盐酸和 30 mL 蒸馏水溶解的对氯苯胺 6.35 g[1],最后称取盐酸羟胺 10.98 g,用 50 mL 蒸馏水将其溶解后加入到反应瓶中[2]。装上冷凝柱,设温度为 110℃,在此条件下搅拌反应约 2 小时,期间通过 TLC 跟踪反应[3]。反应完毕后,将体系冷却半小时至室温,抽滤,将得到的中间产物于红外烘箱中或油泵上抽干,得到土色固体粉末 4-氯异亚硝基乙酰苯胺(*m.p.* 167~168℃)。

向 25 mL 三颈瓶内加入 13 mL 浓硫酸和 3 mL 无水乙醇的混合液,加热至 60℃[4]。将抽干的 3.57 g 上述产物少量分批加入到上述混合液中,保持温度在 60~70℃ 之间(不要超过 70℃)。加料完毕后升温至 80℃ 加热 15 min。TLC 监测反应完全后冷至室温,将反应混合液倒入准备好的 200 mL 冰水混合液中迅速冷却,可见大量红色的 5-氯靛红粗品析出,抽滤。

将 5-氯靛红粗品转移到 100 mL 烧杯中,加入 15 mL 水,在磁子搅拌下升温至 60℃。称取 2.16 g(54 mmol)NaOH 固体,用 3 mL 水于烧杯内溶解配成浓溶液,滴加至烧杯中,反应液呈黑色。量取 3.3 mL 浓盐酸,用蒸馏水稀释($V_{浓盐酸} : V_{蒸馏水} = 1 : 2$),缓慢滴加入上述烧杯中,至反应液液相为红色,过滤,留取母液。再滴加余下的稀盐酸至大量红色固体析出,过滤,干燥。再用乙醇进行重结晶,进一步纯化产物(产率 63%,*m.p.* 254~258℃)。

本实验约需 8 小时。

【注释】

(1)先在烧杯内用适量水稀释量取的浓盐酸,再把对氯苯胺溶解到配好的盐酸溶液,最后再用剩下的水多次洗涤烧杯。由于 4-氯苯胺具有致癌性,需在通风橱内操作。

(2)盐酸羟胺溶于水的过程中大量吸热,使得溶解过程温度降低,溶解度也下降。必要时可适当加热使之快速溶解。

(3)反应用 TLC 检测时,产物需先用少量碳酸氢钠中和其中含有的盐酸,再用乙酸乙酯萃取。展开剂为 PE:EA=2:1。

(4)先向反应瓶中加入浓硫酸,再在搅拌下小心滴入无水乙醇;如果在滴加过程中冒白雾,说明滴加过快,应减慢滴加速度。

【思考题】

1. 原料中加入过量的无水硫酸钠的作用是什么?
2. 靛红的制取条件怎样控制及该实验需要注意些什么?

【参考文献】

1. Oxindole Derivatives as Orally Active Potent Growth Hormone Secretagogues. T. Tokunaga, W. E. Hume, T. Umezome, K. Okazaki, Y. Ueki, K. Kumagai, S. Hourai, J. Nagamine, H. Seki, M. Taiji, H. Noguchi and R. Nagata *J. Med. Chem.*, **2001**, *44*, 4641–4649.

2. An im. p. roved synthesis of isonitrosoacetanilides. G. W. Rewcastle, H. S. Sutherland. C. A. Weir, A. G. Blackburn and W. A. *Denny Tetrahedron Lett.*, **2005**, *46*, 8719–8721.

实验四十四　香豆素‑3‑羧酸

香豆素(coumarin)是顺式邻羟基肉桂酸的内酯,白色斜方晶体或结晶粉末,存在于许多天然植物中,它最早是1820年从香豆的种子中发现的,也含于熏衣草、桂皮的精油中。香豆素为香辣型,表现为甜而有香茅草的香气,是重要的香料,常用作定香剂,用于配制香水、花露水香精等。香豆素的衍生物除用作香料外,还可用作农药、杀鼠剂、医药等,也常用于一些橡胶制品和塑料制品。由于天然植物中香豆素含量很少,因而大量是通过合成得到的。1868年,Perkin用邻羟基苯甲醛(水杨醛)与醋酸酐、醋酸钠一起加热制得,成为Perkin合成法。

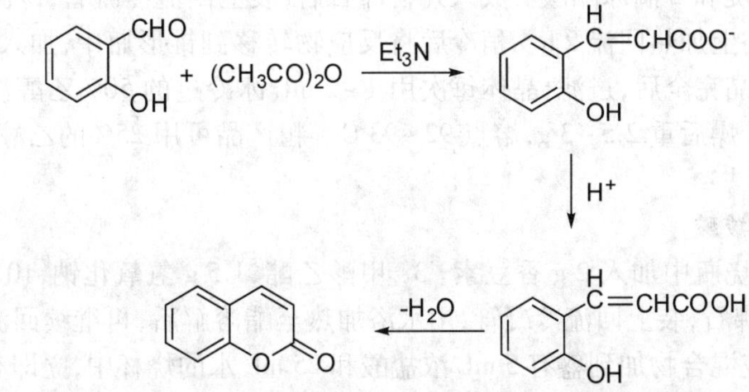

本实验采用改进的方法进行合成,用水杨酸和丙二酸酯在有机碱的催化下,可在较低的温度下合成香豆素的衍生物。这种合成方法称为Knoevenagel反应。水杨醛与丙二酸酯在六氢吡啶催化下,缩合生成中间体香豆素‑3‑甲酸乙酯,后者加碱水解,不但酯基而且内酯也被水解,然后酸化再次闭环内酯化即生成香豆素‑3‑羧酸。实验中,除加有机碱六氢吡啶外,还加少量的冰醋酸。反应可以是水杨醛先与六氢吡啶在酸化下形成亚胺基化合物,然后亚胺再与丙二酸酯的负碳离子发生加成反应。

【实验目的】

1. 认识和掌握苯并吡喃酮类香料的合成。
2. 熟悉Knoevenagel反应及其应用。

【实验原理】

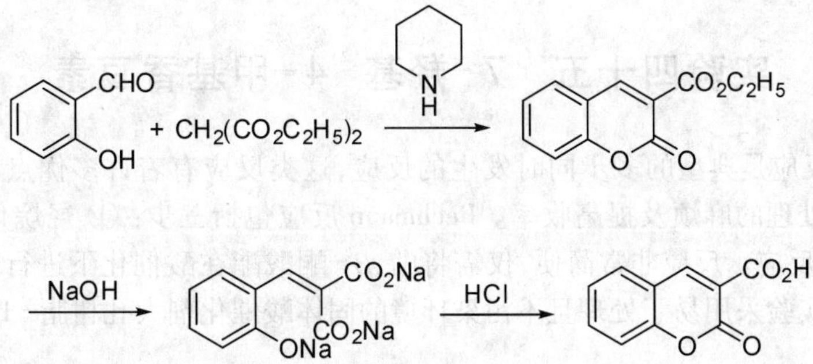

【仪器试剂】

仪器：圆底烧瓶、回流冷凝管、干燥管、烧杯、布氏漏斗、抽滤瓶。

试剂：水杨醛、丙二酸二乙酯、无水乙醇、六氢吡啶、冰醋酸、95%乙醇、氢氧化钠、浓盐酸、无水氯化钙。

【实验步骤】

1. 香豆素-3-甲酸乙酯

在干燥的 50 mL 圆底烧瓶中,加入 2.1 mL 水杨醛、3.4 mL 丙二酸二乙酯、15 mL 无水乙醇、0.25 mL 六氢吡啶和 2 滴冰醋酸。放入几粒沸石后,装上回流冷凝管,冷凝管上口接一氯化钙干燥管,在水浴上加热回流 2 h。稍冷后将反应物转移到锥形瓶中,加入 15 mL 水,置于冰浴中冷却。待结晶完全后,过滤,晶体每次用 1~2 mL 冰冷过的 50%乙醇洗涤 2 次。粗产品为白色晶体,经干燥后重 2.5~3 g,熔点 92~93℃。粗产品可用 25%的乙醇水溶液重结晶,熔点为 93℃。

2. 香豆素-3-羧酸

在 50 mL 圆底烧瓶中加入 2 g 香豆素-3-甲酸乙酯,1.5 g 氢氧化钠,10 mL 95%乙醇和 5 mL 水,加入几粒沸石,装上回流冷凝管,用水浴加热至酯溶解后,再继续回流 15 min。稍冷后,在搅拌下将反应混合物加到盛有 5 mL 浓盐酸和 25 mL 水的烧杯中,立即有大量白色结晶析出。在冰浴中冷却使结晶完全。抽滤,用少量冰水洗涤晶体,压干,干燥后重约 1.5 g,熔点 188℃。粗品可用水重结晶。

【思考题】

1. 写出利用 Knoevenagel 反应制备香豆素-3-羧酸的反应机理。反应中加入六氢吡啶和醋酸的目的是什么?

2. 如何利用香豆素-3-羧酸制备香豆素?写出反应方程式说明之。

【化合物表征数据】

^{1}H NMR (400 MHz, [d_6]DMSO, TMS, δ ppm)：13.35 (s, 1H), 8.77 (s, 1H), 7.93 (d, J = 7.6 Hz, 1H), 7.75 (m, J = 7.7 Hz, 1H), 7.45 (m, J = 9.5 Hz, 2H)；^{13}C NMR (100.1 MHz, [d_6]DMSO, TMS, δ ppm)：115.6, 117.5, 117.7, 124.3, 129.7, 133.8, 148.0, 154.0, 156.3, 163.5

实验四十五　7-羟基-4-甲基香豆素

Pechmann 反应是典型的多步同时发生的反应,这类反应有着许多优点,如简化操作步骤,免去多次后处理的麻烦及提高收率。Pechmann 反应包括三步：① 羟烷化反应;② 酯交换反应;③ 脱水反应。反应非常简便,仅需将酚、β-酮酸酯在酸催化下进行反应,就能得到产物香豆素,本实验采用易于处理且不污染环境的固体酸催化剂大孔树脂-15。该反应机理如下：

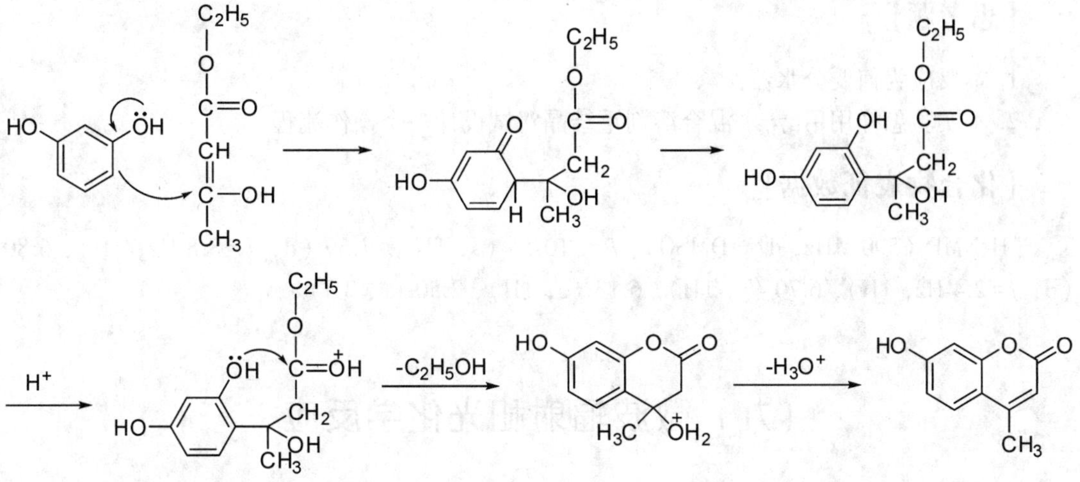

【实验目的】

1. 学习 Pechmann 反应的原理、特点和方法。
2. 练习多步合成反应。

【实验原理】

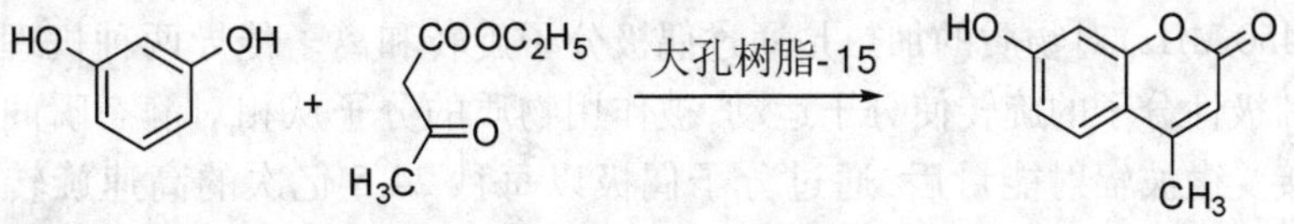

大孔树脂-15

【仪器试剂】

仪器：圆底烧瓶、分水器、冷凝管、布氏漏斗、抽滤瓶。

试剂：间苯二酚、乙酰乙酸乙酯、甲苯、大孔树脂-15、甲醇。

【实验步骤】

在 10 mL 圆底烧瓶中加入 110 mg 间苯二酚、127 μL 乙酰乙酸乙酯、1.5 mL 甲苯及 100 mg 大孔树脂-15。在圆底烧瓶的口上装上分水器,小心在分水器中加入甲苯至支管下沿处,再装上冷凝管,油浴加热圆底烧瓶让其保持回流状态。90 分钟后撤去油浴,冷却后析出灰白色固体。加入 2 mL 温热的甲醇,以溶解灰白色产物,用布氏漏斗减压过滤滤掉酸催化剂,滤液经减压浓缩,甲醇/水重结晶得白色晶体 7-羟基-4-甲基香豆素约 60~95 mg,熔点 180~182℃。

【注意事项】

（1）大孔树脂-15 是乙烯基苯磺酸与二乙烯基苯共聚的产物,其分子式为($C_{10}H_{10}$ · $C_8H_8O_3S)_x$。它是一强酸性的固体酸,一般不溶于水及有机溶剂。实验室如无大孔树脂-15,可用 100 mg 磷酸代替,能取得同样的效果。

（2）加入过多甲苯会流入反应瓶中,冲稀反应物,要充分反应需延长反应时间。

【思考题】

1. 本反应为何要分水器？

2. 本实验怎样用甲醇-水混合溶剂重结晶？试设计一个操作流程。

【化合物表征数据】

^{1}H NMR (500 MHz, d^6 – DMSO)：δ = 10.51 (s, 1H), 7.59 (d, J = 8.8 Hz, 1H), 6.80 (d, J = 2.4 Hz, 1H), 6.70 (s, 1H), 6.13 (s, 1H), 2.50 (s, 3H)

（九）微波辐射和光化学反应

实验四十六　2-羟基-1-乙酰基萘

芳香酯类通过 Fries 重排生成邻或对羟基苯乙酮,通常需要 Lewis 酸、长时间回流、光化学照射等条件。本实验一改常规,将反应物(β-萘酚乙酸酯)附在干燥的媒质(载体)上,放在普通的玻璃器皿内,在一个家用微波炉内照射 10 min,结果是 70% 转化为邻和对位的乙酰基产物,其中邻:对 = 9:1。

微波(2 450 MHz)对物质的加热是通过偶极分子旋转和离子传导两种机理来实现的,通过离子迁移和极性分子的旋转使分子运动,被作用物质的分子从相对静态瞬间转变成动态,即极性分子接受微波辐射能量后,通过分子偶极以每秒 24.5 亿次的高速旋转产生热效应。由于此瞬间的变态是从被作用物质内部进行的,故常称为内加热。内加热具有加速度快,反应灵敏,受热体系均匀等特点。

不同物质由于极性的不同,在接受微波辐射时所消耗的微波辐射能是不同的,这在电学上被称为介质损耗。

微波加热的有机干反应,是用低微波吸收或不吸收的无机载体,如蒙脱粘土或 Al_2O_3 等为反应介质的无溶剂反应体系的微波有机合成。由于无机载体不阻碍微波能量的传导,能使吸附在无机载体表面的有机反应物充分吸收微波能后被活化,从而大大提高反应效率。此外,这种干环境微波活化的有机反应,可在敞口容器中进行,从而使反应装置简单,操作方便,同时还具有反应速度快、产率高、产物易纯化等优点。

【实验目的】

1. 学习微波反应的原理、特点和方法。

2. 熟悉 Fries 重排反应及其应用。

【实验原理】

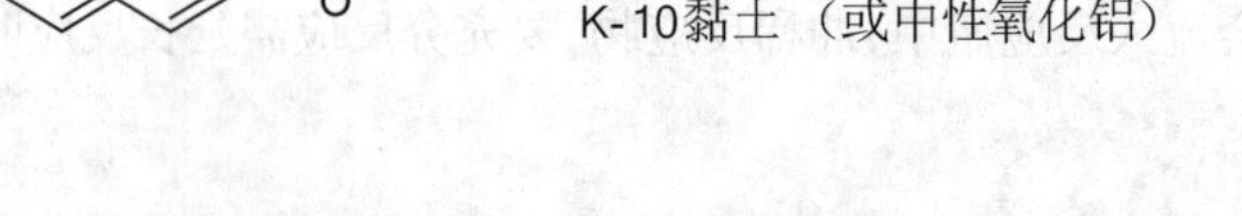

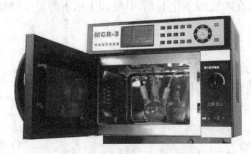

【仪器试剂】

仪器：烧杯、微波炉、分液漏斗、水蒸气蒸馏装置。

试剂：β-萘酚乙酸酯、二氯甲烷、K-10蒙脱粘土。

【实验装置】

图 3.9-1　反应装置图

【实验步骤】

在 250 mL 烧杯中加入 558 mg β-萘酚乙酸酯和 10 mL 二氯甲烷，搅拌使溶解。加入 1 g K-10 蒙脱粘土，搅拌 2 min。然后温热烧杯除去低沸点溶剂。将烧杯放进微波炉（2 450 MHz，650 W）的托盘上，火力指数 9，微波辐射 10 min。反应的进程可以通过薄层色谱检测。反应结束后，待烧杯冷却后，加入 10 mL 二氯甲烷洗下反应产物。将该有机层用水洗涤两次，用无水硫酸钠干燥。蒸去溶剂得产品 390 mg，熔点 60~65℃。纯 2-羟基-1-乙酰基萘熔点 65~67℃。

如要进一步分离，可将上述得到的混合物加入到 5 mL 烧杯中，加入 3 mL 水，接上微型蒸馏头进行简易水蒸气蒸馏，2-羟基-1-乙酰基萘与水一起蒸出而得到分离。分别冷却、抽滤、干燥，得 2-羟基-1-乙酰基萘约 270 mg，熔点 63~65℃。剩余物 2-羟基-6-乙酰基萘约 30 mg。测得熔点 169~170℃。纯 2-羟基-6-乙酰基萘的熔点为 171℃。

【注意事项】

（1）蒙脱粘土即（Mg,Ca）$Al_2Si_5O_{16}$，也可用氧化铝代替。

（2）薄层色谱展开剂为苯：甲醇：乙酸=20：1：1。

（3）由于产物是混合物（邻：对为 9：1），故熔程稍长。

【思考题】

1. 什么是 Fries 重排？请写出反应机理。

2. 如何通过实验确定产物中 2-羟基-1-乙酰基萘约占 90%？

【化合物表征数据】

^{1}H NMR（CDCl$_3$，300 MHz）：δ=2.85（s，3H），7.13（d，J=9.1 Hz，1H），7.36-7.41

(m, 1H)，7.53－7.59（m, 1H），7.77（dd, $J=0.6$, 7.9 Hz, 1H），7.87（d, $J=9.1$ Hz, 1H），8.07（d, $J=8.7$ Hz, 1H），13.49（s, 1H）；^{13}C NMR（CDCl$_3$, 75 MHz）：$\delta=204.4$, 163.9, 137.4, 131.8, 129.5, 128.5, 128.1, 124.3, 123.7, 119.8, 114.8, 32.5

实验四十七　苯甲酸甲酯

　　微波辐射化学是研究在化学中应用微波的一门新兴的前沿交叉学科，与常规加热法相比，微波辐射促进合成方法具有显著的节能、提高反应速率、缩短反应时间、减少污染，且能实现一些常规方法难以实现的反应等优点。

　　本实验在微波辐射下，在浓硫酸催化下，苯甲酸和无水甲醇发生酯化反应得到苯甲酸甲酯。

【实验目的】

1. 学习苯甲酸甲酯的合成方法及反应机理。
2. 熟悉微波反应的原理、特点和方法。

【实验原理】

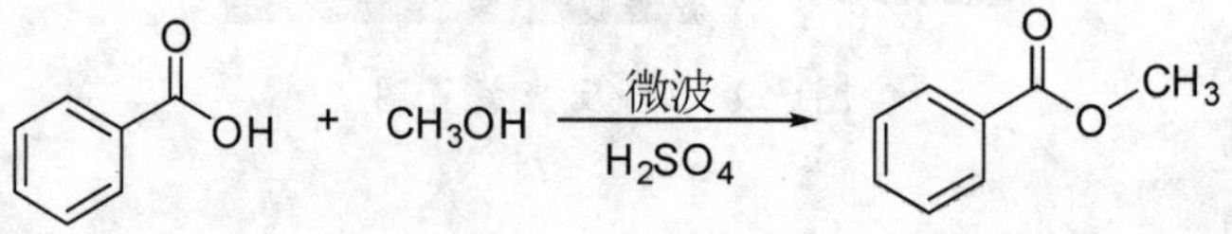

【仪器试剂】

仪器：微波反应仪（1 000 W）、圆底烧瓶、回流装置、减压蒸馏装置。
试剂：苯甲酸、甲醇、浓硫酸、碳酸钠。

【实验装置】

参见实验四十六装置。

【实验步骤】

　　在 50 mL 圆底烧瓶中，加入 6.1 g 苯甲酸、6 mL 甲醇，缓慢分批加入 1.5 mL 浓硫酸、少许沸石。放入微波反应仪内，配置好回流装置，在 70℃ 下辐射 15 min。然后将回流装置改为蒸馏装置，设置温度为 100℃，蒸馏 5 min，除去过剩的甲醇。将反应体系冷却后从微波反应仪内取出，依次用水、10% 碳酸钠洗涤，至溶液呈中性，再用水洗涤，干燥后得到苯甲酸甲酯粗产品。将粗产品进行常压或减压蒸馏，得到淡黄色透明液体的精品，称量。

　　苯甲酸甲酯沸点 199.6℃。

【注意事项】

　　制备苯甲酸甲酯时，随着反应的进行，一定要控制好液面位置。

【思考题】

反应结束后为什么要依次用水、10% 碳酸钠洗涤，至溶液呈中性，再用水洗涤？

【化合物表征数据】

^{1}H NMR（400 MHz，CDCl$_3$）δ = 8.06（d，J = 8.0 Hz，2H），7.57（t，J = 7.2 Hz，1H），7.45（t，J = 8.0 Hz，2H），3.93（s，3H）

实验四十八　苯频哪醇和苯频哪酮

光化学反应,简称光化反应,在光照射(平时只限于紫外线及可见光的波长,即 200~800 nm)的作用下进行的化学反应,反应历程属于自由基反应。利用光照引发的化学反应来合成有机化合物的方法称"光照反应",有加成、取代、氧化、还原、环化、分解等各种类型。

二苯酮的光化反应是研究得较清楚的光化学反应之一。若将二苯酮溶于一种"质子给予体"如异丙醇,并将其暴露于紫外光下时,会形成一种不溶性的二聚体-苯频哪醇。

还原过程是一个包含自由基中间体的单电子反应:

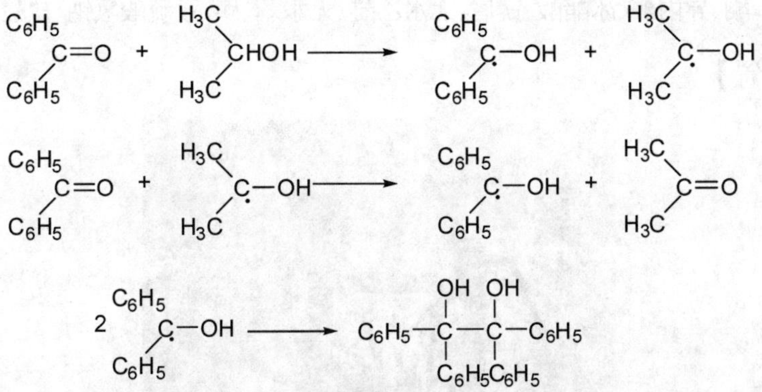

苯频哪醇也可由二苯酮在镁汞齐或金属镁与碘的混合物(二碘化镁)作用下发生双分子还原来进行制备。

苯频哪醇与强酸共热或用碘作催化剂在冰醋酸中反应,发生 Pinacol 重排,生成苯频哪酮。

【实验目的】

1. 学习苯频哪醇的合成方法及频哪醇重排的反应机理。
2. 熟悉微波反应的原理、特点和方法。

【实验原理】

1. 二苯酮的光化还原法

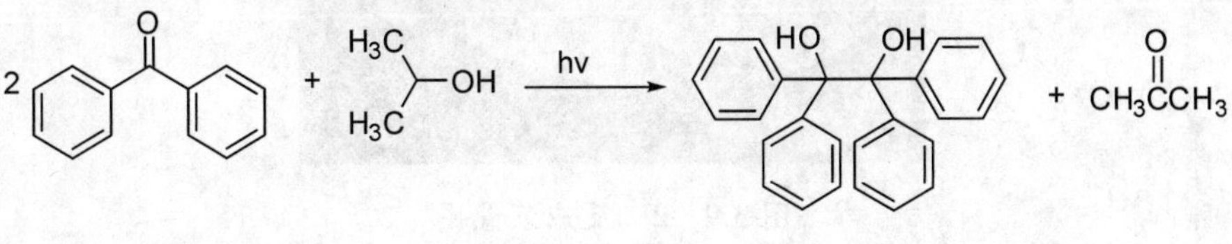

2. 二苯酮的碘化镁还原法

$$2 \begin{array}{c} Ph \\ \big| \\ C=O \\ \big| \\ Ph \end{array} \xrightarrow{Mg + I_2} \begin{array}{c} Ph \quad Ph \\ \big| \quad \big| \\ Ph-C-O \\ \big| \quad \big\backslash \\ Ph-C-O \quad Mg \\ \big| \quad / \\ Ph \quad Ph \end{array} \xrightarrow{H_2O} \begin{array}{c} Ph \\ \big| \\ Ph-C-OH \\ \big| \\ Ph-C-OH \\ \big| \\ Ph \end{array}$$

3. 苯频哪酮的合成

$$\begin{array}{c} OH \; OH \\ \big| \quad \big| \\ Ph-C-C-Ph \\ \big| \quad \big| \\ Ph \; Ph \end{array} \xrightarrow[\text{微波辐射}]{\text{酸性 } Al_2O_3} \begin{array}{c} Ph \; O \\ \big| \quad \big\| \\ Ph-C-C-Ph \\ \big| \\ Ph \end{array}$$

【仪器试剂】

仪器： 圆底烧瓶、布氏漏斗、抽滤瓶、回流冷凝管、锥形瓶、分液漏斗、烧杯。

试剂： 二苯酮、异丙醇、冰醋酸、镁屑、无水乙醚、无水苯、碘、亚硫酸氢钠、盐酸、95%乙醇。

【实验装置】

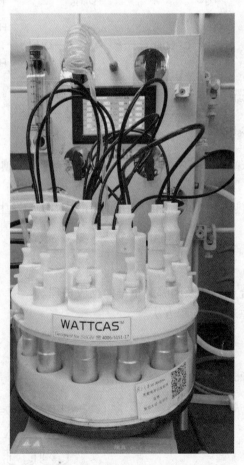

图 3.9 - 2　反应装置图

【实验步骤】

1. 二苯酮的光化还原法

在 25 mL 圆底烧瓶中,加入 2.8 g 二苯酮和 20 mL 异丙醇,在水浴上温热使二丙酮溶解。向溶液中加入 1 滴冰醋酸,再用异丙醇将烧瓶充满,用磨口塞或干净的橡皮塞将瓶塞紧,并用细棉绳将塞子系在瓶颈上扎牢或用橡皮筋将塞子套在瓶底上。将烧杯倒置于烧杯中,写上自己的姓名,放在向阳的窗台或平台上,光照 1~2 周。由于生成的苯频哪醇在溶剂中溶解度很小,随着反应进行,苯频哪醇晶体从溶液中析出。待反应完成后,在冰浴中冷却使结晶完全。减压抽滤,并用少量异丙醇洗涤结晶。干燥后得到小而漂亮的无色结晶,产量 2~2.2 g,熔点 187~189℃。产物已足够纯净,可直接用于下一步合成。纯苯频哪醇的熔点为 189℃。

2. 二苯酮的碘化镁还原法

本实验所用仪器和试剂必须干燥。在 100 mL 圆底烧瓶中加入 0.8 g 镁屑、8 mL 无水乙醚和 10 mL 无水苯,装上回流冷凝管,在水浴上稍加温热后,自冷凝管顶端分批加入 2.5 g 碘的晶体,加入速度保持溶液剧烈沸腾。大约一半镁屑消失后,上层溶液几乎是无色的。将反应物冷却至室温,拆下冷凝管,加入 2.8 g 二苯酮溶于 8 mL 无水苯的溶液,立即产生大量白色沉淀。塞紧烧瓶,充分摇振直至沉淀溶解并形成深红色的溶液,约需要 10 min。此时尚有少量沉积于剩余镁屑表面的苯频哪醇镁盐。待过量的镁屑沉降后,将溶液通过折叠滤纸倾析到 100 mL 锥形瓶中,并用 5 mL 乙醚和 10 mL 苯的混合液洗涤剩余的镁屑后滤入锥形瓶。向溶液中加入 4 mL 浓盐酸和 10 mL 水配成的溶液及少许亚硫酸氢钠(除去游离的碘),充分摇振分解苯频哪醇的镁盐。将溶液转入分液漏斗,弃去水层,有机层每次用 10 mL 水洗涤两次后转入蒸馏瓶,在水浴上蒸去约四分之三的溶剂。残液转入小烧杯,并用 4~5 mL 乙醇洗涮蒸馏瓶。将烧杯置于冰浴中冷却,析出苯频哪醇结晶。抽滤,用少量冷乙醇洗涤,干燥后产品约 2 g,熔点 187~188℃。

3. 苯频哪酮的合成(微波辐射法)

在 25 mL 烧杯中加入 0.4 g 苯频哪醇和 15 mL 乙醚,搅拌使溶解,加入酸性氧化铝 3 g,搅拌 2 min,然后温热烧杯除去低沸点溶剂(用热水浴温热,并在通风橱内进行)。将烧杯放进微波炉的托盘上,中档 400 W 辐射 17 min。反应结束。氧化铝变为浅绿色,待烧杯冷却后,将氧化铝转移到 25 mL 烧杯中,加入 15 mL 乙醚洗下反应产物,洗液为淡黄色。过滤,滤液用少量饱和食盐水洗涤两次,用无水硫酸钠干燥。蒸去大部分溶剂,冷却,有晶体析出,产物约 0.28 g,熔点 180~181℃。

【注意事项】

(1)光化学反应一般需在石英器皿中进行,因为需要比透过普通玻璃波长更短的紫外光的照射。而二苯酮激发的 n→π* 跃迁所需要的照射约为 350 nm,这是易透过普通玻璃的波长。

(2)微波中档 400 W 是输入功率,输出功率小于 400 W。

【思考题】

1. 二苯酮和二苯甲醇的混合物在紫外光照射下能否生成苯频哪醇?写出其反应机理。

2. 写出苯频哪醇在酸催化下重排为苯频哪酮的反应机理。

【化合物表征数据】

频哪醇：^{1}H NMR（400 MHz，CDCl$_3$，r.t.）δ = 7.31 - 7.28（m，8H），7.18 - 7.16（m，12H），3.03（s，2H）；^{13}C NMR（75 MHz，CDCl$_3$，r.t.）：δ = 144.3，128.76，127.4，127.1，83.1

频呐酮：^{1}H NMR（400 MHz，C$_6$D$_6$，298 K）：δ = 6.75 - 6.88（m，3H；PhH - m，p），6.89 -7.05（m，9H；PhH - m'，p'），7.32 - 7.42（m，6H；PhH - o'），7.83 - 7.91 ppm（m，2H；PhH - o）；^{13}C NMR（75 MHz，C$_6$D$_6$，298 K）：δ = 71.5（CAr$_3$），126.9（C - p'），127.8（C - m），128.1（Cm'），131.4（C - o'），131.4（C - o），131.6（C - p），138.2（C - i），144.0（C - i'），198.2 ppm（C=O）

（十）天然产物提取

实验四十九　　从茶叶中提取咖啡因

咖啡因，又名咖啡碱，一种黄嘌呤型生物碱，学名1,3,7-三甲基-2,6-二氧嘌呤。结构式为：

咖啡因(1,3,7-三甲基-2,6-二氧嘌呤)

含结晶水的咖啡因为无色针状结晶，味苦，能溶于水（2%）、乙醇（2%）及氯仿（12.5%）等，在苯中的溶解度为1%（热苯为5%）。在100℃时即失去结晶水，并开始升华，120℃时升华相当显著，至178℃时升华很快。升华得到的晶体为白色针状，熔点234~236.5℃。1820年首先被郎格离析出来；1821年法国化学家罗比奎特也从咖啡中分离出咖啡因。

咖啡因作为天然有机化合物广泛存在于咖啡、茶等多种植物中，是茶叶和咖啡豆中的活性成分。茶叶中所含咖啡因量从1%到5%不等，还含有可可碱（0.17%）、茶碱（0.013%）、腺嘌呤（0.014%），另外还有11%~12%的丹宁酸（又名鞣酸）以及类黄酮色素（0.6%）、纤维素、叶绿素、蛋白质等。而咖啡中的咖啡因含量高达5%。

为了提取茶叶中的咖啡因，往往利用适当的溶剂（氯仿、乙醇、苯等）在脂肪提取器中连续抽提，然后蒸去溶剂，即得粗咖啡因。粗咖啡因还含有其他一些生物碱和杂质，利用升华可进一步提纯。咖啡因可以通过测定熔点及光谱法加以鉴别。此外，还可以通过制备咖啡因水杨酸盐衍生物进一步得到确证。咖啡因作为碱，可与水杨酸作用生成水杨酸盐，此盐的熔点为137℃。

【实验目的】

1. 学习天然产物的分离提纯方法。
2. 熟悉提取器的使用原理和方法。

【仪器试剂】

仪器： 脂肪提取器、蒸发皿、烧杯、玻璃漏斗。

试剂： 茶叶、95%乙醇、生石灰粉。

【实验装置】

图 3.10 - 1　反应装置图

【实验步骤】

装好提取装置。称取 10 g 茶叶末，放入小纱布袋中，再将小纱布袋放入脂肪提取器里。从脂肪提取器上口加入 80 mL 95%乙醇，用水浴加热，连续提取 2~3 h。待冷凝液刚刚虹吸下去时，立即停止加热。稍冷后，改成蒸馏装置，蒸馏回收提取液中的大部分乙醇。趁热将瓶中的残液倒入蒸发皿中，拌加 3~4 g 研细的生石灰粉，使成糊状，将蒸发皿放在一大小合适的烧杯上，用蒸汽浴蒸干，其间应不断搅拌，并压碎块状物。最后将蒸发皿放在石棉网上，用小火焙炒片刻，务必将水分全部除去。冷却后，擦去沾在边上的粉末，以免在升华时污染产物。取一只口径合适的玻璃漏斗，罩在隔以刺有许多小孔滤纸的蒸发皿上，用砂浴小心加热升华。控制砂浴温度在 220℃左右，当滤纸上出现许多白色毛状结晶时，暂停加热，让其自然冷却到 100℃左右。小心取下漏斗，揭开滤纸，用刮刀将纸上和器皿周围的咖啡因刮下。残渣经拌和后用较大的火再加热片刻，使升华完全。合并两次收集的咖啡因，称重，测熔点。计算咖啡因在茶叶中的含量。纯咖啡因的熔点 234.5℃。

【注意事项】

（1）脂肪提取器的虹吸管极易折断，装置仪器和取拿时须特别小心。

（2）纱布袋可在中药店购买，其大小既要紧贴器壁，又能方便取放，其高度不得超过虹吸管；包茶叶末时袋口绳子要收紧，防止漏出堵塞虹吸管，布袋上面折成凹形，以保证回流液均匀浸润被萃取物，使虹吸顺利进行。

（3）若提取液颜色很淡时，即可停止提取。

（4）萃取回流充分的情况下，升华操作是实验成败的关键。升华过程中，始终都需要小火间接加热。如温度太高，会使产物发黄，注意温度计应放在合适的位置，正确反映出升华的温度。如无砂浴，也可用简易空气浴加热升华，即将蒸发皿底部稍离开石棉网进行加热，并在附近悬挂温度计指示升华温度。

【思考题】

1. 提取咖啡因时加入生石灰的作用是什么？
2. 在咖啡因结构中，哪个氮的碱性最强？试解释之。

【化合物表征数据】

^{1}H NMR（90 MHz，CDCl$_3$）：δ＝7.53（s，1H），4.00（s，3H），3.57（s，3H），3.39（s，3H）。^{13}C NMR δ＝155.3，151.7，148.7，141.6，107.5，33.6，29.7，27.8

实验五十　从红辣椒中分离红色素

红辣椒中含多种色泽鲜艳的色素，这些色素可以通过薄层层析和柱层析分离出来。在红辣椒的色素的薄层层析中，可以得到一个大而鲜红色的斑点，表明红辣椒的深红色是由这个主要色素产生的。已经证实它由辣椒红的脂肪酸酯组成。

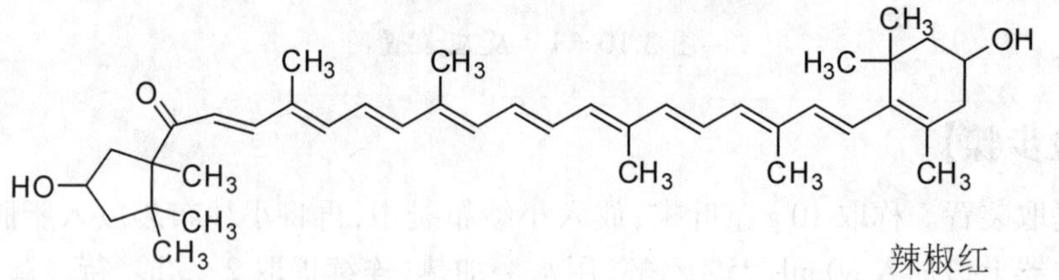

辣椒红

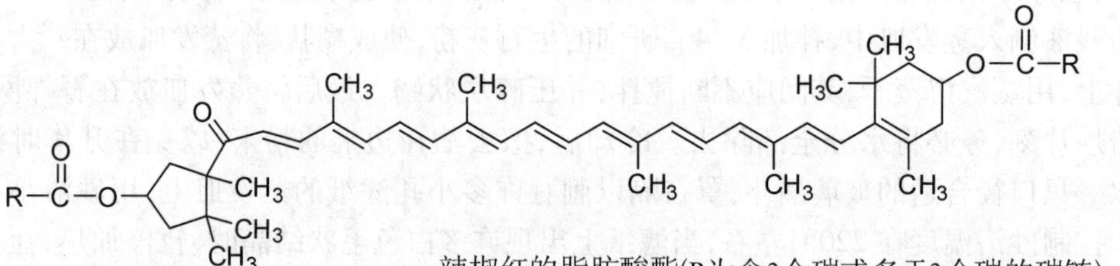

辣椒红的脂肪酸酯(R为含3个碳或多于3个碳的碳链)

另一个具有稍大 R_f 值得较小红色斑点，可能是由辣椒玉红素的脂肪酸酯组成。

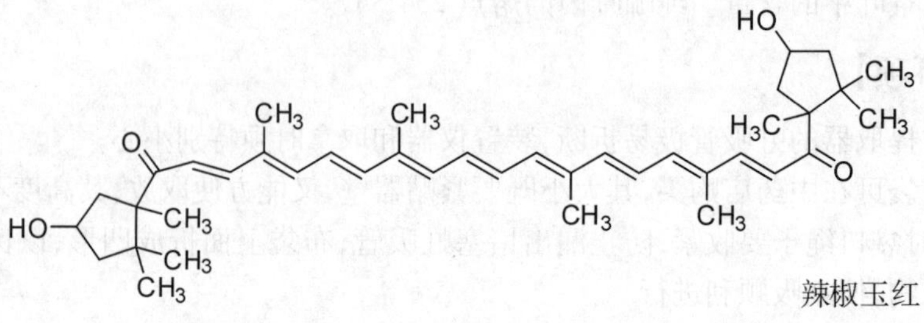

辣椒玉红

红辣椒还含有 β-胡萝卜素。

β-胡萝卜素

这些色素像所有的类胡萝卜素化合物一样,都是由八个异戊二烯单元组成的四萜化合物。类胡萝卜素化合物的颜色是由长的共轭双键体系产生的,该体系使得化合物能够在可见光范围内吸收能量,对辣椒红来说,同样是这种对光的吸收使其产生深红色。红辣椒经二氯甲烷萃取得到色素的一种粗混合物,然后用薄层层析(TLC)进行分析。在鉴定出主要成分红色素后,再由柱层析将红色素分离,然后将它们做红外和紫外光谱。

【实验目的】

1. 学习从辣椒红中分离红色素的方法。
2. 掌握柱层析的原理和方法。

【仪器试剂】

仪器: 圆底烧瓶、小试管、层析柱。
试剂: 红辣椒、二氯甲烷、绝对乙醇、硅胶 G、硅胶(60~200 目,柱层析用)。

【实验装置】

图 3.10 - 2 反应装置图

【实验步骤】

在 25 mL 圆底烧瓶中放入 1 g 研细的红辣椒和 3 粒沸石,加入 10 mL 二氯甲烷,回流 20 min。冷至室温,然后过滤除去固体。蒸发滤液得到色素的一种粗混合物。

把极少量色素的粗混合物样品刮入小试管中,用 5 滴二氯甲烷溶解,用毛细管点在准备好的硅胶 G 薄板上,用含有 2%~4% 绝对乙醇的二氯甲烷作为展开剂,在层析缸中进行层析,记录每一点的颜色并计算它们的 R_f 值。

用干法装柱,将 7.5~10 g 硅胶(60~200 目)装填到盛有四分之一高度二氯甲烷的层析柱中。柱填好后,将二氯甲烷洗脱剂液面降至覆盖硅胶的砂的表面。将上述色素的粗混合物溶解在少量二氯甲烷中(约 1 mL),然后将溶液加到层析柱的面上。当色素混合物降到层析柱面上时,用二氯甲烷洗脱色素。收集每个组分于小锥形瓶中,当第二组黄色素洗脱后,停止层析。

通过薄层层析来检验柱层析,若没有得到一个好的分离效果,用同样步骤将合并的红色素组分再进行一次柱层析分离。再用薄层层析检验柱层层析,得到的每个组分基本上含有一种成分。

将所得红色素作红外光谱分析,并将记录的谱图与红色素纯样的红外光谱图相比较,并鉴定分离得到的红色素的红外光谱中的重要吸收峰。如有条件可作红色素的紫外光谱,确定 λ_{max}。

【注意事项】

(1) 蒸发滤液最好在通风橱内进行。

(2) 将色素放置在层析柱上端后,用二氯甲烷洗脱,开始二氯甲烷洗脱液不要加得过多,应用滴管吸取二氯甲烷慢慢加入,保持柱上不干即可。当加入的二氯甲烷中已经没有色素的颜色时,可多加些二氯甲烷洗脱液洗脱。

【思考题】

1. 标出辣椒红和 β-胡萝卜素中的异戊二烯单元。

2. 柱层析中,第一个流出的组分是什么色素?第二个和第三个呢?

【化合物表征数据】

IR:964vs(γ(=CH),C=C $trans$),1049vs(v(C—O)),1184m(v(C(CH$_3$)$_2$)),1254m(v(C(CH$_3$)$_2$)),1365m(δ_s(CH$_3$)),1397m(δ_s(CH$_3$)),1455m(δ_{as}(CH$_3$)),1553vs(n(C=C)),1578s(v(C=C)),1601w(v(C=C)),1665m(v(C=O)),2867m(v_s(CH$_3$),v_s(CH$_2$)),2917s(v_{as}(CH$_2$)),2956s(v_{as}(CH$_3$)),3028w(v(=CH)),3329m(v(OH))

实验五十一　从麻黄中提取麻黄碱

麻黄为麻黄科植物草麻黄或木贼麻黄的干燥草质茎,是一种常用的中草药。苦涩,具有发汗解表、止咳平喘、消水肿的能力,同时也是提取麻黄生物碱的主要原料。中药麻黄约含 1%~2% 的生物碱,其中主要是 D-(-)麻黄碱(占全碱重的 80% 左右)和少量的 L-(+)假麻黄碱。它们具有相同的分子式 $C_{10}H_{15}NO$,是一对非对映体。L-(+)麻黄碱和 D-(-)假麻黄碱则是人工合成的产物。

L-(+)麻黄碱　　D-(-)麻黄碱　　L-(+)假麻黄碱　　D-(-)假麻黄碱

麻黄主要产于我国山西、河南、河北、内蒙古、甘肃及新疆等地,其中以山西大同产的最好。一般情况下,是把提取得到的 D-(-)麻黄碱做成盐酸盐保存。其盐酸盐为白色斜方针状晶体,熔点216~220℃。拟肾上腺素药,能兴奋 α-受体与 β-受体,用于治疗支气管哮喘及鼻塞等。

【实验目的】

1. 学习从中药麻黄中提取麻黄碱的方法。
2. 学习溶剂提取法和水蒸气蒸馏法的操作方法。

【仪器试剂】

仪器: 烧杯、漏斗、蒸馏装置、真空干燥器、水蒸气蒸馏装置。

试剂: 草麻黄、0.1%~0.5%稀盐酸溶液、乙醚、粒状氢氧化钠、丙酮或氯仿、氯化氢的无水乙醇饱和溶液、生石灰、食盐、草酸、饱和氯化钙。

【实验装置】

参见图 2.7－3。

【实验步骤】

1. 溶剂提取法

在 1 000 mL 的烧杯中加入草麻黄 50 g,然后用 400 mL 0.1%~0.5%稀盐酸溶液浸泡一昼夜以上,草麻黄溶液的酸度从 pH=1 逐步上升为 pH=4~5,溶液呈桔黄色。滤去草麻黄及其残渣,收集浸取液。浸取液用碳酸钠调节溶液酸度至 pH=5~6。再把浸取液减压浓缩至原体积的 1/3 左右。浓缩液用碳酸钠中和至 pH=10,这时浓缩液有浅橘黄色絮状沉淀析出,过滤,澄清的浸取液用氯化钠进行饱和。用 80 mL 乙醚分三次提取用氯化钠饱和过的浸取液。合并乙醚提取液。乙醚提取液为无色透明液体,其 pH=8~9。最后用粒状氢氧化钠干燥。滤去干燥剂,在常压下蒸去乙醚,残余物为橘红色油状物。在残余物中加入 2~5 mL 饱和氯化氢无水乙醇溶液,即有大量斜方针状晶体析出。待结晶完全析出后,过滤,用 20 mL 氯仿或丙酮分三次进行洗涤,以除去混杂在产品中的 L-(+)假麻黄碱。产品干燥后,约 0.3~0.4 g。挑选其斜方针状结晶测其熔点(218~220℃)。然后把干燥好的产品放于真空干燥器内保存。产品可用无水乙醇重结晶,并用双缩脲反应对产品进行鉴定试验。

2. 水蒸气蒸馏法

将 50 g 的草麻黄用 400 mL 0.1%的稀盐酸溶液浸泡一昼夜以上。然后滤去草麻黄及残渣,得到浸泡过的浸取液。将浸取液浓缩至 2/3 体积后,加入石灰使呈碱性,再用食盐饱和后进行水蒸气蒸馏,收集蒸出液。在蒸出液中加入草酸使呈酸性,D-(-)麻黄碱草酸盐即沉淀析出。过滤收集沉淀,母液待处理。将沉淀放入小烧杯中,加入饱和氯化钙水溶液进行复分解,D-(-)麻黄碱草酸盐就变成 D-(-)麻黄碱盐酸盐而溶解。滤去析出的草酸钙沉淀。然后把滤液浓缩到一定体积后,加入活性炭进行脱色,煮 10 min 左右,趁热滤去活性炭。将滤液进行过滤、收集、冷却,D-(-)麻黄碱盐酸盐结晶自行析出。将过滤 D-(-)麻黄碱草酸盐沉淀后的草酸母液,按类似的方法处理就可得到 L-(+)假麻黄碱的盐酸盐结晶。由于 L-(+)假麻黄碱的含量较少,提取的难度较高,一般可省略不做。

【注意事项】

(1)蒸馏或使用乙醚应远离火源,实验台附近严禁火种,热水浴可在其他地方预热。

(2)氯化氢饱和溶液的制备:在一只 20 mL 的锥形瓶中加入 10 mL 无水乙醇,在冰浴中冷却,通入经浓硫酸干燥的氯化氢气体到饱和状态[g/100 mL 溶剂:45.4(0℃);42.7(10℃);41.0(20℃)]。

【思考题】

1. 如何对麻黄碱产品进行鉴定?其原理是什么?
2. 加活性炭进行脱色的过程中需要注意什么?

第四章　多步有机合成

不管是在实验室或工业生产中,要想合成一个有用的有机化合物,一般都需要经过几步甚至十几步的反应,才能合成复杂分子,因此练习从基本的原料开始设计一条合理的路线,合成一个较复杂的分子,是有机合成中重要的基本功。

在有机合成中,每步反应的实际产量都低于理论产量。因此,在多步有机合成中,如何做好每一步反应,就显得十分重要,在多步有机合成中,总收率是各步收率累加的结果。所以,要做好多步有机合成实验,必须要强调严谨的科学态度和熟练的实验技能。

本章介绍了七组多步合成的例子,均是比较典型的,所合成的化合物包括有机合成中间体、材料分子、手性配体、药物分子等,不仅锻炼了学生的实验操作能力,也可以开拓视野。

（一）对羟基苯甲酸的合成

对羟基苯甲酸是用途广泛的有机合成原料。还广泛用于食品、化妆品、医药的防腐、防霉剂和杀菌剂等方面。本实验通过多步反应来学习对羟基苯甲酸的合成。

实验五十二　对硝基苯甲酸

对硝基苯甲酸常用做医药、燃料、兽药、感光材料等有机合成的中间体。黄色结晶粉末,无臭,能升华。微溶于水,能溶于乙醇等有机溶剂。遇明火、高热可燃。可由对硝基甲苯氧化而得。

【实验目的】

1. 掌握对硝基甲苯通过氧化反应制备对硝基苯甲酸的原理和方法。
2. 进一步掌握回流、水蒸气蒸馏、重结晶等基本操作。

【实验原理】

$$p-O_2NC_6H_4CH_3 + Na_2Cr_2O_7 + 4H_2SO_4 \longrightarrow p-O_2NC_6H_4CO_2H + Na_2SO_4 + Cr_2(SO_4)_3 + 5H_2O$$

【仪器试剂】

仪器: 搅拌器、回流冷凝管、滴液漏斗、三口烧瓶、蒸馏装置、布氏漏斗、抽滤瓶。

试剂: 对硝基甲苯、重铬酸钠、浓硫酸、5%硫酸溶液、5%氢氧化钠溶液、乙醇。

【实验步骤】

在装有搅拌器、回流冷凝管和滴液漏斗的 100 mL 三口烧瓶中加入 18 mL 水、9 g 重铬酸钠及 3 g 对硝基甲苯,搅拌混合。滴加浓硫酸,液温开始升高,对硝基甲苯逐渐熔化,氧化反应也随即开始。控制滴加浓硫酸的速度,必要时可用冷水冷却,以免反应过剧烈而发生冲料或使对硝基甲苯挥发凝结在冷凝管壁上。硫酸滴加完后,稍冷却后,加入沸石,缓和沸腾回流半小时,反应液呈黑色。反应过程中,冷凝管中可能有白色针状的对硝基甲苯析出。这时可适当关小冷凝水,使其熔融滴下。待反应物冷却后,在搅拌下加入 30 mL 冰水,立即有沉淀析出,将反应装置改成蒸馏装置,在搅拌下用简易水蒸气蒸馏法除去未反应的对硝基甲苯。冷却后,反应液即凝结成黏稠的绿色物质,这就是混有铬盐的对硝基苯甲酸。抽滤,用 15 mL 水洗涤晶体,抽滤至干。为了彻底除去铬盐,应将粗制物与 15 mL 5% 的硫酸混合,于沸水浴上加热并搅拌 10 min。冷却后收集沉淀,将此沉淀溶于 25 mL 5% 氢氧化钠水溶液中,滤去不溶的氢氧化铬。在搅拌下向滤液中加入 0.5 g 活性炭煮沸后趁热过滤。冷却后在充分搅拌下将滤液慢慢地倒入 30 mL 15% 的硫酸溶液中(硫酸的量要比氢氧化钠用量略多些)。对硝基苯甲酸随即析出。抽滤,滤饼依次用少量稀硫酸、水洗涤,抽干。得约 3 g 黄色固体。产物已足够纯净。如需进一步提纯,可用乙醇-水重结晶,产品为浅黄色针状结晶,熔点 241~242℃,产量约 2.2 g。纯对硝基苯甲酸的熔点为 242℃。

【注意事项】

(1) 硫酸不能反加至滤液中,否则生成的沉淀会包含一些钠盐而影响产品的纯度。中和时应使溶液呈强酸性,否则需补加少量的酸。

(2) 将所得粗制物用适量乙醇溶解,滤去不溶物。滤液中滴加适量水,直到析出晶体为止,再温热使之溶解,放置冷却后有晶体析出,过滤。滤得的晶体于 100~110℃ 干燥。称量并测定熔点。

【思考题】

1. 解释下列操作原理:
(1) 反应完成后为何要加入 30 mL 冰水?
(2) 为何要将粗品与 5 mL 5% 硫酸混合后于沸水浴上加热搅拌 10 min?
(3) 为何将沉淀溶于 5% 氢氧化钠水溶液中并过滤?
(4) 为何最后将脱色后的滤液倒入 15% 的硫酸溶液中? 硫酸为何不能反加至溶液中?
2. 写出下列化合物的氧化产物:
① 对甲基异丙苯;② 邻氯甲苯;③ 1,4-二氢萘;④ 对叔丁基甲苯。

【参考文献】

p-Nitrobenzoic acid. O. Kamm, and A. O. Matthews, *Org. Synth.*, **1922**, 2, 53-57

实验五十三　对氨基苯甲酸

对氨基苯甲酸是一种与维生素 B 有关的化合物(又称 PABA),它是维生素 B_{10}(叶酸)的组成部分。细菌将 PABA 作为组分之一合成叶酸,磺胺药则具有抑制这种合成的作用。

【实验目的】

1. 掌握对硝基苯甲酸还原制备对氨基苯甲酸的原理和方法。

2. 进一步掌握回流、重结晶等基本操作。

【实验原理】

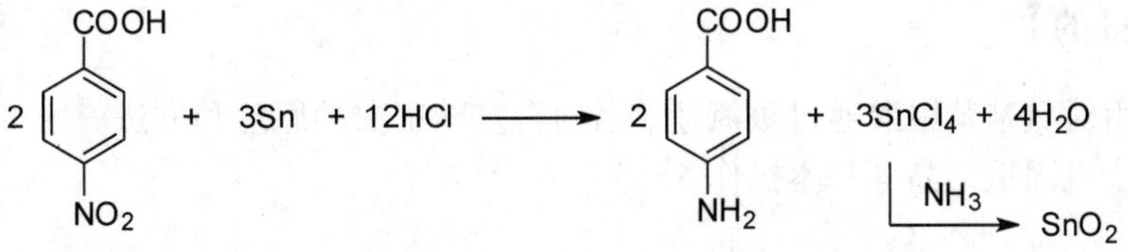

【仪器试剂】

仪器：圆底烧瓶、回流冷凝管、烧杯、蒸发皿。

试剂：对硝基苯甲酸、锡粉、浓盐酸、浓氨水、石蕊试纸、冰醋酸。

【实验步骤】

在 50 mL 圆底烧瓶中加入 2 g 对硝基苯甲酸，7.2 g 锡粉及 20 mL 浓盐酸，装上回流冷凝管，用小火缓和加热并间断振摇。若反应太剧烈，则暂时移去火焰。待溶液澄清后（加入的锡粉不一定完全溶解），放置冷却，把液体倾泻入烧杯中，剩余的锡粉用少量水洗涤，洗涤液与烧杯中液体合并在一起。滴加浓氨水于烧杯中至石蕊试纸呈碱性。放置片刻滤去生成的二氧化锡，用少量水洗涤。收集滤液在适当大小的蒸发皿中，滴加冰醋酸于滤液中使呈微酸性，于通风橱内在水浴上浓缩到开始有结晶析出。放置冷却过滤。滤液再浓缩可得第二批生成的对氨基苯甲酸。干燥后，称量产品。纯对氨基苯甲酸熔点 188~189℃。

【注意事项】

（1）可安装搅拌装置或磁力搅拌器，以提高反应效果。

（2）用少量水洗涤锡粉的目的是将吸附在锡表面的产物洗下。

【思考题】

金属锡在本实验中做什么试剂？它在反应中经历了什么化学变化？

【参考文献】

Improvement in the synthesis of benzocaine. B. Zhang, and L. Xu, *Zhejiang Gongye Daxue Xuebao*, **2004**, *32*, 143–145.

实验五十四　对羟基苯甲酸

对羟基苯甲酸是一种重要的化工原料。它是广泛用于药品、食品、化妆品的防腐剂——对羟基苯甲酸酯（尼泊金酯）的重要中间体，也是制造燃料等的原料。近年来已成为生产聚酯纤维和聚醚型纤维的重要原料。随着我国合成纤维工业发展以及尼泊金酯在食品工业推广使用，对羟基苯甲酸的需求量必将日渐增加。

在本实验中，若用氯化重氮苯水解进行芳环的羟基化，总会有氯苯副产物生成。由于

HSO_4^-的亲核性比 Cl^- 更弱,因此制备时常用硫酸重氮苯作原料,以减少副产物,提高酚的产率。所以本实验将对氨基苯甲酸制成硫酸重氮盐,再在热的稀酸液中水解得到对羟基苯甲酸。该产物可用作防腐剂对羟基苯甲酸乙酯和染料的原料。

【实验目的】

1. 掌握由对氨基苯甲酸通过重氮盐制备对羟基苯甲酸的原理和方法。
2. 进一步巩固重结晶等基本操作。

【实验原理】

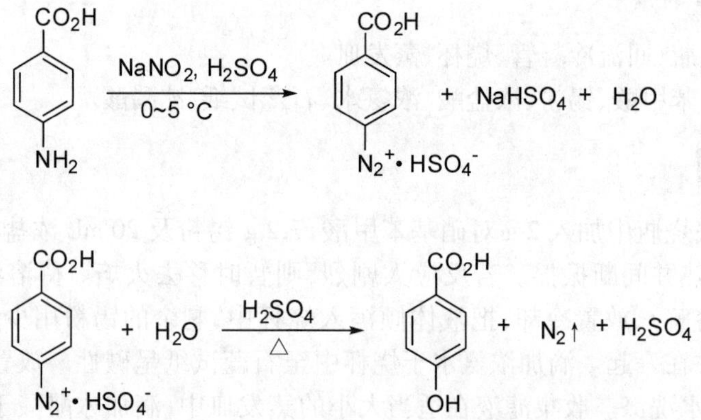

【仪器试剂】

仪器:烧杯、滴液漏斗、抽滤漏斗。

试剂:对氨基苯甲酸、浓硫酸、亚硝酸钠、淀粉-碘化钾试纸。

【实验步骤】

在 100 mL 烧杯中加入 16 mL 水、8 mL 浓硫酸、5 g 对氨基苯甲酸及 13 g 碎冰,搅拌混合。若原料不溶,稍加热溶解。当冰盐浴搅拌成糊状,溶液温度至 0℃时,向溶液中滴加事先配好的亚硝酸钠水溶液(亚硝酸钠 2.6 g,水 9 mL),保持溶液温度在 2~3℃。用淀粉-碘化钾试剂检验混合溶液,试纸变蓝后就不再滴加亚硝酸钠水溶液,混合溶液再搅拌 10 min 得橙黄色液体。

向 250 mL 烧杯中加入 25 mL 水、16 mL 浓硫酸,加热至 75~80℃,缓慢加入制备好的重氮盐溶液,保持相同温度下搅拌 5~10 min。将此混合溶液置于冰水中,剧烈搅拌下冷却得晶体,抽滤,再用 15 mL 冰水洗 4 次,得肉色晶体,烘干称重测熔点。纯对羟基苯甲酸熔点 213~215℃。

【注意事项】

(1)对氨基苯甲酸在酸水中的溶解度不大,加热溶解后冷却可能再次析出。冷却时要保持剧烈搅拌,这样析出的固体颗粒会很小,可继续往下做重氮盐。

(2)产物可用 1∶1 稀盐酸重结晶。

【思考题】

制备重氮盐时为什么用浓硫酸而不用浓盐酸?

【参考文献】

Hydrolysis of Diazonium Salts Using a Two-Phase System (CPME and Water). T. Taniguchi, *et al*, *Heteroatom Chem.*, **2015**, *26*, 411–416.

（二）柱[5]芳烃的制备

C. J. Pedersen、J. M. Lehn 和 D. J. Cram 三位科学家由于在超分子化学(supramolecular chemistry)方面的开创性工作,于 1987 年荣获诺贝尔化学奖。这标志着超分子化学的发展进入了一个新的时代,超分子化学的重要意义也得到人们更多的理解。近年来,超分子化学与材料科学、生命科学、信息科学等学科的交叉融合发展,促进了超分子化学在材料、环境、生命、信息等领域的广泛应用,并且逐步发展成了一门新兴的超分子化学学科。其中,主客体化学作为超分子化学的一个重要领域,越来越受到科学界和工业界的广泛关注。在 2008 年,O goshi 和 Nakamoto 报道了一种通过对位桥联苯酚形成的、结构对称的"柱"型大环超分子主体化合物——柱芳烃。目前,已经合成和研究的柱芳烃化合物主要是五元和六元结构,由于具有独特的化学和空间结构,柱芳烃类化合物综合了多种已有主体化合物的特色和优势逐渐成为近年来研究的热点。本实验通过"先修饰后成环"的方法来合成柱芳烃。

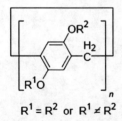 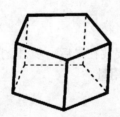 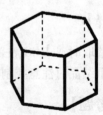

实验五十五　对二正丙氧基苯

【实验目的】

1. 学习醚化反应的原理和方法。
2. 巩固萃取和重结晶提纯的方法。
3. 初步学习红外、核磁等测试手段对官能团转化的表征。

【实验原理】

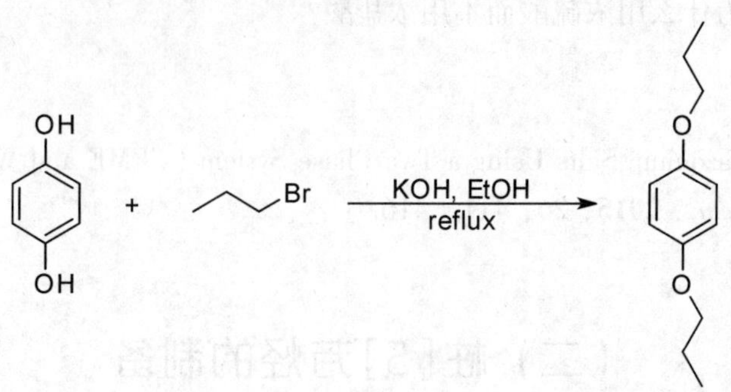

【仪器试剂】

仪器：天平、量筒、圆底烧瓶、注射器、冷凝管、加热器、旋蒸仪、分液漏斗、锥形瓶、滤纸、漏斗等。

试剂：1,4-苯二酚、正溴丙烷、氢氧化钾、乙醇、甲醇、二氯甲烷、碳酸氢钠、无水硫酸钠、冰块等。

【实验步骤】

在圆底烧瓶中加入对苯二酚 5 g,搅拌磁子,乙醇 30 mL,搅拌溶解后,加入 KOH 7 g,加热回流 20 min 后,注入正溴丙烷 10 mL,加热回流 2 小时。旋干有机溶剂,加入 30 mL 二氯甲烷溶解,再加入 50 mL 水萃取洗涤 3 次,合并有机相,最后用 20 mL 饱和 NaHCO$_3$ 溶液洗涤一次[1],收集有机相。无水硫酸钠干燥 15 min,过滤,旋干有机溶剂,加入适量甲醇(约30 mL)[2]加热溶解,放入冰箱中冷却结晶。抽滤,用少量甲醇洗涤,得到白色片状固体。

【注释】

(1) 萃取时 NaHCO$_3$ 洗涤一定要放在最后一步,且注意放气。
(2) 重结晶时注意控制甲醇的用量。

【思考题】

1. 反应中,为什么要先回流 20 min 之后再加入正溴丙烷?
2. 简述重结晶的操作过程。

【化合物表征数据】

^{1}H NMR (400 MHz, CDCl$_3$):δ = 6.81 (4H, s), 3.86 (4H, t), 1.76 (4H, m), 1.01 (6H, t)

【参考文献】

Nanoparticles from Step-Growth Coordination Polymerization. J. Pecher and S. Mecking *Macromolecules*, **2007**, *40*, 7733－7735.

实验五十六　柱[5]芳烃

【实验目的】

1. 学习傅克反应的原理与方法。
2. 了解大环化合物的合成及结构特点。
3. 巩固柱层析提纯有机化合物的方法。
4. 初步学习利用核磁研究对称性结构。

【实验原理】

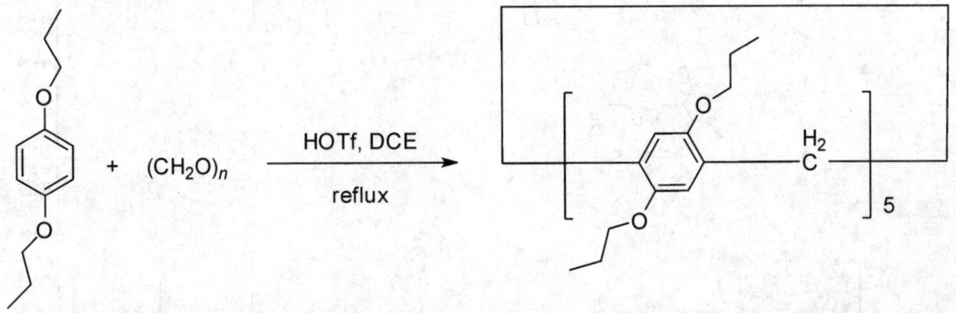

【仪器试剂】

仪器：天平、量筒、圆底烧瓶、注射器、冷凝管、加热器、旋蒸仪、分液漏斗、锥形瓶、滤纸、漏斗、层析柱、紫外灯等。

试剂：1,4-二正丙氧基苯、多聚甲醛、三氟甲磺酸（HOTf）、1,2-二氯乙烷（无水硫酸钠预干燥）、二氯甲烷、石油醚、硅胶、石英砂等。

【实验步骤】

在圆底烧瓶中加入多聚甲醛与1,4-二正丙氧基苯,注入1,2二氯乙烷（DCE）[1],搅拌约30 min后,注射器注入三氟甲磺酸,回流反应2 h。旋干溶剂,用二氯甲烷萃取。再旋干溶剂,柱层析纯化（参考淋洗剂：石油醚：二氯甲烷＝2：1）。

【注意事项】

（1）反应最优条件：两反应物浓度为0.1 M,三氟甲磺酸体积为DCE体积的5%（请自行计算）。

【思考题】

反应中,为什么要先搅拌30 min之后再加入三氟甲磺酸?

【化合物表征数据】

^{1}H NMR（400 MHz, CDCl$_3$）：δ = 6.67（s, 12H, phenyl protons）, 3.90（s, 12H, methylene bridges), 3.77 (t, $J = 6.48$ Hz, 24H, $OCH_2CH_2CH_3$), 1.75 – 1.70 (m, 24H, $OCH_2CH_2CH_3$), 0.97 (t, $J = 7.4$ Hz, 36H, methyl protons); ^{13}C NMR ($CDCl_3$, 100 MHz): $\delta =$ 150.6, 128.0, 114.7 (C of phenyl), 70.3 (C of oxymethylene groups), 30.8 (C of methylene bridge), 22.8 (C of methylene groups), 10.5 (C of methyl groups). ESI – HRMS: Calcd. for $C_{78}H_{108}O_{12}$ $m/z = 1\,236.78$, found $1\,254.82$ $[M+NH_4]^+$. Anal. Calcd for $C_{78}H_{108}O_{12}$: C, 75.69; H, 8.80%; Found: C, 75.77; H, 8.68%

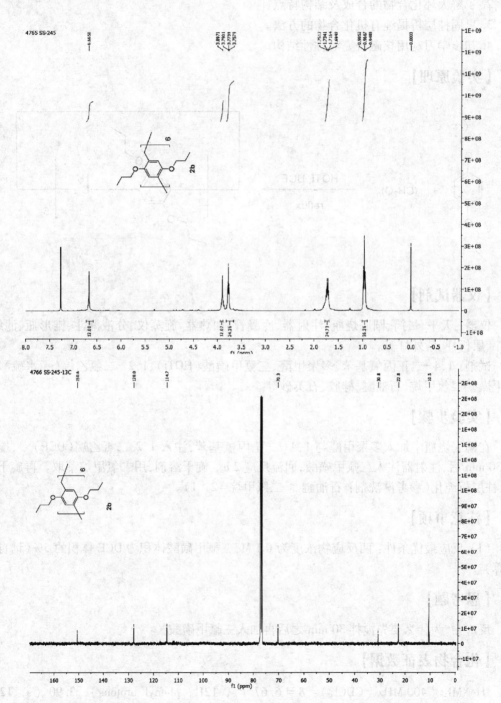

【参考文献】

Role of polar solvents for the synthesis of pillar[6]arenes. S. Santra, D. S. Kopchuk, I. S. Kovalev, G. V. Zyryanov, A. Majee, V. N. Charushin and O. N. Chupakhin *RSC Adv.*, **2015**, *5*, 104284－104288.

（三）手性单膦配体 Ming－Phos 的制备

在过渡金属催化的不对称合成领域中,手性膦配体占有着非常重要的地位。在最近几十年,出现了许多以二茂铁、联萘、联苯、螺环等为骨架的优势手性膦配体,但是目前许多膦配体的合成仍然面临着原料较贵、合成路线长、手性难拆分、结构难修饰等不足的状况。因此,设计和合成原料便宜易得、结构多样、便于修饰且性能优异的新型手性膦配体仍然是当今有机化学研究的热点。

实验五十七　亚胺的合成

手性叔丁基亚磺酰亚胺是常见的一种含有手性亚砜的有机中间体,其有着非常独特的优越性,主要包括:① 由于叔丁基亚磺酰基的强拉电子作用,可以有效活化相应亚胺便于亲核试剂的进攻;② 叔丁基手性亚磺酰基很好的手性传递能力;③ 亚磺酰基易于脱除,利于产物的进一步转化等。目前,其已经广泛地应用于药物和天然产物的不对称合成中,构建一些手性胺类化合物。

【实验目的】

1. 学习醛(酮)与胺制备亚胺的原理和方法。
2. 学习钛酸四异丙酯脱水的原理及其后处理操作。

【实验原理】

本实验主要用2－二苯基膦苯甲醛和(R)－叔丁基亚磺酰胺反应生成 (R)－叔丁基亚磺酰亚胺。

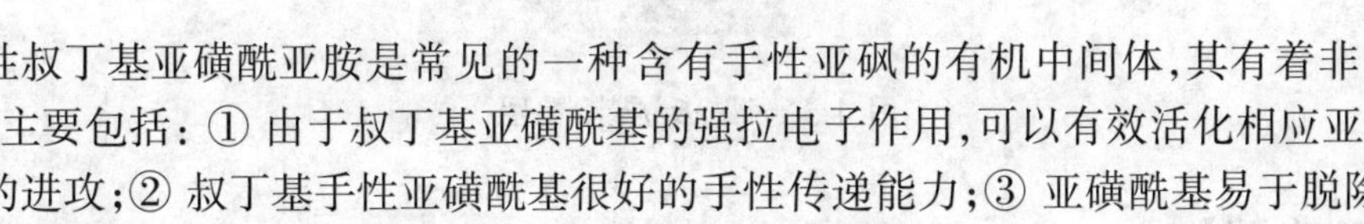

(R)-2-二苯基膦苯基
叔丁基亚磺酰亚胺

【仪器试剂】

仪器:三颈烧瓶、回流冷凝管、三角烧瓶、分液漏斗、玻璃棒、布氏漏斗、抽滤瓶、磁力搅拌子等。

试剂：2-二苯基膦苯甲醛、(R)-叔丁基亚磺酰胺、钛酸四异丙酯、THF（无水）、硅藻土、饱和食盐水、无水 MgSO$_4$。

【实验装置】

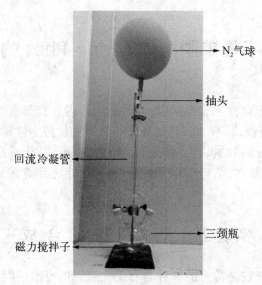

图 4.3-1　反应装置图

【实验步骤】

将三颈烧瓶预先烘干。如图 4.3-1 所示，在反应瓶加入准确称量的 2-二苯基膦苯甲醛（2.9 g，10 mmol）和 (R)-叔丁基亚磺酰胺（1.33 g，11 mmol），抽换气三次，在氮气的氛围下加入四氢呋喃（40 mL），随后将钛酸四异丙酯（7.1 g，25 mmol）加入到上述反应体系中。之后，放入 50℃ 油浴中，搅拌直至 TLC 监测 2-二苯基膦苯甲醛原料消失（约 10 h）。待原料反应完全后，移除油浴，将反应体系降至室温，然后加入 EtOAc（60 mL）稀释，加入饱和食盐水，剧烈搅拌，使用硅藻土过滤，滤饼用 EtOAc（10 mL）洗两次，分液，用无水硫酸镁干燥，减压浓缩，经过柱层析，即得到叔丁基亚磺酰亚胺，约 80% 的收率。

本实验约需 13~15 小时。

【注意事项】

（1）溶剂要严格除水。
（2）反应体系应严格除氧。

【思考题】

1. 试写出该反应的机理。
2. 反应中严格除水、除氧的目的是什么？
3. 试写出反应中钛酸四异丙酯的作用。
4. 反应中有哪些可能的副反应？应该如何避免？

【化合物表征数据】

^{1}H NMR（400 MHz，CDCl$_3$）：$\delta = 9.13 - 9.11$（m，1 H），$8.00 - 7.96$（m，1 H），$7.47 - 7.20$（m，12 H），$6.98 - 6.94$（m，1 H），1.08（s，9 H）. ^{31}P NMR（160 MHz，CDCl$_3$）$\delta - 12.29$

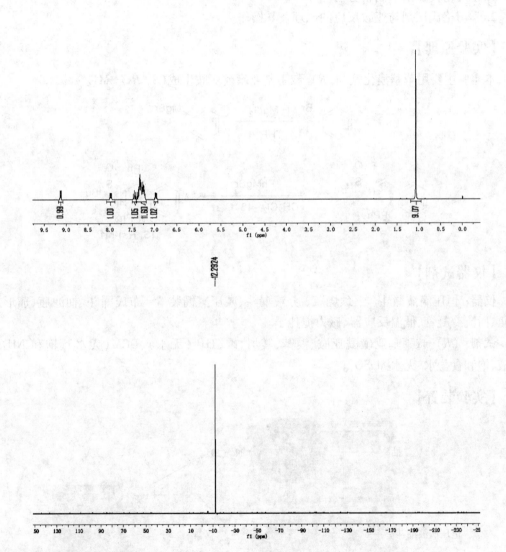

【参考文献】

1. Novel Sulfinyl Imine Ligands for Asymmetric Catalysis. L. B. Schenkel and J. A. Ellman *Org. Lett.*，**2003**，*5*，545 - 548.

2. Application of P, N - Sulfinyl Imine Ligands to Iridium-Catalyzed Asymmetric Hydrogenation of Olefins. L. B. Schenkel, J. A. Ellman, *J. Org. Chem.*，**2004**，*69*，1800 - 1802.

实验五十八　格氏试剂加成

基于上一个实验手性叔丁基亚磺酰亚胺的合成,通过简单一步格氏试剂的加成就可以实现(S, Rs)-Ming-Phos的合成。

【实验目的】

1. 学习格氏试剂的制备方法。
2. 学习格氏试剂与亚胺反应的原理及其操作。

【实验原理】

本实验主要用苯基溴化镁与(R)-叔丁基亚磺酰亚胺生成(S, Rs)-M1。

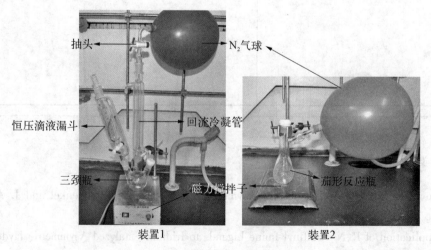

【仪器试剂】

仪器: 恒压滴液漏斗、三颈烧瓶、分液漏斗、减压蒸馏装置、布氏漏斗、抽滤瓶、茄形反应瓶、回流冷凝管、低温反应器、磁力搅拌子。

试剂: (R)-叔丁基亚磺酰亚胺、溴苯、镁屑、碘、THF(无水)、DCM(无水)、饱和NH_4Cl溶液、饱和食盐水、无水$MgSO_4$。

【实验装置】

抽头　　N₂气球
恒压滴液漏斗　　回流冷凝管
三颈瓶　　茄形反应瓶
磁力搅拌子
装置1　　装置2

图4.3-2　反应装置图

【实验步骤】

将三颈烧瓶预先烘干。搭好反应装置,如图 4.3－2 中装置 1 所示,在三颈瓶中加入镁屑(13 mmol,1.3 equiv),抽真空下烘烤,然后抽换氮气 3 次,氮气氛围下在三颈烧瓶加入四氢呋喃 THF(10 mL),在滴液漏斗中加入溴苯(10 mmol,1.0 equiv),在三颈瓶中加入 1 小粒碘,然后把一小部分溴苯放入镁屑中,碘颜色褪去后(如果颜色长久不褪去,可以慢慢加热促进反应进行),搅拌下把剩余的溴苯缓慢滴加到反应液中,保持反应液微沸,加完后室温下搅拌 2 h。

将茄形反应瓶预先烘干。搭好反应装置,如图 4.3－2 中装置 2 所示,将此茄形瓶在抽真空下烘烤、然后抽换氮气 3 次,通氮气下加入准确称量的(R)-叔丁基亚磺酰亚胺(1.97 g,5 mmol),抽换气三次,在氮气的氛围下加入二氯甲烷(30 mL),随后将反应体系放入到-48℃的低温反应器内,待该体系温度稳定后,慢慢滴加苯基溴化镁。滴加完成后,缓慢升温,TLC 监测(R)-叔丁基亚磺酰亚胺原料消失(约 3~5 h)。待原料反应完全后,加入饱和 NH_4Cl 溶液(10 mL)淬灭反应,升至室温,分液,水相用 EtOAc(10 mL)萃取 3 次,合并有机相,用无水硫酸镁干燥,减压浓缩,经过柱层析,即得到(S,Rs)-M1,约 89% 的收率。

本实验约需 7~9 小时。

【注意事项】

(1) 溶剂要严格除水。
(2) 反应体系应严格除氧。

【思考题】

1. 试写出该反应的机理。
2. 反应中严格除水、除氧的目的。
3. 反应中有哪些可能的副反应? 应该如何避免?

【化合物表征数据】

^1H NMR (400 MHz, $CDCl_3$):δ 7.66 (dd, J = 7.5, 4.3 Hz, 1H),7.40 (t, J = 7.2 Hz,1H),7.34－7.29 (m, 3H),7.28－7.15 (m, 8H),7.13－6.97 (m, 6H),6.66 (dd, J = 8.6,3.6 Hz, 1H),3.89 (d, J = 3.2 Hz, 1H),1.21 (s, 9H);^{13}C NMR (100 MHz, $CDCl_3$):δ 146.60 ($J_{C,P}$ = 25 Hz),141.90,136.94 ($J_{C,P}$ = 11 Hz),135.97,135.81,135.72,134.87,133.78 ($J_{C,P}$ = 14 Hz),133.59 ($J_{C,P}$ = 13 Hz),129.23,128.45 ($J_{C,P}$ = 5 Hz),128.33 ($J_{C,P}$ = 6 Hz),128.21 ($J_{C,P}$ = 4 Hz),128.16,127.86,127.85,127.59,127.24,59.84 ($J_{C,P}$ = 28 Hz),55.90,22.61;^{31}P NMR (160 MHz, $CDCl_3$):δ-18.40

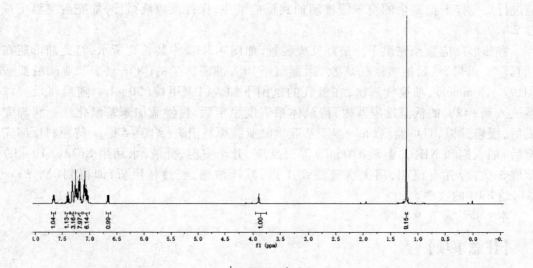

^{1}H NMR 谱图

^{31}P NMR 谱图

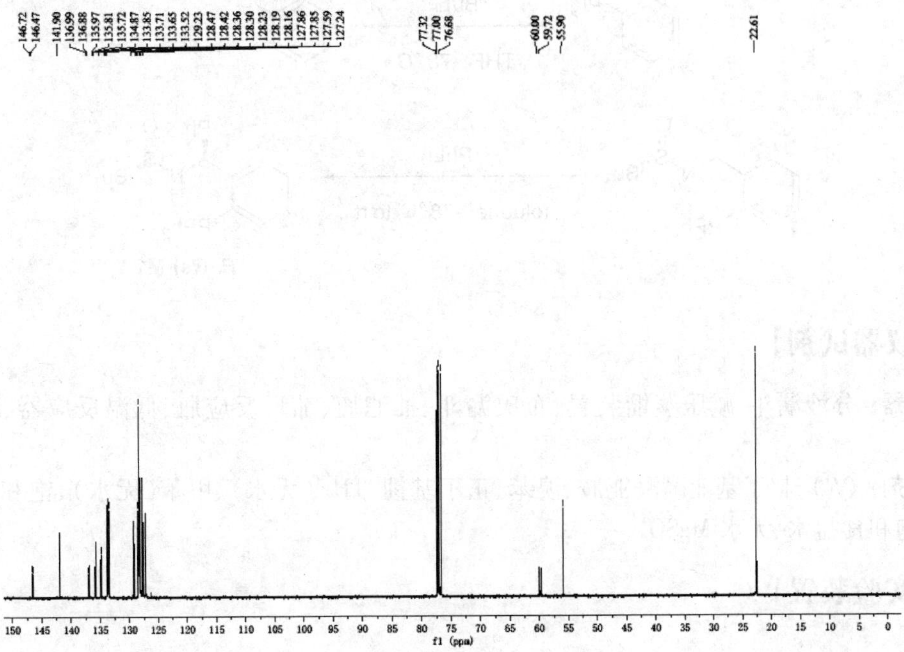

^{13}C NMR 谱图

【参考文献】

1. Application of P, N - Sulfinyl Imine Ligands to Iridium-Catalyzed Asymmetric Hydrogenation of Olefins. L. B. Schenkel, J. A. Ellman, *J. Org. Chem.*, **2004**, *69*, 1800 - 1802.

2. A New Type of Chiral Sulfinamide Monophosphine Ligands: Stereodivergent Synthesis, and Application in Enantioselective Gold (Ⅰ)-Catalyzed Cycloaddition Reactions. Z.-M. Zhang, P. chen, W. Li, Y. Niu, X.-L. Zhao and J. Zhang, *Angew. Chem. Int. Ed.*, **2014**, *53*, 4350 - 4354.

实验五十九   锂 试 剂 加 成

在合成手性叔丁基亚磺酰亚胺的基础上,通过简单一步锂试剂的加成就可以实现(R, Rs)- Ming - Phos 的合成,这与实验六十七得到的 Ming - Phos 正好是一对非对映异构体。

【实验目的】

1. 学习锂试剂的制备方法。

2. 学习锂试剂与亚胺反应的原理及其操作。

【实验原理】

本实验主要用苯基锂与(R)-叔丁基亚磺酰亚胺生成 (R, Rs)- **M1**。

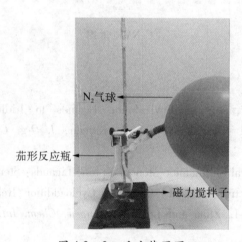

(R, Rs)-M1

【仪器试剂】

仪器： 分液漏斗、减压蒸馏装置、布氏漏斗、抽滤瓶、茄形反应瓶、低温反应器、磁力搅拌子。

试剂： (R)-叔丁基亚磺酰亚胺、溴苯、正丁基锂、THF（无水）、甲苯（无水）、饱和 NH_4Cl 溶液、饱和食盐水、无水 $MgSO_4$。

【实验装置】

N₂气球 →

茄形反应瓶 →

← 磁力搅拌子

图 4.3 - 3　反应装置图

【实验步骤】

　　将茄形反应瓶预先烘干。搭好反应装置，如图 4.3 - 3 所示，将此茄形瓶在抽真空下烘烤，然后抽换氮气 3 次，通氮气下加入溴苯（7.5 mmol，1.0 equiv），随后将反应体系放入到 -78℃的低温反应器内，待该体系温度稳定后，慢慢滴加正丁基锂（7.5 mmol，1.0 equiv），滴加完后低温下继续搅拌 2 h。

　　将茄形反应瓶预先烘干。搭好反应装置，如图 4.3 - 3 所示，将此茄形瓶在抽真空下烘烤、然后抽换氮气 3 次，通氮气下加入准确称量的 (R)-叔丁基亚磺酰亚胺（1.97 g，5 mmol），抽换气三次，在氮气的氛围下加入甲苯（30 mL），随后将反应体系放入到 -78℃的低温反应器内，待该体系温度稳定后，滴加上述制备苯基锂。滴加完成后，缓慢升温，TLC 监测 (R)-叔丁基亚磺酰亚胺原料消失（约 3~5 h）。待原料反应完全后，加入饱和 NH_4Cl 溶液（10 mL）淬灭反应,升至室温,分液,水相用 EtOAc(10 mL)萃取 3 次,合并有机相,用无水硫酸镁干燥,减压浓缩,经过柱层析,即得到(R, Rs)-**M1**,约 86% 的收率。

本实验约需 7~9 小时。

【注意事项】

（1）溶剂要严格除水。

（2）反应体系应严格除氧。

【思考题】

1. 试写出该反应的机理。

2. 反应中严格除水、除氧的目的。

3. 反应中有哪些可能的副反应？应该如何避免？

【化合物表征数据】

^{1}H NMR (400 MHz, CDCl$_3$) δ = 7.66 (dd, J = 7.5, 4.3 Hz, 1 H), 7.40 (t, J = 7.2 Hz, 1 H), 7.34 - 7.29 (m, 3 H), 7.28 - 7.15 (m, 8 H), 7.13 - 6.97 (m, 6 H), 6.66 (dd, J = 8.6, 3.6 Hz, 1 H), 3.89 (d, J = 3.2 Hz, 1 H), 1.21 (s, 9 H); ^{13}C NMR (100 MHz, CDCl$_3$) δ = 146.72, 146.47, 141.90, 136.99, 136.88, 135.97, 135.81, 135.72, 134.87, 133.85, 133.71, 133.65, 133.52, 129.23, 128.47, 128.42, 128.36, 128.30, 128.23, 128.19, 128.16, 127.86, 127.85, 127.59, 127.24, 77.20, 60.00, 59.72, 55.90, 22.61; ^{31}P NMR (162 MHz, CDCl$_3$) δ - 18.40. $[\alpha]_D^{20}$ = 46.5 (c = 0.50, CHCl$_3$)

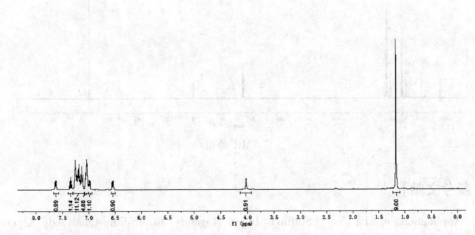

^{1}H NMR 谱图

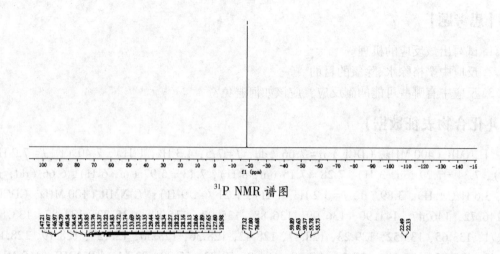

^{31}P NMR 谱图

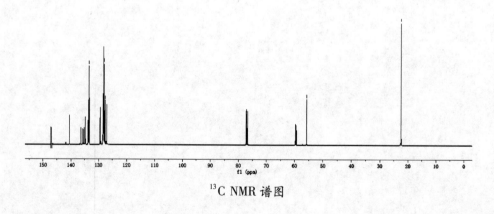

^{13}C NMR 谱图

【参考文献】

1. Application of P, N – Sulfinyl Imine Ligands to Iridium-Catalyzed Asymmetric Hydrogenation of Olefins. L. B. Schenkel, J. A. Ellman, *J. Org. Chem.*, **2004**, *69*, 1800 – 1802.

2. A New Type of Chiral Sulfinamide Monophosphine Ligands：Stereodivergent Synthesis, and Application in Enantioselective Gold (I)-Catalyzed Cycloaddition Reactions. Z.-M. Zhang, P. chen, W. Li, Y. Niu, X.-L. Zhao and J. Zhang, *Angew. Chem. Int. Ed.*, **2014**, *53*, 4350 – 4354.

（四）磺胺药物的合成

1932 年,德国的一家染坊在使用一种红色偶氮染料百浪多息（prontosil）染羊毛时,偶然发现它具有抗菌的能力。翌年,一个德国医生用 prontosil 竟然治好了一个小女孩的败血症(一种血液感染症),这种病在当时几乎是不治之症。此后,人们对 prontosil 的药理作用的研究发现,prontosil 在试管中并无抗菌作用,必须进入人体内分解为对氨基苯磺酰胺和三氨基苯后才能显示出强大的抗菌作用,由此确定对氨基苯磺酰胺(即磺胺)为抗菌作用的母体。

虽然在磺胺衍生物被广泛使用不久,就被更有效的抗生素药物如青霉素、金霉素、土霉素、四环素等所取代,但是磺胺药具有极强的抗菌谱,特别对菌病、脑膜炎球菌、各种尿道感染、呼吸道感染、猩红热、鼠疫等疾病方面均有优良功效,而且价格低廉、服用方便,故目前在临床治疗及预防上仍占有重要的地位。

磺胺药物的一般结构为:

$$H_2N-\!\!\!\!\bigcirc\!\!\!\!-SO_2NHR$$

由于磺胺基上氮原子的取代基不同而形成不同的磺胺药物,本实验将要合成的是最简单的磺胺(SN)和最常用的磺胺甲基异噁唑(SMZ)。

实验六十　乙酰苯胺

苯胺很容易进行酰基化反应,常用的酰基化试剂有冰醋酸、乙酸酐等,但单用冰醋酸反应较慢。用冰醋酸和乙酸酐混合物,反应要快得多。

乙酰苯胺本身有很重要的用途,它在有机合成中常用来保护芳香核上的氨基,使其不被反应试剂破坏。例如苯胺在与具有氧化性的硝酸、氯气等反应时,通常都需要乙酰化保护氨基,以防氧化。氨基经乙酰化保护后,尽管其定位效应不改变,但对芳环的活化能力下降了,可使反应由多元取代变为有用的一元取代,同时由于乙酰氨基的空间效应,往往使取代反应发生在乙酰氨基的对位,这就给选择性的对位取代带来很大方便。在合成的最后步骤,氨基很容易通过酰胺在酸碱催化下水解被重新产生,因此,氨基的乙酰化反应在有机合成上是很有用的。

可能的副反应是二乙酰化,有时在做苯胺的乙酰化反应时产量超过理论值,就是可能生成了较多的二乙酰苯胺的缘故。不过在我们给定的实验条件下,这种副反应很少,而用游离胺与纯醋酸酐进行乙酰化常常伴有二乙酰化物的生成。

【实验目的】

1. 熟悉氨基酰化反应的原理及意义,掌握乙酰苯胺的制备方法。
2. 进一步掌握分馏装置的安装与操作。

【实验原理】

$$\text{C}_6\text{H}_5-\text{NH}_2 + \text{CH}_3\text{CO}_2\text{H} \xrightarrow{\triangle} \text{C}_6\text{H}_5-\text{NHCOCH}_3 + \text{H}_2\text{O}$$

【仪器试剂】

仪器:圆底烧瓶、刺形分馏柱、空气冷凝管、承接管、接收瓶、抽滤漏斗。

试剂:苯胺、冰醋酸、锌粉。

【实验步骤】

在 50 mL 圆底烧瓶中,加入 10 mL 新蒸的苯胺及 15 mL 冰醋酸及少量锌粉(约 0.1 g),装上一支短的刺形分馏柱。其上端装一温度计,支管用一空气冷凝管与一承接管和接收瓶相连接,以收集蒸出的水和醋酸,接收瓶外部用冷水浴冷却。

将圆底烧瓶在石棉网上用小火加热,使反应物保持微沸约 15 min,然后逐渐升高温度,当温度计读数达 100℃ 左右时,支管即有液体馏出,维持温度在 100~110℃ 之间约 1.5 h,反应生成的水及大部分醋酸已被蒸出。此时温度计读数下降,表示反应已经完成,在搅拌下趁热将反应物倒入 200 mL 冰水中,冷却后抽滤,用冰水洗涤,粗产物用水重结晶,产量 9~10 g,熔点 113~114℃。

【注意事项】

(1)久置的苯胺色泽深有杂质,会影响乙酰苯胺的质量,故最好用新蒸的无色或浅黄色的苯胺。

(2)加入少量锌粉的目的是为了防止苯胺在反应过程中被氧化,生成有色的杂质。

(3)反应物冷却后,固体产物立即析出,沾在瓶壁不易处理,故需趁热在搅动下倒入冷水中,以除去过量的醋酸及未作用的苯胺(它可成为苯胺醋酸盐而溶于水)。

【思考题】

1. 在本实验中采用了哪些措施来提高乙酰苯胺的产率?
2. 根据理论计算,反应完成时应产生几毫升水?为什么实际收集的液体要远比理论量多?

实验六十一　对氨基苯磺酰胺

利用氯磺化反应可以制备芳基磺酰氯,理论上需要 2 mol 的氯磺酸,反应先经过中间体芳基磺酸,而磺酸进一步与氯磺酸作用得到磺酰氯,磺酰氯是制备一系列磺胺药的基本原料。

制备磺胺时不必对乙酰氨基苯磺酰氯干燥或进一步提纯,因为下步为水溶液反应,但必须做完后很快应用,不能长期放置,如果要制备磺胺甲基异噁唑,则必须干燥,因为下步反应在无水条件下进行。

一般来说磺酰氯对水的稳定性要比羧酸氯要高,但也可以慢慢水解而得到相应的磺酸。因此,对乙酰氨基苯磺酰氯的质量以及与氨或氨的衍生物的反应,是制备磺胺类药物的关键。磺胺(SN)对溶血性葡萄球菌的繁殖有较强的抑制能力,目前主要用于外伤的治疗。

【实验目的】

1. 通过对氨基苯磺酰胺的制备,掌握酰氯的氨解和乙酰氨基衍生物的水解。
2. 进一步熟悉回流重结晶等基本操作。

【实验原理】

$$C_6H_5NHCOCH_3 + 2HOSO_2Cl \longrightarrow p-CH_3CONHC_6H_4SO_2Cl + H_2SO_4 + HCl$$
$$p-CH_3CONHC_6H_4SO_2Cl + NH_3 \longrightarrow p-CH_3CONHC_6H_4SO_2NH_2 + HCl$$
$$p-CH_3CONHC_6H_4SO_2NH_2 + H_2O \longrightarrow p-H_2NC_6H_4SO_2NH_2 + CH_3COOH$$

【仪器试剂】

仪器: 锥形瓶、烧杯、圆底烧瓶、布氏漏斗、抽滤瓶。

试剂: 乙酰苯胺(自制)、氯磺酸、浓氨水、浓盐酸、碳酸钠。

【实验步骤】

1. 对乙酰氨基苯磺酰氯

在 100 mL 干燥的锥形瓶中,加入 5 干燥的乙酰苯胺,在石棉网上用小火加热熔融。瓶壁上若有少量水汽凝结,应用干净的滤纸吸去。冷却使熔融物凝结成块。将锥形瓶置于冰浴中冷却后,快速倒入 12.5 mL 氯磺酸,立即塞上带有氯化氢导气管的塞子或罩上与水泵相连的玻璃漏斗,开启水泵抽气,以排除反应产生的氯化氢气体。反应很快发生,若反应过于剧烈,可用冰水浴冷却。待反应缓和后,微微摇动锥形瓶使固体全溶,然后再在温水浴中加热 10 min 使反应完全。将反应瓶在冰水浴中充分冷却后,于通风橱中充分搅拌下,将反应液慢慢倒入盛有 75 g 碎冰的烧杯中,用少量冷水洗涤反应瓶,并入烧杯中。继续搅拌,尽量将大块固体粉碎,使成颗粒小而均匀的白色固体。抽滤收集,用少量冷水洗涤,压干,立即进行下一步反应。

2. 对乙酰氨基苯磺酰胺

将上述粗产物移入 50 mL 烧杯中,在不断搅拌下慢慢加入 17.5 mL 浓氨水(在通风橱内进行),立即发生放热反应并产生白色糊状物。加完后,继续搅拌 15 min,使反应完全。然后加入 10 mL 水在石棉网上用小火加热 10 min,并不断搅拌,以除去多余的氯,得到的混合物可直接用于下一步合成。

3. 对氨基苯磺酰胺

置上述反应物于圆底烧瓶中,加入 3.5 mL 浓盐酸,在石棉网上用小火加热回流 0.5 h。冷却后,得一几乎澄清的溶液,若有固体析出,应继续加热,使反应完全。如溶液呈黄色,并有极少量固体存在时,需加少量活性炭煮沸 10 min,趁热过滤。将滤液转入 400 mL 烧杯中,在搅拌下小心加入粉状碳酸钠至恰呈碱性(约 4 g)。在冰水浴中冷却,抽滤收集固体,用少量冰水洗涤,压干。粗产物用水重结晶(每克产物约需 12 mL 水),产量 3~4 g,熔点 161~162℃。

【注意事项】

(1) 氯磺酸对皮肤和衣服有很强烈的腐蚀性,暴露在空气中会冒出大量氯化氢气体,遇水会发生猛烈的放热反应,甚至爆炸,故取用时应带上防护手套,须在通风橱内操作。反应中所用仪器及药品皆需十分干燥。含有氯磺酸的废液不可倒入水槽,而应倒入废物缸中。工业氯磺酸常呈棕黑色,使用前宜用磨口仪器蒸馏纯化,收集 148~150℃ 的馏分。

(2) 氯磺酸与乙酰苯胺的反应相当激烈,将乙酰苯胺凝结成块状,可使反应缓和进行,当反应过于剧烈时,应适当冷却。

(3) 对乙酰氨基苯磺酰胺在稀酸中水解成磺胺,后者又与过量的盐酸形成水溶性的盐酸盐。所以水解完成后,反应液冷却时应无晶体析出。由于水解前溶液中氨的含量不同,加 3.5 mL 盐酸有时不够,因此,在回流至固体全部消失前,应测一下溶液的酸碱性,若酸性不够,应补加盐酸继续回流一段时间。

【思考题】

1. 为什么在氯磺化反应完成以后处理反应混合物时,必须移到通风橱中,且在充分搅拌下缓缓倒入碎冰中? 若在未倒完前冰就化完了,是否应补加冰块? 为什么?

2. 为什么苯胺要乙酰化后再氯磺化? 直接氯磺化行吗?

(五)抗痉挛药物——5,5-二苯基乙内酰脲的合成

5,5-二苯基乙内酰脲作为钠盐——二苯基乙内酰脲钠(地仑丁 Dilantin)使用,是一种抗痉挛性的药物,可使病情稳定但不能减少癫痫的发作。静脉注射可控制严重的癫痫患者,肌内注射能防止神经外科手术时病情的发作。静脉注射太快会导致呼吸作用和心脏功能的改变。

实验六十二　安息香的辅酶合成

苯甲醛在氰化钠(钾)的作用下,于乙醇中加热回流,两分子苯甲醛之间发生缩合反应,生成二苯乙醇酮,即安息香,因此把芳香醛的一类缩合反应称为安息香缩合反应。反应机制类似于羟醛缩合反应,也是负碳离子对羰基的亲核加成反应,氰化钠(钾)是催化剂。

由于氰化物是剧毒品,使用不当会有危险性。本实验用维生素 B_1 盐酸盐代替氰化物催化安息香缩合反应,反应条件温和,无毒,产率较高。有生物活性的维生素 B_1 是一种辅酶,酶与辅酶均是生化反应催化剂,在生命过程中起重要作用,其化学名称为盐酸硫胺素或噻胺(thiamine),它的主要作用是促使 α-酮酸脱羧和形成偶姻(α-羟基酮)。

【实验目的】

1. 学习安息香辅酶合成的制备原理和方法。
2. 进一步掌握回流、冷凝、抽滤等基本操作。

【实验原理】

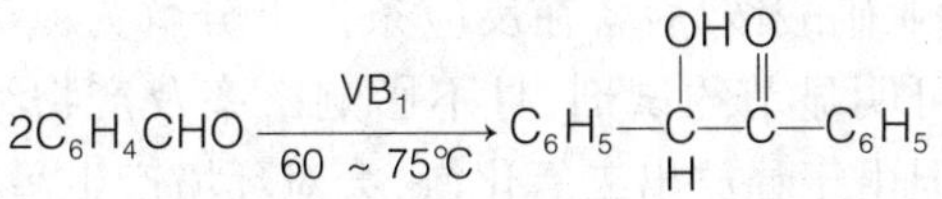

$$2C_6H_4CHO \xrightarrow[60 \sim 75℃]{VB_1} C_6H_5\underset{H}{\overset{OH}{C}}\overset{O}{\overset{\|}{C}}C_6H_5$$

【仪器试剂】

仪器：烧杯、试管、回流冷凝管、圆底烧瓶、布氏漏斗、抽滤瓶。
试剂：苯甲醛（新蒸）、维生素 B_1、95%乙醇、10%氢氧化钠溶液。

【实验步骤】

在 100 mL 圆底烧瓶中,加入 1.8 g 维生素 B_1,5 mL 蒸馏水和 15 mL 乙醇,将烧瓶置于冰浴中冷却。同时取 5 mL 10%氢氧化钠溶液于一支试管中也置于冰浴中冷却。然后在冰浴冷却下,将上述氢氧化钠溶液在 10 min 内滴加至硫胺素溶液中,并不断摇荡,调节溶液 pH 为 9～10,此时溶液呈黄色。去掉冰水浴,加入 10 mL 新蒸的苯甲醛,加几粒沸石,装上回流冷凝管,将混合物置于水浴上温热 1.5 h。水浴温度保持在 60～70℃（切勿将混合物加热至剧烈沸腾!）,此时反应混合物呈桔黄或桔红色均相溶液。将反应混合物冷至室温,析出浅黄色结晶。将烧杯置于冰浴中冷却使结晶完全。若产物呈油状物析出,应重新加热使成均相,再慢慢冷却重新结晶（必要时可用玻棒摩擦瓶壁或投入晶种）。抽滤,用 50 mL 冰水分两次洗涤结晶。粗产物用 95%乙醇重结晶。若产物呈黄色,可加入少量活性炭脱色。纯安息香为白色针状结晶,产量约 5 g,熔点 134～136℃。

【注意事项】

（1）苯甲醛中不能含有苯甲酸,用前最好经 5%碳酸钠溶液洗涤,而后减压蒸馏,并避光保存。

（2）VB_1 在酸性条件下是稳定的,但易吸水,在水溶液中易被氧化失效,光及酮、铁、锰等金属离子均可加速氧化,在氢氧化钠溶液中噻唑环易开环失效。因此,反应前 VB_1 溶液及氢氧化钠溶液必须用冷水冷透。

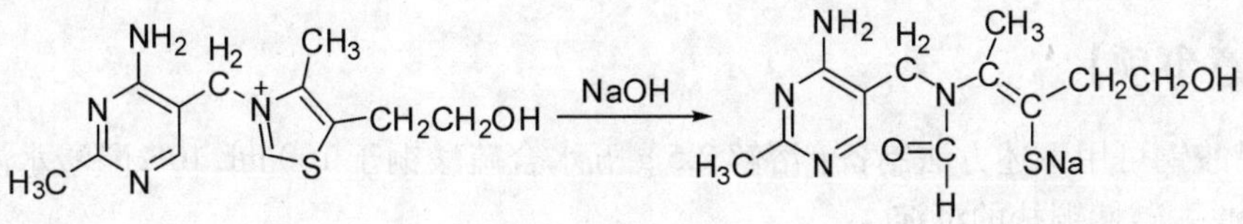

【思考题】

1. 为什么加入苯甲醛后,反应混合物要保持 pH 为 9～10? 溶液 pH 过低有什么不好?

2. 为什么反应时,水浴温度保持在 60~70℃,不能将混合物加热至沸?

实验六十三 二 苯 乙 二 酮

安息香可以被温和的氧化剂如醋酸铜氧化生成 α-二酮,铜盐本身被还原成亚铜态。本实验经改进后使用催化量的醋酸铜,反应中产生的亚铜盐可不断被硝酸铵重新氧化生成铜盐,硝酸胺本身则被还原为亚硝酸铵,后者在反应条件下分解为氮气和水。改进后的方法在不延长反应时间的情况下可明显节约试剂,且不影响产率及产物纯度。据报道安息香也可用浓硝酸氧化成 α-二酮,但由于释放出二氧化氮,会对环境产生污染。

本实验用醋酸铜氧化法将上步反应制得的安息香氧化制得二苯乙二酮,也称联苯酰(benzil)。

【实验目的】

1. 学习并掌握安息香被氧化生成 α-二酮的操作方法。
2. 学习薄层分析法监测有机反应进行程度的实验方法。

【实验原理】

$$C_6H_5-\overset{OH}{\underset{H}{C}}-\overset{O}{C}-C_6H_5 \xrightarrow[NH_4NO_3]{Cu(OAc)_2} C_6H_5-\overset{O}{C}-\overset{O}{C}-C_6H_5$$

【仪器试剂】

仪器:烧杯、回流冷凝管、圆底烧瓶、布氏漏斗、抽滤瓶。
试剂:安息香、冰醋酸、硝酸铵、2%醋酸铜、75%的乙醇。

【实验步骤】

在 50 mL 圆底烧瓶中加入 4.3 g 安息香、12.5 mL 冰醋酸、2 g 粉状的硝酸铵和 2.5 mL 2%醋酸铜溶液,加入几粒沸石,装上回流冷凝管,在石棉网上缓缓加热并时加摇荡。当反应物溶解后,开始放出氮气,继续回流 1.5 h 使反应完全。将反应混合物冷至 50~60℃,在搅拌下倾入 20 mL 冰水中,析出二苯乙二酮结晶。抽滤,用冷水充分洗涤,尽量压干,粗产物干燥后为 3~3.5 g。产物已足够纯净可直接用于下一步合成。如要制备纯品,可用 75%的乙醇水溶液重结晶,熔点 94~96℃。

纯二苯乙二酮为黄色晶体,熔点为 95℃。

【注意事项】

2%醋酸铜可用下述方法制备:溶解 2.5 g 五水合硫酸铜于 100 mL 10%醋酸水溶液中,充分搅拌后滤去碱性铜盐的沉淀。

【思考题】

1. 用反应方程式表示醋酸铜和硝酸铵在与安息香反应过程中的变化。

2. 从结构特点出发说明二苯乙二酮为什么呈黄色晶体。

实验六十四　5,5-二苯基乙内酰脲

在碱性溶液中,二苯乙二酮与尿素作用并通过重排,可得到二苯基乙内酰脲。生成二苯基乙内酰脲的反应机理,大体上类似于二苯乙二酮重排成二苯基乙醇酸。

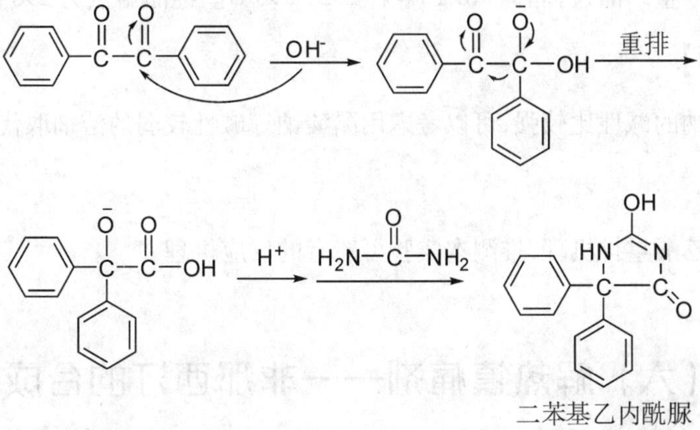

二苯基乙内酰脲

5,5-二苯基乙内酰脲的钠盐(苯妥英钠,Dilantin)是一种抗痉挛药物,它可作用稳定癫痫病发作,但不能减少发作,静脉注射可控制严重癫痫发作,肌肉注射能防止神经外科手术时发病。静脉注射速度太快会导致呼吸作用和心脏功能改变。

【实验目的】

1. 了解二苯乙二酮和尿素制备 5,5-二苯基乙内酰脲的方法和反应机理。
2. 熟练掌握回流、抽滤和重结晶等实验操作。

【实验原理】

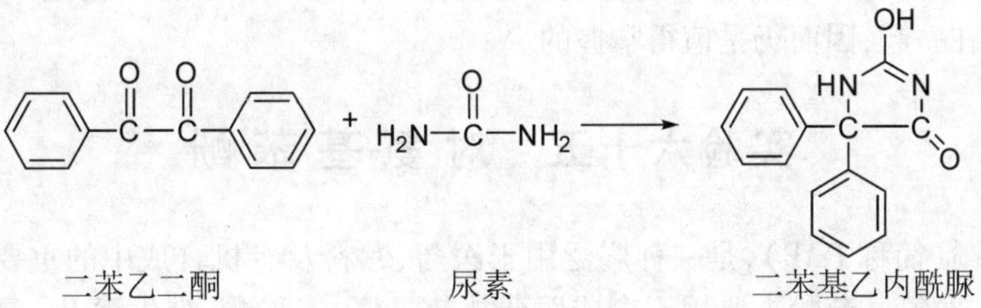

二苯乙二酮　　　　　　　　尿素　　　　　　二苯基乙内酰脲

【仪器试剂】

仪器:圆底烧瓶、回流冷凝管、烧杯、布氏漏斗、抽滤瓶。
试剂:二苯乙二酮、尿素、30% NaOH、10% HCl、丙酮。

【实验装置】

参见图 3.1-6。

【实验步骤】

在 100 mL 圆底烧瓶中加入 45 mL 乙醇、3 g 二苯乙二酮、1.5 g 尿素和 9 mL 30% NaOH 水溶液。油浴加热,温和地回流反应混合物 2 h。在回流时间结束后,于冰浴中冷却反应混合物,然后倾入 75 mL 水中。抽滤除去沉淀的杂质,逐滴地向滤液中加入 10% HCl,直到蓝色石蕊试纸呈酸性,使沉淀充分析出。再抽滤收集二苯基乙内酰脲的粗品,并用 50 mL 冷水洗涤产物。产物用丙酮重结晶,得晶体 1.8 g,熔点 292~295℃。纯品熔点为 296~297℃。

【注意事项】

由于氢氧化钠的碱性比较强,可以考虑用醋酸钠等碱性较弱的溶剂取代氢氧化钠。

【思考题】

根据二苯羟乙酸重排机理,推测本实验可能有的反应机理。

(六)解热镇痛剂——非那西汀的合成

非那西汀,学名是对乙酰氨基苯乙醚。本品为白色有光泽鳞状结晶或结晶性粉末,无臭,味微苦,在空气中稳定,极微溶于冷水(1 g/1 310 mL),略溶于沸水(1 g/82 mL),溶于 16 倍的冷乙醇或 2 倍的沸乙醇中,溶于氯仿。熔点 134~136℃。该化合物有显著的解热镇痛的效果。内服后,可降解为乙酰氨基酚,经 30 min 后,出现解热作用,约可持续 8 h。口服毒性低,长期以来曾广泛用于治疗关节痛、神经痛、头痛、发热感冒及痛经等,亦是复方阿司匹林的一个组分。然而,当大剂量服用后因产生过量的变性血红蛋白,导致眩晕,发绀,呼吸困难等副作用;特别是长期大剂量服用,会对肾脏、血红蛋白及视网膜产生损害。因此,非那西汀片和含非那西汀的"小儿退热片"已停止使用,但仍保留了非那西汀原料和含非那西汀的其他复方制剂,如 APC 等。非那西汀的合成在有机化学中有相当的意义,它把一些基本而又重要的实验糅合在一起,因而仍是值得掌握的。

实验六十五 对氨基苯酚

对氨基苯酚(简称 PAP),是一种广泛用于医药、燃料及有机合成中的重要有机中间体。在医药工业中,对氨基苯酚主要用于合成医药扑热息痛、安妥酮、维生素 B_1、复合烟酰胺等;橡胶工业中可合成 4010NA、4020、4030 等对苯二胺类防老剂;在燃料工业中是生成分散染料、酸性染料、直接燃料、硫化染料和毛皮燃料等的中间体;对氨基苯酚还可用于生产照相显影液米士尔,也可以直接用作抗氧剂和石油制品添加剂。

【实验目的】

1. 了解制备对氨基苯酚的方法和反应机理。
2. 熟练掌握回流、抽滤等实验操作。

【实验原理】

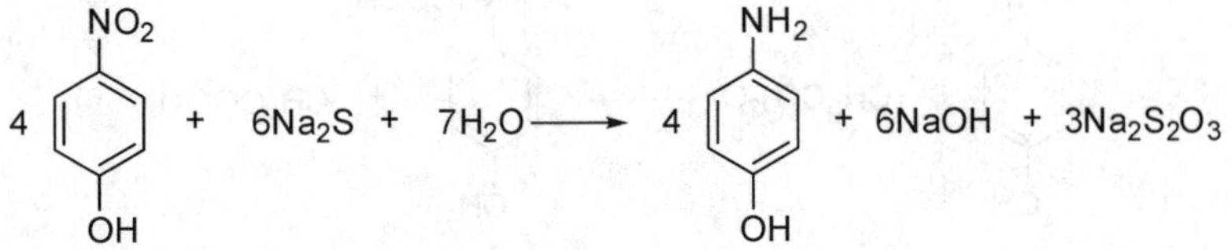

$$4 \underset{OH}{\overset{NO_2}{\bigcirc}} + 6Na_2S + 7H_2O \longrightarrow 4 \underset{OH}{\overset{NH_2}{\bigcirc}} + 6NaOH + 3Na_2S_2O_3$$

【仪器试剂】

仪器:圆底烧瓶、回流冷凝管、油浴锅、漏斗、烧杯、布氏漏斗、抽滤瓶。

试剂:对硝基苯酚、硫化钠、水、碳酸氢钠溶液(10 g NaHCO$_3$+ 100 mL 水)。

【实验装置】

参见图 3.1 - 6。

【实验步骤】

在 50 mL 圆底烧瓶中加入 5 g 对硝基苯酚,14 g 无水硫化钠及 10 mL 水,摇匀混合后,装上一球形回流冷凝管。在油浴中慢慢加热,并随时加以摇动。当油浴温度达到 120~140℃时,反应即开始,暂时中止加热,待反应减弱后,继续在油浴(140℃)上回流 2 h,间断振摇使反应物混合均匀。放冷片刻,加水 2.5 mL 稀释,趁热用小漏斗过滤,用水洗涤。将滤液倾入饱和的碳酸氢钠溶液(10 g NaHCO$_3$+ 100 mL 水)中即有对氨基苯酚析出。放置一夜,抽滤,用少量水洗涤,然后用水重结晶法提纯,真空温热干燥,得对氨基苯酚约 2.95 g,于真空干燥器中保存待用。测得熔点 186~188℃,纯对氨基苯酚的熔点为 188~190℃。

【注意事项】

也可用保险粉(Na$_2$S$_2$O$_4$)进行还原,获得同样的效果,产物色泽更淡。

【思考题】

铁粉还原或催化加氢还原对硝基苯酚也是制取对氨基苯酚的传统方法,试与本实验方法比较各方法的优缺点。

实验六十六 对乙酰氨基苯酚

对乙酰氨基苯酚为大众熟知的扑热息痛的主体成分,属解热镇痛药,需求量颇大。目前国内大多以硝基苯酚为原料经还原再酰化的工艺路线生产扑热息痛。

【实验目的】

1. 了解制备对乙酰氨基苯酚的方法和反应机理。
2. 熟练掌握回流、抽滤等实验操作。

【实验原理】

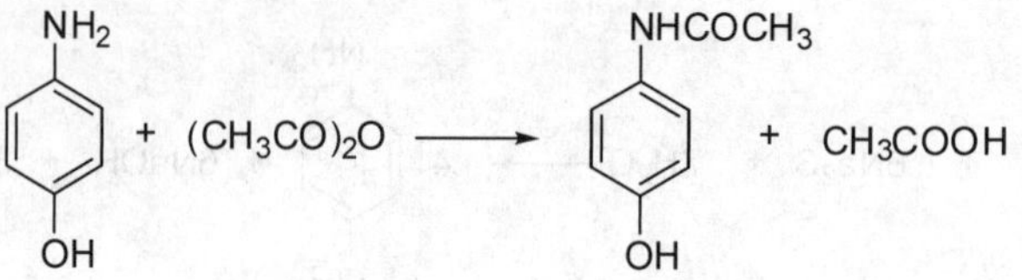

$$
\underset{OH}{\overset{NH_2}{\bigcirc}} + (CH_3CO)_2O \longrightarrow \underset{OH}{\overset{NHCOCH_3}{\bigcirc}} + CH_3COOH
$$

【仪器试剂】

仪器：圆底烧瓶、回流冷凝管、水浴锅、漏斗、烧杯、结晶管。

试剂：对氨基酚、水、乙酸酐。

【实验装置】

参见图 3.1－6。

【实验步骤】

在 50 mL 圆底烧瓶中加入 2.2 g 对氨基酚及 5～6 mL 水充分摇振使成乳浊液。加入 2.8 mL 乙酸酐,用玻璃塞塞住后用力振摇使其充分混合,由于放热反应,温度自行升高。待瓶内反应稳定后,取走玻璃塞,装上回流冷凝管,把瓶放在热水浴上加热使固体完全溶解,并再加热 10 min。冷却后,用小型漏斗将结晶滤出,并用少量冷水洗涤。所得粗品可能带有颜色,应把它移入带有冷凝管的烧瓶中,加少量活性炭(或硅藻土)及 5～10 mL 蒸馏水,加热回流 15 min,趁热抽滤,滤热收集在一结晶管中;放置冷却,所得的结晶经干燥后,称重得 2.2 g 产品,收率约 72.8%,测得熔点为 166～168℃,纯对乙酰氨基苯酚的熔点为 169～172℃。

【注意事项】

如产物的熔点不能令人满意时,可能是由于微量的二乙酰基化合物所致。将产物溶于冷的稀碱液中,振摇片刻,然后加酸中和使之沉淀,过滤,干燥即可。因稀碱液能使二乙酰基化合物的 O－乙酰基发生水解。

【思考题】

本实验中采取了哪些措施来提高乙酰苯胺的产率?

实验六十七 非那西汀——对乙酰氨基苯乙醚

【实验目的】

1. 掌握非那西汀的制备。
2. 练习多步合成的实验操作。

【仪器试剂】

仪器：球形冷凝管、圆底烧瓶、刻度滴管、试管、漏斗、抽滤漏斗、抽滤瓶。

试剂：乙酰氨基苯酚、无水乙醇、钠、碘乙烷、甲醇；氢氧化钠溶液、硫酸二乙酯。

【实验原理】

方法一：

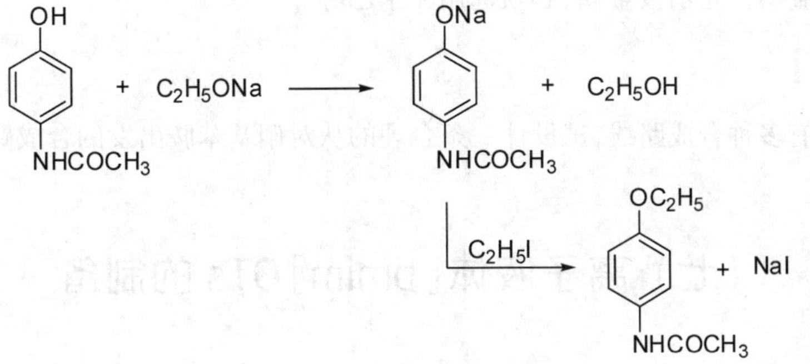

方法二：

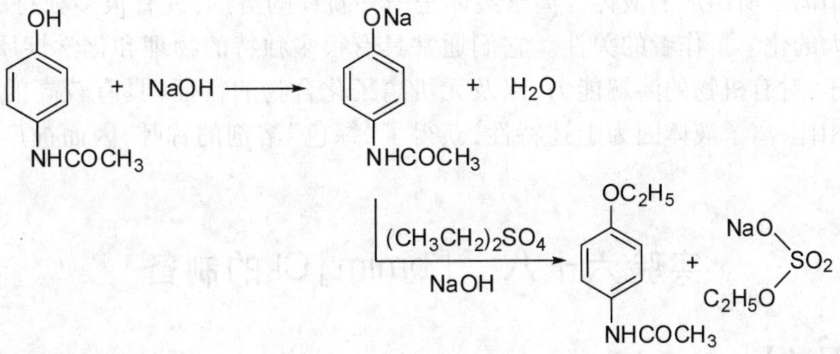

【实验步骤】

方法一：碘乙烷法。

在充分干燥的装有球形冷凝管的 50 mL 圆底烧瓶中，加 8 mL 无水乙醇及 0.32 g 金属钠，待钠完全消溶后（如不能完全溶解则可将瓶放在温水中温热），冷却，加入 2.0 g 对乙酰氨基苯酚，然后用刻度滴管由直型冷凝管上端慢慢加入 1.6 mL（3.1 g）碘乙烷，加热回流约半小时，然后滴加 20 mL 水，可能随即有晶体析出。将烧瓶再温热使全部溶解，先放置自然冷却，然后在冰浴中进一步冷却，滤集粗品，用数滴冰水洗涤。用 16 mL 甲醇将产品冲洗入一结晶试管中，在冰水浴上加热使全溶，若不能全溶时再加甲醇数滴并再加热至全溶，冰水冷却，用小漏斗抽滤，并用数滴甲醇洗涤，空气中干燥。称重得产品 1.4 g，熔点为 130~132℃。纯对乙酰氨基苯乙醚熔点为 134~136℃。

方法二：硫酸二乙酯法。

在一短颈试管中加入 2.0 g 对乙酰氨基苯酚及 6 mL 2 mol/L 的氢氧化钠溶液，塞紧橡皮塞，用力振摇混合后，慢慢滴加 2 mL 硫酸二乙酯，温热到 40℃，充分振摇，放置 4 h，间断振摇。室温放置过夜。加入 3 mL 2 mol/L 的氢氧化钠溶液（用以破坏过量的硫酸二乙酯和溶解掉未反应的酚）。振摇，放置 2 h 后，抽滤，用冰水洗涤以除去游离碱等。将粗品溶于 5 mL 热乙醇中，加入少量活性炭，过滤得无色滤液。加 20 mL 水稀释，放置缓慢冷却，数小时后抽滤得无色的晶体,在空气中干燥。称重得产品约 1.3 g。

【注意事项】

(1) 碘乙烷为有毒化学品,沸点为 72.8℃,碘乙烷要在通风橱中取用,不能敞口放置。
(2) 因为金属钠是活泼金属,必须选用无水乙醇。

【思考题】

非那西汀有多种合成路线,试设计一条合理的从对硝基苯胺出发的合成路线。

(七) 离子液体[bmim]OTs 的制备

离子液体(ionic liquids)指的是在室温(或稍高于室温的温度)下呈液态的离子体系,是一种仅由阴阳离子所组成的液体。离子液体是一种新颖的溶剂,具有很多独特的性质,近年来吸引了广大的化学工作者的关注。它们通常具有很多独特的物理和化学性质:几乎可以忽略的蒸汽压,对有机物的溶解能力,以及无机离子化合物的特征(具有较高的热稳定性)。与有机溶剂相比,离子液体因为上述特性,获得了"绿色"溶剂的称呼,因而被广泛应用于有机反应中。

实验六十八 [bmim]Cl 的制备

【实验目的】

1. 了解离子液体的概念和特点。
2. 学习咪唑 N 烷基化的原理和方法。

【实验原理】

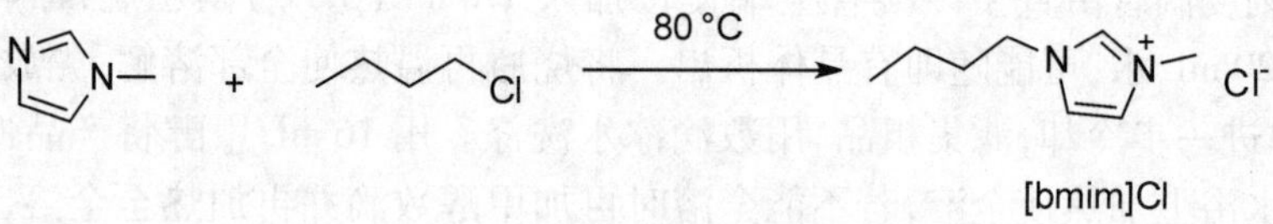

【仪器试剂】

仪器:天平、量筒、圆底烧瓶、冷凝管、搅拌器、磁子、烧杯等。
试剂:N-甲基咪唑、1-氯丁烷、乙酸乙酯。

【实验步骤】

在装有回流冷凝管的圆底烧瓶中加入 N-甲基咪唑(4.1 g,4 mL)和 1-氯丁烷(4.6 g,5.2 mL),磁子,搅拌升温至 80℃,反应三天。停止反应,在完全冷却以前将得到的粘稠液体倾倒入装有乙酸乙酯的烧杯中,搅拌,然后置于 0℃ 的冰箱中。最后得到的白色固体即为 [bmim]Cl。进一步纯化可以再次加热融化,用乙酸乙酯洗涤。

本实验约需 3 天。

【思考题】

反应中,为什么烷基化反应发生在 3 位而不是 1 位?

【化合物表征数据】

^{1}H NMR (500 MHz, CDCl$_3$): δ = 10.54 (s, 1H), 7.55 (m, 1H), 7.40 (m, 1H), 4.26 (t, 2H, J = 7.3 Hz), 4.11 (s, 3H), 1.82 (m, 2H), 1.30 (m, 2H), 0.89 (t, 3H, J = 7.3 Hz)

【参考文献】

1. Photoreduction of Benzophenones by Amines in Room-Temperature Ionic Liquids. J. L. Reynolds, K. R. Erdner and P. B. Jones *Org. Lett.*, **2002**, *4*, 917 – 919.

2. A novel phased array antenna system for microwave-assisted organic syntheses under waveguideless and applicatorless setup conditions. S. Horikoshi, S. Yamazaki, A. Narita, T. Mitani, N Shinoharab and N. Serpone *RSC Adv.*, **2016**, *6*, 113899 – 113902.

实验六十九　[bmim]OTs 的制备

【实验目的】

1. 学习制备离子液体的原理和方法。
2. 了解离子液体的合成及结构特点。
3. 练习使用活性炭脱色。

【实验原理】

【仪器试剂】

仪器: 天平、量筒、圆底烧瓶、冷凝管、搅拌器、搅拌磁子、烧杯、旋转蒸发仪等。

试剂: 1-丁基-3-甲基咪唑氯盐、氢氧化钠、甲苯磺酸一水合物、去离子水、活性炭等。

【实验步骤】

向 10 mL 去离子水中依次加入 1.75 g(10 mmol)1-丁基-3-甲基咪唑氯盐([bmim]Cl), 0.48 g(12 mmol)氢氧化钠和 1.9 g(10 mmol)对甲苯磺酸一水合物(TsOH·H$_2$O),室温搅拌 2 h,得到浅黄色溶液。减压蒸馏后,加入约 10 mL 二氯甲烷溶解,得到浅黄色溶液(混有白色不溶物),加入活性炭脱色,搅拌回流 2 h,过滤,所得滤液经旋转蒸发除去溶剂,并在加热条件下真空干燥,得黄色固体 2.93 g,收率 94.6%,熔点 67℃。

本实验约需 6 小时。

【思考题】

1. 反应中,为什么使用去离子水?

2. 该反应发生的驱动力是什么?

【化合物表征数据】

^{1}H NMR (500 MHz, D_2O): $\delta = 0.78 - 0.82$ (m, 3H), $1.28 - 1.32$ (m, 2H), $1.74 - 1.81$ (m, 2H), 2.40 (s, 3H), 3.85 (s, 3H), 4.16 (t, $J = 7.2$ Hz, 2H), 7.30 (d, $J = 8.0$ Hz, 2H), 7.60 (d, $J = 8.0$ Hz, 2H), 7.40 (s, 2H), 8.60 (s, 1H)

【参考文献】

1. Acetylation Catalyzed by Functionalized Ionic Liquid [bmim] OTs. L. Liu, Y. Liu and Y. Cai *Chin. J. Catal.*, **2008**, *29*, 341 – 345.

2. Metal-Free and Recyclable Access to Synthesize Polysubstituted Olefins via C—C Bond Construction from Direct Dehydrative Coupling of Alcohols or Alkenes with Alcohols Catalyzed by SO_3H— Functionalized Ionic Liquids. F. Han, L. Yang, Z. Li, Y. Zhao and C. Xia *Adv. Synth. Catal.*, **2014**, *356*, 2506 – 2516.

第五章

现代有机合成

（一）钯催化的偶联反应

实验七十　常见钯催化剂的合成

钯是第五周期Ⅷ族铂系元素的成员,是由 1803 年英国化学家武拉斯顿从铂矿中发现的化学元素,是航天、航空等高科技领域以及汽车制造业不可缺少的关键材料。此外,由于化学家们对其的化学性质及其催化性能的研究也使得钯络合物成为当今化学界用途最广的催化剂之一。钯常见的价态有零价、二价及四价。近年来人们对其的深入研究也使得一价钯化学成为人们关注的焦点。相比于一价和四价钯,零价及二价钯络合物由于其的稳定性、易制备及丰富的化学反应性等特点而被人们大量使用。本实验则向大家介绍两种常用的钯催化剂[$Pd(PPh_3)_2Cl_2$ 和 $Pd(PPh_3)_4$]的制备方法。

【实验目的】

1. 掌握二价钯络合物 $Pd(PPh_3)_2Cl_2$ 的制备方法。
2. 制备零价钯络合物 $Pd(PPh_3)_4$。

【实验原理】

$$PdCl_2 + CH_3CN \xrightarrow[RT]{overnight} Pd(CH_3CN)_2Cl_2 \xrightarrow[CH_2Cl_2, RT]{PPh_3} PdCl_2(PPh_3)_2$$

$Pd(PPh_3)_2Cl_2$ 的制备分两步完成:首先氯化钯与乙腈配位得到二价钯络合物 $Pd(CH_3CN)_2Cl_2$。随后 $Pd(CH_3CN)_2Cl_2$ 与三苯基膦发生配体交换反应得到目标钯络合物 $Pd(PPh_3)_2Cl_2$。

$$PdCl_2 + PPh_3 \xrightarrow[\substack{2) H_2NNH_2 \cdot HO(1.5\ equiv) \\ 125℃,\ 2\ min}]{1)\ DMSO,\ 140℃,\ 10\ min} Pd(PPh_3)_4$$

$Pd(PPh_3)_4$ 的合成则由一锅法反应来实现。即:氯化钯与三苯基膦配位后,通过水合肼的还原作用将二价钯还原为零价钯,并与三苯基膦配位而制得零价钯络合物 $Pd(PPh_3)_4$。

【仪器试剂】

仪器:Schlenk 反应瓶、茄形瓶、磁力搅拌子、布氏漏斗、抽滤瓶。

试剂:二氯化钯、乙腈、三苯基膦、二氯甲烷、二甲基亚砜(DMSO)、水和肼、蒸馏水、无水乙醇、无水乙醚。

【实验装置】

图 5.1－1　反应装置图

【实验步骤】

1. PdCl$_2$(PPh$_3$)$_2$的制备

如图 5.1－1(左图)所示,在加有磁力搅拌子的 100 mL Schlenk 反应瓶中加入的 PdCl$_2$(0.375 g,2.0 mmol)和 40 mL 的乙腈,利用真空泵抽气换气,在氮气保护下室温搅拌过夜,将反应液转移至 100 mL 茄形瓶中,然后在旋转蒸发仪上旋干溶剂后,真空抽干,得到黄色固体为 Pd(CH$_3$CN)$_2$Cl$_2$粗产品。

将得到 Pd(CH$_3$CN)$_2$Cl$_2$和 PPh$_3$(1.05 g,4.0 mmol)加入到另一干净的含有磁力搅拌子的 100 mL Schlenk 反应瓶中,利用真空泵抽气换气,在氮气球保护下,用注射器加入 30 mL 二氯甲烷,室温搅拌 2 小时后,有大量的黄色固体析出,将反应液用布氏漏斗过滤,并用二氯甲烷(10 mL ∗ 2)洗涤滤饼。收集滤饼并干燥,最终得到黄色的固体 Pd(PPh$_3$)$_2$Cl$_2$为 1.4 g,产率 99%。

2. Pd(PPh$_3$)$_4$的制备

如图 5.1－1(右图)所示,取一加有磁力搅拌子的 100 mL Schlenk 反应瓶,将称量好的 PdCl$_2$(0.375 g,2.0 mmol)和 PPh$_3$(2.62 g,10.0 mmol)加入其中,利用真空泵抽气换气,然后加氩气球保护,再用注射器加入 30 mL 的二甲亚砜,放入油浴中,快速加热到 140℃,继续搅拌 10 分钟,等观察到反应液变为澄清透明后,可以将油浴的温度降低到 125℃。在稳定 2 分钟后,向该溶液快速加入水合肼(0.5 ml,1.5 mmol),同时搅拌 3~5 分钟。之后将反应液降温至室温,会观察到有大量黄色固体析出。用布氏漏斗过滤,并依次使用 5 mL 蒸馏水、5 mL 乙醇、5 mL 乙醚对滤饼进行洗涤。收集滤饼,再真空干燥,可得亮黄色固体产品 2.2 g,产率 96%。

【注意事项】

制备的零价钯络合物 Pd(PPh$_3$)$_4$为亮黄色固体,其会被空气慢慢氧化为黄褐色固体。因此,反应应在氩气氛围下进行,且得到的产品应在氩气保护下冷藏保存。

【思考题】

1. 请分别列举三种其他的二价钯和零价钯络合物,并举例说明它们的催化用途。
2. 有哪些方法可以将二价钯络合物还原为零价钯?

【参考文献】

1. D. R. Coulson, L. C. Satek and S. O. Grim *Inorg. Synth.*, **1971**, *13*, 121 - 124.
2. R. Giannandrea, P. Mastrorilli, C. F. Nobile, *Inorganica Chimica Acta*, **1999**, *284*, 116 - 118.

实验七十一　Suzuki 偶联反应

在 Pd 配合物催化剂的作用下芳基或烯基硼酸或硼酸酯与氯、溴或碘代芳烃或烯烃的交叉偶联反应称为 Suzuki - Miyaura 反应(铃木-宫浦反应)。这个反应是由 Akira Suzuki(铃木彰)教授于 1981 年首先报道,在有机合成中的用途很广。由于采用了硼试剂,该反应具有较强的底物适应性及官能团容忍性,常用于合成多烯烃、苯乙烯和联苯的衍生物,从而应用于众多天然产物、有机材料的合成中。美国科学家理查德-海克(Richard F. Heck)和日本科学家根岸英一(Ei-ichi Negishi)、铃木彰(Akira Suzuki)因在研发"有机合成中的钯催化交叉偶联"而获得 2010 年度诺贝尔化学奖。

两芳基偶联反应的基本反应类型可以表示为:

$$ArB(OH)_2 + Ar'—X \xrightarrow[\text{Base(MB)}]{\text{Pd}(PPh_3)_4} Ar—Ar'$$

$$X = Cl, Br, I, OTf$$

通常大家都认为这个反应的催化循环过程经历了氧化加成、配体交换、转金属化和还原消除四个阶段:

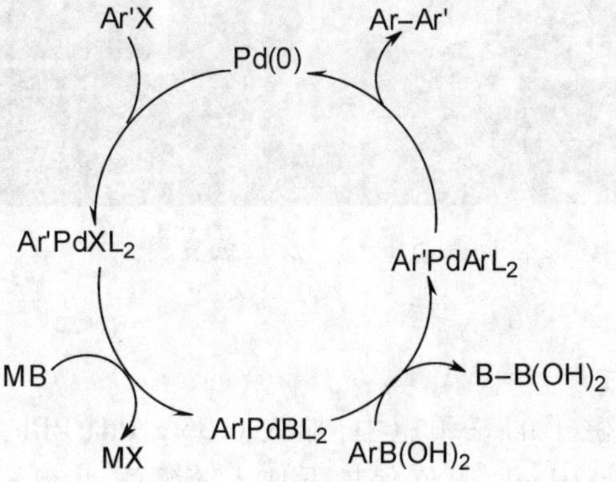

【实验目的】

1. 了解并掌握 Suzuki 偶联反应制备联苯类化合物的原理和方法。

2. 巩固萃取、减压抽滤以及减压蒸馏等基本操作。

【实验原理】

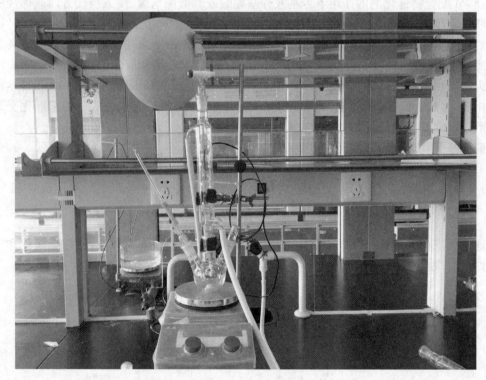

$$\text{C}_6\text{H}_5\text{—B(OH)}_2 \ + \ \text{Br—C}_6\text{H}_4\text{—Cl} \xrightarrow[\text{苯, reflux}]{\text{Pd(PPh}_3)_4 \ / \ \text{aq Na}_2\text{CO}_3} \text{C}_6\text{H}_5\text{—C}_6\text{H}_4\text{—Cl}$$

【实验试剂】

Pd(PPh$_3$)$_4$(346.7 mg, 0.3 mmol)、苯硼酸(1.34 g, 11 mmol)、对氯溴苯(1.91 g, 10 mmol)、苯(20 mL)、乙醇(5 mL)、2.0 M Na$_2$CO$_3$(10 mL)、30%-H$_2$O$_2$、乙醚、饱和氯化钠溶液、无水硫酸钠。

【实验装置】

图 5.1-2　反应装置图

【实验步骤】

在 50 mL 置有搅拌磁子的三颈瓶中, 加入 0.35 g Pd(PPh$_3$)$_4$、对氯溴苯 1.91 g、苯 25 mL、2M Na$_2$CO$_3$ 水溶液 10 mL, 氮气保护下加入苯硼酸 1.34 g 溶于 5 mL 乙醇的溶液。反应混合物搅拌下回流 6 h 接近完毕冷至室温, 加入 0.5 mL 30%-H$_2$O$_2$ 室温搅拌 1 h, 反应液用乙醚萃取(3×30 mL), 合并有机相并用饱和氯化钠溶液 30 mL 洗涤一次, 无水硫酸钠干燥, 过滤并旋蒸溶剂, 残余物减压蒸馏得对氯联苯 1.4 g(7.4 mmol, 74%)(156℃/15 mmHg, *m.p.* 77℃）。

【注意事项】

反应液抽气换气三次进行氮气保护，苯硼酸的乙醇溶液也应进行氮气置换。

【思考题】

反应结束反应液为什么加入 0.5 mL 30%－H_2O_2 并室温搅拌 1 h？

【参考文献】

Miyaura N，Yanagi T，Suzuki A，*Synth. Commun*，**1981**，*11*，513.

实验七十二　Sonogashira 偶联反应

1975 年，日本化学家 Kenkichi Sonogashira 等发现在 Pd(PPh_3)$_2$$Cl_2$ 和碘化亚铜的催化下芳基碘或烯基溴化物可以和乙炔气体反应而高效地制备取代的炔烃化合物。随后，经过近四十年的发展使得这一反应在取代炔烃以及共轭炔烃的合成中得到了广泛的应用。为此，人们将该类由钯-铜催化剂共催化的末端炔烃与 sp^2 型碳的卤化物之间的交叉偶联反应称之为 Sonogashira 偶联反应。

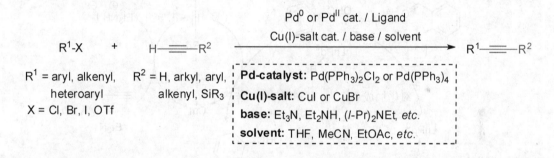

该类反应的特点如下：① 反应条件温和一般在室温下就可进行；② 催化剂商业易得，常用的钯催化剂为 Pd(PPh_3)$_2$$Cl_2$ 和 Pd(PPh_3)$_4$，铜盐为 CuI 和 CuBr；③ 反应溶剂不需严格无水，但为了避免炔烃二聚副产物的生成反应需要在惰性气体氛围下进行；④ 反应中常需要有机碱的参与，常用的有机碱为三乙胺、二乙胺和二异丙基乙基胺等。碱既可以作为反应试剂也可作为溶剂使用；⑤ 反应的官能团兼容性好且可适于大量制备（＞100 g）；⑥ 芳基或烯基卤化物的活性如下：I≈OTf＞Br≫Cl；⑦ 芳基氯化物和大位阻的底物往往需要更高的反应温度而在高温下该类反应易发生更多的副反应；⑧ 含吸电子的基团的共轭炔类底物（例如，R^2=CO_2Me）在反应中往往会发生 Michael 加成等副反应，而对于在炔丙位含有吸电子基团或氨基类炔烃底物（R^2=$CH_2$$CO_2$Me 或 $CH_2$$NH_2$）在 Sonogashira 反应条件下则会重排为联烯副产物。

2-苯乙炔基苯甲醛是一类重要的有机合成子。它常通过邻溴苯甲醛与苯乙炔经 Sonogashira 交叉偶联反应而制备。我们选取对其的合成作为实验的内容，期望通过此次实验操作，让大家对 Sonogashira 反应有更深的认识。

【实验目的】

1. 了解 Sonogashira 反应原理和用途。
2. 掌握由 Sonogashira 交叉偶联反应制备取代炔烃类化合物的实验技术。
3. 巩固柱层析分离提纯化合物的操作。

【实验原理】

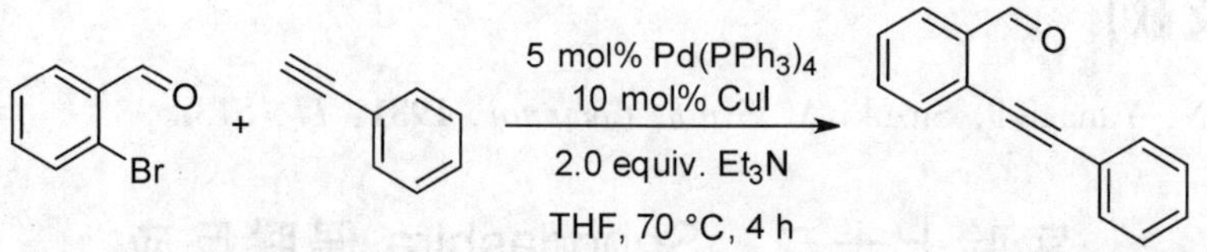

在 Pd(PPh$_3$)$_4$/CuI 的催化下 2-苯乙炔基苯甲醛可由邻溴苯甲醛与苯乙炔经 Sonogashira 偶联反应而制备。反应的可能机理如图 5.1-3 所示:首先零价钯与邻溴苯甲醛发生氧化加成反应得到二价钯中间体 **I**。随后,**I** 与原位生成的炔铜物种 **II** 发生转金属反应得到中间体 **III**。**III** 进而发生还原消除反应生成目标产物-2-苯乙炔基苯甲醛,并再生零价钯催化剂完成催化循环。

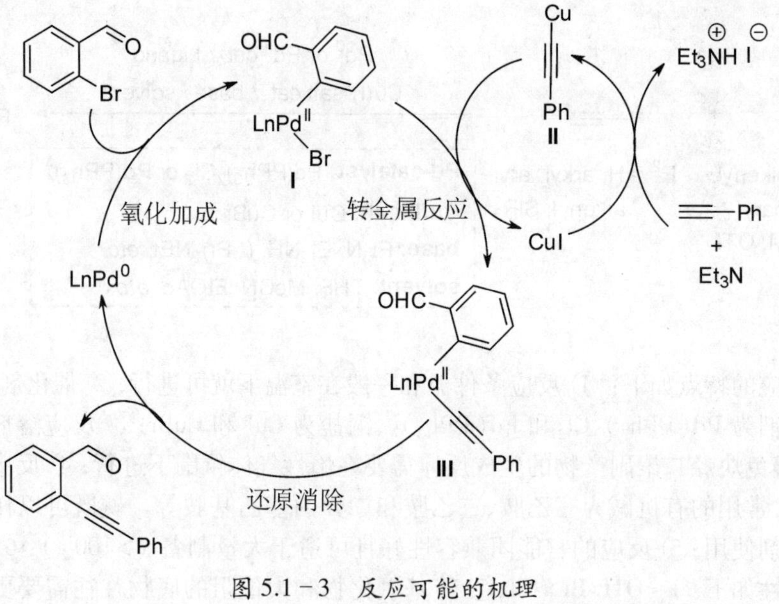

图 5.1-3 反应可能的机理

【仪器试剂】

仪器:三颈烧瓶、注射器(50 mL、2.5 mL 和 1.0 mL 各一个)、分液漏斗、砂芯漏斗、柱层析装置。

试剂:邻溴苯甲醛、苯乙炔、碘化亚铜、Pd(PPh$_3$)$_4$、三乙胺、四氢呋喃、乙酸乙酯、盐酸(2.0 M)、饱和食盐水、无水硫酸镁。

【实验装置】

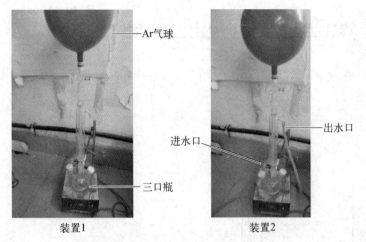

图 5.1－4　Sonogashira 偶联反应装置图

【实验步骤】

氮气氛围下,如图 5.1－4 所示向装有磁力搅拌子的 100 mL 三颈烧瓶中加入邻溴苯甲醛 (1.0 g,5.4 mmol),四氢呋喃(40 mL),苯乙炔(0.7 mL,6.5 mmol,1.2 equiv)和三乙胺(1.5 mL, 10.8 mmol,2.0 equiv)。随后,将称好的碘化亚铜(103 mg,0.54 mmol,0.1 equiv)和 Pd(PPh$_3$)$_4$ (312 mg,0.27 mmol,0.05 equiv)加到反应体系中。加毕后,将反应瓶放置于 70℃ 的油浴中, 会观察到反应体系逐渐变成棕色,继续搅拌 4 h。TLC 点板跟踪反应进程。待反应进行完全 后,停止加热,冷至室温。向反应中加入 30 mL 水淬灭反应,并加入 30 mL 乙酸乙酯稀释。分 液,水相用乙酸乙酯(15 mL×3) 萃取。合并有机相后,用 2 M 盐酸(15 mL)洗涤,水洗,盐水 洗,分液,有机相用无水硫酸镁干燥,砂芯漏斗过滤,浓缩,粗产品用柱层析(EtOAc：PE = 5：1) 分离即可得到纯的 2－苯乙炔基苯甲醛,产率约80%。

本实验约需 4~5 小时。

【注意事项】

(1) 为了避免炔烃自偶联等副反应的发生,反应需要在氮气氛围下进行。

(2) 反应后处理过程中需要用酸洗涤以除去过量的碱及无机盐等。

【思考题】

1. 试举例说明 Sonogashira 偶联反应在天然产物全合成中的应用。

2. 反应中有哪些可能的副反应? 副反应发生的机制是怎样的? 应该如何避免?

【化合物表征数据】

^{1}H NMR (400 MHz, CDCl$_3$)：δ = 10.66 (s, 1H), 7.95 (dd, J = 7.9, 1.4 Hz, 1H), 7.65 － 7.62 (m, 1H), 7.59－7.54 (m, 3H), 7.46－7.41 (m, 1H), 7.40－7.36 (m, 3H). ^{13}C NMR (100 MHz, CDCl$_3$) δ = 191.7, 135.9, 133.8, 133.3, 131.7, 129.1, 128.7, 128.6, 127.3, 126.9, 122.4, 96.4, 85.0

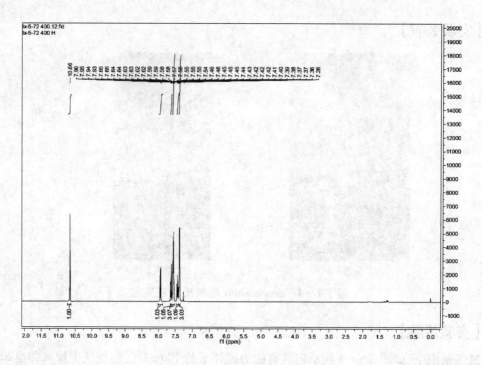

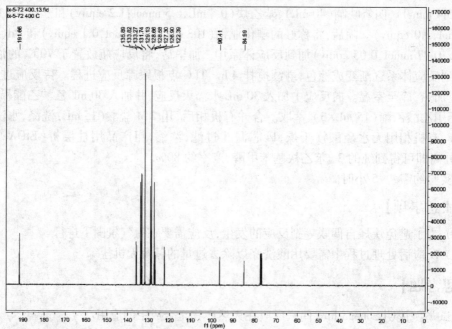

【参考文献】

Concise Synthesis of 1,2 - Dihydroisoquinolines and 1H - Isochromenes by Carbophilic Lewis Acid-Catalyzed Tandem Nucleophilic Addition and Cyclization of 2 -(1 - Alkynyl) arylaldimines and 2 -(1 - Alkynyl) arylaldehydes. S. Obika, H. Kono, Y. Yasui, R. Yanada and Y. Takemoto *J. Org. Chem.*, **2007**, *72*, 4462 – 4468.

实验七十三　Heck 反 应

　　2010 年 10 月 6 日瑞典皇家科学院宣布,一名美国科学家和两名日本科学家共同获得了
2010 年诺贝尔化学奖。他们分别是:美国学者理查德·赫克(Richared F. Heck),日本学者
根岸英一(Ei-ichi Negishi)和铃木章(Akira Suzuki)。3 位获奖者的主要贡献在于他们向有机
合成化学家们提供了将碳原子进行精准连接的合成方法——钯催化交叉偶联反应。这一技
术的发展使得有机化学工作者们能够精确有效地制造他们需要的复杂的有机化合物,极大
地推动了有机合成化学及相关学科的发展。其中,理查德·赫克教授发展的不饱和卤代烃
(或三氟甲磺酸酯)与烯烃在钯催化下生成取代烯烃的偶联反应被称为 Heck 反应(方程式)。

$$R^1\text{-}X \quad + \quad \overset{H}{\underset{R^2}{\rangle}}\overset{R^4}{\underset{R^3}{\langle}} \quad \xrightarrow[\text{base / solvent}]{Pd^0 / \text{Ligand}} \quad \overset{R^1}{\underset{R^2}{\rangle}}\overset{R^4}{\underset{R^3}{\langle}}$$

R^1 = aryl, alkenyl, heteroaryl, benzyl, alkyl (no β-H)

R^2, R^3, R^4 = aryl, alkenyl, alkyl

X = Cl, Br, I, OTf, OTs, N_2^+

base: 2° or 3° amine, KOAc, NaOAc, NaHCO$_3$, *etc.*

　　该类反应具有如下的特点:① 该反应可高效地由单取代烯烃合成多取代烯烃,且烯烃
上的取代基的电子效应对反应的影响较小。但一般含吸电子基团的烯烃的 Heck 反应产率
较高;② 反应常用的钯源为 Pd(OAc)$_2$ 和 Pd(PPh$_3$)$_4$,该类反应对水和空气都不敏感。③ 反
应的官能团兼容性好,但对烯丙醇类底物效果较差;④ 烯烃上取代基增加时,Heck 反应的速
率会大大降低;⑤ Heck 反应往往在取代基较少的烯基碳上进行偶联,且反应具有很好的区
域选择性和立体专一性;⑥ 底物 R^1－X 中,X 基团对反应的影响很大,一般 X 基团对 Heck 反
应速率的影响如下:I>Br～OTf>>Cl;而 R^1 基团则常常为芳基、烯基、苄基等,而烷基尤其是含
有 β－H 的烷基类底物在 Heck 反应中往往具有较差的反应性,因为该类底物很容易发生 β－
H 消除等副反应。正是由于该类反应对氯代物的反应活性较差,这在一定程度上限制了该类
反应的进一步应用。为了解决该类问题,2001 年 G. C. Fu 教授发现使用 Pd/P(t-Bu)$_3$ 和
Cy$_2$NMe$_2$ 催化体系可高效地实现芳基溴化物尤其是芳基氯化物与烯烃的 Heck 偶联反应。本
书中我们则选取这类反应作为我们了解 Heck 反应切入点。

【实验目的】

1. 了解 Heck 反应的原理和用途。
2. 掌握由 Heck 反应制备取代烯烃类化合物的实验技术。
3. 巩固柱层析分离提纯化合物的操作。

【实验原理】

$$\text{4-氯苯乙酮} \quad + \quad \text{苯乙烯} \quad \xrightarrow[\substack{1.1 \text{ equiv. Cy}_2\text{NMe}_2 \\ \text{dioxane, RT, 32 h}}]{\substack{1.5 \text{ mol\% Pd}_2(\text{dba})_3 \\ 3 \text{ mol\% P}(t\text{-Bu})_3}} \quad \text{产物}$$

如图 5.1-5 所示,Heck 反应的机理是:首先零价钯与卤代烃发生氧化加成反应(决速步骤)得到二价钯 I。随后,烯烃插入碳-钯键生成中间体 II。为了满足 β-H 消除顺式共平面的条件发生碳-碳键旋转得到 III。III 进而发生 β-H 消除得到目标产物和钯氢物种 IV。最后,IV 发生还原消除反应再生零价钯催化剂完成催化循环。按此机理,如方程式所示,在钯催化下反式-4-乙酰基 1,2-二苯乙烯可通过对氯苯乙酮与苯乙烯的 Heck 反应而高效地制备。

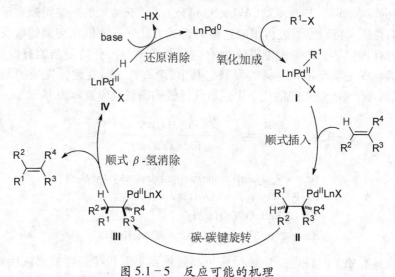

图 5.1-5　反应可能的机理

【仪器试剂】

仪器:25 mL Schlenk 反应管、双排管等无水无氧装置、注射器(1.0 mL,1 个)、微量注射器(250 μL,4 个)、茄形瓶、柱层析装置。

试剂:苯乙烯、对氯苯乙酮、Cy$_2$NMe、Pd$_2$(dba)$_3$、P(t-Bu)$_3$、1,4-二氧六环、乙酸乙酯、石油醚。

【实验装置】

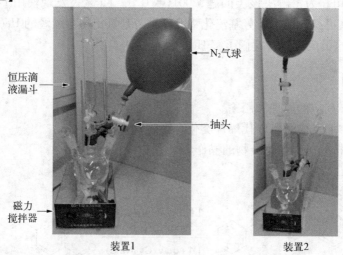

图 5.1-6　Heck 偶联反应装置图

【实验步骤】

氩气氛围下,如图 5.1 - 6 所示向装有磁力搅拌子的干燥的 25 mL Schlenk 反应管中加入钯催化剂 $Pd_2(dba)_3$(12.3 mg,0.013 mmol),对氯苯乙酮(0.115 mL,0.887 mmol)和 Cy_2NMe(0.210 mL,0.980 mmol)。随后用微量注射器加入 $P(t\text{-}Bu)_3$ 的 $1,4$-二氧六环溶液(10 wt% solution in hexane;0.080 mL,0.029 mmol)。最后加入苯乙烯(0.110 mL,0.960 mmol)和 $1,4$-二氧六环(0.8 mL)。加毕后,室温下搅拌 32 h。TLC 点板跟踪反应进程。待反应进行完全后,用乙酸乙酯将反应管的反应液转移至 50 mL 的茄形瓶中,干法上样,柱层析分离即可得到纯的反式-4-乙酰基 $1,2$-二苯乙烯(黄色固体,149 mg,产率 76%)。

本实验约需 32 小时。

【注意事项】

(1) 反应应在无水无氧条件下进行。

(2) 配置 $P(t\text{-}Bu)_3$ 的 $1,4$-二氧六环溶液应进行脱氧处理。

【思考题】

1. 试举例说明 Heck 偶联反应在天然产物全合成中的应用。

2. 反应中有哪些可能的副反应? 副反应发生的机制是怎样的?

【化合物表征数据】

^1H NMR (400 MHz, $CDCl_3$):$\delta = 7.93 - 7.91$ (m, 2H),$7.56 - 7.50$ (m, 4H),$7.38 - 7.34$ (m, 2H),$7.30 - 7.26$ (m, 1H),$7.21 - 7.07$ (m, 2H),2.57 (s, 3H). ^{13}C NMR ($CDCl_3$, 100 MHz):$\delta = 197.3, 141.9, 136.6, 135.8, 131.3, 128.8, 128.7, 128.2, 127.3, 126.7, 126.4, 26.5$

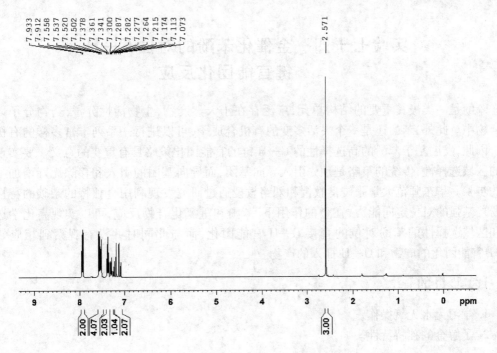

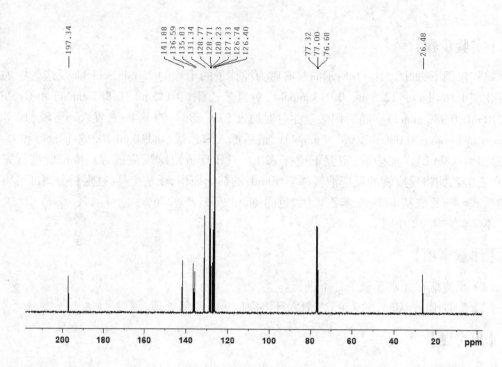

【参考文献】

A Versatile Catalyst for Heck Reactions of Aryl Chlorides and Aryl Bromides under Mild Conditions. A. F. Littke and G. C. Fu *J. Am. Chem. Soc.*, **2001**, *123*, 6989–7000.

（二）过渡金属催化的反应

实验七十四　金催化苯酚的对位 C—H 键官能团化反应

苯酚是一类极其重要的结构单元,广泛存在于天然产物,生物活性分子,药物分子以及聚合物中。此外,苯酚还是一个灵活多变的有机合成子,可以进行一系列丰富多样的有机转化。因此,发展基于苯酚的高选择性的 C—H 键的官能团化策略具有重要的意义。要实现很好的区域选择性,传统的策略是预先引入导向基团,而导向基团的引入和移除无疑增加了反应的步骤。华东师范大学张俊良教授和刘路教授通过研究发现利用金独特的亲碳的特性以及酚羟基强的对位定向能力,在金的作用下,苯酚和重氮化合物反应,可以实现高化学选择性和区域选择性的苯酚对位的直接 C—H 官能团化,而与此同时并没有观察到相应邻位 C—H 官能团化的产物和 O—H 插入的产物。

【实验目的】

1. 学习无水无氧操作。
2. 了解金的独特特性。

3. 对通过重氮化合物来实现 C—H 官能团化的策略有一个初步认识。

4. 学习金催化的反应操作。

5. 学习 Schlenk 反应管的使用。

【实验原理】

本实验分为两步完成。第一步,重氮化合物的制备;苯酚和重氮化合物的制备。

(1) Ph~CO₂Me →[p-ABSA (1.2 eq.) / DBU (1.2 eq.) / CH₃CN, rt]→ Ph(N₂)—CO₂Me **1**

----

(2) (苯酚) + Ph(N₂)—CO₂Me →[(2,4-ᵗBu₂C₆H₃O)₃PAuCl (5 mol%) / AgSbF₆ (5 mol%) / CH₂Cl₂, rt]→ (对位-OH-苯基)Ph—CO₂Me **2**

1.5 eq.

【仪器试剂】

仪器: 50 mL 三口瓶、Schlenk 反应管、气球、1 mL、5 mL 和 10 mL 一次性注射器、橡皮塞、锡箔纸。

试剂: 苯乙酸甲酯、p-ABSA(对乙酰氨基苯磺酰叠氮)、DBU(1,8-二氮杂二环十一碳-7-烯)、苯酚、(2,4-ᵗBu₂C₆H₃O)₃PAuCl、AgSbF₆、二氯甲烷、乙腈、乙醚。

【实验装置】

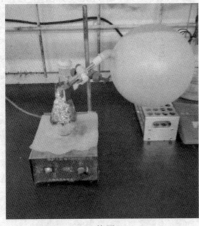 

装置1   装置2

图 5.2-1 金催化苯酚的对位官能团化反应装置图

【实验步骤】

1. 重氮乙酸甲酯的合成

将 50 mL 三口烧瓶预先烘干。如装置 1 所示,将苯乙酸甲酯(1.0 g,6.7 mmol)加入到三口瓶中,加入 p-ABSA(1.9 g,8.0 mmol)和乙腈(10 mL),然后加入 DBU(1.2 mL,8.0 mmol)。加完锡箔纸包裹避光反应 12 h(重氮在光照条件下易分解)。加水稀释反应,乙醚(50 mL * 3)萃取三遍左右,TLC 检测水相中有无产物,如果还有,再用乙醚萃取。合并有机相,饱和食盐水洗涤,用无水硫酸钠干燥,把有机层过滤后浓缩,过柱(PE/EA = 200∶1)得产物为橙红色液体 1(970 mg,82%)。

2. 苯酚对位 C—H 官能团化

将 25 mL Schlenk 反应管预先烘干,加入 $(2,4-^tBu_2C_6H_3O)_3PAuCl$(17.6 mg,0.02 mmol),$AgSbF_6$(6.8 mg,0.02 mmol),4 mL CH_2Cl_2,搅拌 15 min,有白色固体生成。如装置 2 所示,加入苯酚(56 mg,0.6 mmol),然后将重氮化合物溶于 1 mL 二氯甲烷,通过注射器加入到反应体系中,整个滴加过程持续 15 min,在滴加过程中有大量气体生成,滴加完毕再搅拌 5 min,然后旋干得粗品,过柱(PE/EA = 20∶1 to 10∶1)得产物(96 mg,99%)。

【注意事项】

(1) 重氮制备时避光反应。

(2) 乙醚萃取时不能剧烈摇动,且要不停地放气。

【思考题】

1. 试写出该反应的机理。

2. 反应中有哪些可能的副反应?

3. 请思考,要实现其他位置的 C—H 键官能团化可以运用哪些可能策略?

【化合物表征数据】

1. ^1H NMR (400 MHz, $CDCl_3$):δ = 7.48 (d, J = 7.5 Hz, 2H), 7.38 (t, J = 7.5 Hz, 2H), 7.18 (t, J = 7.5 Hz, 1H), 3.86 (s, 3H);^{13}C NMR (100 MHz, $CDCl_3$) δ = 165.6, 128.9, 125.8, 125.4, 123.9, 51.9

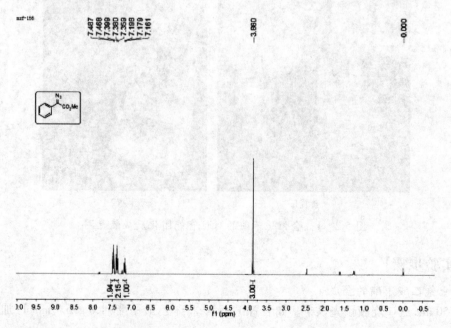

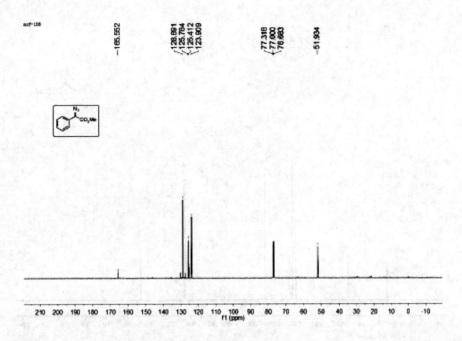

2. ¹H NMR (400 MHz, CDCl₃) $\delta = 7.15 - 7.25$ (m, 5H), 7.05 (d, $J = 8.4$ Hz, 2H), 6.65 (d, $J = 8.4$ Hz, 2H), 5.57 (s, 1H), 4.90 (s, 1H), 3.66 (s, 3H). ¹³C NMR (100 MHz, CDCl₃) $\delta = 173.75$, 154.91, 138.69, 130.41, 129.78, 128.58, 128.40, 127.22, 115.46, 56.14, 52.45

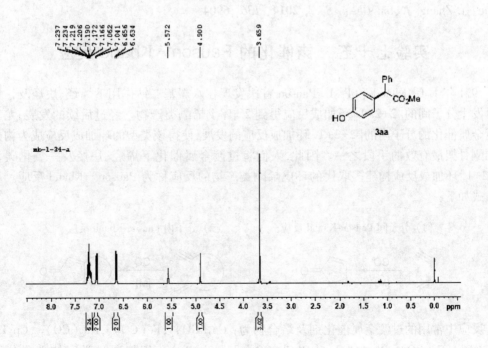

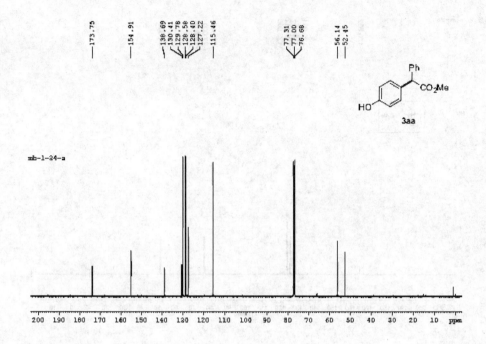

【参考文献】

Highly Site-Selective Direct C—H Bond Functionalization of Phenols with α - Aryl - α - diazoacetates and Diazooxindoles via Gold Catalysis. Z. Yu, B. Ma, M. Chen, H,-H.; Wu, L. Liu, J. Zhang. *J. Am. Chem. Soc.*, **2014**, *136*, 6904.

实验七十五　铑催化的 Pauson－Khand 反应

1971 年 I. U. Khand 和 P. L. Pauson 首次发现在八羰基二钴作用下烯烃、炔烃及一氧化碳可发生分子间的[2+2+1]环加成反应得到 2 -环戊烯酮类产物。经过后续的发展,尤其是过渡金属催化的分子内的[2+2+1]环加成反应的发展,使得该类型的环加成反应成为构建环戊烯酮骨架最有效的手段之一。因此,人们将过渡金属催化下烯烃、炔烃及一氧化碳发生[2+2+1]环加成反应构建多取代的环戊烯酮类产物的反应称为 Pauson－Khand 反应。反应的通式如下:

(1) 分子间 Pauson-Khand 反应　　　　(2) 分子内 Pauson-Khand 反应

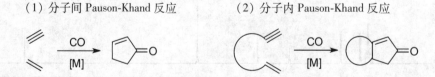

反应中常用的过渡金属催化剂及络合物为:$Co_2(CO)_8$,$Fe(CO)_5$,$Ru_2(CO)_{12}$,Cp_2TiR_2,$Ni(COD)_2$,$W(CO)_6$,$Mo(CO)_6$,$[RhCl(CO)_2]_2$。本实验我们将通过学习铑催化分子内 Pauson－Khand 反应加深大家对利用 Pauson－Khand 反应制备环戊烯酮并环类化合物的认识。

【实验目的】

1. 了解 Pauson – Khand 反应的原理和用途。
2. 掌握由 Pauson – Khand 反应制备取代的环戊烯酮的实验技术。
3. 巩固柱层析分离提纯化合物及无水无氧操作。

【实验原理】

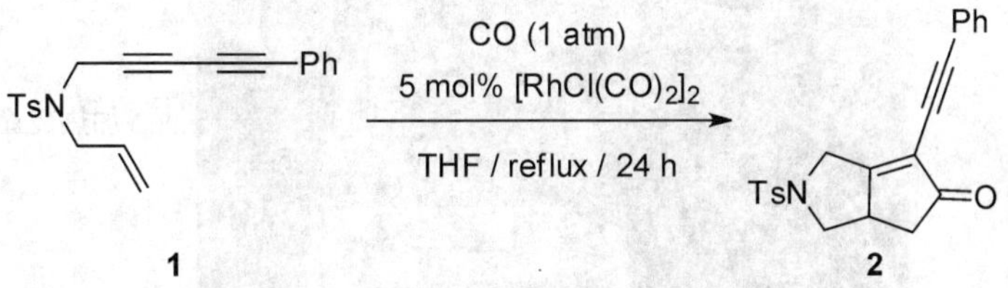

如方程式所示,在铑催化下环戊烯酮产物 2 可由烯炔底物 1 与一氧化碳经[2+2+1]环加成反应而制备。反应的可能机理如图 5.2－2 所示:首先一价铑与烯炔底物 1 配位后发生氧化环金属化反应得到三价铑中间体 II。随后,一氧化碳插入碳–铑键得到中间体 III。III 进而发生还原消除反应生成目标产物 2,并再生一价铑催化剂完成催化循环。

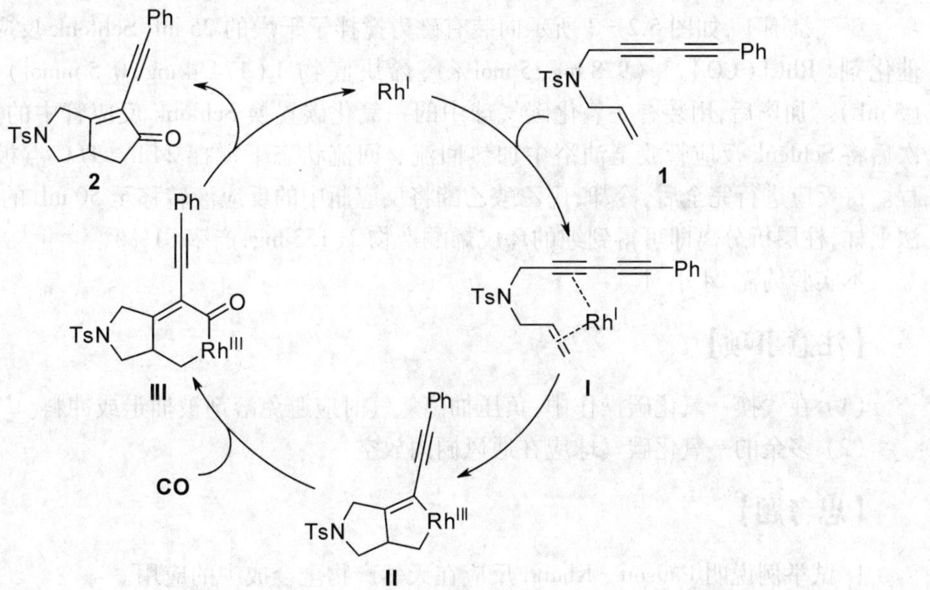

图 5.2－2 反应可能的机理

【仪器试剂】

仪器: 反应管、气球、注射器(5 mL 一个)、双排管等无水无氧操作装置、柱层析装置。
试剂: 烯炔底物 1、铑催化剂[RhCl(CO)₂]₂、一氧化碳、四氢呋喃、乙酸乙酯、石油醚。

【实验装置】

图 5.2 - 3　反应装置图

【实验步骤】

氮气氛围下,如图 5.2 - 3 所示向装有磁力搅拌子干燥的 25 mL Schlenk 反应管中加入铑催化剂［RhCl（CO）$_2$］$_2$（9.8 mg, 5 mol%）,烯炔底物 1（174.4 mg, 0.5 mmol）和四氢呋喃（5 mL）。加毕后,用装有一氧化碳气球中的一氧化碳置换 Schlenk 反应管中的氮气,置换三次后将 Schlenk 反应管放至油浴中加热回流。回流状态下搅拌 24 h。TLC 点板跟踪反应进程。待反应进行完全后,冷却,用乙酸乙酯将反应瓶中的反应液转移至 50 mL 的茄形瓶中,干法上样,柱层析分离即可得到纯的环戊烯酮产物 2（153 mg,产率 81%）。

本实验约需 24 小时。

【注意事项】

（1）在置换一氧化碳操作中,负压抽离氮气时应避免溶剂被抽走或冲料。

（2）多余的一氧化碳气球应在通风橱内放空。

【思考题】

1. 试举例说明 Pauson - Khand 反应在天然产物全合成中的应用。

2. 相比于分子内 Pauson - Khand 反应,分子间 Pauson - Khand 反应存在哪些挑战?

【化合物表征数据】

^{1}H NMR（400 MHz, CDCl$_3$）：δ = 7.75（d, J = 8.0 Hz, 2H）, 7.49（d, J = 8.0 Hz, 2H）, 7.37 - 7.32（m, 5H）, 4.45（d, J = 17.6 Hz, 1H）, 4.18（d, J = 16.8 Hz, 1H）, 4.07（t, J = 8.8 Hz, 1H）, 3.26 - 3.18（m, 1H）, 2.74（dd, J = 18.0 and 6.4 Hz, 1H）, 2.65（dd, J = 10.8 and 9.2 Hz, 1H）, 2.44（s, 3H）, 2.16（dd, J = 18.0 and 4.0 Hz, 1H）；^{13}C NMR（CDCl$_3$,

100 MHz）：δ = 203.1，178.2，144.2，133.2，131.9，130.1，129.2，128.4，127.4，122.4，
121.8，99.3，77.9，52.5，48.0，42.4，39.6，21.5

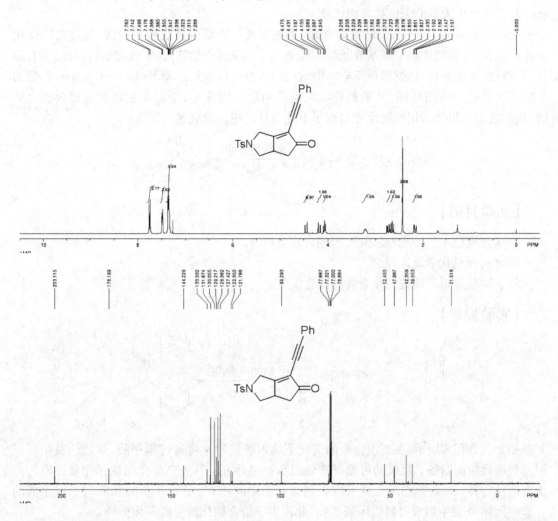

【参考文献】

One-Pot Synthesis of Fused Tricyclic Heterocycles with Quaternary CarbonStereocenter by Sequential Pauson－Khand Reaction and Formal ［3＋3］Cycloaddition. L. Fan，W. Zhao，W. Jiang, J. Zhang. *Chem. Eur. J.*，**2008**，*14*，9139－9142.

实验七十六　金催化的醛、炔和胺的三组分水相偶联反应

面临日益严峻的环境及能源问题,发展"绿色化学"成为了化学工作者们的共识。在减少"三废"排放的同时提高反应的原子经济性将极大地促进绿色化学的发展。本节我们将通过学习金催化的醛、炔和胺的三组分水相偶联反应来领悟绿色化学相比于传统有机化学的优势及魅力。

通过前文的学习我们知道 Barbier－Grignard 反应是指醛酮等羰基化合物与有机金属试剂(例如格氏试剂)加成构建碳-碳键的反应。由于使用的有机金属试剂常常对水和空气敏

感,因此这类反应通常需要在无水无氧下操作,且反应底物如果有活泼氢时底物还需进行预保护,这极大地限制了该类反应的应用。此外,反应的原子经济性也不高,反应除了得到目标产物外还产生大量的无机盐等副产物。

与经典的 Barbier - Grignard 反应相比,如果发展一类反应使底物中的碳-氢键得到活化原位生成碳-金属键进而与羰基或亚胺类底物发生加成而构建新的碳-碳键制备目标产物,并且反应可在水相进行,这类绿色反应将非常吸引人且会极大地推动 Barbier - Grignard 类型的反应在工业化中应用范围,并避免环境污染等问题。2003 年,李朝军教授就通过金催化的醛、炔和胺的三组分水相偶联反应实现了上述设计思想。反应通式如下:

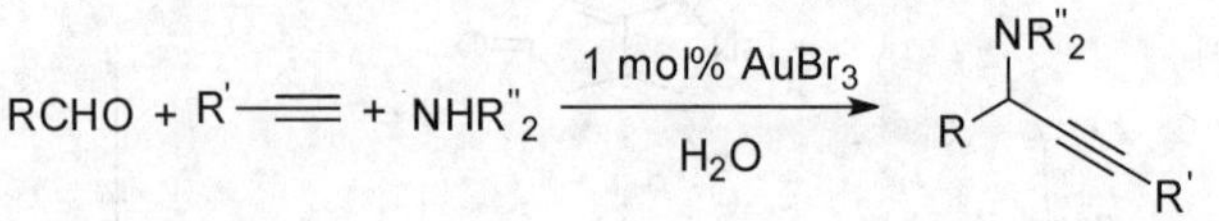
RCHO + R' + NHR''2
1 mol% AuBr3
H2O
NR''2
R
R'

【实验目的】

1. 了解绿色化学、原子经济性、水相合成等概念。
2. 理解绿色化学设计理念。
3. 巩固柱层析分离提纯化合物的操作。

【实验原理】

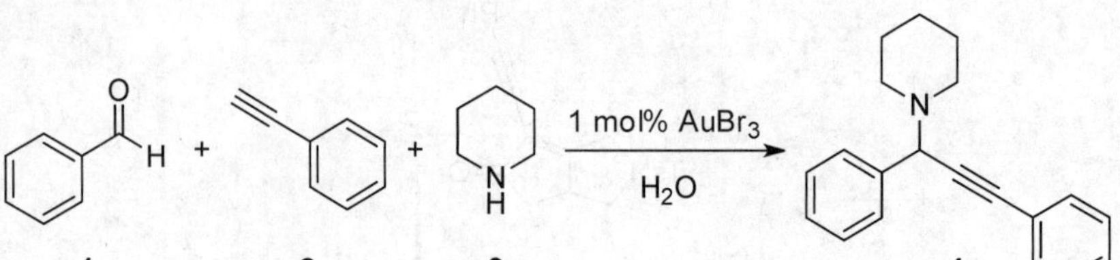
O
H
N
H
1 mol% AuBr3
H2O
N

1　　2　　3　　4

如上面方程式所示,在三溴化金的催化下炔丙胺产物 4 可通过苯甲醛、苯乙炔及哌啶三组分偶联反应而制备。反应的可能机理如图 5.2 - 4 所示:首先三价金与炔作用被还原为一价金活性物种。一价金与苯乙炔反应得到炔基金中间体 I。随后,I 与醛和哌啶原位生成的亚胺中间体 II 发生加成得到炔丙胺产物,并再生一价金催化剂完成催化循环。

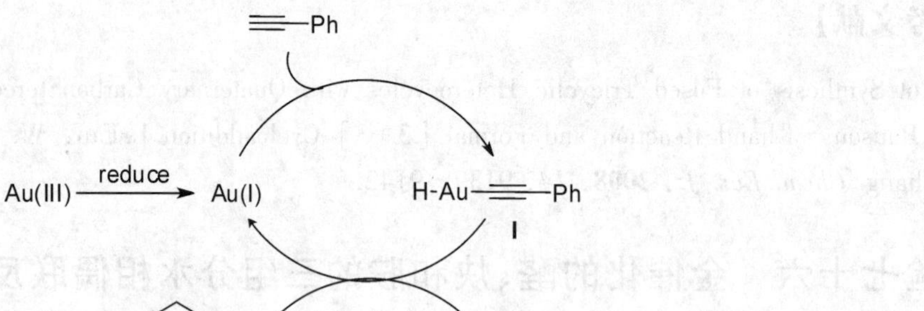
Ph
Au(III)
reduce
Au(I)
H-Au
Ph
I
N
N
H
-H2O
O
H
N
H
II

图 5.2 - 4　反应可能的机理

【仪器试剂】

仪器：Schlenk 反应管、注射器（1.0 mL 一个）、微量注射器（250 μL 三个）、分液漏斗、滴管、柱层析装置。

试剂：AuBr$_3$、苯乙炔、苯甲醛、哌啶、水、乙酸乙酯、石油醚。

【实验装置】

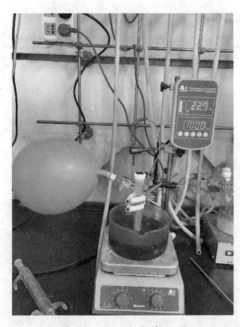

图 5.2 - 5　反应装置图

【实验步骤】

氮气氛围下，如装置图 5.2 - 5 所示向装有磁力搅拌子的 25 mL Schlenk 反应管中加入催化剂 AuBr$_3$（4 mg, 0.01 mmol），随后用微量注射器加入苯甲醛（101 μL, 1.0 mmol），哌啶（105 μL, 1.1 mmol）和苯乙炔（150 μL, 1.5 mmol），最后加入水（1 mL）。加毕后，将反应管放置 100℃的油浴中搅拌 12 h。待反应进行完全后，冷却，加乙酸乙酯（1 mL）稀释，分液，有机层分别用饱和 NaCl 洗涤、无水 Na$_2$SO$_4$ 干燥，抽滤，旋去溶剂，有机相湿法上样，柱层析（洗脱剂 PE∶EA＝50∶1）分离得炔丙胺产物 4（浅黄色液体，235 mg，产率 85%）。

【注意事项】

（1）原料要现取现用，苯甲醛在空气中容易氧化成苯甲酸，哌啶和苯乙炔的味道比较大，实验需在通风处中操作，做好防护措施。

（2）柱层析的时候，产物点容易与副产物等交叉，应采用梯度洗脱的方式过柱纯化。

【思考题】

1. 除本实验的方法外，合成炔丙胺类化合物还有哪些方法？本实验的方法相比于这些方法有哪些优点和缺点？

　　2. 计算本实验中反应的原子利用率。

　　3. 写出水相反应的优缺点。

【化合物表征数据】

^1H-NMR (400 MHz, $CDCl_3$)：$\delta = 7.67 - 7.66$（m, 2H），$7.56 - 7.54$（m, 2H），$7.40 - 7.30$（m, 6H），4.83（s, 1H），$2.60 - 2.58$（m, 4H），$1.66 - 1.59$（m, 4H），$1.49 - 1.45$（m, 2H）

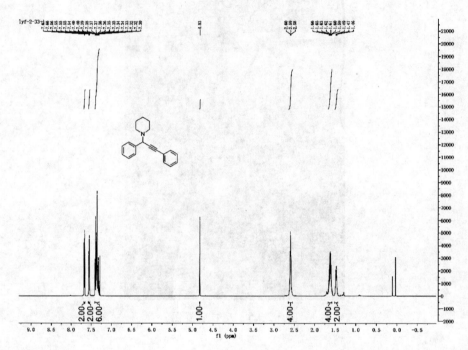

【参考文献】

A Highly Efficient Three-Component Coupling of Aldehyde, Alkyne, and Amines via C—H Activation Catalyzed by Gold in Water. C. Wei and C.-J. Li *J. Am. Chem. Soc.*, **2003**, *125*, 9584 - 9585.

实验七十七　脱氢交叉偶联反应

　　相比于传统的偶联反应,例如前面我们学习的钯催化的 Suzuki 交叉偶联反应、Sonogashira 偶联反应、Heck 反应等,发展过渡金属催化的碳-氢键活化进而偶联构建碳-碳键的反应更符合原子经济性及绿色化学的要求。

　　脱氢交叉偶联反应是指两个分子上的碳-氢键在氧化剂存在脱氢而构建碳-碳键的反应。反应通式如下：

$$C-H + C-H \xrightarrow[\text{[O]}]{cat.M} C-C$$

反应常用的金属催化剂为铜、铁、钯、钌等。而使用的氧化剂有 O_2、H_2O_2、t-BuOOH、DDQ 等。相比于传统偶联反应,这类偶联反应由于不需要使用预活化的卤代烃及有机金属试剂而直接通过碳−氢键进行偶联反应大大提高了合成效率和反应的原子经济性,因而备受合成化学家的青睐。本节我们希望通过分别学习李朝军教授发展的铜催化的 $C(sp^3)$—H 和 $C(sp)$—H 脱氢偶联反应,让大家在了解脱氢偶联反应操作的同时让大家对这一新的方法学有进一步的认识和了解。

【实验目的】

1. 了解脱氢交叉偶联反应的概念。
2. 了解碳−氢键活化的相关研究。

【实验原理】

如方程式所示,在溴化亚铜的催化下炔丙胺产物可通过 N,N−二甲基苯胺与苯乙炔的脱氢交叉偶联反而高效合成。

【仪器试剂】

仪器:玻璃反应管、注射器(1.0 mL 三个)、数控油浴搅拌器、柱层析装置。

试剂:溴化亚铜、苯乙炔、N,N−二甲基苯胺、乙酸乙酯、石油醚。

【实验装置】

装置1

装置2

图 5.2−6 铜催化脱氢交叉偶联反应装置图

【实验步骤】

氮气氛围下,如图 5.2-6 所示向装有磁力搅拌子的 25 mL 玻璃反应管中加入溴化亚铜 (14 mg,0.1 mmol),N,N-二甲基苯胺(0.508 mL,4.0 mmol)和苯乙炔(0.22 mL,2.0 mmol)。随后,在搅拌下用注射器慢慢滴加浓度为 5~6 mol/L 的过氧叔丁醇的癸烷溶液(0.4 mL)。加毕后,将反应管放置油浴中,加热使油浴 15 分钟后升至 100℃,并在 100℃下搅拌 3 h。待反应进行完全后,冷却,用二氯甲烷稀释,湿法上样,柱层析分离得炔丙胺产物 4(黄色油状液体,335.9 mg,产率 76%)。

【注意事项】

(1)大量反应操作时应用硫代硫酸钠等还原剂将反应淬灭后再分离,避免过量的过氧叔丁醇导致的爆炸事故的发生。

(2)反应过程中严格控制反应的温度在 100℃左右。

【化合物表征数据】

N-methyl-N-(3-phenylprop-2-yn-1-yl)aniline. Isolated yield is 74% as yellow oil by flash column chromatography (hexane/ethyl acetate = 95 : 5. R_f = 0.5). ^{1}H NMR (400 MHz, CDCl$_3$):δ = 7.35-7.33(m, 2H), 7.28-7.20(m, 5H), 6.89-6.87(m, 2H), 6.80-6.77(m, 1H), 4.22(s, 2H), 4.22(s, 3H); ^{13}C NMR (100 MHz, CDCl$_3$):δ = 149.0, 131.6, 128.9, 128.0, 127.9, 122.8, 117.9, 114.2, 84.9, 84.0, 43.3, 38.7

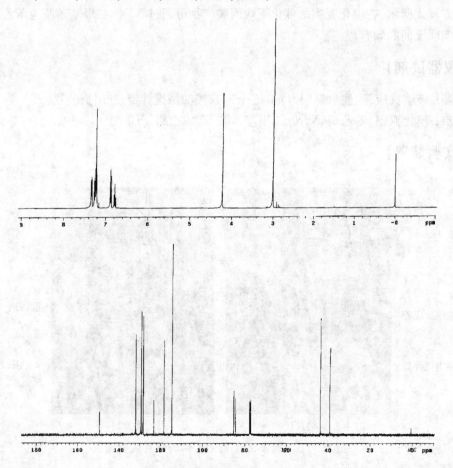

【参考文献】

CuBr-Catalyzed Efficient Alkynylation of sp^3 C—H Bonds Adjacent to a Nitrogen Atom. Z. Li and C.-J. Li *J. Am. Chem. Soc.*, **2004**, *126*, 11810－11811.

实验七十八　钯催化的苯环邻位 C—H 键氧化反应

碳氢键活化是近年来发展迅速的热门领域。碳氢键的直接官能团化反应由于具有多种突出的优点以及很大的挑战性,被誉为"化学的圣杯",吸引越来越多科学家的关注。邻羟基苯甲酸类结构单元普遍存在于具有生理活性的药物分子及天然产物中。

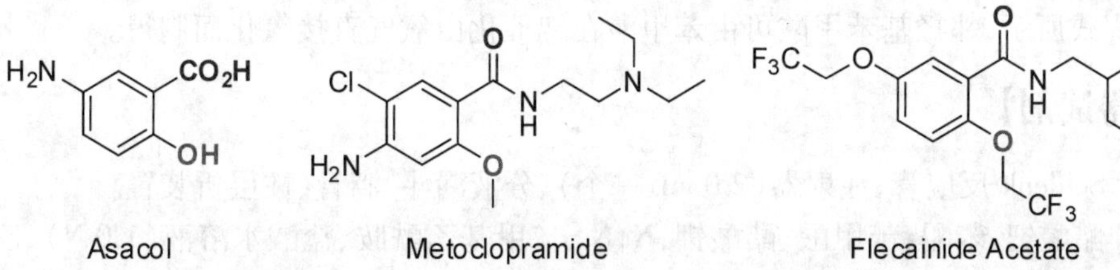

Asacol　　　　　Metoclopramide　　　　　Flecainide Acetate

对这类分子的合成可通过多种方法实现。然而从原子经济性的角度考虑发展苯甲酸的邻位 C—H 键氧化反应来制备该类化合物无疑是非常吸引人的。1990 年,Fujiwara 教授等研究发现在醋酸钯催化下苯环上的 C—H 键可被氧气直接氧化生为苯酚,但遗憾的是该反应的产率极低 (2.3%)。2005 年,Rybak－Akimova 和 Que 等发现通过使用当量的铁络合物苯甲酸可被双氧水氧化为邻羟基苯甲酸。基于上述反应,2009 年余金权教授成功地实现了钯催化的苯甲酸的邻位 C—H 键氧化反应。该反应具有较好的底物普适性,且使用氧气做氧化剂,使得该反应相比于其他传统的方法具有较明显的优势。

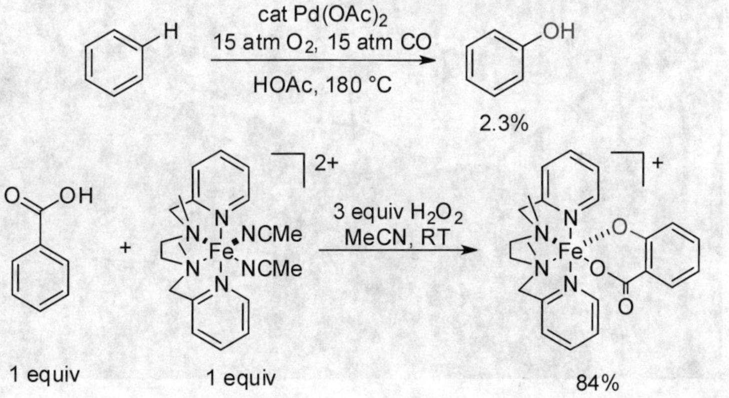

反应通式如下:

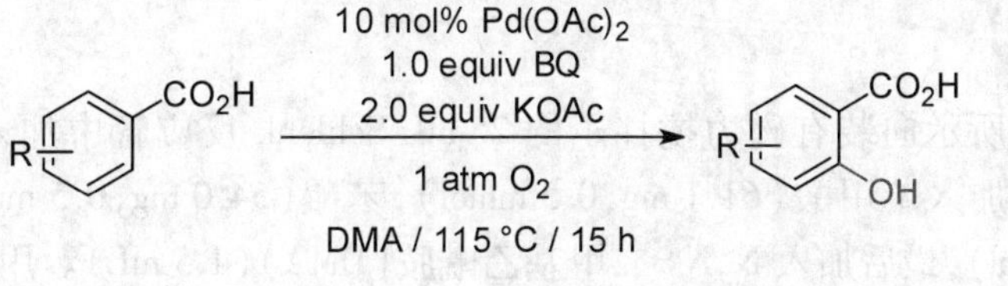

【实验目的】

了解碳-氢键活化反应的相关研究。

【实验原理】

如方程式所示,邻羟基苯甲酸可由苯甲酸在钯催化由氧气直接氧化而制得。

【仪器试剂】

仪器: Schlenk 反应管、注射器(2.0 mL 一个)、分液漏斗、滴管、柱层析装置。

试剂: 醋酸钯、苯醌、苯甲酸、醋酸钾、N,N-二甲基乙酰胺、盐酸水溶液(1.0 N)、乙酸乙酯、石油醚。

【实验装置】

图 5.2-7 钯催化的苯环邻位 C—H 键氧化反应装置图

【实验步骤】

如图 5.2-7 所示向装有磁力搅拌子的 25 mL Schlenk 反应管中加入醋酸钯(11.2 mg,0.05 mmol),随后加入苯甲酸(61.1 mg,0.5 mmol),苯醌(54.0 mg,0.5 mmol)和无水醋酸钾(98.0 mg,1.0 mmol),最后加入 N,N-二甲基乙酰胺(DMA)(1.5 mL)。用氧气球置换反应管

中的空气为氧气(3 次)后,将反应管放置 115℃ 的油浴中搅拌 15 h,点板确认反应情况。待反应进行完全后,冷却,加乙酸乙酯(5 mL)和水(1 mL)稀释,硅藻土过滤,滤液用盐酸水溶液(1.0 N,5 mL)洗涤,饱和食盐水洗 5 mL＊2)。分液,有机相用无水硫酸钠干燥,浓缩,湿法上样,柱层析分离得邻羟基苯甲酸(白色固体,产率 72%,49.7 mg)。

感谢硕士研究生陈晓峰提供谱图。

【注意事项】

后处理过程中必须用盐酸水溶液洗涤。

【思考题】

1. 除本实验的方法外,合成邻羟基苯甲酸化合物还有哪些方法? 本实验的方法相比于这些方法有哪些优点和缺点?

2. 反应中氧的来源是氧气还是水? 如何设计控制实验证明之?

【化合物表征数据】

^{1}H NMR (400 MHz, CDCl$_3$)：δ = 10.39 (s, 1H), 7.94 (dd, J = 10.8 and 2.4 Hz, 1H), 7.57 – 7.51 (m, 1H), 7.02 (dd, J = 11.2 and 1.2 Hz, 1H), 6.97 – 6.92 (m, 1H). ^{13}C NMR (100 MHz, CDCl$_3$)：δ = 174.7, 162.2, 137.0, 130.9, 119.6, 117.8, 111.3

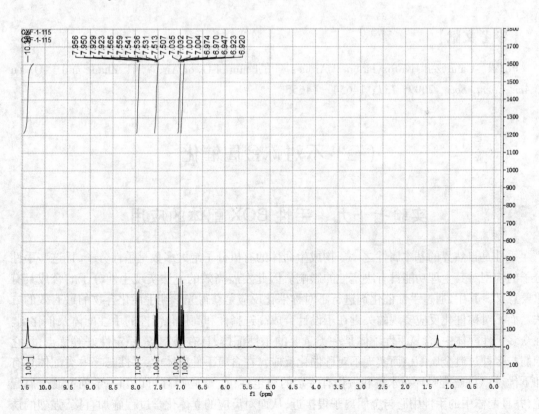

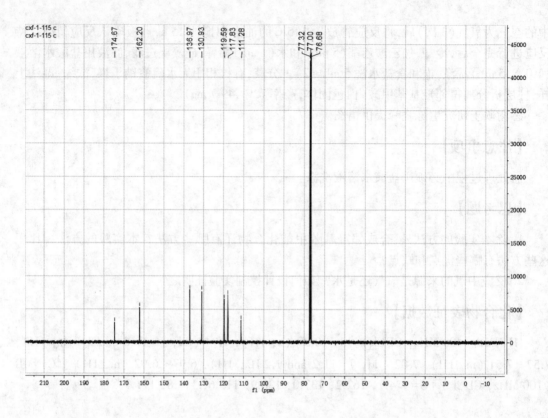

【参考文献】

Pd(Ⅱ)-Catalyzed Hydroxylation of Arenes with 1 atm of O₂ or Air. Y.-H. Zhang and J.-Q. Yu *J. Am. Chem. Soc.*, **2009**, *131*, 14654－14655.

（三）不对称金属催化

实验七十九 手性 BOX 配体的应用

　　手性是自然界的基本属性之一。构成生命体的有机分子绝大多数是手性分子,且这些手性分子的构型对其生理功能具有决定性的影响。因此发展高效的方法实现手性分子的合成具有重要意义。其中,通过手性催化剂进行不对称催化反应是获得光学纯手性化合物的最有效的方法。而不对称催化反应实现的关键在于设计合成高选择性和高催化活性的手性配体及催化剂。在众多手性配体中,含氮手性配体是一类重要的手性配体,具有易制备、稳定性好等优点,且它们能与多种过渡金属配位而实现不对称催化反应。在含氮手性配体中,手性噁唑啉类配体具有如下优点：① 噁唑啉环对水解和氧化有一定的稳定性；② 噁唑啉环可以和一系列过渡金属配位,并且配体中的手性中心与金属离子很接近,从而对反应的立体化学过程施加直接、强烈的诱导作用；③ 噁唑啉是中性配体,与中心金属配位后,对其路易斯酸性不会有很大影响,从而维持金属配合物的高催化活性；④ 噁唑啉可以从易于获得的手性氨基酸方便合成从而利于其手性配体库的建立,而被视为具有优势骨架的配体具有广泛的应用。以 D. A. Evans 教授发展的 'Bu－BOX 配体为例,自 1993 年问世以来,'Bu－BOX 与铜盐的配合物成功实现了一系列不对称催化的碳碳键形成的反应:环丙烷化反应、DA 反应、杂 DA 反应、Ene 反应、Adol 反应、Michael 反应、烯丙位氧化反应、Enol Amination 反应、傅克反应、烯酮的环加成反应、δ－lactone 合成、Henry 反应和 Manich 反应等。因此,本次和下次实验我们将向大家介绍两类常见的手性噁唑啉类配体:双噁唑啉配体(BOX 配体)和钳形噁唑啉配体(PyBox 配体)。并通过它们在不对称反应中的应用,来学习手性 Lewis 酸催化的基本原理及操作。

【实验目的】

1. 了解手性 Lewis 酸催化的原理及相关研究。
2. 掌握手性双噁唑啉铜催化的 Ene 反应的操作。

【实验原理】

如方程式所示,手性高烯丙醇产物 3 可由 α－甲基苯乙烯与乙醛酸乙酯经 Ene－反应高效、高选择性地制备。

【仪器试剂】

仪器: Schlenk 反应管、注射器(2.0 mL 一个)、分液漏斗、滴管、柱层析装置。
试剂: α－甲基苯乙烯、乙醛酸乙酯、乙酸乙酯、石油醚。

【实验装置】

装置1

装置2

图 5.3－1　不对称 Ene－反应

【实验步骤】

如图 5.3 - 1 所示氮气氛围下,向装有磁力搅拌子的干燥的 25 mL Schlenk 反应管中加入 Ph - BOX(15 mg,0.05 mmol)和 Cu(OTf)₂(18 mg,0.05 mmol)以及 2 mL 无水二氯甲烷,室温搅拌 4 小时可得一亮绿色的溶液为 Ph - BOX - Cu(OTf)₂催化剂的二氯甲烷溶液(装置图 1)。

氮气氛围下,在另一装有磁力搅拌子的干燥的 25 mL Schlenk 反应管中加入 α -甲基苯乙烯(65 μL,0.5 mmol),乙醛酸乙酯(200 μL,1.5 mmol)和无水二氯甲烷(1.5 mL)。随后,将反应管放置 0℃的低温恒温反应浴中。约 5 分钟后,待反应管中的温度降为 0℃时,用注射器取上述 Ph - BOX - Cu(OTf)₂催化剂溶液加入反应管中,0℃下继续搅拌 1 h。TLC 点板跟踪反应进程。待反应进行完全后,直接湿法上样,柱层析分离得高烯丙醇产物 3(无色透明油状液体,84.8 mg,产率:77%,85% ee)。

【化合物表征数据】

^{1}H NMR (500 MHz, CDCl₃):δ = 7.43 - 7.41 (m, 2H), 7.35 - 7.32 (m, 2H), 7.29 - 7.26 (m, 1H), 5.40 (d, J = 1.0 Hz, 1H), 5.21 (d, J = 0.9 Hz, 1H), 4.27 (m, 1H), 4.12 (m, J = 10.7, 1H), 4.03 (m, 1H), 3.06 (dd, J = 14.4 and 4.5 Hz, 1H), 2.85 (ddd, J = 12.9, 9.9 and 3.4 Hz, 2H), 1.23 (t, J = 7.2 Hz, 3H).^{13}C NMR (125 MHz, CDCl₃):δ = 174.32, 143.53, 140.29, 128.26, 127.60, 126.34, 116.11, 69.08, 61.50, 40.42, 14.00

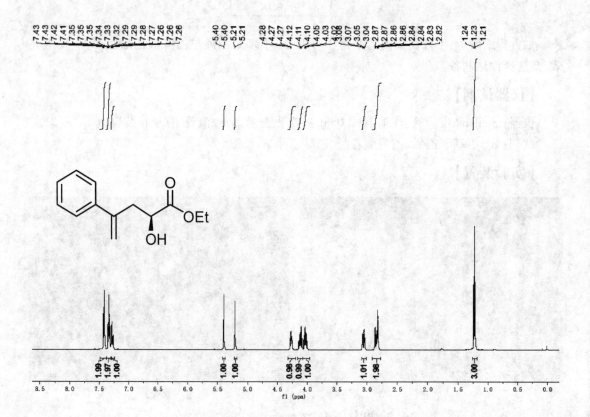

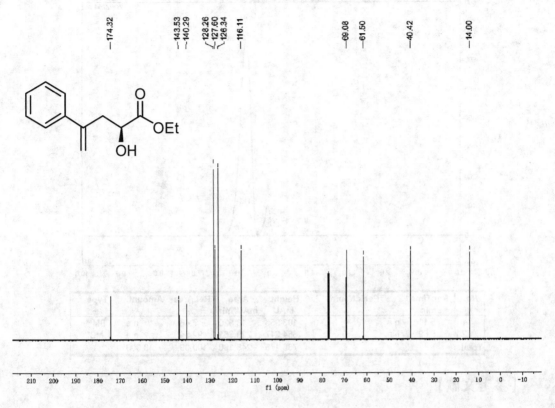

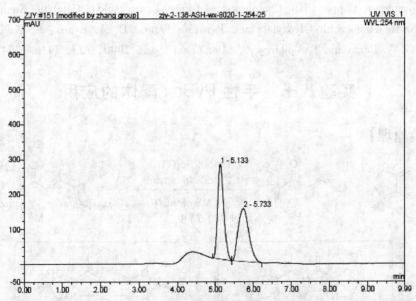

No.	Ret.Time min	Peak Name	Height mAU	Area mAU*min	Rel.Area %	Amount	Type
1	5.13	n.a.	271.568	50.665	50.51	n.a.	BMb*
2	5.73	n.a.	151.325	49.635	49.49	n.a.	bMB*
Total:			422.892	100.300	100.00	0.000	

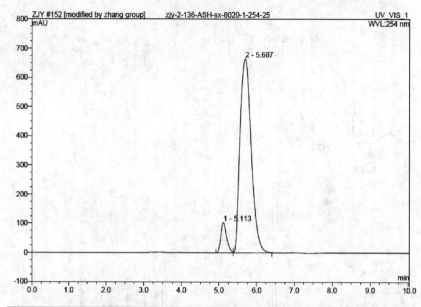

No.	Ret.Time min	Peak Name	Height mAU	Area mAU*min	Rel.Area %	Amount	Type
1	5.11	n.a.	103.956	18.520	7.46	n.a.	BM *
2	5.69	n.a.	664.217	229.661	92.54	n.a.	MB*
Total:			768.173	248.180	100.00	0.000	

【参考文献】

C2 – Symmetric Copper（II）Complexes as Chiral Lewis Acids. Catalytic Enantioselective Carbonyl-Ene Reactions with Glyoxylate and Pyruvate Esters. D. A. Evans，S. W. Tregay，C. S. Burgey，N. A. Paras and T. Vojkovsky *J. Am. Chem. Soc.*，**2000**，*122*，7936－7943.

实验八十　手性 PyBox 配体的应用

【实验原理】

产物（*R*）-3 可由 *N*-甲基吲哚与 α,β-不饱和酮 2 经不对称 Friedel－Crafts 烷基化反应高效、高选择性地制备。

【仪器试剂】

仪器： Schlenk 反应管、注射器（2.0 mL 一个）、分液漏斗、锥形瓶、柱层析装置。

试剂： 三氟甲基磺酸钪、N-甲基咪唑、无水乙腈、乙酸乙酯、石油醚。

【实验装置】

图 5.3-2　实验装置图

【实验步骤】

如图所示氮气氛围下，向装有磁力搅拌子的干燥的 25 mL Schlenk 反应管中加入 Indapybox（3 mg，0.007 2 mmol）和 Sc(OTf)$_3$（3 mg，0.006 mmol）以及 1 mL 无水二氯甲烷。室温搅拌 2 小时后利用双排管的真空线抽走二氯甲烷可得一白色固体即为手性钪催化剂 cat 1。室温下，向其中加入活化的 4Å 分子筛（100 mg），无水乙腈（2.0 mL），随后用微量注射器加入 α,β-不饱和酮 2（65 μL，90 mg，0.6 mmol），2 分钟后再加入 N-甲基吲哚（200 μL，95 mg，0.72 mmol）。加毕后室温下继续搅拌 5 h。TLC 点板跟踪反应进程。待反应进行完全后，直接湿法上样，柱层析分离得产物 3（黄色固体，124 mg，产率 73%，75% ee）。

本实验约需 8~9 小时。

【注意事项】

反应过程中应保持严格的无水无氧环境。

【思考题】

1. 写出本实验中用到的 BOX 及 PyBox 配体的合成方法。

2. 写出 Ene-反应的机理并提出本实验中手性 BOX 配体是如何诱导出反应的对映选择性的。

3. 在手性 PyBox/钪催化剂催化的不对称 Friedel-Crafts 烷基化反应中反应底物 2 中的咪唑片段对反应有什么作用？

【化合物表征数据】

^{1}H NMR (400 MHz, CDCl$_3$)：$\delta = 7.65$ (d, $J = 8.0$ Hz, 1H), 7.24 (d, $J = 8.0$ Hz, 1H), 7.20 − 7.16 (m, 1H), 7.12 (d, $J = 0.8$ Hz, 1H), 7.10 − 7.03 (m, 1H), 6.95 (s, 1H), 6.92 (s, 3H), 3.89 (m, 1H), 3.83 − 3.80 (m, 1H), 3.69 (s, 1H), 3.59 − 3.53 (m, 1H), 3.47 − 3.41 (m, 1H), 1.1 (d, $J = 7.2$, 3H). ^{13}C NMR (CDCl$_3$, 100 MHz)：$\delta = 192.3$, 143.4, 137.1, 128.9, 126.9, 126.8, 125.1, 121.4, 120.0, 119.4, 118.5, 109.1, 46.9, 36.1, 32.6, 27.1, 22.0. The enantiomeric excess is 75% determined by HPLC (Chiralcel OD − H, ^{i}PrOH/hexanes = 90/10, 0.8 mL/min, 310nm). Retention times：17.44 min (minor), 18.99 min (major)

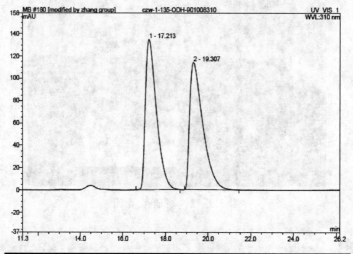

No.	Ret.Time min	Peak Name	Height mAU	Area mAU*min	Rel.Area %	Amount	Type
1	17.21	n.a.	134.537	80.453	49.59	n.a.	BMB*
2	19.31	n.a.	113.700	81.768	50.41	n.a.	BMB*
Total:			248.237	162.221	100.00	0.000	

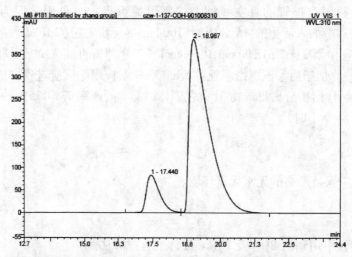

No.	Ret.Time min	Peak Name	Height mAU	Area mAU*min	Rel.Area %	Amount	Type
1	17.44	n.a.	82.896	45.883	12.40	n.a.	BM *
2	18.99	n.a.	384.393	324.065	87.60	n.a.	MB*
Total:			467.288	369.949	100.00		

czw-1-135
czw-1-135 h

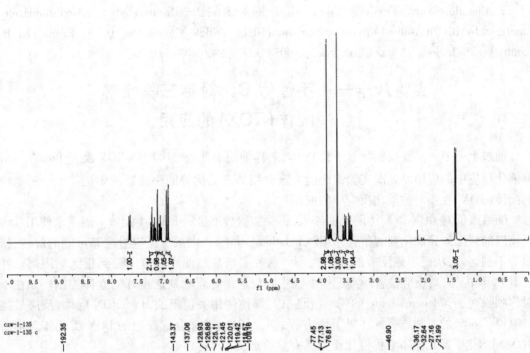

7.66 7.64 7.25 7.23 7.20 7.18 7.16 7.12 7.09 7.07 7.05 6.95 6.92 3.89 3.86 3.84 3.82 3.81 3.69 3.59 3.57 3.55 3.53 3.47 3.45 3.43 3.41 2.15 1.42 1.40

czw-1-135
czw-1-135 c

192.35 143.37 137.06 128.93 126.88 125.11 121.45 120.01 119.42 118.56 77.45 77.13 76.81 46.90 36.17 32.64 27.16 21.99

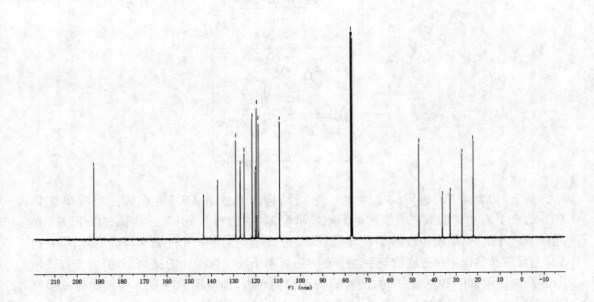

【参考文献】

1. C_2- Symmetric Copper(II) Complexes as Chiral Lewis Acids. Enantioselective Catalysis of the Glyoxylate-Ene Reaction. D. A. Evans, C. S. Burgey, N. A. Paras, T. Vojkovsky, S. W. Tregay *J. Am. Chem. Soc.*, **1998**, *120*, 5824 – 5825.

2. Enantioselective Friedel – Crafts Alkylations of α, β – Unsaturated 2 – Acyl Imidazoles Catalyzed by Bis(oxazolinyl) pyridine-Scandium(III) Triflate Complexes. D. A. Evans, K. R. Fandrick, H.-J. Song *J. Am. Chem. Soc.*, **2005**, *127*, 8942 – 8943.

实验八十一 手性假 C_3-对称三噁唑啉配体(TOX)的应用

通过上一节的实验我们学习了具有 C_2-对称轴的手性噁唑啉配体 BOX 及 PyBox 在不对称催化反应中的应用。此次实验课则向大家介绍另一类优势的手性噁唑啉配体——三噁唑啉配体(TOX)在不对称催化反应中的应用。

随着人们对 BOX 类配体研究的深入,不少实验数据显示 BOX 类配体一般要求使用双齿底物以加强配体和催化剂的整合作用(Chelation Control),以减少反应过渡态可能的旋转、扭曲等不利因素,从而增强反应的立体控制。这种要求显然使底物范围受到很大的限制。并且 BOX 类配体,对反应位置距离配体手性中心较远的化合物缺乏良好的立体控制。如在不对称吲哚对 arylidenemalonate 的傅-克反应中,即使使用大位阻的 ^{t}Bu – BOX 配体,反应最高只取得了 60% 的对映选择性(见下面方程式)。因此,设计合成新型的 BOX 类配体对丰富 BOX 配体化学及相应不对称催化研究具有重要意义。

基于"边臂策略"唐勇院士发展了一类结构新颖的假 C3 -对称的三噁唑啉配体(TOX)和具有边臂的双噁唑啉配体。噁唑啉配体中"边臂"的引入常常具有以下三个作用:①"边臂"辅助配位改善手性环境;②"边臂"起位阻作用利于不对称诱导;③"边臂"与反应底物作用拉近底物与手性中心的距离利于反应选择性的提高。例如,方程式所示的反应使用 ^{t}Bu – BOX 配体时,产物的 *ee* 值仅为 60%,而使用 TOX 配体时产物的 *ee* 值高达 93%。

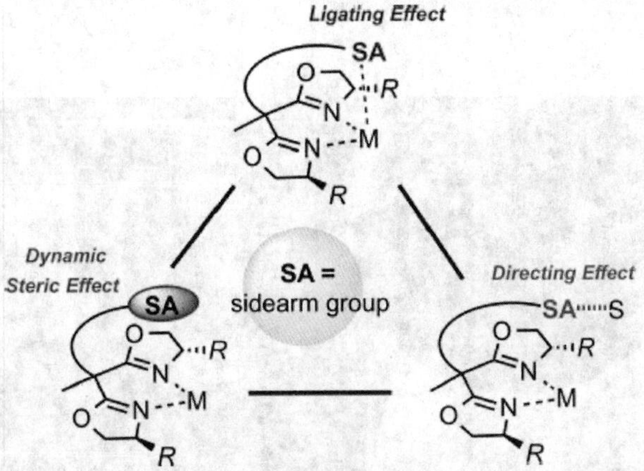
Ligating Effect
SA
Dynamic
Steric Effect
SA =
sidearm group
Directing Effect

【实验目的】

1. 了解三噁唑啉配体(TOX)在不对称催化反应中的应用。
2. 学习“边臂策略”在配体设计中的应用。
3. 巩固手性噁唑啉铜催化反应的操作。

【实验原理】

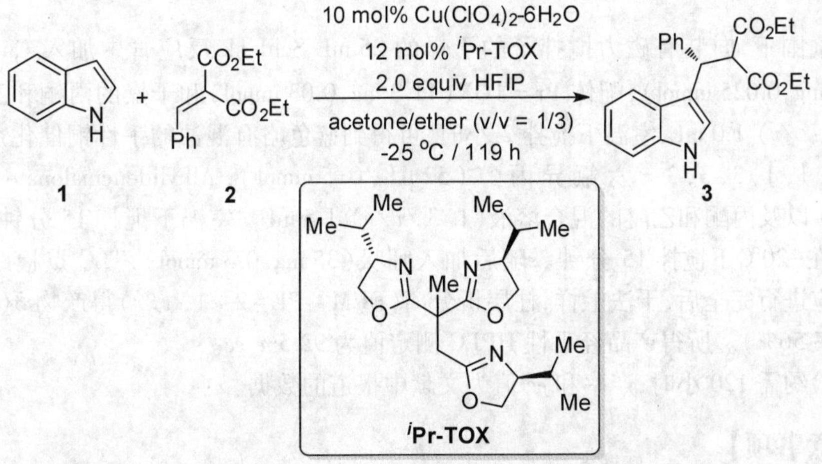
10 mol% Cu(ClO4)2-6H2O
12 mol% iPr-TOX
2.0 equiv HFIP
acetone/ether (v/v = 1/3)
-25 °C / 119 h
iPr-TOX

如方程式所示,(*S*)-3 可由吲哚 1 与 2 在手性 TOX/铜催化剂作用下高对映选择性地制备。

【仪器试剂】

仪器: Schlenk 反应管、注射器(2.0 mL 三个)、微量注射器三根、柱层析装置。

试剂: iPr-TOX 配体、1,1,1,3,3,3-六氟异丙醇、吲哚、亚苯甲基丙二酸二乙酯、丙酮、乙醚、乙酸乙酯、石油醚。

【实验装置】

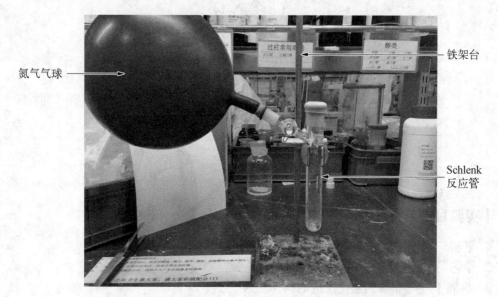

图 5.3 - 3　反应装置图

图中标注：氮气气球、铁架台、Schlenk 反应管

【实验步骤】

氮气氛围下,向装有磁力搅拌子的干燥的 25 mL Schlenk 反应管中加入 $Cu(ClO_4)_2$ ·$6H_2O(9.3\ mg, 0.025\ mmol)$,配体 ^iPr - TOX $(11.3\ mg, 0.03\ mmol)$ 和干燥的丙酮和乙醚的混合溶液 $(1/3, v/v)$ 1.0 mL,室温下搅拌 2 小时,可得到蓝色略有混浊的手性铜催化剂溶液。随后加入 $1, 1, 1, 3, 3, 3$ - 六氟异丙醇 $(52\ \mu L, 0.5\ mmol)$, Alkylidenemalonate 2 $(62\ mg, 0.25\ mmol)$ 以及丙酮和乙醚的混合溶液 $(1/3, v/v)$ 1.5 mL。室温下搅拌 15 分钟后,降温至 $-20℃$,并在 $-20℃$ 下搅拌 15 分钟。随后加入吲哚 $(35\ mg, 0.3\ mmol)$,TLC 点板跟踪反应进程。待反应进行完全后,干法上样,柱层析分离 $(DCM : PE = 2 : 1, v/v)$ 得产物3(白色固体,51 mg,产率 56%)。所得产品经手性 HPLC 测定值为 92.5% ee。

本实验约需 120 小时,产率和 ee 值为文献中报道的数据。

【注意事项】

(1) 实验过程中,称量配体和铜盐的质量时尽量做到准确。

(2) "室温下搅拌 2 小时"、"室温下搅拌 15 分钟"和"-20℃下搅拌 15 分钟"等搅拌时间得充足。

【思考题】

1. 本实验操作过程中"室温下搅拌 2 小时"、"室温下搅拌 15 分钟"和"-20℃下搅拌 15 分钟"各自的目的分别是什么?

2. 写出配体 ^iPr - TOX 的合成路线。

3. 加入六氟异丙醇的作用可能是什么?

【化合物表征数据】

^{1}H NMR (400 MHz, CDCl$_3$)：$\delta = 8.08$ (s, 1H)，7.56 (d, $J = 7.9$ Hz, 1H)，7.38－7.36 (m, 2H)，7.29 (d, $J = 8.1$ Hz, 1H)，7.25－7.21 (m, 2H)，7.16－7.11 (m, 3H)，7.07－7.00 (m, 1H)，5.09 (d, $J = 11.8$ Hz, 1H)，4.30 (d, $J = 11.8$ Hz, 1H)，4.03－3.96 (m, 4H)，1.03－0.97 (m, 6H).^{13}C NMR (100 MHz, CDCl$_3$)：$\delta = 168.1$，167.9，141.4，136.2，128.3，128.2，126.7，126.7，122.2，120.9，119.5，119.4，117.0，111.0，61.5，61.4，58.4，42.9，13.8，13.8

【化合物表征图谱】

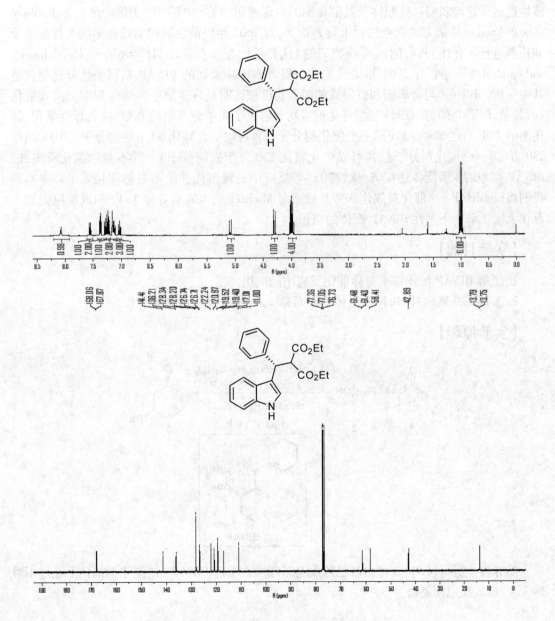

【参考文献】

1. W. Zhuang, T. Hansen, K. A. Jørgensen, *Chem. Commun.*, **2001**, 347.

2. Side Arm Strategy for Catalyst Design: Modifying Bisoxazolines for Remote Control of Enantioselection and Relate.S. Liao, X.-L. Sun, Y. Tang *Acc. Chem. Res.*, **2014**, *47*, 2260-2272.

3. Sidearm Effect: Improvement of the Enantiomeric Excess in the Asymmetric Michael Addition of Indoles to Alkylidene Malonates. J. Zhou, Y. Tang *J. Am. Chem. Soc.*, **2002**, *124*, 9030-9031.

实验八十二　手性 BINAP 配体的应用

手性配体和手性催化剂是手性催化合成领域的核心,事实上手性催化合成的每一次突破性进展总是与新型手性配体及其催化剂的出现密切相关。2003 年,美国哈佛大学 Jacobsen 在美国《Science》杂志的视点栏目上发表论文,对 2002 年以前发展的为数众多的手性配体及催化剂进行了评述,共归纳出八种类型的"优势手性配体和催化剂(Privileged chiral ligands and catalysts)"。例如:2001 年诺贝尔奖获得者 Noyori 发展的 BINAP 系列手性催化剂就是其中一例。BINAP 与金属铑和钌形成的配合物已被证明是许多前手性烯烃和酮的高效催化剂,其中,BINAP 的钌-双膦/双胺催化剂成功地解决了简单芳基酮的高效、高选择性氢化,催化剂的 TOF 高达 60 次/秒(即一个催化剂分子每秒可以催化转化 60 个底物分子),TON 高达 230 万(即一个催化剂分子总共可以催化转化 230 万个底物分子)。除不对称氢化反应外,BINAP 类型的双膦配体还在碳-碳键构建等反应中表现出优异的不对称催化效果。本实验我们将以 BINAP-铑催化剂催化的芳基硼酸对 Michael 受体的不对称 1,4-加成反应为切入点让大家了解一下手性 BINAP 配体的应用。

【实验目的】

1. 了解 BINAP 配体在不对称催化反应中的应用。
2. 掌握芳基硼酸对 Michael 受体的不对称 1,4-加成反应的基本操作。

【实验原理】

如方程式所示,(S)-3 可由环己烯酮与苯硼酸在手性 BINAP-铑催化剂催化下经过不对称 1,4-加成反应而制得。

【仪器试剂】

仪器: Schlenk 反应管、注射器(1.0 mL 两个)、微量进样器(50.0 μL 一个)、油浴加热装置、分液漏斗、砂芯抽滤漏斗、柱层析装置。

试剂: 乙酰丙酮酰双(亚乙基)化铑、(S)-BINAP、苯硼酸、环己烯酮、1,4-二氧六环、水、饱和碳酸氢钠水溶液、无水硫酸钠、乙酸乙酯、石油醚。

【实验装置】

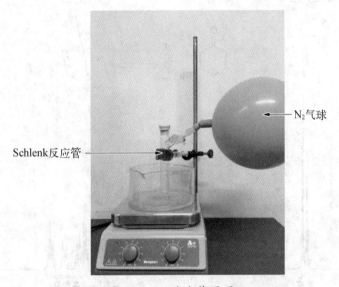

图 5.3-4 反应装置图

【实验步骤】

如图 5.3-4 所示,氮气氛围下,向装有磁力搅拌子的 25 mL Schlenk 反应管中加入 Rh(acac)(C$_2$H$_4$)$_2$(3.1 mg,12 μmol),(S)-BINAP(7.5 mg,12 μmol)和苯硼酸(244 mg,2.0 mmol)。随后,用注射器加入 1,4-二氧六环(1.0 mL),最后加入水(0.1 mL)和环己烯酮(39 mg,0.4 mmol)。加毕后,将反应管放置 100℃的油浴中搅拌 5 h。待反应进行完全后,冷却,加乙酸乙酯(10 mL)稀释,饱和碳酸氢钠水溶液洗涤(5 mL * 2),分液,有机相用无水硫酸钠干燥,砂芯抽滤漏斗抽滤,乙酸乙酯洗,滤液浓缩干法上样,柱层析分离得产物(S)-3(无色液体,56 mg,产率 80%, 95% *ee*)。

本实验约需 6~8 小时。

【注意事项】

(1)反应体系保证无氧。

(2)反应产物紫外显色较弱,柱层析时要小心收集产物。

【思考题】

1. 写出 BINAP 配体的合成路线。

2. 举例说明除本实验外 BINAP 配体在其他不对称催化反应中的应用。

3. 试写出三种基于 BINAP 配体发展的其他轴手性膦配体，并举例说明它们的应用。

【化合物表征数据】

^{1}H NMR（400 MHz, CDCl$_3$）：$\delta = 7.31 - 7.34$（m, 2H），7.21 - 7.25（m, 3H），2.96 - 3.04（m, 1H），2.33 - 2.62（m, 4H），2.06 - 2.17（m, 2H），1.71 - 1.90（m, 2H）；^{13}C NMR（CDCl$_3$, 100 MHz）：$\delta = 211.1, 144.4, 128.7, 126.7, 126.6, 49.0, 44.8, 41.2, 32.8, 25.6$

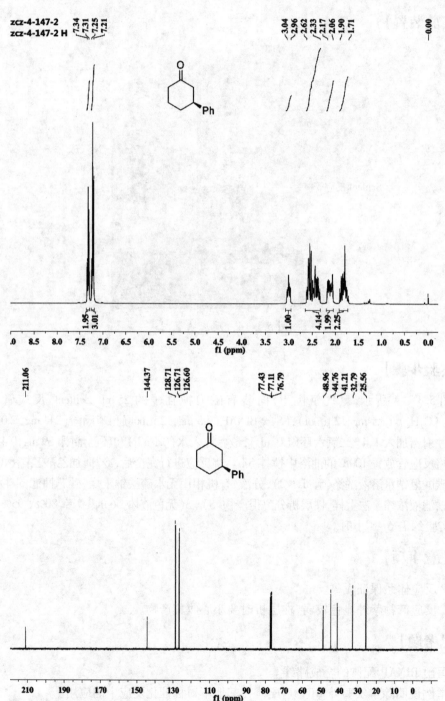

HPLC 谱图数据：

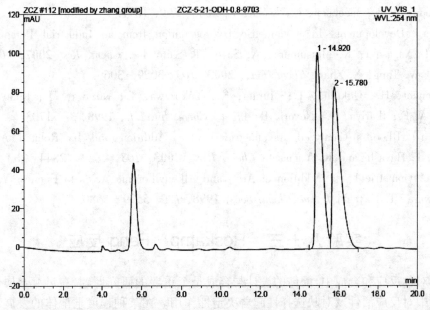

No.	Ret.Time min	Peak Name	Height mAU	Area mAU*min	Rel.Area %	Amount	Type
1	14.92	n.a.	101.312	40.085	49.13	n.a.	BM *
2	15.78	n.a.	83.602	41.502	50.87	n.a.	M *
Total:			184.914	81.587	100.00	0.000	

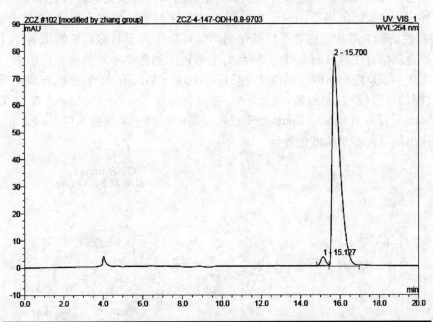

No.	Ret.Time min	Peak Name	Height mAU	Area mAU*min	Rel.Area %	Amount	Type
1	15.13	n.a.	3.304	0.970	2.64	n.a.	BM *
2	15.70	n.a.	77.240	35.750	97.36	n.a.	M *
Total:			80.544	36.720	100.00	0.000	

【参考文献】

1. Yoon, T. P.; Jacobsen, E. N. *Science*, **2003**, *299*, 1691.

2. (a) Developments in Asymmetric Hydrogenation from an Industrial Perspective. H. Shimizu, I. Nagasaki, K. Matsumura, N. Sayo, T. Saito *Acc. Chem. Res.* **2007**, *40*, 1385 – 1393. (b) W. Tang, X. Zhang *Chem. Rev.*, **2003**, *103*, 3029 – 3069.

3. Doucet, H.; Ohkuma, T.; Murata, K.; Yokozawa, T.; Kozawa, M.; Katayama, E.; England, A. F.; Ikariya, T.; Noyori, R. *Angew. Chem. Int. Ed.*, **1998**, *37*, 1703.

4. (a) Rhodium-Catalyzed Asymmetric 1, 4 – Addition and Its Related Asymmetric Reactions. T. Hayashi and K. Yamasaki *Chem. Rev.*, **2003**, *103*, 2829 – 2844. (b) Rhodium-Catalyzed Asymmetric 1, 4 – Addition of Aryl- and Alkenylboronic Acids to Enones. Y. Takaya, M. Ogasawara, T. Hayashi *J. Am. Chem. Soc.*, **1998**, *120*, 5579 – 5580.

实验八十三　Roskamp – Feng 反应

在不对称反应和合成中,配体的设计与合成是个重要的研究课题,在过渡金属催化的不对称反应中对反应活性及对映选择性起着决定性作用。在某种程度上配体的发展从一个侧面反映出不对称催化反应的发展,尽管近些年来人们在膦配体、氮膦配体、含氮配体、含硫配体、卡宾配体、以及双烯配体等设计合成方面取得了重要进展,尽管大量的手性配体被开发出来了,但没有任何一种配体或催化剂是通用的,因此设计和开发出新型的手性配体而实现一个配体催化多种类型的反应已成为化学家们尤其是不对称催化的有机化学工作者们追求的终极目标之一。我国的冯小明院士小组以天然手性源氨基酸作为原料,设计合成一系列具有 C_2 对称性的氮氧双功能优势手性催化剂不仅可以作为不对称有机催化剂,还可以作为配体与过渡金属结合生成具有活性的络合物,能够运用到各类不对称催化反应中。迄今,该类配体已在环加成反应、开环反应、卤胺化反应、Baeyer – Villiger 氧化反应、环氧化反应、共轭加成反应、酮的还原反应、酮的氰-硅化反应、芳基化反应、Henry 反应、Ene –反应、Claisen 重排反应、Mannich 反应、Friedel – Crafts 反应以及以冯小明院士名字命名的 Roskamp – Feng 等反应中表现出优异的不对称催化效果。

作为有机合成中的重要砌块 β –羰基酯类化合物在天然产物及药物分子合成中具有广泛的应用。1989 年 Roskamp 教授发现重氮酯类化合物($R^2 = H$)与醛作用可高效地制备

β-羰基酯类产物(见上面方程式)。而当 $R^2 \neq H$ 时,反应的副反应会增加但可得到手性的 β-羰基酯类化合物。基于此,冯小明院士小组利用他们组发展的氮氧双功能优势手性催化剂有效地避免了副反应的发生而成功地实现了 *Roskamp-Feng* 反应以优秀的产率和 *ee* 值制备了 β-羰基酯类产物。而通过传统的方法制备这类手性的 β-羰基酯类化合物则会出现外消旋化等问题。

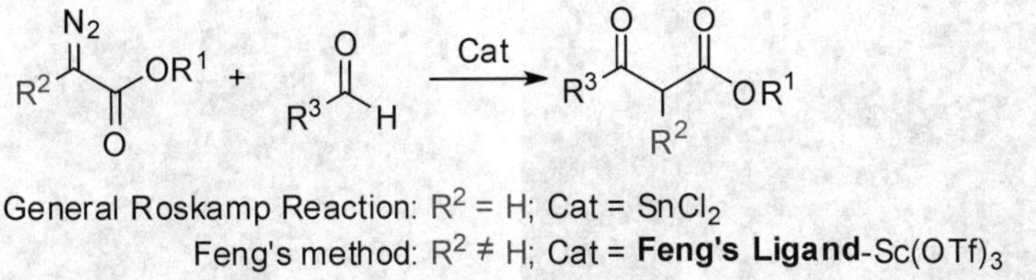

Cat
General Roskamp Reaction: R² = H; Cat = SnCl₂
Feng's method: R² ≠ H; Cat = Feng's Ligand-Sc(OTf)₃

【实验目的】

1. 了解冯小明院士发展的氮氧双功能优势手性催化剂的合成及应用。
2. 学习 Roskamp-Feng 反应。

【实验原理】

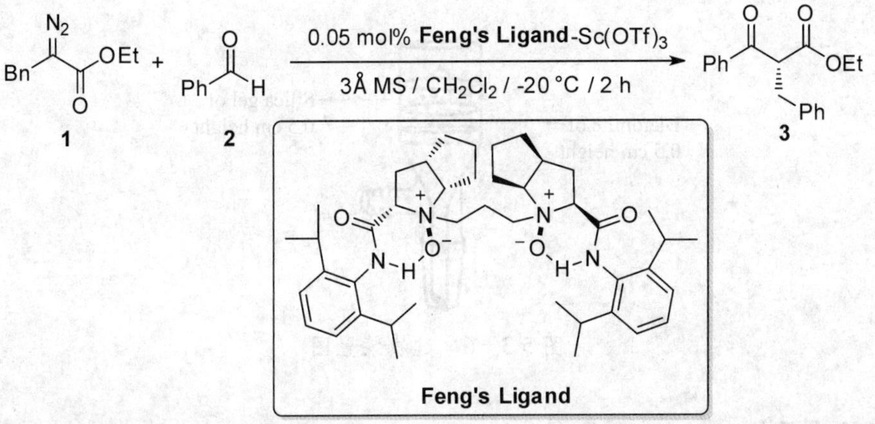

0.05 mol% Feng's Ligand-Sc(OTf)₃
3Å MS / CH₂Cl₂ / -20 °C / 2 h
1
2
3
Feng's Ligand

如方程式所示,Feng's Ligand(1.0 equiv)和三氟甲磺酸钪(1.2 equiv)配位可生成手性的钪催化剂,在它的催化下 2-重氮基-2-苄基乙酸乙酯与苯甲醛反应可高效、高对映选择性地制备 β-羰基酯类化合物(*R*)-3。

【仪器试剂】

仪器: Schlenk 反应管、微量注射器(50 μL)两个、砂芯漏斗(50 mL)、低温冷井、柱层析装置。

试剂: Feng's Ligand、苯甲醛、四氢呋喃、二氯甲烷、乙酸乙酯、石油醚、2-重氮基-2-苯基乙酸乙酯、3Å 分子筛。

【实验装置】

装置1

装置2

图 5.3 - 5 反应装置图

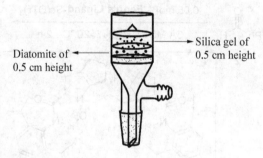

图 5.3 - 6 过滤装置图

【实验步骤】

　　氮气氛围下,向装有磁力搅拌子的干燥的 25 mL Schlenk 反应管中加入 Feng's Ligand
(7.1 mg,0.01 mmol,1.0 equiv),Sc(OTf)₃(6.0 mg,0.012 mmol,1.2 equiv)和无水四氢呋喃
(1.0 mL)。室温下搅拌 30 分钟,即可得手性催化剂 Feng's Ligand - Sc(OTf)₃(0.01 M in
THF)(注:该催化剂溶液在氮气下可稳定存储至少 1 个月)。

　　如图 5.3 - 5 所示氮气氛围下,向装有磁力搅拌子的干燥的 25 mL Schlenk 反应管中加入
活化的 3Å 分子筛(10 mg),并用微量注射器加入手性催化剂 Feng's Ligand - Sc(OTf)₃
(50 μL,0.01 M in THF),通过双排管的真空线抽走四氢呋喃溶剂。随后,加入 0.2 mL 无水二
氯甲烷,再将反应管放置 35℃ 的油浴中搅拌 1 h。之后,将反应管放置-20℃ 的冷浴中,搅拌
10 分钟后用微量注射器加入苯甲醛(50 μL,1.0 mmol)和 2 - 重氮基- 2 - 苄基乙酸乙酯
(50 μL,1.0 mmol)。TLC 点板跟踪反应进程。待 2 - 重氮基-2 - 苄基乙酸乙酯反应完全后,

加入 2 mL 二氯甲烷稀释,直接按照图 5.3 – 6 所示的装置抽滤,并用 8 mL 二氯甲烷洗涤,即可得到产物 3(白色固体,273.5 mg,产率 97%,95% ee)。

本实验约需 6~8 小时。

【注意事项】

要得到纯的化合物可通过硅胶柱分离,但在过柱过程中会导致产物的外消旋化 ee 值可从 95% 降至 77%。

【思考题】

1. 写出 Roskamp – Feng 反应的机理。反应中可能存在的副反应有哪些?

2. 写出本实验中用到的"冯小明配体"的合成路线。

【化合物表征数据】

^{1}H NMR(500 MHz,CDCl$_3$):δ = 7.99 – 7.98(m, 2H),7.60 – 7.57(m. 1H),7.49 – 7.46(m, 2H),7.30 – 7.21(m, 5H),4.65(t, J = 7.5 Hz, 1H),4.14 – 4.12(m, 2H),3.40 – 3.32(m, 2H),1.14(t, J = 7.5 Hz, 3H)。^{13}C NMR(CDCl$_3$, 125 MHz):δ = 194.5, 169.2, 138.4, 136.2, 133.5, 128.9, 128.7, 128.6, 128.5, 126.6, 61.5, 56.2, 34.7, 13.9

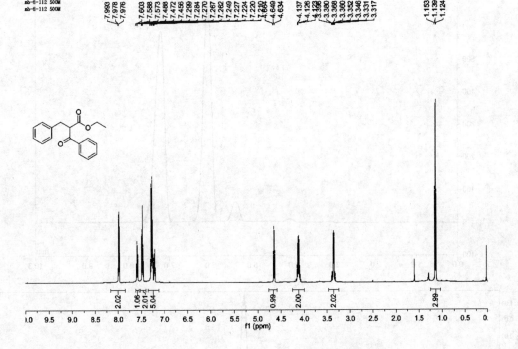

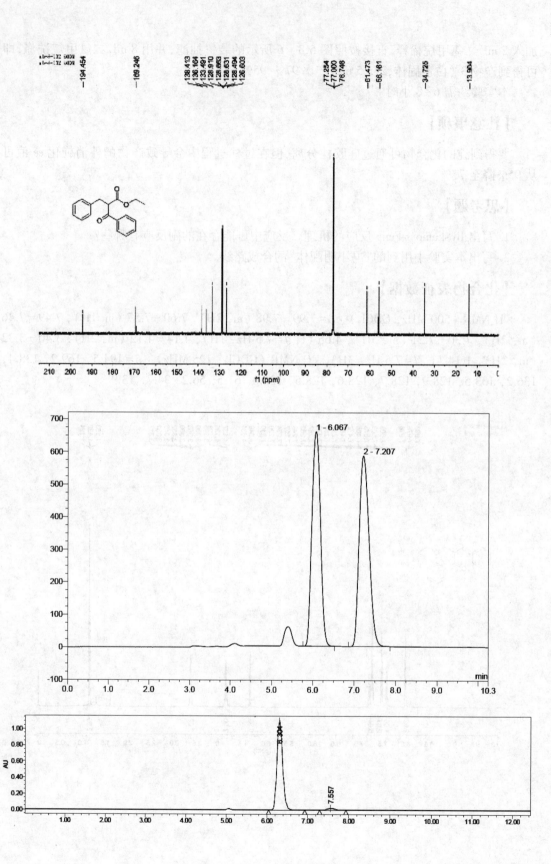

【参考文献】

1. Chiral N, N'-Dioxides: New Ligands and Organocatalysts for Catalytic Asymmetric Reactions. X. Liu, L. Lin, X. Feng *Acc. Chem. Res.*, **2011**, *44*, 574-587.

2. A Selective Method for the Direct Conversion of Aldehydes into β-Keto Esters with Ethyl Diazoacetate Catalyzed by Tin (II) Chloride. C. R. Holmquist and E. J. Roskamp *J. Org. Chem. Soc.*, **1989**, *54*, 3258-3260.

3. Catalytic Asymmetric Roskamp Reaction of α-Alkyl-α-diazoesters with Aromatic Aldehydes: Highly Enantioselective Synthesis of α-Alkyl-β-keto Esters. W. Li, J. Wang, X. Hu, K. Shen, W. Wang, Y. Chu, L. Li, X. Liu, X. Feng *J. Am. Chem. Soc.*, **2010**, *132*, 8532-8533.

实验八十四　手性螺环配体 SIPHOX 的应用

过渡金属参与的不对称催化反应是有机合成化学研究的前沿和热点。寻找和发现新颖配体骨架并开展新型高效的手性配体及催化剂的设计合成是不对称催化反应研究的核心内容。从 20 世纪 90 年代,特别是进入 21 世纪以来,螺环骨架手性配体受到了广泛的关注,并逐渐发展成为特色鲜明的手性配体类别。手性螺环配体的骨架已由多手性的螺[4.4]壬烷骨架发展到只具有单一手性的螺二氢茚和螺[4.4]壬二烯等螺环骨架类型,形成了包括手性螺环单磷配体、双膦配体、膦氮配体、双氮配体等丰富的手性配体库。这些手性螺环配体及其催化剂不仅在不对称催化氢化、不对称碳-碳键形成、不对称碳-杂原子键形成等多种类型的不对称催化反应中均表现出优异的催化活性和对映选择性,且使得许多原先难以控制对映选择性的不对称催化反应变得可能。而今,手性螺环结构已成为“优势结构”,相应的手性螺环配体及其催化剂已被国内外同行广泛采用。手性螺环配体的兴起为手性催化剂研究增加了活力,极大地促进了不对称合成化学的发展。本次和下次实验我们将分别通过介绍周其林院士和丁奎岭院士发展的具有鲜明特色的手性的螺二氢茚骨架的配体 SIPHOX 和螺二色烷骨架的配体 SKP 在不对称催化反应中的应用,让大家对手性螺环配体的设计、合成及应用有所认识和了解。

【实验目的】

1. 了解手性螺环配体的设计、合成及应用。
2. 不对称氢化反应的基本操作。

【实验原理】

Pfaltz's **PHOX**-Ir catalyst

Zhou's **SIPHOX**-Ir catalyst
Ar = 3,5-diMePh, R = Bn

手性膦-噁唑啉配体在不对称催化反应中具有广泛用途。这类配体的铱催化剂，如 Pfaltz 等发展的 PHOX 配体的铱催化剂，能够催化亚胺和非官能化烯烃等的不对称氢化反应。但这类手性铱催化剂在氢化反应条件下会发生自聚，生成无催化活性的三聚体而失活，因而催化效率普遍不高。2006 年，周其林院士等设计合成了具有螺二氢茚骨架的手性螺环膦-噁唑啉配体 SIPHOX，希望通过螺环骨架的刚性等来抑制铱催化剂的自聚，从而发展高效、高选择性的手性螺环铱催化剂。研究结果表明具有螺二氢茚骨架的手性螺环膦-噁唑啉配体 SIPHOX 的铱催化剂非常稳定，在氢气氛围中没有发生聚合而失活。如方程式所示，在 SIPHOX 的铱催化剂催化下 N-芳基亚胺可发生不对称氢化反应以优秀的催化活性和选择性制备手性的苯乙胺产物，且氢化反应可以在常温（或低温）、常压下进行。

【仪器试剂】

仪器：Schlenk 反应管、注射器（2.0 mL）、层析柱装置。

试剂：SIPHOX、[Ir(COD)Cl]₂、NaBArF-3H₂O、二氯甲烷（无水）、4Å 分子筛（活化）、甲基叔丁基醚（无水）。

【实验装置】

图 5.3-7　不对称氢化反应装置图

【实验步骤】

1. 制备 SIPHOX‑Ir 催化剂

氩气氛围下，向装有磁力搅拌子的干燥的 25 mL Schlenk 反应管中加入 SIPHOX（24.8 mg，0.04 mmol），[Ir（COD）Cl]$_2$（13.3 mg，0.02 mmol）和 NaBAr$_F$·3H$_2$O（53.2 mg，0.06 mmol）。最后加入干燥的二氯甲烷（3 mL）。加毕后在室温下搅拌 1 h。TLC 点板跟踪反应进程。待 SIPHOX 与金属铱基本配位完全后，柱层析分离（DCM/PE＝2∶1）得 SIPHOX‑Ir 催化剂（黄色固体，70 mg，产率 79%）。

2. 亚胺的不对称氢化反应

氩气氛围下，向装有磁力搅拌子的干燥的 25 mL Schlenk 反应管中加入 SIPHOX‑Ir 催化剂（3.8 mg，2 μmol），亚胺 1（39 mg，0.2 mmol），活化的 4Å 分子筛（80 mg）和甲基叔丁基醚（1.0 mL），加毕后在室温下搅拌 10 分钟。随后利用液氮冷冻真空脱气处理，通过氢气球将反应管内置换成氢气氛围，放置 10℃下搅拌 20 h。通过气相色谱（GC）跟踪反应进程。反应完全后，柱层析分离（PE/EA＝20∶1）得（R）‑2（黄色固体，22 mg，产率 55%，94% ee）。

【注意事项】

氢气易燃易爆，反应操作中注意实验安全。

【化合物表征数据】

^{1}H NMR（400 MHz，CDCl$_3$）：δ 7.37－7.32（m，2H），7.29（dd，J＝8.3，6.9 Hz，2H），7.22－7.16（m，1H），7.07（dd，J＝8.4，7.5 Hz，2H），6.63（t，J＝7.3 Hz，1H），6.49（d，J＝7.7 Hz，2H），4.46（q，J＝6.7 Hz，1H），3.99（s，1H），1.48（d，J＝6.7 Hz，3H）。^{13}C NMR（100 MHz，CDCl$_3$）：δ 147.37，145.32，129.19，128.73，126.95，125.93，117.32，113.38，53.53，25.11。Enantiomeric excess was determined by HPLC with a Chiralpak ODH column（hexanes∶2‑propanol＝98∶2，1.0 mL/min，254 nm）；minor enantiomer tr＝9.2 min，major enantiomer tr＝12.3 min

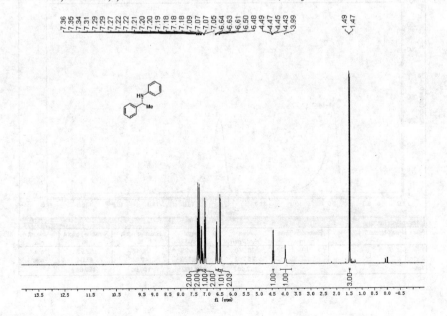

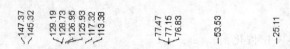

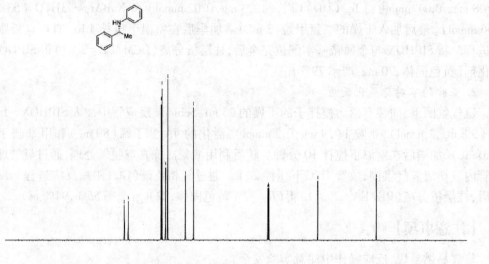

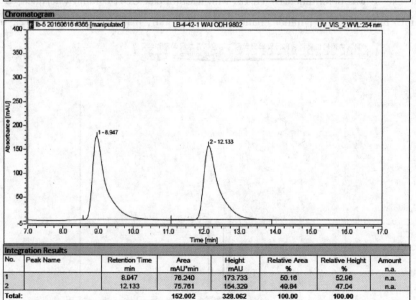

Chromatogram and Results

Injection Details

Injection Name:	LB-4-42-1 WAI ODH 9802	Run Time (min):	19.33
Vial Number:	RE1	Injection Volume:	20.00
Injection Type:	Check Standard	Channel:	UV_VIS_2
Calibration Level:		Wavelength:	210.0
Instrument Method:	60min-9802-25-10-230254	Bandwidth:	4
Processing Method:	wyd-1	Dilution Factor:	1.0000
Injection Date/Time:	##############	Sample Weight:	1.0000

Chromatogram

lb-5 20160616 #365 [manipulated]   LB-4-42-1 WAI ODH 9802   UV_VIS_2 WVL:254 nm

Integration Results

No.	Peak Name	Retention Time min	Area mAU*min	Height mAU	Relative Area %	Relative Height %	Amount n.a.
1		8.947	76.240	173.733	50.16	52.96	n.a.
2		12.133	75.761	154.329	49.84	47.04	n.a.
Total:			152.002	328.062	100.00	100.00	

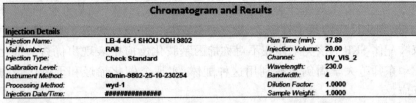

Chromatogram and Results

Injection Details				
Injection Name:	LB-4-45-1 SHOU ODH 9802		Run Time (min):	17.89
Vial Number:	RA8		Injection Volume:	20.00
Injection Type:	Check Standard		Channel:	UV_VIS_2
Calibration Level:			Wavelength:	230.0
Instrument Method:	60min-9802-25-10-230254		Bandwidth:	4
Processing Method:	wyd-1		Dilution Factor:	1.0000
Injection Date/Time:	#############		Sample Weight:	1.0000

Chromatogram

Integration Results

No.	Peak Name	Retention Time min	Area mAU*min	Height mAU	Relative Area %	Relative Height %	Amount n.a.
1		9.227	1.263	3.212	2.90	3.43	n.a.
2		12.320	42.252	90.567	97.10	96.57	n.a.
Total:			43.515	93.780	100.00	100.00	

【参考文献】

1. Well-Defined Chiral Spiro Iridium/Phosphine-Oxazoline Cationic Complexes for Highly Enantioselective Hydrogenation of Imines at Ambient Pressure. S.-F. Zhu, J.-B. Xie, Y.-Z. Zhang, S. Li, Q.-L. Zhou *J. Am. Chem. Soc.*, **2006**, *128*, 12886.

实验八十五　手性螺环 SKP 配体的应用

【实验原理】

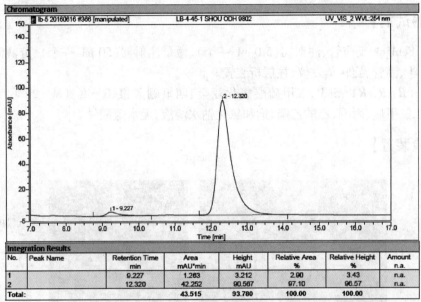

d.r. >20:1

(R,R,R)-**SKP**

2012 年，丁奎岭院士等基于他们小组发展的 α,α'-二-(2-羟基芳亚甲基)环酮的不对称催化氢化/缩酮化反应构筑手性 2,2'-螺二色烷结构，并设计合成了具有螺二色烷骨架的手性螺环双膦配体 SKP。该类配体在不对称烯丙基胺化反应中表现出优秀的催化活性和对映选择性。华东师范大学周剑教授利用这种配体，实现金催化烯烃和重氮化合物的不对称环丙烷化反应。

【仪器试剂】

仪器：Schlenk 反应管、注射器(5.0 mL 一个)、微量注射器(50 μL 一个)、分液漏斗、锥形瓶、砂芯漏斗、滴管、旋转蒸发仪、柱层析装置。

试剂：(R,R,R)-SKP、二甲硫醚氯化亚金、四氟硼酸银、3-重氮基-2-吲哚酮、苯乙烯、氟苯、二氯甲烷、丙酮、乙酸乙酯、饱和氯化钠水溶液、无水硫酸钠。

【实验装置】

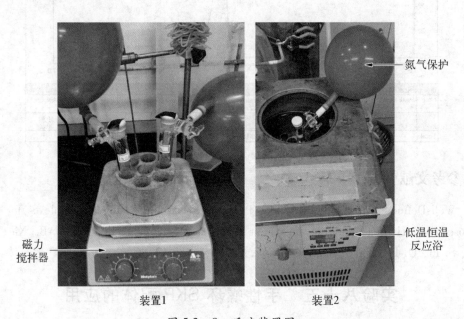

氮气保护

低温恒温反应浴

磁力搅拌器

装置1　　　　　　　　　装置2

图 5.3-8　反应装置图

【实验步骤】

在手套箱中，向装有磁力搅拌子的 25 mL Schlenk 反应管中准确加入 (R,R,R)-SKP (5.8 mg,0.008 8 mmol)，二甲硫醚氯化亚金(5.2 mg,0.0176 mmol)；氮气保护下注入无水二氯甲烷(2 mL)，25℃下搅拌 1 小时(如装置图 1 所示)。旋干溶剂二氯甲烷并用油泵抽去剩余溶剂，在氮气保护下加入四氟硼酸银(1.6 mg,0.008 0 mmol)，无水氟苯(4 mL)，25℃下继续搅拌 1 小时。加入苯乙烯(23 μL,0.2 mmol)，并将反应液于 0℃下搅拌反应 30 min(如装置图 2 所示)，接着氮气保护下一次性加入 3-重氮基-2-吲哚酮(38.2 mg, 0.24 mmol)，0℃下继续搅拌反应并用 TLC 监测反应直至反应结束。反应结束后，向反应液中加入饱和氯化钠溶液(5 mL)，并用乙酸乙酯萃取三次(3×5 mL)，萃取液经无水硫酸钠干燥后，浓缩，干法上样，柱层析分离(acetone：CH_2Cl_2 = 1：20)得目标产物(白色固体,41.5 mg,产率 88%）。

本实验约需 6~8 小时。

【思考题】

1. 写出本实验中所用的 SIPHOX 和 SKP 配体的合成路线。

2. 举例说明除本实验所用的螺环配体外还有哪些螺环配体被发展了？它们都有哪些应用？

【化合物表征数据】

^{1}H NMR（300 MHz，CDCl$_3$）：δ = 9.67（s，br，1H），7.32 – 7.21（m，5H），7.13 – 7.08（m，1H），7.02 – 6.99（m，1H），6.71 – 6.65（m，1H），5.98 – 5.95（m，1H），3.39（t，J = 8.7 Hz，1H），2.28 – 2.23（m，1H），2.08 – 2.03（m，1H）；^{13}C NMR（75 MHz，CDCl$_3$）：δ = 179.3，141.1，135.0，130.0，128.4，127.9，127.4，126.6，121.4，120.9，109.8，36.1，33.8，22.6

^{1}H NMR 表征表明产物 dr 值大于 20∶1，高效液相色谱分析（AD – H 手性柱，异丙醇/正己烷 = 10/90，1.0 mL/min，230 nm；主要非对应异构体：t_r（major）= 8.46 min，t_r（minor）= 11.93 min）主要构型产物：92% *ee*。

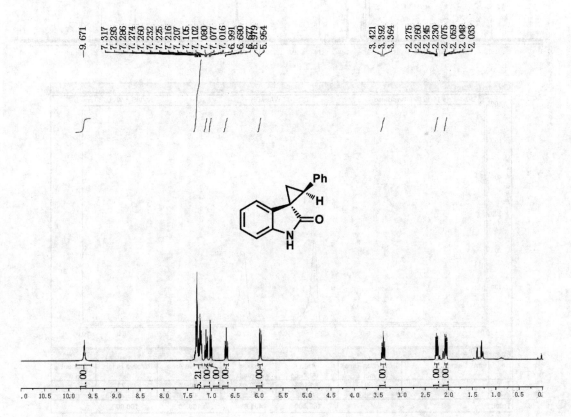

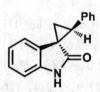

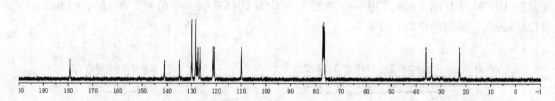

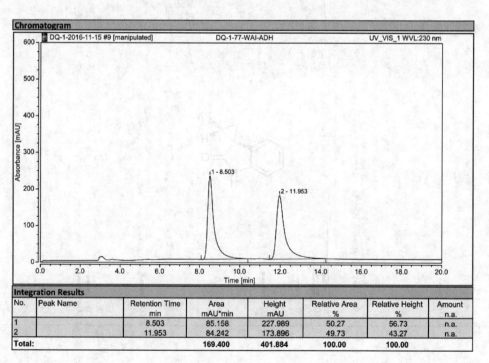

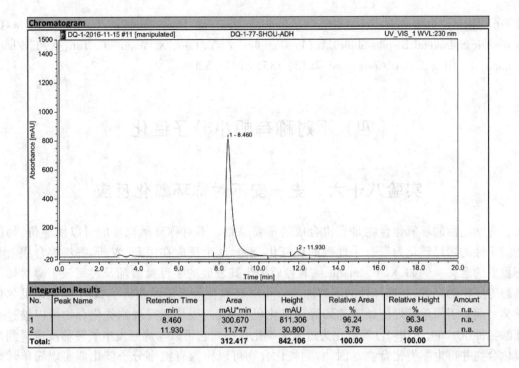

Integration Results

No.	Peak Name	Retention Time min	Area mAU*min	Height mAU	Relative Area %	Relative Height %	Amount n.a.
1		8.460	300.670	811.306	96.24	96.34	n.a.
2		11.930	11.747	30.800	3.76	3.66	n.a.
Total:			312.417	842.106	100.00	100.00	

【参考文献】

1. Magical Chiral Spiro Ligands. J. Xie, Q.-L. Zhou *Acta Chim. Sinica* **2014**, *72*, 778－797.

2. (a) Enantioselective Hydrogenation of Imines with Chiral (Phosphanodihydrooxazole) Iridium Catalysts. P. Schnider, G. Koch, R. Pretot, G. Wang, M. Bohnen, C. Kruger, A. Pfaltz *Chem. Eur. J.* **1997**, *3*, 887－892. (b) Enantioselective Hydrogenation of Olefins with Iridium-Phosphanodihydrooxazole Catalysts. A. Lightfoot, P. Schnider, A. Pfaltz *Angew. Chem.*, *Int. Ed.* **1998**, *37*, 2897－2899. (c) Iridium-Catalyzed Enantioselective Hydrogenation of Imines in Supercritical Carbon Dioxide. S. Kainz, A. Brinkmann, W. Leitner, A. Pflatz *J. Am. Chem. Soc.* **1999**, *121*, 6421－6429.

3. Well-Defined Chiral Spiro Iridium/Phosphine-Oxazoline Cationic Complexes for Highly Enantioselective Hydrogenation of Imines at Ambient Pressure. S.-F. Zhu, J.-B. Xie, Y.-Z. Zhang, S. Li, Q.-L. Zhou *J. Am. Chem. Soc.* **2006**, *128*, 12886－12891.

4. Catalytic Asymmetric Synthesis of Aromatic Spiroketals by SpinPhox/Iridium(I)-Catalyzed Hydrogenation and Spiroketalization of α, α'－Bis(2－hydroxyarylidene) Ketones. X.-M. Wang, Z.-B. Han, Z. Wang, K.-L. Ding Angew. *Chem. Int. Ed.* **2012**, *51*, 936－940.

5. (a) Aromatic Spiroketal Bisphosphine Ligands: Palladium-Catalyzed Asymmetric Allylic Amination of Racemic Morita－Baylis－Hillman Adducts. X. Wang, F. Meng, Y. Wang, Z. Han, Y.-J. Chen, L. Liu, Z. Wang, K.-L. Ding *Angew. Chem. Int. Ed.* **2012**, *51*, 9276－9282. (b) Spiroketal-Based Diphosphine Ligands in Pd-Catalyzed Asymmetric Allylic Amination of Morita－Baylis－Hillman Adducts: Exceptionally High Efficiency and New Mechanism. X. Wang, P. Guo, Z. Han, X. Wang, Z. Wang, K. Ding *J. Am. Chem. Soc.* **2014**, *136*, 405－411.

6. Highly Stereoselective Olefin Cyclopropanation of Diazooxindoles Catalyzed by a C$_2$ Symmetric Spiroketal Bisphosphine/Au(I) Complex. Z.-Y. Cao, X. Wang, C. Tan, X.-L. Zhao, J. Zhou, K. Ding *J. Am. Chem. Soc.* **2013**, *135*, 8197–8200.

（四）不对称有机小分子催化

实验八十六　史一安不对称环氧化反应

光学活性的环氧化合物是有机合成的重要原料。不对称环氧化反应可以使廉价、易得的潜手性的烯烃转化为带有手性碳的环氧化合物，这个反应在医药、农药、香料等合成上具有重要的意义。例如，K. B. Sharpless 教授就因为其发展的手性钛酸酯及过氧叔丁醇对烯丙基醇等底物的高效、高选择性的不对称 Sharpless 环氧化等反应而获得了 2001 年的诺贝尔化学奖。而对于简单烯烃例如苯乙烯等环氧化研究，人们很早就发现酮类化合物可以被过一硫酸氢钾（Oxone，KHSO$_5$）等氧化为过氧酮类化合物而它可以与烯烃发生氧转移反应得到环氧化合物并再生酮类化合物。因此，酮类化合物可以作为有机小分子催化剂实现简单烯烃的环氧化（图5.4-1）。基于此，我们是否可以设想如果使用手性的酮类化合物作为催化剂，那么其提供的手性环境是否可以实现烯烃的不对称环氧化呢？

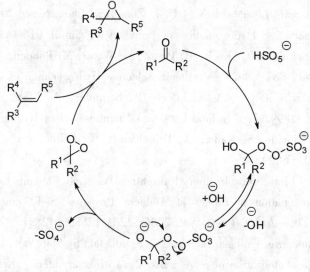

图 5.4-1　氧转移反应

在自然界为我们提供的化合物中，糖类化合物是一大类最廉价易得，并含有多样立体化学信息的有机化合物，利用这一类天然手性源作为手性酮的来源而实现简单烯烃的高效不对称环氧化毫无疑问将具有重要的科学及应用价值。史一安教授通过大量实验研究发现果糖衍生的手性酮可高效、高选择性地实现简单烯烃的不对称环氧化反应。正是由于其在这一领域深入而系统且富有开创性的研究工作，人们将这一反应命名为史一安不对称环氧化反应。

【实验目的】

1. 理解史—安不对称环氧化反应的设计思想。
2. 掌握史—安不对称环氧化反应的基本操作。

【实验原理】

如方程式所示,(R,R)-2 可由反式-1,2-二苯乙烯在 Shi's catalyst 催化下经过不对称环氧化反应而制得。

【仪器试剂】

仪器: Schlenk 反应管、注射器(2.0 mL 2 个)、容量瓶(500 mL 1 个)分液漏斗、滴管、柱层析装置。

试剂: 反式-1,2-二苯乙烯、四正丁基氢氧化铵、乙腈(4 mL)和 Na$_2$EDTA、Oxone 和碳酸氢钠、Shi's catalyst。

【实验装置】

图 5.4-2 反应装置图

【实验步骤】

如图 5.4－2 所示,向装有磁力搅拌子的 50 mL Schlenk 反应管加入反式－1,2－二苯乙烯(45 mg,0.25 mmol,1.0 equiv),四正丁基氢氧化铵(10 mg,0.038 mmol,0.15 equiv),乙腈(4 mL)和 Na_2EDTA 水溶液(2.5 mL,$1×10^{-4}$ M)。将反应管放置于 0℃ 的低温恒温冷却浴中,搅拌下加入少许均匀混合的 Oxone(0.77 g,1.25 mmol)和碳酸氢钠(0.33 g,3.88 mmol)的粉末使反应液的 pH>7。5 分钟后,在分批慢慢加入 Shi's catalyst(0.193 g,0.75 mmol)的同时分批加入剩下的 Oxone 和碳酸氢钠的粉末。加料过程控制在 45 分钟以上。Shi's catalyst 加毕后,将反应在 0℃ 下继续搅拌 1 h。待反应进行完全后,加入水(10 mL)稀释,用正己烷(20 mL×4)萃取,分液,合并有机相用饱和食盐水洗涤一次,有机相用无水硫酸钠干燥,砂芯抽滤漏斗抽滤,正己烷洗,滤液浓缩湿法上样,用含 1% 的三乙胺的正己烷溶液碱化的硅胶柱由柱层析分离(Et_2O/PE = 1∶50,含 1% Et_3N)得产物(R,R)－2(白色固体,27 mg,产率 55%,88% ee)。

本实验约需 4~5 小时。

【思考题】

1. 试写出史一安不对称环氧化的机理及可能的副反应。
2. 写出本实验中所用的史一安催化剂的合成路线。
3. 用含 1% 的三乙胺的正己烷溶液碱化的硅胶柱的目的是什么?
4. 史一安不对称环氧化是利用手性的过氧酮催化剂实现了烯烃的环氧化。查文献举例说明过氧亚胺类化合物在不对称催化反应中的应用。

【化合物表征数据】

^{1}H NMR (500 MHz,$CDCl_3$):$δ$ = 7.26－7.42(m,10H),3.69(s,2H),^{13}C NMR($CDCl_3$,125 MHz):$δ$ = 137.1,128.5,128.3,125.5,62.8. ee = 88%. HPLC analysis of the product:Daicel Chiralpak OD－H column;hexane/2－propanol = 80/20,1.0 mL/min,254 nm,. Retention times:5.29 min(minor),8.02 min(major)

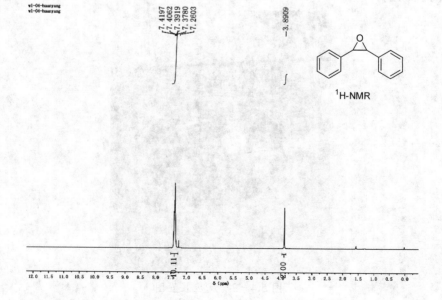

^{1}H-NMR

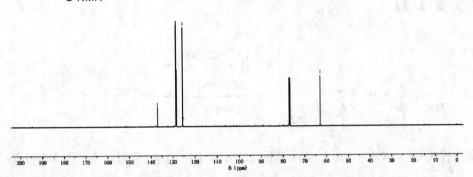

w1-04-huanyang-c
w1-04-huanyang-c

—137.089
128.540
128.295
125.479
77.255
77.000
76.745
—62.807

^{13}C-NMR

200 190 180 170 160 150 140 130 120 110 100 90 80 70 60 50 40 30 20 10 0
δ (ppm)

【参考文献】

1. Y. Shi *Acc. Chem. Res.*, **2004**, *37*, 488−496.

2. An Efficient Asymmetric Epoxidation Method for *trans*-Olefins Mediated by a Fructose-Derived Ketone. Y. Tu, Z.-X. Wang, Y. Shi *J. Am. Chem. Soc.*, **1996**, *118*, 9806−9807.

实验八十七　　烯胺催化——脯氨酸催化的
不对称 Aldol 反应

　　手性有机小分子催化是近年来不对称催化领域发展起来的一个研究热点。手性有机小分子催化剂因其来源丰富、不含金属、高效、稳定、适应性广、环境友好、反应条件温和且催化剂易于回收利用等优点引起了人们极大的兴趣。

$$\text{（底物）} \xrightarrow[\substack{\text{DMF, RF}\\72\text{ h, }52\%}]{(S)\text{-Proline}} \text{（产物）}\ 74\%\ ee \xrightarrow[C_6H_6]{p\text{-TsOH}} \text{（产物）}$$

　　在不对称有机小分子催化反应中，不对称 Aldol 反应是较早被研究和开发的反应之一。20 世纪 70 年代发现的 Hajos - Parrish - Eder - Sauer - Wiechert 反应就是脯氨酸催化的分子内 Aldol 反应。但此工作一直没有引起人们的重视，部分原因在于该项工作缺乏系统的研究，而且有机催化的概念还没有形成。直到 2000 年，Benjamin List 等用脯氨酸为催化剂实现了首例不对称的分子间 Aldol 反应，并在《美国化学会志》上发表题为《脯氨酸催化的直接不对称羟醛反应》的通讯文章，标志着有机催化的复兴。此后，L -脯氨酸及其衍生物催化的不对称有机反应引起了人们的广泛关注,并逐渐发展成为一个重要的研究方向——不对称烯胺催化。本实验我们则来学习一下 Benjamin List 教授这一开创性的工作。

【实验目的】

1. 了解烯胺催化的概念。
2. 了解脯氨酸类催化剂在不对称催化中的应用。
3. 掌握脯氨酸催化反应的基本操作。

【实验原理】

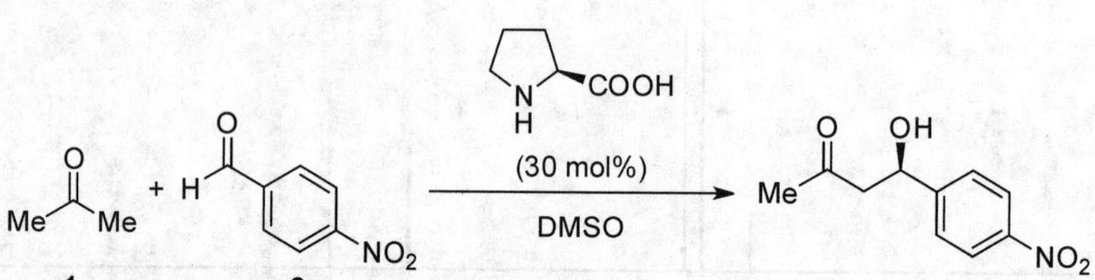

如方程式所示,(R)-3 可由 L-脯氨酸催化的丙酮与 4-硝基苯甲醛的不对称 Aldol 反应制得。

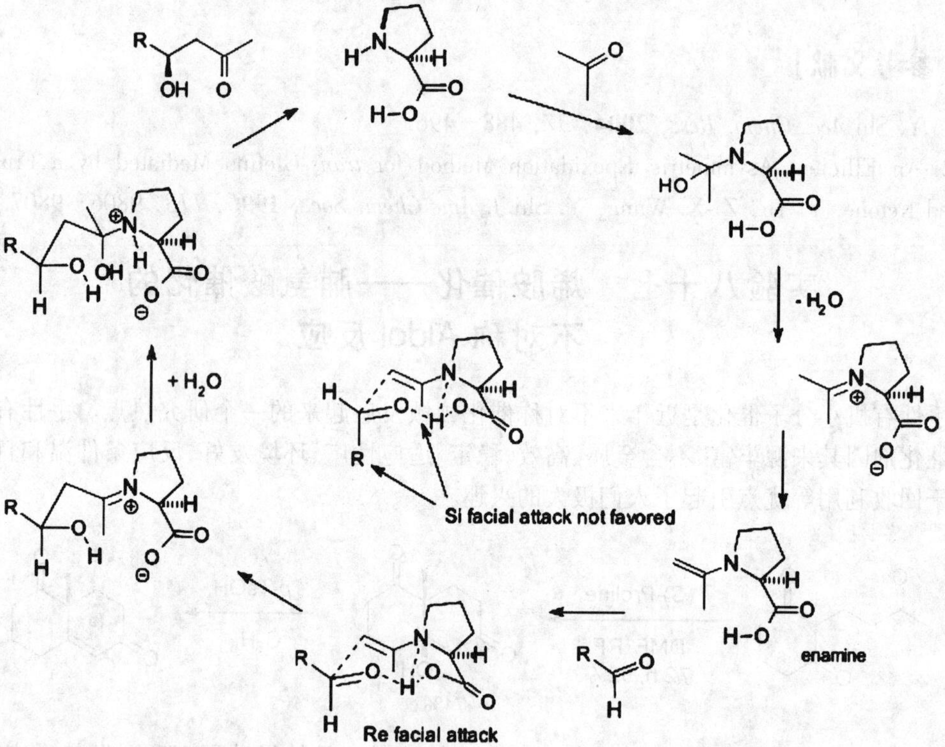

【仪器试剂】

仪器:样品瓶、磁力搅拌器、磁子、注射器(2.0 mL 一个,1 mL 一个)、分液漏斗、砂芯漏斗、滴管、柱层析装置。

试剂:(L)-脯氨酸、无水丙酮、二甲亚砜(DMSO)、对硝基苯甲醛、饱和食盐水、乙酸乙酯、石油醚。

【实验装置】

图 5.4 - 3　Aldol 反应装置图

【实验步骤】

1. 外消旋产物

如图 5.4 - 3 所示,向装有磁力搅拌子的 10 mL 样品瓶中加入 4 -硝基苯甲醛(90 mg, 0.6 mmol),0.4 mL 丙酮,2 mL 蒸馏水,四氢吡咯烷(12.8 mg,30 mol%)。室温搅拌,随着反应的进行,反应体系逐渐变为红棕色。TLC 点板跟踪反应进程,1 h 后反应完全。用二氯甲烷(5 mL×2)萃取,分液,合并有机相,用无水硫酸镁干燥有机相,砂芯抽滤漏斗抽滤,二氯甲烷洗涤,滤液浓缩,干法上样,柱层析分离 (EA/PE = 1 : 3)得 Aldol 加成产物(黄色固体,70 mg,产率 56%)。

2. 手性产物

如图 5.4 - 3 所示,向装有磁力搅拌子的 10 mL 样品瓶中加入脯氨酸(90 mg,0.5 mmol),随后加入 2 mL 的二甲基亚砜/丙酮的混合溶剂(v/v=4：1)室温搅拌 15 分钟使之完全溶解。最后加入 4 -硝基苯甲醛(90 mg,0.6 mmol)。室温下继续搅拌,随着反应的进行,反应体系逐渐变为红棕色。TLC 点板跟踪反应进程,6 h 后反应完全,加入饱和氯化铵水溶液(2 mL),用乙酸乙酯(5 mL×2)萃取,分液,合并有机相用饱和食盐水洗涤一次,有机相用无水硫酸镁干燥,砂芯抽滤漏斗抽滤,乙酸乙酯洗涤,滤液浓缩,干法上样,柱层析分离 (EA/PE = 1 : 3)得 Aldol 加成产物(R)-3(黄色固体,64 mg,产率 51%,65% ee)。

本实验约需 6~8 小时。

【思考题】

1. 试写出本实验 Aldol 反应的机理及可能的副反应。
2. 查文献举例说明脯氨酸在不对称催化反应中的其他应用。
3. 画出对 L -脯氨酸改造而发展 Hayashi - Jorgensen 催化剂的结构式,并举例说明它的应用。

【化合物表征数据】

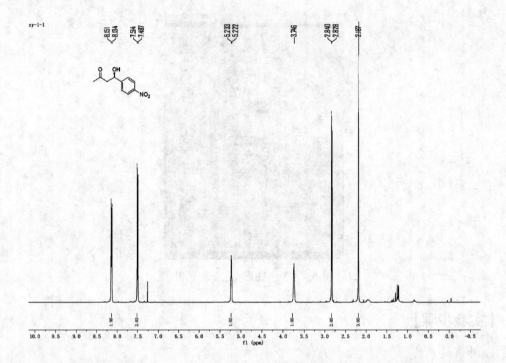

^{1}H NMR（500 MHz，CDCl$_3$）δ = 8.143（d，J = 8.5 Hz，2H），7.506（d，J = 8.5 Hz，2H），5.230（d，J = 5.5 Hz，1H），3.746（s，1H），2.834（d，J = 6.0 Hz，2H），2.187（s，3H）（实测）

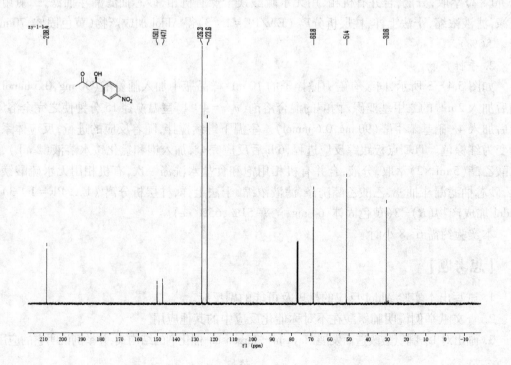

^{13}C NMR（125 MHz，CDCl$_3$）$\delta = 208.40$（s），150.1（s），147.1（s），126.3（s），123.6（s），68.8（s），51.4（s），30.6（s）. The enantiomeric excess is 65% determined by HPLC（Daicel Chirapak AS－H，hexane/isopropanol = 70∶30，flow rate 1.0 mL/min）：$t_r = 10.242$（major），$t_r = 12.448$（minor）

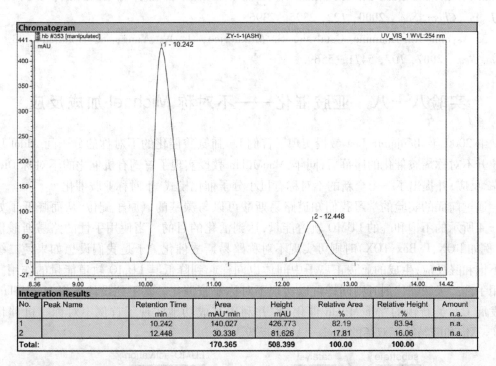

Integration Results

No.	Peak Name	Retention Time min	Area mAU*min	Height mAU	Relative Area %	Relative Height %	Amount n.a.
1		10.242	140.027	426.773	82.19	83.94	n.a.
2		12.448	30.338	81.626	17.81	16.06	n.a.
Total:			**170.365**	**508.399**	**100.00**	**100.00**	

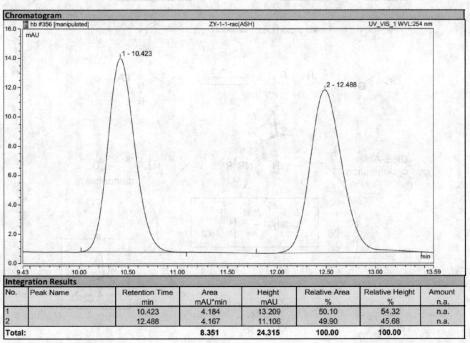

Integration Results

No.	Peak Name	Retention Time min	Area mAU*min	Height mAU	Relative Area %	Relative Height %	Amount n.a.
1		10.423	4.184	13.209	50.10	54.32	n.a.
2		12.488	4.167	11.106	49.90	45.68	n.a.
Total:			**8.351**	**24.315**	**100.00**	**100.00**	

【参考文献】

1. Asymmetric Synthesis of Bicyclic Intermediates of Natural Product Chemistry. Z. G. Hajos and D. R. Parrish *J. Org. Chem.*, **1974**, *39*, 1615 – 1621.

2. Proline-Catalyzed Direct Asymmetric Aldol Reactions. B. List, R. A. Lerner, C. F. Barbas III *J. Am. Chem. Soc.*, **2000**, *122*, 2395 – 2396.

3. Asymmetric Enamine Catalysis. S. Mukherjee, J. W. Yang, S. Hoffmann, B. List *Chem. Rev.*, **2007**, *107*, 5471 – 5569.

实验八十八　亚胺催化——不对称 Michael 加成反应

继 2000 年, Benjamin List 教授实现了首例 L - 脯氨酸催化的不对称的分子间 Aldol 反应而拉开不对称烯胺催化的序幕后, 同年, MacMillan 教授实现了首例有机催化的不对称 Diels - Alder 反应, 并提出了一个全新的不对称有机小分子催化模式-不对称亚胺催化。

通过前面的实验的学习我们知道路易斯酸可以与羰基的氧原子配位, 从而降低了如图 5.4 - 4 所示的不饱和醛的 LUMO 轨道能量, 达到活化的目的。当使用手性的路易斯酸催化剂(例如 BOX, PyBox, TOX)时则可实现不对称路易斯酸催化。于是我们设想如果使二级胺与不饱和醛反应, 生成的亚胺正离子中间体也同样起到降低其 LUMO 轨道能量的作用。当使用手性二级胺催化剂时则同样可以实现不对称亚胺催化。基于此设计思想 MacMillan 教授发展了一类新颖的"MacMillan 催化剂"并利用其成功地实现了首例不对称有机催化的 α,β -不饱和醛与共轭双烯的 Diels - Alder 反应。

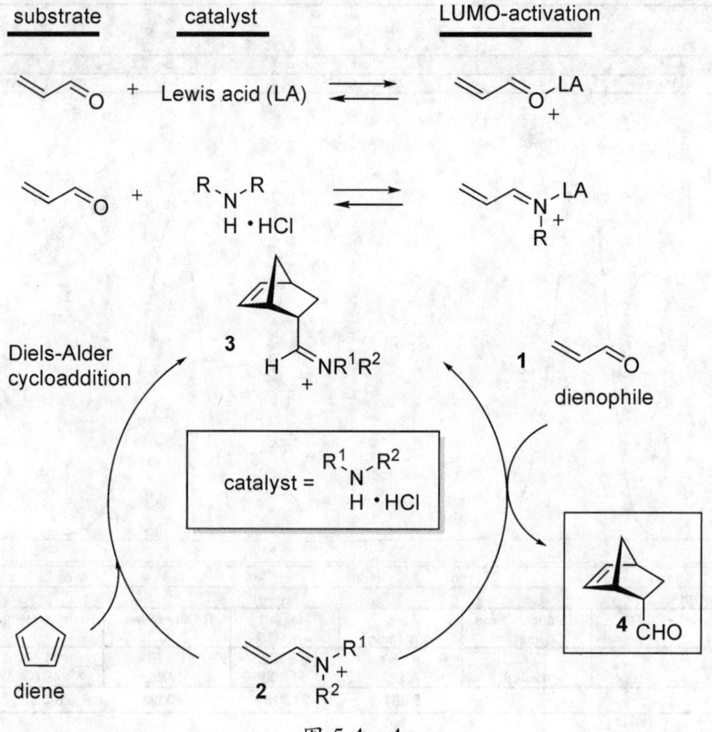

图 5.4 - 4

经过近20年来的发展,使用 MacMillan 催化剂及亚胺活化模式可实现多种不对称有机小分子催化反应。本节课我们则通过学习 MacMillan 催化剂催化的吲哚不对称烷基化反应让大家了解不对称亚胺催化,并与实验 79~81 对比体会不对称有机催化与过渡金属催化的互补作用。

【实验目的】

1. 了解亚胺催化的概念。
2. 了解 MacMillan 催化剂在不对称催化中的应用。
3. 巩固有机小分子催化的基本操作。

【实验原理】

如方程式所示,在 MacMillan 催化剂的催化下,N-甲基吲哚与肉桂醛发生傅克反应可高效、高对映选择性地得到(S)-3。

【仪器试剂】

仪器: 反应管、注射器(1.0 mL)、微量注射器(10 uL)、柱层析装置。

试剂: MacMillan's catalys、二氯甲烷、异丙醇、三氟乙酸、肉桂醛、N-甲基吲哚、乙酸乙酯、石油醚。

【实验装置】

图 5.4-5 反应装置图

【实验步骤】

如图 5.4 - 5 所示,向装有磁力搅拌子的 25 mL Schlenk 反应管中加入 MacMillan's catalys(24.6 mg,0.10 mmol)和 1 mL 二氯甲烷/异丙醇的混合溶剂(v/v＝0.85 mL/0.15 mL)。随后加入三氟乙酸(TFA)(7.7 μL,0.10 mmol)。将反应管放置-55℃的低温恒温反应浴中。-55℃ 下搅拌 5 分钟后,加入肉桂醛(190 μL,1.50 mmol),继续搅拌 10 分钟,之后一次性加入 N-甲基吲哚(64 μL,0.5 mmol)。-55℃下继续搅拌 45 h。TLC 点板跟踪反应进程。待反应进行完全后,湿法上样,柱层析分离(EtOAc/PE ＝1：15)得产物(S)-3(无色油状物,105 mg,产率80%)。

本实验约需 45 小时。

【注意事项】

(1)溶剂要严格除水。

(2)注意加料的顺序和温度的控制。

【思考题】

1. 试写出本实验的反应的机理,并说明加三氟乙酸的作用。

2. 查文献举例说明 MacMillan 催化剂在不对称催化反应中的其他应用。

3. 写出 MacMillan 催化剂的合成路线。

【化合物表征数据】

^{1}H NMR (500 MHz, CDCl$_3$): 9.72 (t, J=1.8, 2.7 Hz, 1H), 7.39 (dt, J=0.9, 8.1 Hz, 1H), 7.21 - 7.35 (m, 5H), 7.14 - 7.22 (m, 2H), 7.02 (ddd, J=1.0, 6.9, 8.0 Hz, 1H), 6.83 (d, J=0.9 Hz, 1H), 4.82 (t, J=7.7 Hz, 1H), 3.71 (s, 3H), 3.19 (ddd, J=2.7, 8.3, 16.5 Hz, 1H), 3.08 (ddd, J=1.8, 7.2, 16.5 Hz, 1H). ^{13}C NMR (125 MHz, CDCl$_3$)：δ＝201.9, 143.5, 137.3, 128.6, 127.6, 126.8, 126.5, 126.4, 121.9, 119.4, 119.0, 116.6, 109.3, 49.8, 37.2, 32.7. The enantiomeric excess is 84% determined by HPLC: Chiralcel AS-H column (hexane/i-PrOH 90：10, flow rate 1.0 mL/min, 254 nm); t_r=11.8 min (major), t_r=14.3 min (major)

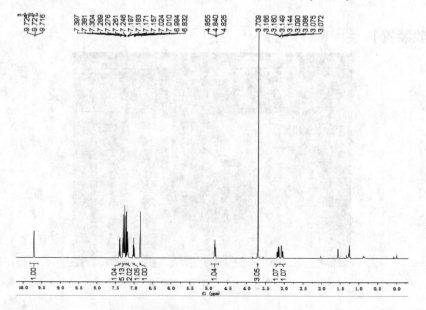

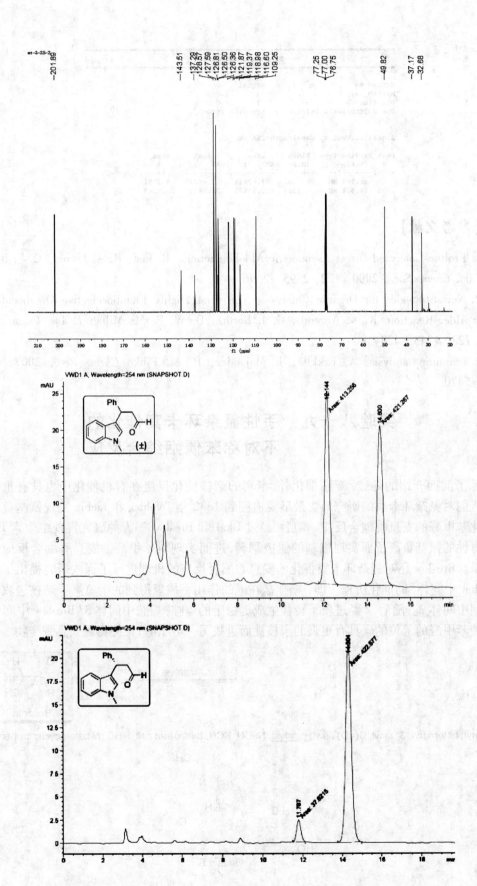

```
**************************************************
              Area Percent Report
**************************************************
Sorted By             :      Signal
Multiplier:            :      1.0000
Dilution:              :      1.0000
Use Multiplier & Dilution Factor with ISTDs

Signal 1: VWD1 A, Wavelength=254 nm

Peak RetTime Type  Width     Area      Height     Area
  #   [min]        [min] mAU   *s      [mAU  ]      %
----|-------|----|-------|----------|----------|--------|
  1  11.787 MM   0.2603  37.62149    2.40863   8.1751
  2  14.304 MM   0.3293 422.57675   21.38775  91.8249
```

【参考文献】

1. Proline-Catalyzed Direct Asymmetric Aldol Reactions. B. List，R. A. Lerner，C. F. Barbas III *J. Am. Chem. Soc.*，**2000**，*122*，2395－2396.

2. New Strategies for Organic Catalysis：The First Highly Enantioselective Organocatalytic Diels－Alder Reaction. K. A. Ahrendt，C. J. Borths，D. W. C. MacMillan *J. Am. Chem. Soc.*，**2000**，*122*，4243－4244.

3. Iminium Catalysis. A. Erkkila，I. Majander，P. M. Pihko *Chem. Rev.*，**2007**，*107*，5416－5470.

实验八十九　手性氮杂环卡宾催化的不对称苯偶姻缩合反应

除了前面介绍的烯胺/亚胺催化外,卡宾的亲核催化反应在有机催化中也具有重要地位。人们对氮杂环卡宾的研究历史最早要追溯到 1832 年,Wohler 和 Liebig 发现氰基负离子可催化苯甲醛的安息香缩合反应。随后,经过 Ukai 和 Breslow 等人的研究发现维生素 B1 可替代毒性的氰基负离子而实现羰基的偶极翻转,进而实现对苯甲醛的安息香缩合反应的催化效果。Breslow 还对氮杂环卡宾催化的安息香缩合反应的机理进行了深入研究提出了涉及"Breslow 中间体"的催化历程。即：噻唑盐在碱的作用下拔氢得到的碳负离子亲核进攻醛羰基得到中间体 2。随后,2 经过质子转移生成更稳定的噻唑-烯胺中间体 3（Breslow 中间体）,从而使苯甲醛的苄位的碳具有更强的亲核性而进攻另一分子醛,最终得到安息香产物。

R = aryl, heteroaryl, 3° alkyl, C(=O)-alkyl; <u>catalyst</u>: NaCN, KCN, thiazolium salt, NHC (*N*-heterocyclic carbenes)

vitamin B₁

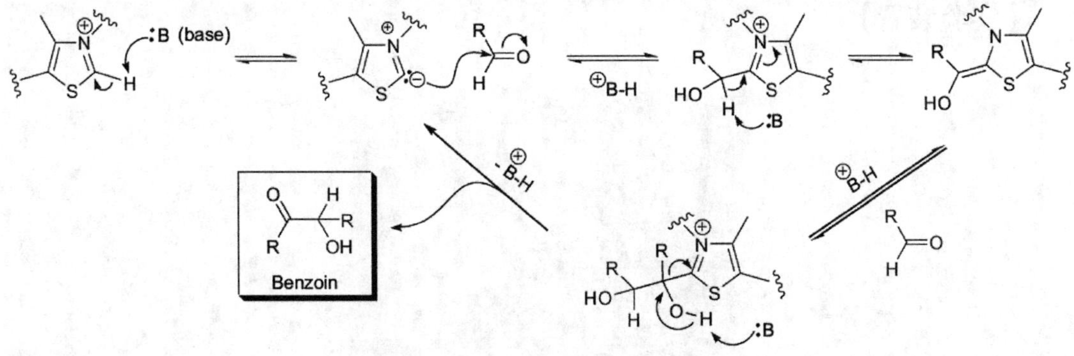

自 Breslow 提出上述机理后,具有亲核性的氮杂环卡宾(NHC)作为一类新型的仿生有机催化引起了化学家的广泛关注,并且大量的手性氮杂环卡宾被开发出来了。从而使得卡宾亲核催化在构建手性分子中发挥了重要作用。

【实验目的】

1. 了解卡宾亲核催化的概念。
2. 了解手性氮杂环卡宾在不对称催化中的应用。
3. 巩固有机小分子催化的基本操作。

【实验原理】

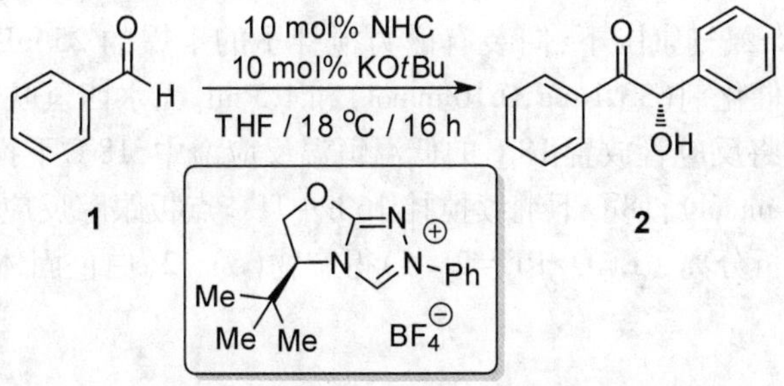

如方程式所示,在手性氮杂环卡宾催化剂的催化下,苯甲醛可发生不对称苯偶姻缩合反应,高效、高对映选择性地制备(S)-2。

【仪器试剂】

仪器: Schlenk 反应管、注射器(2.0 mL 一个)、分液漏斗、滴管、柱层析装置。
试剂: 苯甲醛、NHC、叔丁醇钾、四氢呋喃、氮杂卡宾配体、乙酸乙酯、石油醚。

【实验装置】

图 5.4-6　手性氮杂环卡宾催化的不对称
苯偶姻缩合反应装置图

【实验步骤】

如图 5.4-6 所示,氮气氛围下,向装有磁力搅拌子的干燥的 25 mL Schlenk 反应管中加入手性的氮杂环卡宾催化剂(33.1 mg,0.10 mmol)和 1.5 mL 无水四氢呋喃。随后加入苯甲醛(7.7 μL,1.0 mmol)。将反应管放置 18℃的低温恒温反应浴中,18℃下搅拌 5 分钟后,加入叔丁醇钾(11.2 mg,0.10 mmol),18℃下继续搅拌 16 h。TLC 点板跟踪反应进程。待反应进行完全后,湿法上样,柱层析分离(Et$_2$O/PE＝2∶1)得产物(S)-2(白色固体,88.0 mg,产率 83%,90% ee)。

【思考题】

1. 查文献写出 4 种手性氮杂环卡宾催化剂,并说明它们在不对称催化反应中的应用。
2. 写出本实验中所用手性氮杂环卡宾前体的合成路线。

【化合物表征数据】

^{1}H NMR (300 MHz, CDCl$_3$)：δ＝7.94 (d, J＝8.7 Hz, 2H), 7.57 (d, J＝8.7 Hz, 2H), 7.53 (d, J＝7.2 Hz, 2H), 7.24-7.40 (m, 3H), 7.22 (d, J＝16.5 Hz, 1H), 7.11 (d, J＝16.5 Hz, 1H), 2.60 (s, 3H). ^{13}C NMR (CDCl$_3$, 75 MHz)：δ＝197.5, 142.1, 136.8, 136.0, 131.5, 129.0, 128.9, 128.4, 127.5, 126.9, 126.6, 26.9

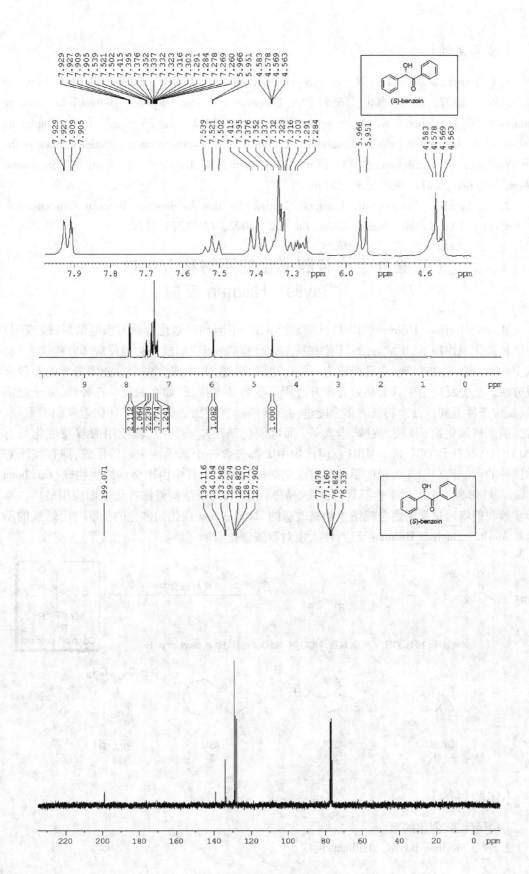

【参考文献】

1. (a) Organocatalysis by N-Heterocyclic Carbenes. D. Enders, O. Niemeier, A. Henseler *Chem. Rev.*, **2007**, *107*, 5606-5655. (b) Cooperative Lewis acid/N-Heterocyclic Carbene Catalysis. D. T. Cohen, K. A. Scheidt *Chem. Sci.*, **2012**, *3*, 53-57. (c) Employing Homoenolates Generated by NHC Catalysis in Carbon-Carbon Bond-Forming Reactions: State of the Art. V. Nair, R. S. Menon, A. T. Biju, C. R. Sinu, R. R. Paul, A. Jose, V. Sreekumar *Chem. Soc. Rev.*, **2011**, *40*, 5336-5346.

2. An Efficient Nucleophilic Carbene Catalyst for the Asymmetric Benzoin Condensation. D. Enders and U. Kallfass *Angew. Chem. Int. Ed.*, **2002**, *41*, 1743-1745.

实验九十　叔胺催化的不对称 Morita-Baylis-Hillman 反应

Morita-Baylis-Hillman(MBH)反应是指 α,β-不饱和羰基化合物与亲电试剂(醛或酮)在亲核催化剂作用下,生成 α,β-不饱和羰基化合物的 α-位加成产物的反应(方程式)。自从 1968 年该反应被发现,它已经成为一类构建碳-碳键,并生成含多个官能团分子的有效合成方法。此类反应由于具有高效合成方法所具备的基本特征,如高的反应选择性、原子经济性、反应条件温和以及产物具有多个能进一步转换的官能团而越来越受到化学家们的重视。常见的亲核催化剂(叔胺、叔膦、卡宾等)都可催化该反应。其中,常使用的叔胺催化剂有DMAP,DABCO 和 DBU 等。MBH 反应产物中大都包含一个新手性中心的形成,即存在不对称诱导的可能性。因此大量的手性叔胺催化剂被发展了。其中由于金鸡纳生物碱(Cinchona Alkaloids)作为一个天然手性源具有价廉、易得、稳定和易于结构修饰等优点而应用最广。本节实验我们将通过学习由金鸡纳生物碱改造的 Hatakeyama 催化剂催化的靛红与丙烯醛的不对称 Morita-Baylis-Hillman 反应,使大家对叔胺催化有所了解。

$X = NH_2, NR_2, OR; Y = O, NTs, NCO_2R, NSO_2Ar; R^1, R^2 = alkyl, aryl, H$

DABCO **1**　　3-QDL **2**　　DBU **3**　　DMAP **4**

【实验目的】

1. 了解叔胺催化的概念。
2. 学习 Morita-Baylis-Hillman 反应。

3. 掌握 Morita－Baylis－Hillman 反应的基本操作。

【实验原理】

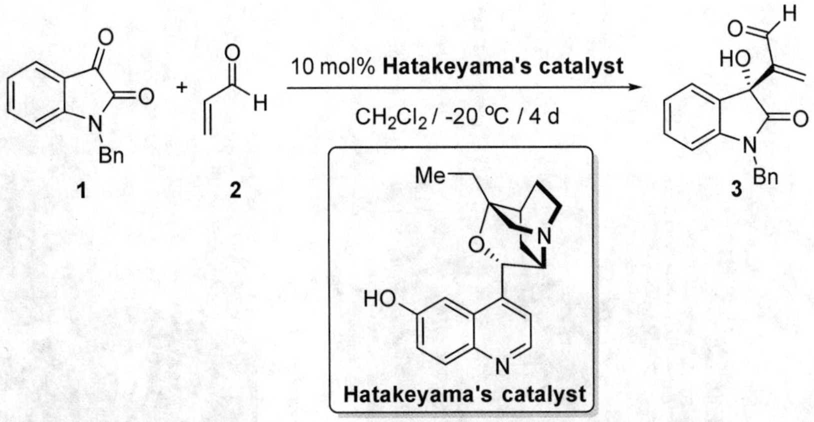

Morita－Baylis－Hillman 反应中的亲电试剂主要为醛或醛亚胺等,最近,华东师范大学的周剑教授课题组发现靛红也可作为亲电试剂,其与丙烯醛在 Hatakeyama 催化剂的催化下可高效、高对映选择性地构建氧杂季碳产物(R)－3。反应的可能机理如下:

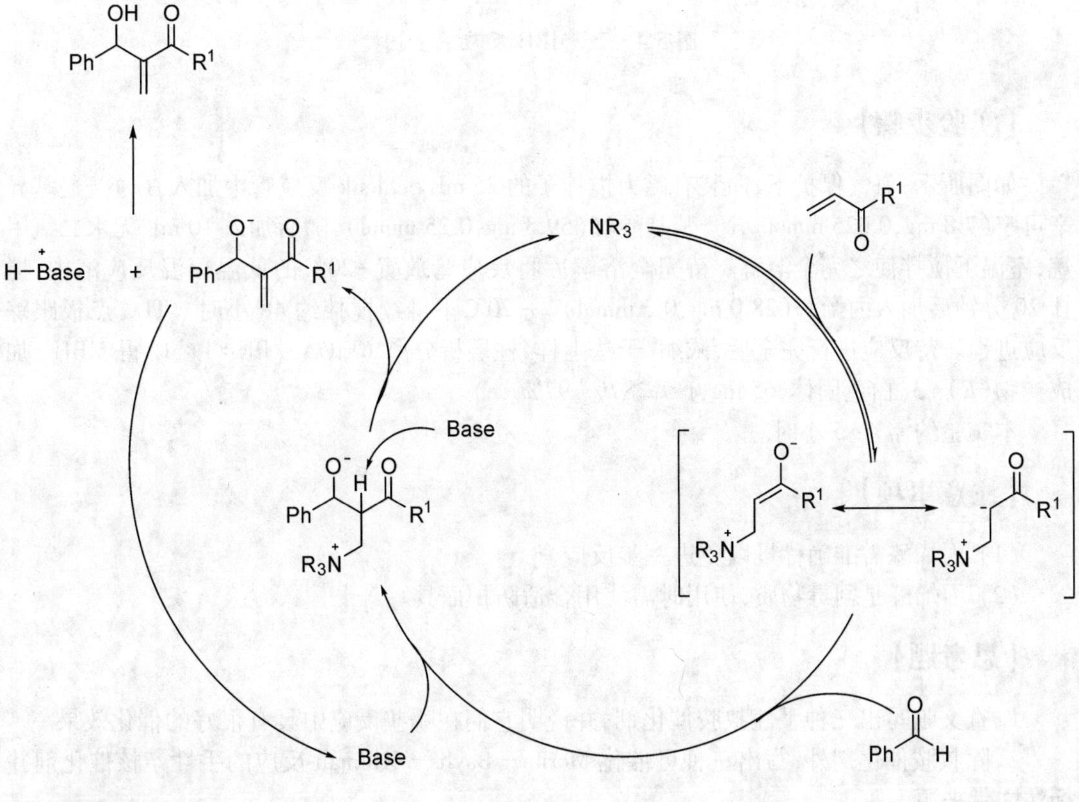

【仪器试剂】

仪器: Schlenk 反应管、注射器(10.0 mL 一个)、微量注射器(100 μL 一个)、滴管、柱层析装置、磁力搅拌器、低温冷阱。

试剂：N‑Benzylisatin、丙烯醛、β‑6′‑羟基异辛可宁、二氯甲烷、乙酸乙酯、石油醚。

【实验装置】

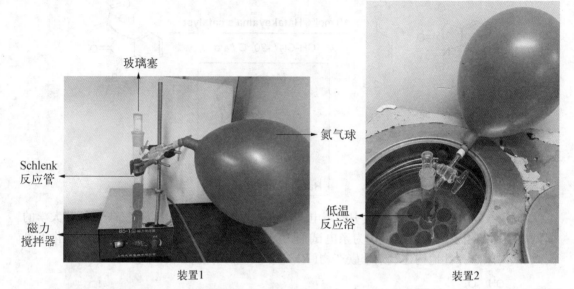

图 5.4‑7　MBH 反应装置图

【实验步骤】

如图所示,氮气保护下,向装有磁力搅拌子的 25 mL Schlenk 反应管中加入 β‑6′‑羟基异辛可宁(7.8 mg,0.025 mmol),N‑苄基靛红(59.3 mg,0.25 mmol),随后加入 10 mL 无水二氯甲烷,室温下搅拌使之完全溶解。待完全溶解后将反应管放置−20℃的低温恒温反应浴中,搅拌 20 分钟后加入丙烯醛(28.0 mg,0.5 mmol)。−20℃下继续搅拌约 48 小时。TLC 点板跟踪反应进程。待反应进行完全后,浓缩,干法上样,柱层析分离（EtOAc/PE＝1∶1）得 MBH‑加成产物(R)‑3(白色固体,65 mg,产率 87%,97% ee)。

本实验约需 4~5 小时。

【注意事项】

（1）丙烯醛需准确称量以免进一步反应。

（2）丙烯醛是剧毒物质,使用时需使用合适防护面具。

【思考题】

1. 查文献写出三种手性叔胺催化剂,并说明它们在哪些反应中具有很好的催化效果。

2. 除叔胺催化剂外,写出三种可催化 Morita‑Baylis‑Hillman 反应的手性亲核催化剂并标注文献来源。

【化合物表征数据】

^{1}H NMR (500 MHz, CDCl$_3$)：δ＝9.52 (s, 1H), 7.45 (d, J＝7.5 Hz, 2H), 7.37 (t, J＝

7.5 Hz, 2H), 7.30 (t, $J = 7.4$ Hz, 1H), 7.22 (td, $J = 7.8$, 1.1 Hz, 1H), 7.16 (d, $J = 7.4$ Hz, 1H), 7.04 – 6.98 (m, 2H), 6.73 (d, $J = 7.8$ Hz, 1H), 6.41 (s, 1H), 5.05 (d, $J = 15.9$ Hz, 1H), 4.88 (d, $J = 15.9$ Hz, 1H), 4.03 (s, 1H); ^{13}C NMR (125 MHz, CDCl$_3$): $\delta = 191.8$, 175.9, 148.7, 143.6, 136.1, 135.3, 130.2, 128.7, 128.7, 127.6, 127.2, 123.8, 123.1, 109.9, 75.5, 44.2; HPLC analysis (Chiralcel OD – H, iPrOH/hexane = 20/80, 1.0 mL/min, 25℃ 230 nm; t_r(major) = 8.0 min, t_r(minor) = 13.8 min) gave the isomeric composition of the product: 97% ee

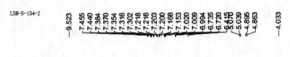

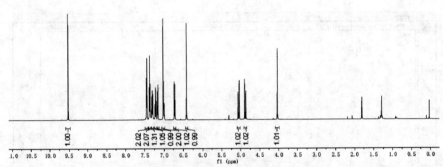

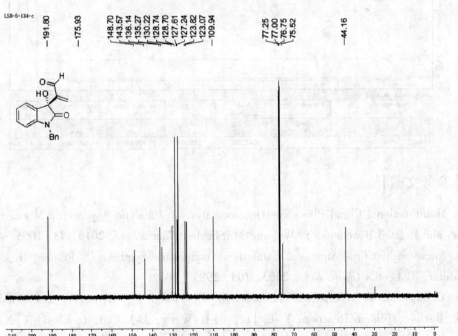

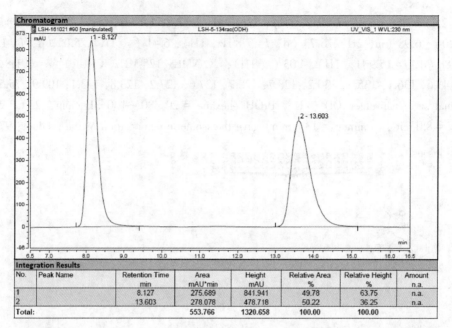

No.	Peak Name	Retention Time min	Area mAU*min	Height mAU	Relative Area %	Relative Height %	Amount n.a.
1		8.127	275.689	841.941	49.78	63.75	n.a.
2		13.603	278.078	478.718	50.22	36.25	n.a.
Total:			553.766	1320.658	100.00	100.00	

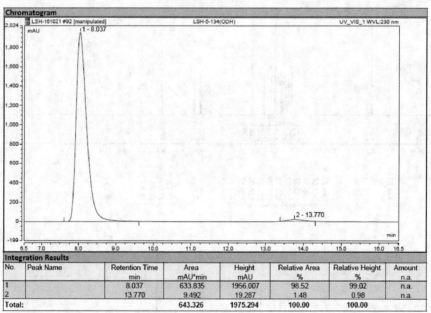

No.	Peak Name	Retention Time min	Area mAU*min	Height mAU	Relative Area %	Relative Height %	Amount n.a.
1		8.037	633.835	1956.007	98.52	99.02	n.a.
2		13.770	9.492	19.287	1.48	0.98	n.a.
Total:			643.326	1975.294	100.00	100.00	

【参考文献】

1. Multifunctional Chiral Phosphine Organocatalysts in Catalytic Asymmetric Morita – Baylis – Hillman and Related Reactions. Y. Wei and M. Shi *Acc. Chem. Res.*, **2010**, *43*, 1005 – 1018.

2. Nucleophilic Chiral Amines as Catalysts in Asymmetric Synthesis. S. France, D. J. Guerin, S. J. Miller, T. Lectka *Chem. Rev.*, **2003**, *103*, 2985 – 3012.

3. Organocatalytic Asymmetric Synthesis of Substituted 3 – Hydroxy – 2 – oxindoles via Morita – Baylis – Hillman Reaction. Y.-L. Liu, B.-L. Wang, J.-J. Cao, L. Chen, Y.-X. Zhang, C. Wang, J. Zhou *J. Am. Chem. Soc.*, **2010**, *132*, 15176 – 15178.

实验九十一　手性磷酸催化的不对称 Mannich 反应

　　Mannich 反应是指具有 α-活泼氢的化合物与醛(或酮)及胺反应生成氨甲基衍生物的反应,亦称 α-氨烷基化反应。其中,能发生 Mannich 反应的含 α-活泼氢的化合物有醛、酮、酸、酯、腈、硝基甲烷、炔、酚及某些杂环化合物等;所用的胺可以是伯胺、仲胺或氨。这类反应为合成具有重要价值且应用广泛的 β-氨基羰基化合物提供了高效的合成手段。以具有 α-活泼氢的酮与芳香醛及伯胺在酸催化下的 Mannich 反应为例,反应的可能机理为:胺对酸活化的芳香醛亲核进攻,后经质子转移,脱水得到亚胺正离子中间体。具有 α-活泼氢的酮的烯醇中间体对亚胺正离子中间体发生第二次亲核进攻再经质子解离便得到目标的 Mannich 产物(图 5.4－8)。反应过程中的第二次亲核进攻过程构筑了手性碳。于是我们不难推断:如果使用一个具有氢键受体的手性酸催化剂一方面催化剂的酸中心活化芳基醛形成亚胺中间体;另一方面催化剂的氢键受体部分与具有 α-活泼氢的酮的烯醇中间体通过氢键发生相互作用,从而将两个中间体拉近并使之处于催化剂的手性环境中,这样就可以构建手性的 β-氨基羰基化合物(图 5.4－9)。

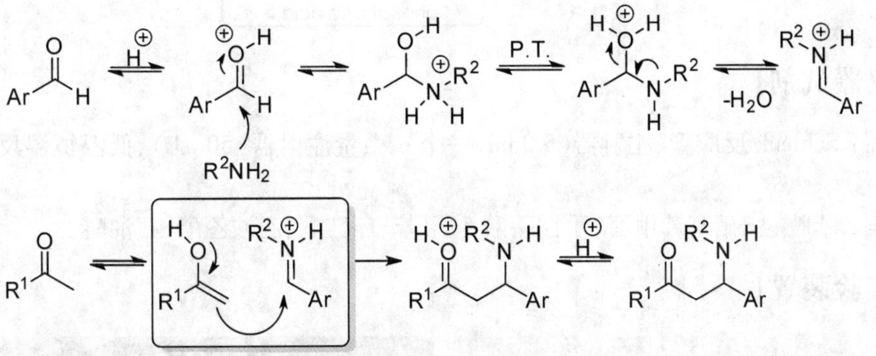

图 5.4－8

　　2004 年,Akiyama 小组基于上述设想以手性联萘二酚为起始原料设计合成了手性磷酸催化剂,并成功地将其应用于亚胺与烯醇硅醚的 Mannich 类型的反应。从而拉开了新型手性 Brønsted 酸催化剂——手性磷酸催化的序幕。

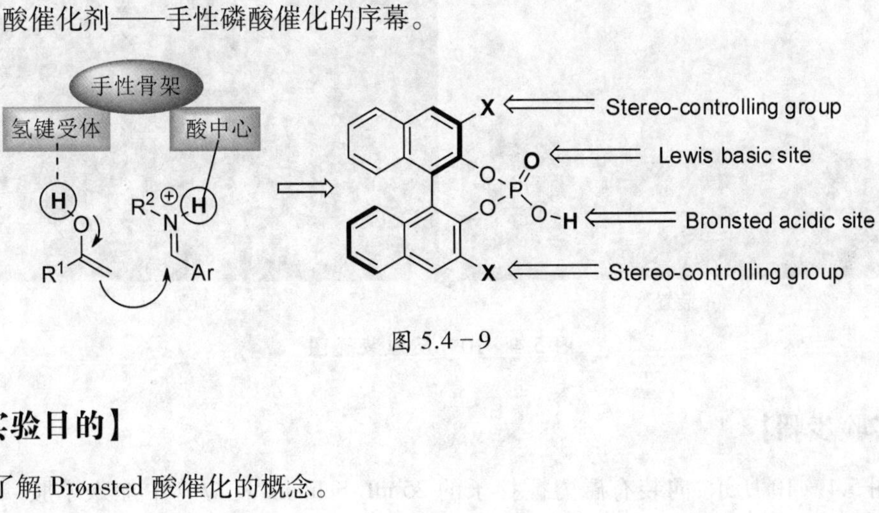

图 5.4－9

【实验目的】

1. 了解 Brønsted 酸催化的概念。

2. 学习手性磷酸催化的作用机制及其反应。

3. 掌握手性磷酸催化的不对称 Mannich 反应的基本操作。

【实验原理】

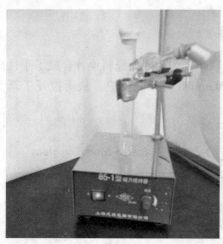

【仪器试剂】

仪器：Schlenk 反应管、注射器（5.0 mL 一个）、微量注射器（50 μL）、低温恒温反应浴、柱层析装置。

试剂：苯胺、4-硝基苯甲醛、手性磷酸 5、甲苯、环已酮、乙酸乙酯、石油醚。

【实验装置】

装置1 装置2

图 5.4-10 反应装置图

【实验步骤】

如图 5.4-10 所示，向装有磁力搅拌子的 25 mL Schlenk 反应管中加入苯胺（36.6 μL，

0.40 mmol），4-硝基苯甲醛(66.0 mg,0.44 mmol)和手性磷酸 5(4.0 mg,0.008 mmol)，随后加入 5 mL 甲苯。室温下搅拌 30 分钟后,将反应管放置 10℃的低温恒温反应浴中,搅拌 5 分钟后加入环己酮(0.41 mL,4.0 mmol)。10℃下继续搅拌约 24 小时。TLC 点板跟踪反应进程。待反应进行完全后,干法上样,柱层析分离（EtOAc/PE = 1∶8)得 Mannich 碱(S)-4（黄色固体,116.6 mg,产率 90%,89% ee）。

本实验约需 27 小时。

【注意事项】

(1) 取药品时在通风橱进行。

(2) 苯胺在碘中显色。

【思考题】

1. 查文献写出本实验中使用的手性磷酸催化剂的合成路线。

2. 除不对称 Mannich 反应外,手性磷酸还在哪些反应中有所应用?

【化合物表征数据】

2 - ((S) - (4 - nitrophenyl) (phenylamino) methyl) cyclohexan - 1 - one：^{1}H NMR (500 MHz, CDCl$_3$)：δ = 8.20 - 8.08 (m, 2H), 7.64 - 7.53 (m, 2H), 7.08 (dd, J = 8.6, 7.3 Hz, 2H), 6.67 (q, J = 7.2 Hz, 1H), 6.57 - 6.44 (m, 2H), 4.88 (s, 1H), 4.72 (d, J = 5.2 Hz, 1H), 2.86 (dd, J = 10.6, 5.4 Hz, 1H), 2.51 - 2.24 (m, 2H), 2.13 - 1.84 (m, 3H), 1.83 - 1.60 (m, 3H).^{13}C NMR (125 MHz, CDCl$_3$)：δ = 211.7, 149.8, 146.9, 146.6, 129.2, 128.2, 123.6, 118.0, 113.4, 57.7, 57.0, 42.4, 32.0, 27.7, 24.4. The enantiomeric excess is 89% determined by HPLC (Daicel Chirapak AD - H, hexane/isopropanol = 80∶20, flow rate 1.0 mL/min)：*anti*-diastereomer, t$_r$ = 9.515 min (minor), 13.910 min (major)

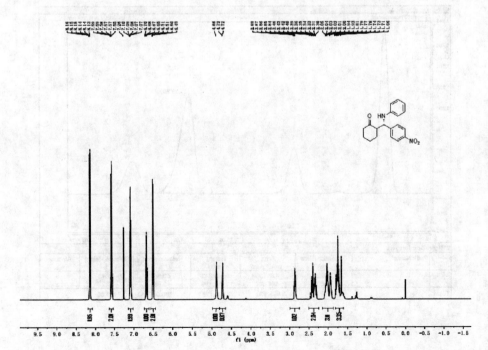

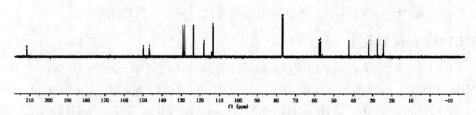

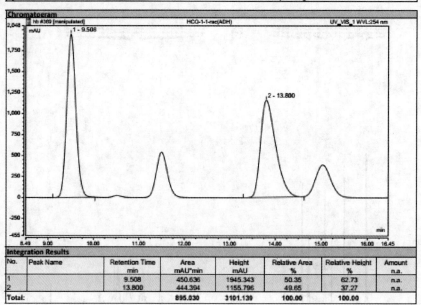

Chromatogram and Results

Injection Details

Injection Name:	HCQ-1-1-rac(ADH)	Run Time (min):	18.07
Vial Number:	GB5	Injection Volume:	20.00
Injection Type:	Check Standard	Channel:	UV_VIS_1
Calibration Level:	01	Wavelength:	254.0
Instrument Method:	30min-1.0mL-254-25-A80B20	Bandwidth:	n.a.
Processing Method:	New Processing Method	Dilution Factor:	1.0000
Injection Date/Time:	##############	Sample Weight:	1.0000

Integration Results

No.	Peak Name	Retention Time min	Area mAU*min	Height mAU	Relative Area %	Relative Height %	Amount n.a.
1		9.508	450.636	1945.343	50.35	62.73	n.a.
2		13.800	444.394	1155.796	49.65	37.27	n.a.
Total:			895.030	3101.139	100.00	100.00	

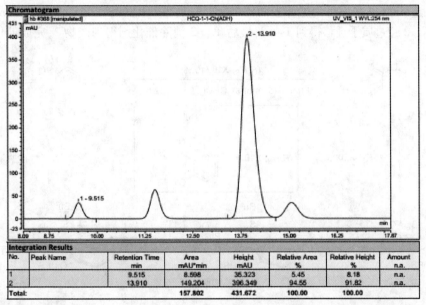

Chromatogram and Results

Injection Details			
Injection Name:	HCQ-1-1-Ch(ADH)	Run Time (min):	30.00
Vial Number:	GB6	Injection Volume:	20.00
Injection Type:	Check Standard	Channel:	UV_VIS_1
Calibration Level:	01	Wavelength:	254.0
Instrument Method:	30min-1.0mL-254-25-A80B20	Bandwidth:	n.a.
Processing Method:	New Processing Method	Dilution Factor:	1.0000
Injection Date/Time:	##############	Sample Weight:	1.0000

Integration Results

No.	Peak Name	Retention Time min	Area mAU*min	Height mAU	Relative Area %	Relative Height %	Amount n.a.
1		9.515	8.598	35.323	5.45	8.18	n.a.
2		13.910	149.204	396.349	94.55	91.82	n.a.
Total:			157.802	431.672	100.00	100.00	

【参考文献】

1. Enantioselective Mannich-Type Reaction Catalyzed by a Chiral Brønsted Acid. T. Akiyama, J. Itoh, K. Yokota, K. Fuchiba *Angew. Chem. Int. Ed.*, 2004, *43*, 1566–1568.

2. Stronger Brønsted Acids. T. Akiyama *Chem. Rev.*, 2007, *107*, 5744–5758.

3. Chiral Brønsted Acid-Catalyzed Direct Asymmetric Mannich Reaction. Q.-X. Guo, H. Liu, C. Guo, S.-W. Luo, Y. Gu, L.-Z. Gong *J. Am. Chem. Soc.*, 2007, *129*, 3790–3791.

实验九十二 Xiao–Phos 催化的不对称分子内 R–C 反应

Rauhut–Currier 反应（又被称为插烯的 Morita–Baylis–Hillman 反应）于 1963 年由 Rauhut 和 Currier 首次发现，是一种原子经济性地构建碳-碳键和一些合成砌块的基础反应。在过去的几十年里，有机化学工作者发展了一系列手性亲核催化剂，并将其成功地应用于不对称分子内 Rauhut–Currier 反应。具体包括半胱氨酸衍生物、L-脯氨醇衍生物、含有氢键给体的多功能催化剂和 β-氨基手性膦等。2015 年，华东师范大学的张俊良教授发展了一类结构新颖的 β-氨基手性膦催化剂。进一步的研究表明，该小组发展的 Xiao–Phos 在环己二烯酮类化合物的不对称分子内 Rauhut–Currier 反应中具有优异的表现，为高产率、高对映选择性地构建手性内酯类化合物提供了一种新途径。

【实验目的】

1. 学习 Rauhut–Currier 反应的原理。

2. 了解手性叔膦催化的概念。

3. 练习柱色谱分离操作。

【实验原理】

实验可能的反应历程如下：首先,手性膦催化剂(R, R_S)-X10 对环己二烯酮衍生物 1 的烯酸酯侧链 Michael 加成得到烯醇中间体 Ts-1;随后 Ts-1 发生第二次 Michael 加成得到 Ts-2;进而,Ts-2 经过质子迁移得到 Ts-3;最后 Ts-3 消除催化剂得到产物 2,完成催化循环。

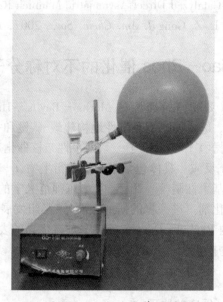

【仪器试剂】

仪器： 25 mL Shlenk 反应管、磁力搅拌子。

试剂： 环己二烯酮衍生物 1、CHCl$_3$(无水)、苯酚、手性膦催化剂(R, R_S)-X10。

【实验装置】

图 5.4-11 反应装置图

【实验步骤】

在氮气氛围下,向干燥的 25 mL Shlenk 反应管中依次加入环己二烯酮衍生物 1 (0.2 mmol)、苯酚 (0.1 mmol)、手性膦催化剂 (R, R_s)-X10 (0.1 mmol) 和 2 mL 干燥氯仿。上述反应液在室温搅拌 12 h,然后直接柱色谱分离的到目标产物 2 (白色固体,产率 94%,98% ee)。

【注意事项】

(1) 溶剂要严格除水。

(2) 反应加料顺序。

【思考题】

1. 试写出该反应的机理。

2. 反应中加入苯酚的作用?

【化合物表征数据】

^{1}H NMR (400 MHz, CDCl$_3$):δ = 6.60 (dd, J = 10.3, 1.7 Hz, 1 H)、6.31 (d, J = 3.4 Hz, 1 H)、5.98 (d, J = 10.4 Hz, 1 H)、5.59 (d, J = 3 Hz, 1 H)、3.340 - 3.38 (m, 1 H)、2.85 - 2.84 (d, J = 4.5 Hz, 2 H)、1.74 (s, 3 H)

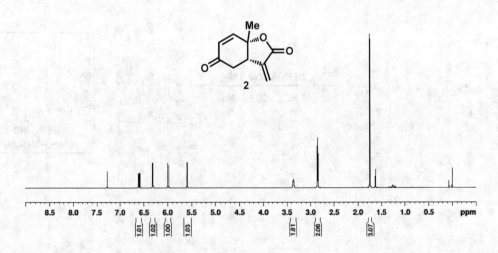

【参考文献】

1. Enantioselective Synthesis of α-Alkylidene-γ-Butyrolactones:Intramolecular Rauhut – Currier Reaction Promoted by Acid / Base Organocatalysts, S. Takizawa, T. M.-N. Nguyen,

A. Grossmann, D. Enders, H. Sasai, *Angew. Chem. Int. Ed.*, **2012**, *51*, 5423.

2. Design, Synthesis, and Application of a Chiral Sulfinamide Phosphine Catalyst for the Enantioselective Intramolecular Rauhut－Currier Reaction, X. Su, W. Zhou, Y. Li, J. Zhang, *Angew. Chem. Int. Ed.*, **2015**, *54*, 6874.

实验九十三　Wei－Phos 催化的不对称
分子间 R－C 反应

相比于不对称分子内 Rauhut－Currier 反应,不对称分子间交叉 Rauhut－Currier 反应鲜有报道。华东师范大学张俊良教授课题组设计合成了一系列结构新颖的亚磺酰胺类手性双膦催化剂(Wei－Phos)。研究表明:在 2.5 mol%的 Wei－Phos 作为催化剂的条件下,烯酸酯和不饱和酮可以顺利地发生不对称分子间交叉 Rauhut－Currier 反应,高产率和对映选择性地得到了一系列手性酮类化合物。

【实验目的】

1. 学习 Rauhut－Currier 反应的原理。
2. 了解手性叔膦催化的概念。
3. 练习柱色谱分离操作。

【实验原理】

实验可能的反应历程如下:首先,手性膦催化剂(S, R_S)－W2 与甲基乙烯基酮 2 发生 Michael 加成得到烯醇中间体 Ts－1;随后 Ts－1 与羰基烯酸酯 1 发生第二次 Michael 加成得到 Ts－2;进而,Ts－2 经过质子迁移得到 Ts－3;最后 Ts－3 消除催化剂得到产物 2,完成催化循环。

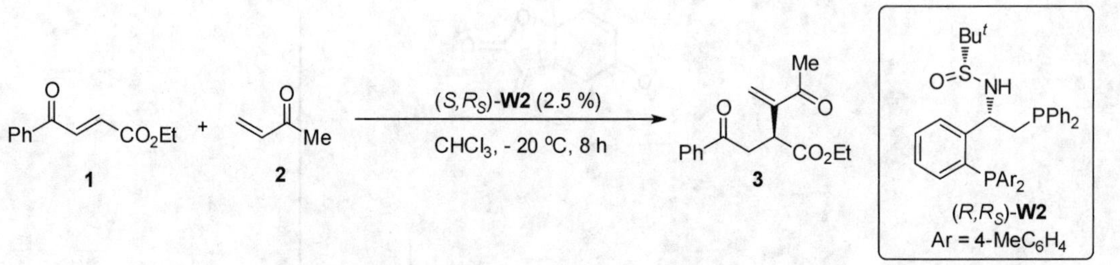

【仪器试剂】

仪器：25 mL Shlenk 反应管、磁力搅拌子。

试剂：烯酸酯 1、甲基乙烯基酮 2、CHCl₃（无水）、手性膦催化剂（S，R_S）- W2。

【实验装置】

图 5.4－12　反应装置图

【实验步骤】

在氮气氛围下,向干燥的 25 mL Shlenk 反应管中依次加入烯酸酯 1(0.2 mmol)、手性膦催化剂(S, R_S)－W2(0.005 mmol)和 2 mL 干燥氯仿,然后将反应管置于低温恒温反应浴中,待反应体系冷却至－20℃后加入甲基乙烯基酮(0.6 mmol),该反应液在－20℃搅拌 8 h,然后直接柱色谱分离得到产物 3(无色油状物,产率 96%,94% ee)。

感谢博士研究生周伟提供谱图。

【注意事项】

甲基乙烯基酮有强的毒性和刺激性气味,反应应在通风橱进行,并做好个人防护。

【思考题】

1. 分子间 RC 反应可能存在哪些副反应及副产物分别是什么?
2. Wei－Phos 催化剂中起到催化作用的膦是哪个?

【化合物表征数据】

^{1}H NMR (400 MHz, CDCl$_3$):δ = 7.95 (d, J = 7.6 Hz, 2H), 7.58－7.54 (m, 1H), 7.47－7.43 (m, 2H), 6.20 (s, 1H), 6.06 (s, 1H), 4.25－4.22 (m, 1H), 4.14 (q, J = 6.8 Hz, 2H), 3.72 (dd, J = 18.0, 8.0 Hz, 1H), 3.17 (dd, J = 18.0, 5.6 Hz, 1H), 2.38 (s, 3H), 1.21 (t, J = 7.2 Hz, 3H);^{13}C NMR (100 MHz, CDCl$_3$):δ = 198.06, 197.46, 172.64, 146.43, 136.41, 133.15, 128.49, 127.98, 127.94, 60.99, 41.93, 40.20, 25.65, 13.94

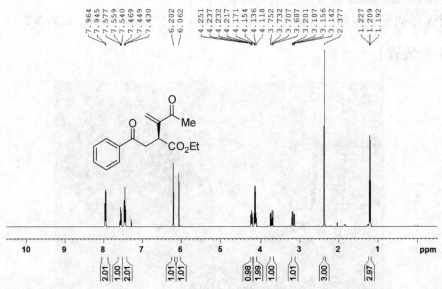

zhouw-4-94

【参考文献】

1. Design, Synthesis, and Application of a Chiral Sulfinamide Phosphine Catalyst for the

Enantioselective Intramolecular Rauhut－Currier Reaction，X. Su，W. Zhou，Y. Li，J. Zhang，*Angew. Chem. Int. Ed.*，**2015**，*54*，6874.

2. Chiral Sulfinamide Bisphosphine Catalysts：Design，Synthesis，and Application in Highly Enantioselective Intermolecular Cross-Rauhut-Currier Reactions，W. Zhou，X. Su，M. Tao，C. Zhu，Q. Zhao，J. Zhang，*Angew. Chem. Int. Ed.*，**2015**，*54*，14853.

第六章 综合实验

通过前面的介绍我们对基础有机合成和现代有机合成有了一定认识。前文的介绍主要强调某一个基本实验操作或某一个合成方法的学习，而实际有机合成实验研究工作却是一个系统的多维过程，需要大家在掌握基本实验操作和有机合成方法的同时具有综合运用实验技能和理论知识的能力。本章实验我们则以多取代呋喃的合成及抗流感药物 Oseltamivir（奥司他韦，商品名为"达菲"）的合成为实验内容，希望大家通过此章节的学习对有机合成实验有个全局及系统的了解。

（一）多取代呋喃的合成

呋喃环作为五元杂环的一个典型代表，广泛地存在于天然产物中，因其固有的生物活性而在持续地吸引着有机合成界的注意。近年的研究显示，多取代的呋喃化合物在抗病毒、抗菌、抗肿瘤、抗炎杀虫等方面都具有良好的效果。此外，呋喃类化合物还广泛应用于香料香精和功能材料等领域。多取代的呋喃不仅是天然产物、重要药物的结构单元，而且是有机合成的重要中间体，对它们的合成和转化的研究一直是有机化学方法学研究的热点(图 6.1 - 1)。尽管目前已有很多报道涉及多取代呋喃的合成，但在温和条件下，利用简单的底物来合成多取代或全取代的呋喃衍生物，进而实现其不对称合成的例子却较少且存在较大的挑战性。

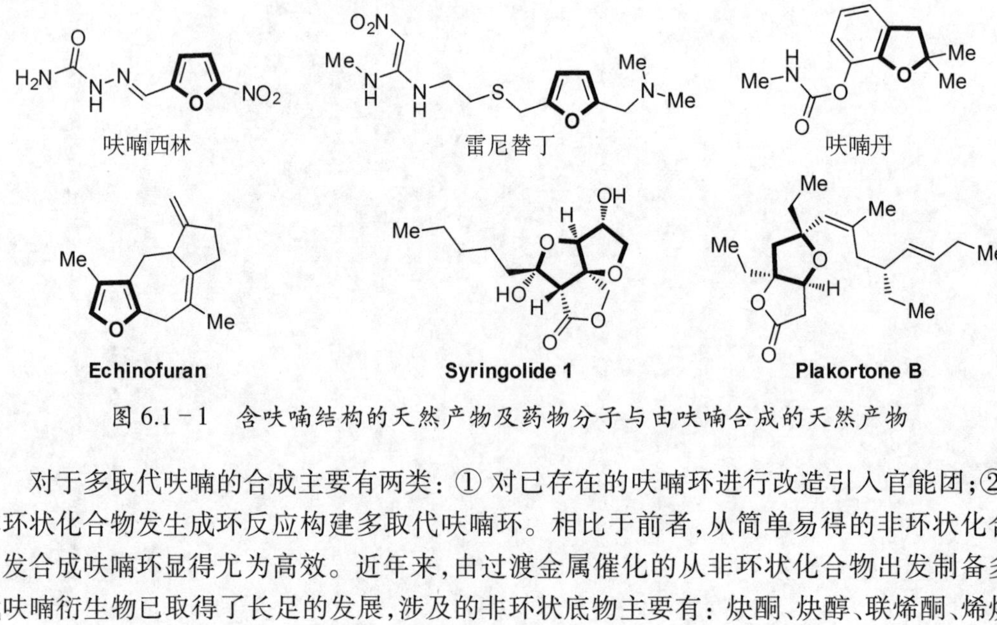

呋喃西林　　　　　　雷尼替丁　　　　　　呋喃丹

Echinofuran　　　　　Syringolide 1　　　　　Plakortone B

图 6.1 - 1　含呋喃结构的天然产物及药物分子与由呋喃合成的天然产物

对于多取代呋喃的合成主要有两类：① 对已存在的呋喃环进行改造引入官能团；② 由非环状化合物发生成环反应构建多取代呋喃环。相比于前者，从简单易得的非环状化合物出发合成呋喃环显得尤为高效。近年来，由过渡金属催化的从非环状化合物出发制备多取代呋喃衍生物已取得了长足的发展，涉及的非环状底物主要有：炔酮、炔醇、联烯酮、烯炔醇和烯炔酮等。其中,由华东师范大学张俊良教授小组发展的缺电子的共轭烯炔类底物已成为构建多取代呋喃环的重要方法。

大量研究表明在钯、铑、金等金属催化剂催化下缺电子的共轭烯炔类底物 I 很容易通过对炔的活化环化而生成呋喃碳正离子中间体 II。该中间体具有亲核和亲电的反应位点,因此当使用一系列亲电或亲核试剂捕捉中间体 II 时则可制备一系列多取代的呋喃衍生物。而当使用硝酮作为 1,3-偶极子捕捉 II 时则可以 100% 的原子经济性制备全取代、多官能团的呋喃衍生物。而当使用手性催化剂时则可实现相应的光学纯的呋喃的合成(图 6.1-2)。

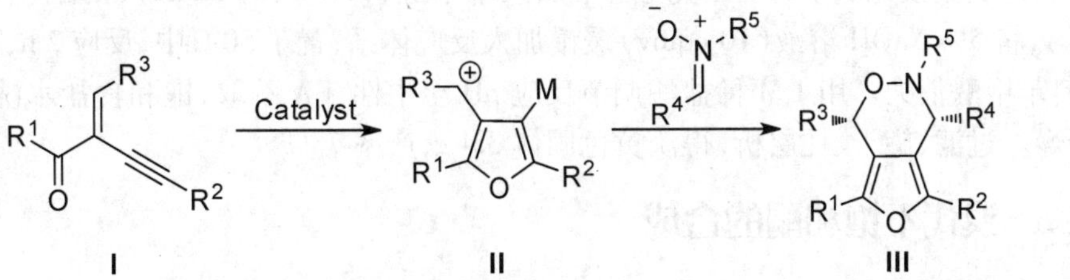

图 6.1-2　共轭烯炔酮与硝酮的[3,3]-环加成反应构建全取代的呋喃衍生物

【参考文献】

Gold-Catalyzed Cascade Reactions for Synthesis of Carbo- and Heterocycles: Selectivity and Diversity. D. Qian, J. Zhang *Chem. Rec.*, **2014**, *14*, 280-302.

为了实现上述设想,首先需要合成共轭烯炔酮底物和硝酮,其次还需合成可能实现反应的一些非商业易得的催化剂。

实验九十四　共轭烯炔酮的合成

【实验原理】

本实验分为三步完成。第一步,丙酮与苯甲醛发生 Aldol 缩合制备苄叉丙酮 6-2;第二步用苄叉丙酮和液溴反应生成 α-溴代不饱和酮 6-3;第三步,将 α-溴代不饱和酮 6-3 与苯乙炔发生 Sonogashira 偶联反应来制备共轭烯炔酮 6-4。

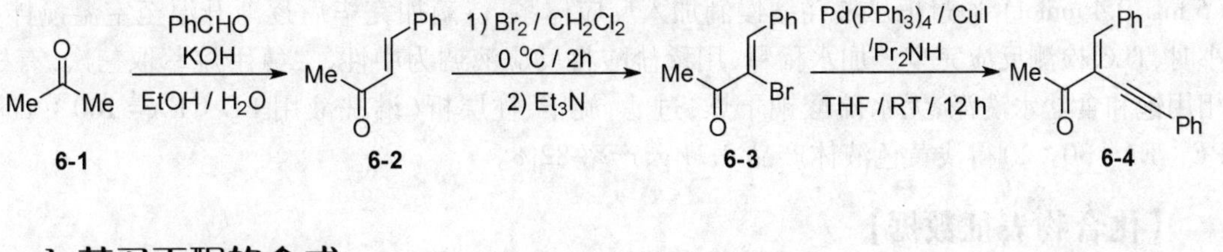

1. 苄叉丙酮的合成

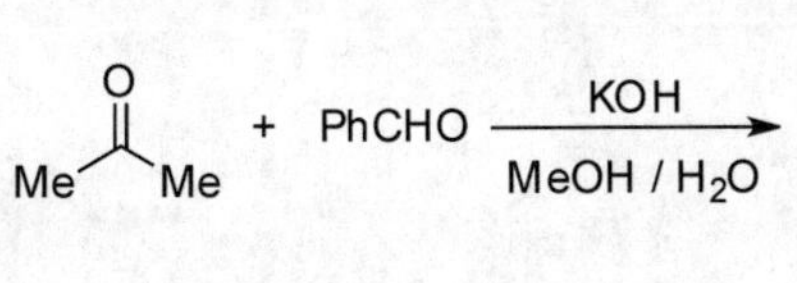

【仪器试剂】

仪器：三颈烧瓶(1个)、磁力搅拌器(1个)。

试剂：丙酮、苯甲醛、氢氧化钾、水、无水硫酸钠、稀盐酸(1 M)、乙酸乙酯、饱和食盐水。

【实验步骤】

将三颈烧瓶预先烘干,向三颈烧瓶中加入苯甲醛(3.18 g,30 mmol),丙酮(10 mL),H_2O(20 mL),将5% NaOH溶液(10 equiv)缓慢加入反应体系,置于50℃中,反应2 h,TLC检测反应,原料苯甲醛消失。用1 M稀盐酸调节反应pH至中性,EA萃取,饱和食盐水洗涤,无水硫酸钠干燥。过滤、旋干、柱层析,得淡黄色固体3.4 g,产率78%。

2. α-溴代不饱和酮的合成

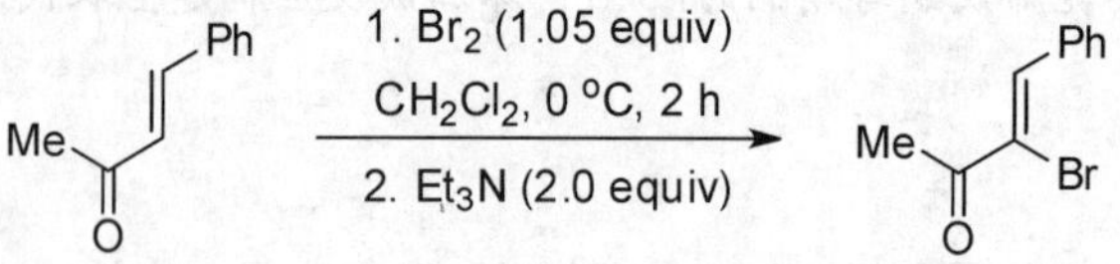

【仪器试剂】

仪器：三颈烧瓶(1个)、分液漏斗(1个)、恒压滴液漏斗(1个)。

试剂：苄叉丙酮、液溴、三乙胺、无水硫酸钠、稀盐酸、饱和碳酸氢钠溶液、二氯甲烷(无水)、饱和食盐水。

【实验步骤】

将三颈烧瓶预先烘干,在100 mL三颈烧瓶中加入苄叉丙酮(2.92 g,20 mmol),20 mL二氯甲烷,冷却至0℃,并搅拌至澄清透明,将量取的液溴(1.1 mL,21 mmol)溶于5 mL二氯甲烷中,通过恒压滴液漏斗缓慢滴加入反应体系中,待滴加完毕后,逐渐升温至室温搅拌2小时,TLC检测苄叉丙酮原料消失。再将反应体系放回0℃冰水浴中,待温度稳定后,将三乙胺(5 mL,0.4 mmol)通过恒压漏斗缓慢滴加入反应体系,待滴加完毕后逐渐升温至室温搅拌6小时,TLC检测反应完全。加水稀释,用稀盐酸将反应液调为中性,二氯甲烷萃取三次,有机相用饱和食盐水洗涤,无水硫酸钠干燥,过滤、旋干、柱层析(淋洗液用PE：EA＝100：1和PE：EA＝30：1)得浅黄色液体产品3.71 g,产率82%。

【化合物表征数据】

^{1}H NMR (400 MHz, CDCl$_3$): δ＝8.03 (s, 1H), 7.88－7.83 (m, 2H), 7.44－7.42 (m, 3H), 2.59 (s, 3H)。

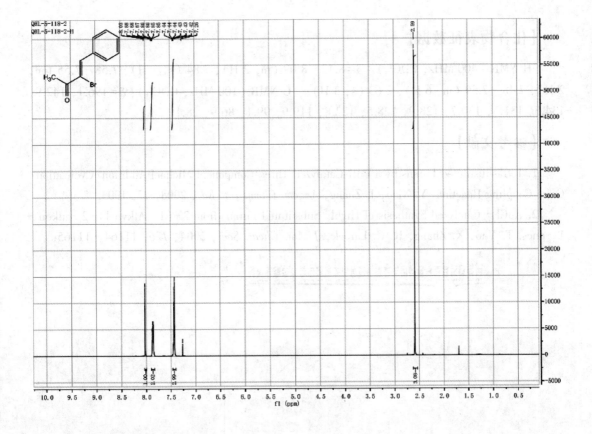

3. 共轭烯炔酮的合成

$$\text{(结构式: } \underset{\overset{\|}{O}}{Me}-C(=CH Ph)-Br \text{)} + Ph\!=\!\!=\!\! \xrightarrow[\substack{(i\text{-Pr})_2NH\ (3.0\ equiv)\\ THF,\ rt,\ 12\ h}]{\substack{Pd(PPh_3)_4\ (0.25\ mol\%)\\ CuI\ (0.5\ mol\%)}} Me-C(=CHPh)-C\!\equiv\!\!C-Ph$$

【实验步骤】

取一 500 mL 三颈烧瓶放入磁子,将称取的 α-溴代苄叉丙酮(22.54 g, 0.1 mol),苯乙炔(15.36 g, 0.15 mol),二异丙胺(42 mL, 0.3 mol)溶于 200 mL 四氢呋喃中,将称取的 $Pd(PPh_3)_4$(0.29 g, 0.25 mmol)和 CuI(0.10 g, 0.5 mmol)在氩气保护下加入反应体系,室温搅拌 12 小时,TLC 监测溴化物原料消失。将反应体系用水稀释,用稀盐酸将反应液调为中性,乙醚萃取 3 次,有机相用饱和食盐水洗涤,无水硫酸钠干燥,过滤,旋干,柱层析(淋洗液用 PE : EA = 50 : 1 和 PE : EA = 30 : 1)得黄色固体产品 21.65 g,产率 88%。

【注意事项】

(1)溶剂要严格除水。

(2)Sonogashira 偶联反应中 $Pd(PPh_3)_4$ 的量要比实际的量多一点。

(3)烯炔酮合成中反应体系一定要注意除氧。

【化合物表征数据】

^{1}H NMR（400 MHz，CDCl$_3$）：δ = 8.12 – 8.09（m，2 H），7.84（s，1 H），7.58 – 7.55（m，2 H），7.48 – 7.39（m，6 H），2.63（s，3 H）；^{13}C NMR（100 MHz，CDCl$_3$）：δ = 196.1，142.9，134.5，131.3，130.7，128.9，128.5，122.8，119.9，99.1，86.9，28.1，28.1

【参考文献】

1. Tetrasubstituted Furans by a PdII-Catalyzed Three-Component Michael Addition/Cyclization/Cross-Coupling Reaction. Y. Xiao，J. Zhang，*Angew. Chem. Int. Ed.*，**2008**，*47*，1903.

2. AuCl$_3$-Catalyzed Synthesis of Highly Substituted Furans from 2-(1-Alkynyl)-2-alken-1-ones. T. Yao，X. Zhang，R. C. Larock，*J. Am. Chem. Soc.*，**2004**，*126*，11164 – 11165.

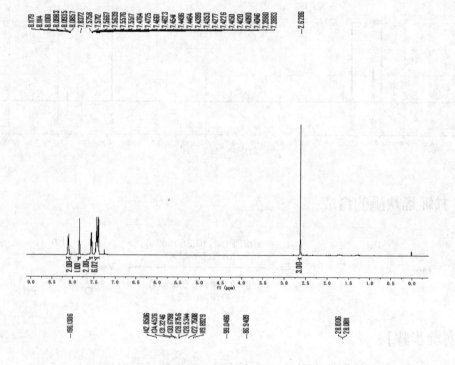

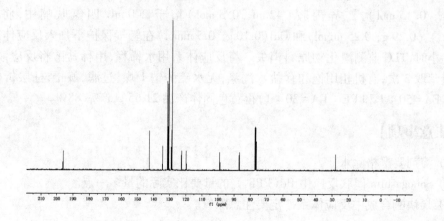

实验九十五 硝酮的合成

【实验原理】

本实验分为两步完成。第一步,硝基苯用锌粉还原制备 N-苯基羟胺;第二步用 N-苯基羟胺和苯甲醛反应得到硝酮。

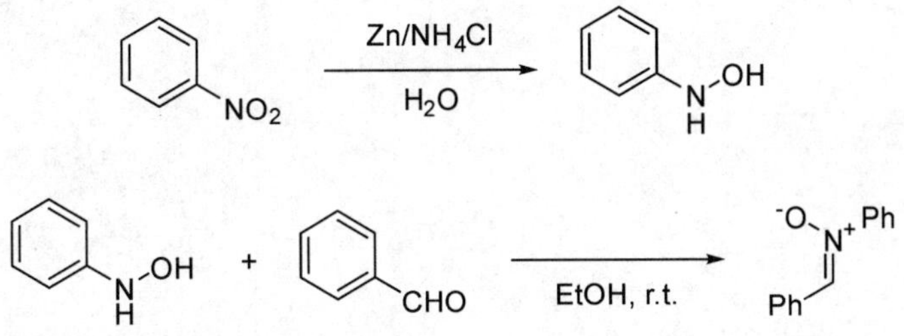

【仪器试剂】

仪器: 三颈烧瓶(1 个)、单口瓶(1 个)、温度计、布氏漏斗(2 个)、抽滤瓶(2 个)、分液漏斗(2 个)。

试剂: 硝基苯、苯甲醛、蒸馏水、乙醇、锌粉、氯化铵、饱和食盐水。

【实验步骤】

1. N-苯基羟胺的合成

在装有温度计的 250 mL 三颈瓶内加入 7.8 g 硝基苯(63 mmol),3.9 g 氯化铵(72 mmol)和水(120 mL),分批加入 9.4 g 锌粉(126 mmol),且保持反应液温度低于 60℃,加完锌粉后继续搅拌 20 min。待反应完毕后,进行热过滤,滤饼水热水洗,然后往滤液内加入氯化钠,放置 0℃ 中冷却,固体析出,过滤得淡黄色针状固体 3.63 g,产率约 53%,无需纯化。

2. 硝酮的合成

在 50 mL 的单口瓶内加入 3.48 g N-苯基羟胺(31.8 mmol)和 3.40 g 苯甲醛(32 mmol)以及 50 mL 乙醇,在室温下搅拌过夜。完毕后,放置 0℃ 中冷却,过滤,干燥得白色固体 3.96 g,产率约 63%。

本实验约需 13~15 小时。

【注意事项】

锌粉要分批,慢慢加入,防止温度过高。

【化合物表征数据】

^{1}H NMR (300 MHz, CDCl$_3$):$\delta = 8.34 - 8.37$ (m, 2 H), 7.91 (s, 1 H), 7.81 - 7.71 (m, 2 H), 7.52 - 7.38 (m, 6 H);^{13}C NMR (75 MHz, CDCl$_3$):$\delta = 149.0, 134.6, 130.9, 130.6, 129.9, 129.1, 129.0, 128.6, 121.7$

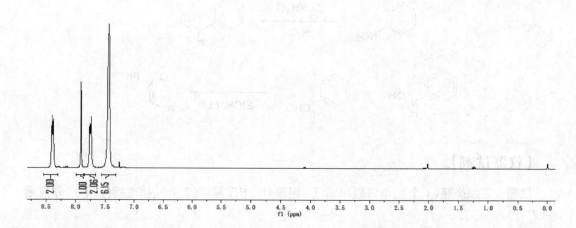

【参考文献】

1. Enantioselective Nitrone Cycloadditions of α,β-Unsaturated 2-Acyl Imidazoles Catalyzed by Bis(oxazolinyl)pyridine-Cerium(Ⅳ) Triflate Complexes. D. A. Evans, H.-J. Song, K. R. Fandrick, *Org. Lett.*, **2006**, *8*, 3351.

2. 1,3-Dipolar Cycloaddition Reactions of Nitrones to Prop-1-ene-1,3-sultone. L. Tian, G.-Y. Xu, Y. Ye, L.-Z. Liu, *Synthesis*, **2003**, 1329.

实验九十六　金催化剂的制备

I. 二甲硫醚氯化亚金的制备

【实验目的】

了解二甲硫醚氯化亚金制备的基本操作。

【实验原理】

$$NaAuCl_4 \cdot 2H_2O + Me_2S \xrightarrow[\text{rt, 3 h}]{\text{MeOH}} Me_2S \cdot AuCl$$

【仪器试剂】

仪器: 50 ml 三颈瓶、牛角勺、注射器、量筒。

试剂：氯金酸钠、二甲硫醚、甲醇。

【实验装置】

图 6.1 - 3　反应装置图

【实验步骤】

取一 50 mL 带有搅拌磁子的三颈瓶,用牛角勺称取橘红色固体 NaAuCl$_4$·2H$_2$O(1.19 g, 3.0 mmol)加入到反应瓶中,量取 16 mL 无水甲醇。氮气保护下,将量取的二甲硫醚(1.1 mL, 15 mmol)的 5 mL 无水甲醇通过恒压滴液漏斗缓慢滴加到上述溶液中,体系逐渐由黄色变成乳白色,并有大量白色沉淀。滴加完毕,用锡箔纸避光室温搅拌 3 h,过滤,分别用 15 mL 无水甲醇,乙醚,正己烷各洗一次,真空干燥,得到白色固体 0.84 g,产率 95%(低温保存)。

【注意事项】

(1) 称取氯金酸钠要注意用牛角勺称取,千万不要用铁勺子,容易发生金的置换。
(2) 反应过程中注意避光搅拌。

2. 三苯基膦氯化亚金的制备

【实验原理】

$$NaAuCl_4 \cdot 2H_2O + PPh_3 \xrightarrow[\text{ChCl}_3, \text{ 0°C to rt, 3 h}]{\text{acetone/EtOH}} Ph_3P \cdot AuCl$$

【仪器试剂】

仪器: 50 mL 三颈瓶、牛角勺、注射器、恒压滴液漏斗、量筒。
试剂: 氯金酸钠、二甲硫醚、乙醇、丙酮、氯仿。

【实验装置】

图 6.1－4　反应装置图

【实验步骤】

取一 50 mL 带有搅拌磁子的三颈瓶,用牛角勺称取橘红色固体 $NaAuCl_4 \cdot 2H_2O$(1.19 g, 3.0 mmol)加入到反应瓶中,量取 4.5 mL 丙酮和 4.5 mL 无水乙醇。氮气保护下降温至 0℃,待温度稳定后,将称取的三苯基膦(1.57 g,6 mmol)溶于 12 mL 氯仿中,通过恒压滴液漏斗缓慢滴加到上述溶液中,体系逐渐由黄色变成乳白色,并有大量白色沉淀析出。滴加完毕,继续保持0℃搅拌30分钟,再在室温下搅拌 2 小时,过滤,滤饼用石油醚洗涤 2 次,真空干燥,得到白色固体 1.34 g,产率 90%(低温保存)。

【思考题】

除本实验的方法外,合成三苯基膦氯化亚金类化合物还有哪些方法? 本实验的方法相比于这些方法有哪些优点和缺点?

【化合物表征数据】

^1H NMR (400 MHz, $CDCl_3$) : $\delta = 7.58 - 7.42$ (m, 15H) ; ^{13}C NMR (100 MHz, $CDCl_3$) : $\delta = 128.9$ (d, $J_{C-P} = 62.4$ Hz), 132.1, 134.3 (d, $J_{C-P} = 13.5$ Hz) ; ^{31}P NMR (162 MHz, $CDCl_3$) : $\delta = 33.8$

【参考文献】

Qian, D. Y. Ph. D. Dissertation, East China Normal University, Shanghai, 2015 (in Chinese).

【拓展阅读】

反应条件的优化

在合成相关底物及催化剂,并确定将共轭烯炔酮4与硝酮5作为反应的模板反应底物后,需对反应条件进行筛选,以期获得最好催化效果的催化体系。条件筛选过程中,需要考察:催化剂、添加剂、反应温度、物料比、催化剂用量、加料顺序、溶剂等。条件筛选过程中须遵循固定反应的其他变量,而每次只考察一个变量的原则,从而找出相应的规律,逐步缩小考察范围而得到最优结果。通过实验研究我们发现该反应的最优条件为:6-4(0.4 mmol),6-5(0.44 mmol),$Ph_3PAuOTf$(2.5 mol%),CH_2Cl_2(4 mL),室温反应20分钟。

实验九十七　金催化的共轭烯炔酮与硝酮的 [3+3]环加成反应

【实验原理】

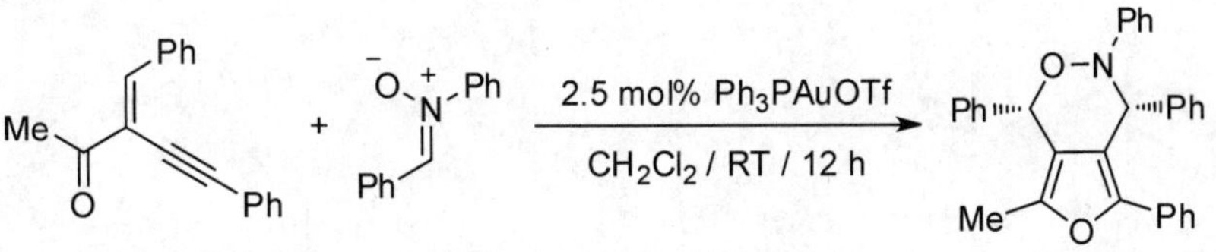

【仪器试剂】

仪器: 反应管(2个)、锡箔纸、注射器、针头、硅胶板、紫外灯、层析柱、量筒。

试剂: 烯炔酮4、硝酮5、Ph_3PAuCl、$AgOTf$、二氯甲烷(重蒸)、正己烷、乙酸乙酯。

【实验步骤】

避光条件下,将Ph_3PAuCl(2.5 mol%)、$AgOTf$(2.5 mol%)溶于二氯甲烷(1 mL)中,室温搅拌15 min制备$Ph_3PAuOTf$。在氮气的氛围下,将准确称量烯炔酮6-4(98.4 mg,0.40 mmol)和硝酮6-5(86.7 mg,0.44 mmol),3 mL二氯甲烷加入反应管中。在上述反应体系中加入$Ph_3PAuOTf$(2.5 mol%)的二氯甲烷溶液,在室温下搅拌(约20 min)。TLC监测反应进程,直至烯炔酮6-4消耗完。反应液通过一个短的硅胶柱过滤,将溶剂真空旋干,柱层析(正己烷/乙酸乙酯=20/1)得到纯的产物6-6为白色固体,产率为93%。

【注意事项】

(1)溶剂要严格除水。

(2)在制备$Ph_3PAuOTf$时要避光。

【思考题】

1. 试写出该反应的机理。

2. 制备$Ph_3PAuOTf$时为什么要避光?

【化合物表征数据】

^{1}H NMR (400 MHz, CDCl$_3$)：$\delta = 7.57 \sim 7.49$ (m, 2H)，$7.44 \sim 7.35$ (m, 5H)，$7.30 \sim 7.11$ (m, 10H)，7.02 (d, $J = 7.7$ Hz, 2H)，6.94 (t, $J = 7.3$ Hz, 1H)，6.00 (s, 1H)，5.95 (s, 1H)，1.89 (s, 3H)。^{13}C NMR (100 MHz, CDCl$_3$)：$\delta = 148.20$，145.28，137.59，137.41，130.77，129.52，129.41，129.09，128.62(2C)，128.59，127.79，127.68，126.63，124.18，122.39，119.16，118.46，117.90，78.31，63.27，12.68 ppm；MS(EI)：m/z (%)：443.2(M$^+$，35.69)；336.2(100)，HRMS calcd for C$_{31}$H$_{25}$NO$_2$：443.1885, found：443.1901

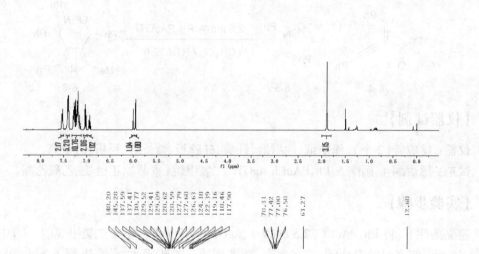

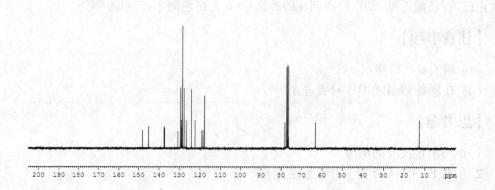

【拓展阅读】

不对称催化的探索

通过反应的机理,我们不难推断:如果使用手性的膦配体其与金催化剂配位则可制备手性的金催化剂,在其催化下就为实现上述反应的不对称合成提供可能。

于是我们需要进行表 1 所示的配体的筛选及反应条件的优化:

首先选择共轭烯炔酮 1a 和硝酮 2a 为底物对手性配体进行考察。考虑到该反应在室温下半个小时内就能反应结束,故对手性配体考察时将反应在 $-10℃$ 下进行。首先选用常见的 (S) - BINAP 配体,反应以几乎当量的产率及 29% 的 ee 值得到目标化合物。选用 BINAP 衍生的 (R) - tolyl - BINAP 时反应产物的 ee 值达到了 $-38%$。当使用简单的 (R) - MeO - BIPHEP 时产物的 ee 值高达 56%。对于联苯类双膦配体,Cn - TunePhos($n=1-6$)中间碳原子数不同其二面角的大小有区别,二面角微小的改变对反应的选择性的影响可能是非常显著。当使用 (R) - $C1$ - TunePhos(L1)时,反应的 ee 值高达 95%,分离产率也高达 97% 。改用更大环的配体 (R) - $C2$ - TunePhos 和 (R) - $C3$ - TunePhos 时,产物的 ee 值有所下降分别为 81% 和 88%。接着对催化剂中的银盐进行考察,用 $AgPF_6$,$AgBF_4$,$AgSbF_6$ 时产物的对映选择性均有略微的下降。当改变银盐的用量时,发现使用两倍银盐时反应的对映选择性明显下降,当银盐的用量是 1.5 倍时,产物的 ee 值也有少量的下降。当将温度降到 $-20℃$ 时,反应的产率和 ee 值并没有提高。由于大位阻的手性配体 (R) - DTBM - BIPHEP(L2)在金催化的不对称反应中成功的应用已经有一些相关的报道,所以尝试一下该配体的效果,令我们惊奇的是反应能以 94% 的收率和 99% 的 ee 值得到环加成的产物。总结以上条件优化的结果,最终选择以 2.5 mol% 的 $[L1(AuCl)_2]$/AgOTf = 1:1 为催化剂和以 2.5 mol% 的 $[L2(AuCl)_2]$/AgOTf = 1:1 为催化剂分别作为最佳反应条件。

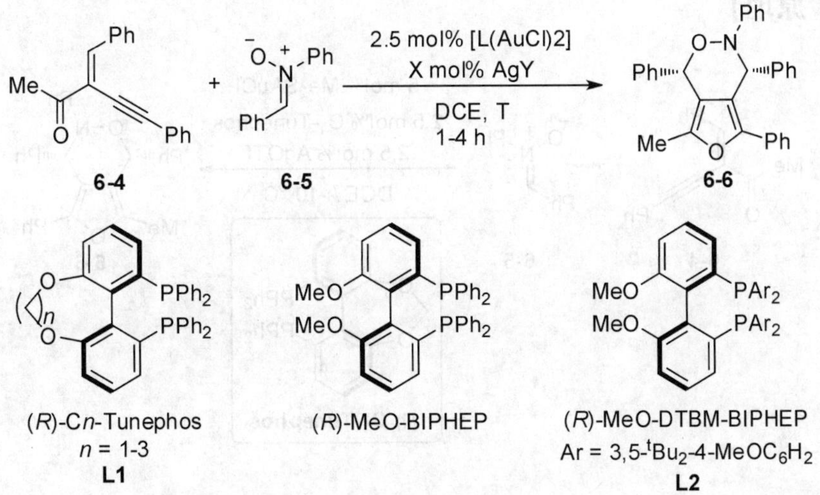

(R)-Cn-Tunephos
n = 1-3
L1

(R)-MeO-BIPHEP

(R)-MeO-DTBM-BIPHEP
Ar = 3,5-tBu2-4-MeOC6H2
L2

表 6.1 - 1 条件筛选与优化

Entry	Ligand	AgX(mol%)	T/℃	Yield/%(ee/%)
1	(S) - BINAP	AgOTf(2.5)	-10	99(29)
2	(R) - tolyl - BINAP	AgOTf(2.5)	-10	99(-38)

续 表

Entry	Ligand	AgX(mol%)	T/℃	Yield/%(ee/%)
3	(R)-MeO-BINAP	AgOTf(2.5)	-10	99(56)
4[a]	L1	AgOTf(2.5)	-10	99(95)
5	(R)-C2-TunePhos	AgOTf(2.5)	-10	91(81)
6	(R)-C3-TunePhos	AgOTf(2.5)	-10	94(88)
7	L1	AgPF6(2.5)	-10	92(93)
8	L1	AgBF4(2.5)	-10	91(93)
9	L1	AgSbF6(2.5)	-10	99(94)
10	L1	AgOTf(5)	-10	94(76)
11	L1	AgOTf(3.75)	-10	99(89)
12	L1	AgOTf(2.5)	-20	95(94)
13[b]	L2	AgOTf(2.5)	0	94(99)

[a] L1 = (R)-C1-TunePhos. [b] = (R)-MeO-DTBM-BIPHEP. DCE = 1,2-dichloroethane. Tf = trifluoromethanesulfonyl.

实验九十八　不对称金催化的[3+3]环加成反应

【实验原理】

【仪器试剂】

仪器： 反应管(2个)、锡箔纸、注射器、针头、硅胶板、紫外灯、层析柱、量筒、低温恒温反应浴。

试剂： 烯炔酮6-4、硝酮6-5、Me$_2$SAuCl、AgOTf、(R)-C1-TunePhos、二氯甲烷(重蒸)、1,2-二氯乙烷(重蒸)、正己烷、乙酸乙酯。

【实验步骤】

（R）- C1 - TunePhos（2.5 mol%）和 Me$_2$SAuCl（5.0 mol%）溶于二氯甲烷（1 mL）中,室温搅拌 2 h 后,将溶剂抽干。在手套箱中准确称量 AgOTf（2.5 mol%）于上述反应管中,加入 1,2 -二氯乙烷（1 mL）,在 -10℃ 下搅拌 15 min。在氮气的氛围下,将准确称量烯炔酮 6 - 4（98.4 mg,0.40 mmol）和硝酮 6 - 6（86.7 mg,0.44 mmol）,1,2 -二氯乙烷（3 mL）加入反应管中,冷却至-10℃。待反应管温度稳定后,加入上述制备的催化剂,在-10℃ 下反应。TLC 监测反应进程,直至烯炔酮 6 - 4 消耗完。反应液通过一个短的硅胶柱过滤,将溶剂真空旋干,通过^{1}H NMR 来确定 dr 值。粗产品通过柱层析（正己烷／乙酸乙酯=20/1）得到纯的产物 6 - 6 为白色固体,产率为97%。产物 ee 值使用 AD - H 手性柱通过 HPLC 测得,为91%。

【注意事项】

（1）溶剂要严格除水。
（2）手性配体与金制备催化剂,需搅拌充分。
（3）称量 AgOTf 时要避光。
（4）反应温度须严格控制在-10℃。

【化合物表征数据】

^{1}H NMR（300 MHz, CDCl$_3$）：δ=7.56 - 7.47（m, 2H）, 7.46 -7.32（m, 5H）, 7.32 -7.08（m, 10H）, 7.02（d, J=7.8 Hz, 2H）, 6.92（t, J=7.5 Hz, 1H）, 6.00（s, 1H）, 5.95（s, 1H）, 1.87（s, 3H）

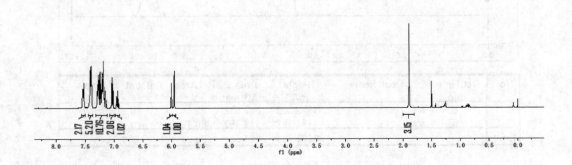

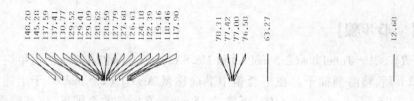

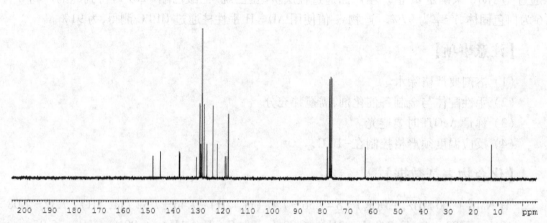

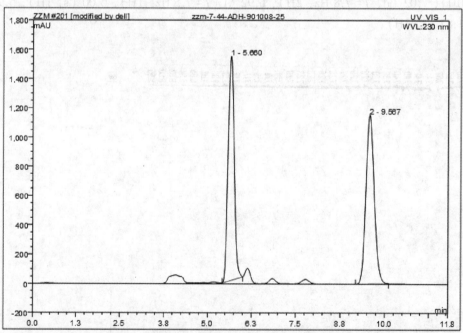

No.	Ret.Time min	Peak Name	Height mAU	Area mAU*min	Rel.Area %	Amount	Type
1	5.66	n.a.	1532.603	307.682	49.54	n.a.	BMB*
2	9.57	n.a.	1154.187	313.362	50.46	n.a.	BMB*
Total:			2686.790	621.044	100.00	0.000	

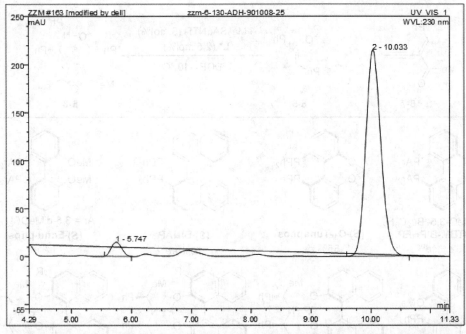

No.	Ret.Time min	Peak Name	Height mAU	Area mAU*min	Rel.Area %	Amount	Type
1	5.75	n.a.	14.784	2.991	4.49	n.a.	BMB*
2	10.03	n.a.	215.091	63.687	95.51	n.a.	BMB*
Total:			229.876	66.678	100.00	0.000	

【反应的存在的问题及解决方案】

对反应条件进行优化后,一般需要对催化体系的底物普适性进行考察以发现现行催化体系的底物局限性,从而开发出更好或互补的催化体系。

通过进一步考察上述不对称催化体系的底物普适性,张俊良教授小组发现尽管对于含芳基的共轭烯炔酮能够非常顺利实现手性转化,但是对于烷基的底物却始终没有得到令人满意的结果。除了前期工作已经提到的(R)-DTBM-MeOBIPHEP、(R)-C1-TunaPhos 分别仅能取得 32% 和 55% ee 以外,又对一些传统的配体进行了考察,如双膦配体(S)-BINAP 和(S)-Ecnu-phos,单膦配体(R)-MOP 以及亚磷酰胺类配体(R, R, R)-L3、(R, S, S)-L4 和(R, S, S)-L5 等(图6.1-5)。不幸的是,对于目前的这些配体均不能给出理想的结果,最好也只能达到 74% ee。虽说已经取得了良好的对映选择性,但是对映选择性的进一步提高很大程度上要依靠配体骨架的修饰和改造,然而对于这些配体骨架的改造与修饰,却仍面临着合成步骤繁琐、原料昂贵等难题。因此,根据已有经验的积累以及对反应机理和催化诱导模式的理解,发展简单易得的手性膦配体解决在金催化共轭烯炔酮不对称环加成反应中遇到的问题将具有重要意义。于是从简单易得的叔丁基亚磺酰胺出发合成的便于修饰、无需手性拆分的优势手性单膦配体 Ming-Phos 被开发出来了(注:Ming-Phos 的合成见实验57~59)。

前面实验57~59已经设计合成了一类原料便宜、合成简单且可选择性获取(S, Rs)或(R, Rs)构型的亚磺酰胺手性单膦配体——Ming-Phos。在建立 Ming-Phos 的"手性膦配体库"后,下面需要考察各个配体的不对称催化效果。

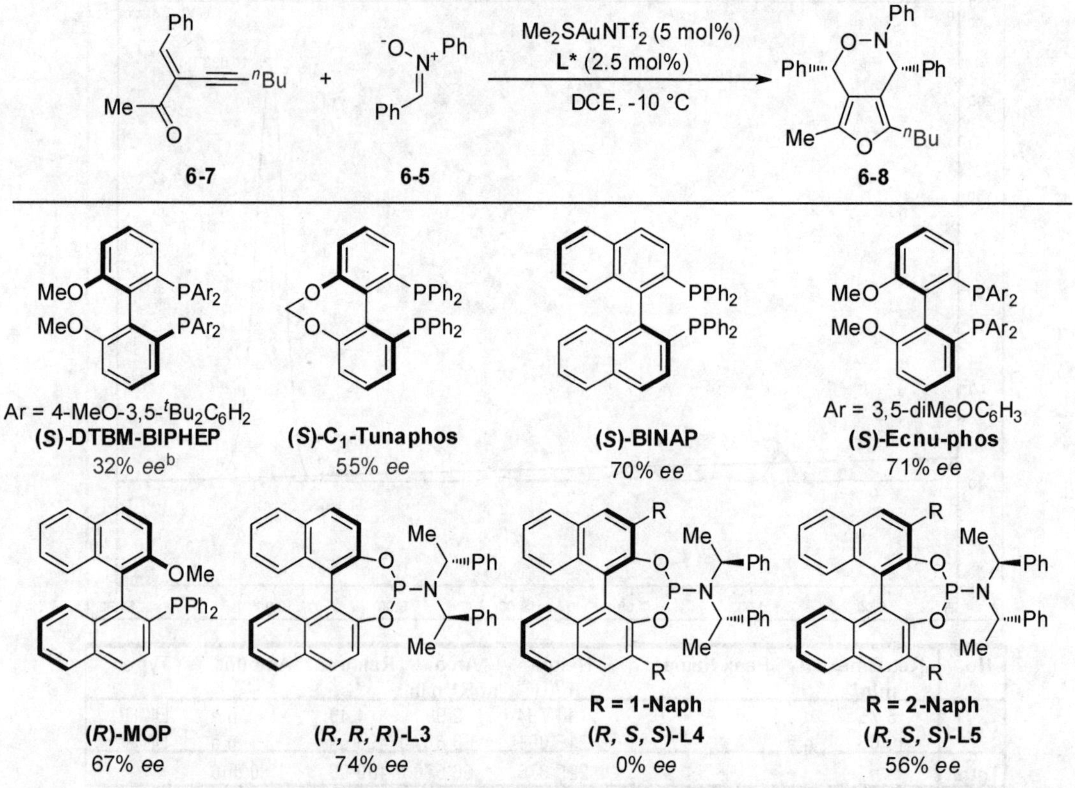

Ph / Me / O / nBu — 6-7

6-5

Me₂SAuNTf₂ (5 mol%)
L* (2.5 mol%)
DCE, -10 °C

6-8

Ar = 4-MeO-3,5-^{t}Bu$_2$C$_6$H$_2$
(S)-DTBM-BIPHEP
32% *ee*[b]

(S)-C$_1$-Tunaphos
55% *ee*

(S)-BINAP
70% *ee*

Ar = 3,5-diMeOC$_6$H$_3$
(S)-Ecnu-phos
71% *ee*

(R)-MOP
67% *ee*

(R, R, R)-L3
74% *ee*

R = 1-Naph
(R, S, S)-L4
0% *ee*

R = 2-Naph
(R, S, S)-L5
56% *ee*

[a] The reaction was carried out using ketone **7** (0.1 mmol), nitrone **5** (0.22 mmol), **L*** (2.5-5.5 mol%), [Me₂SAuCl] (5 mol%), and AgNTf₂ (5 mol%) in DCE at -10 °C. [b] The *ee* was determined by HPLC analysis.

图 6.1-5　金催化的烷基烯炔酮与硝酮的不对称环加成反应

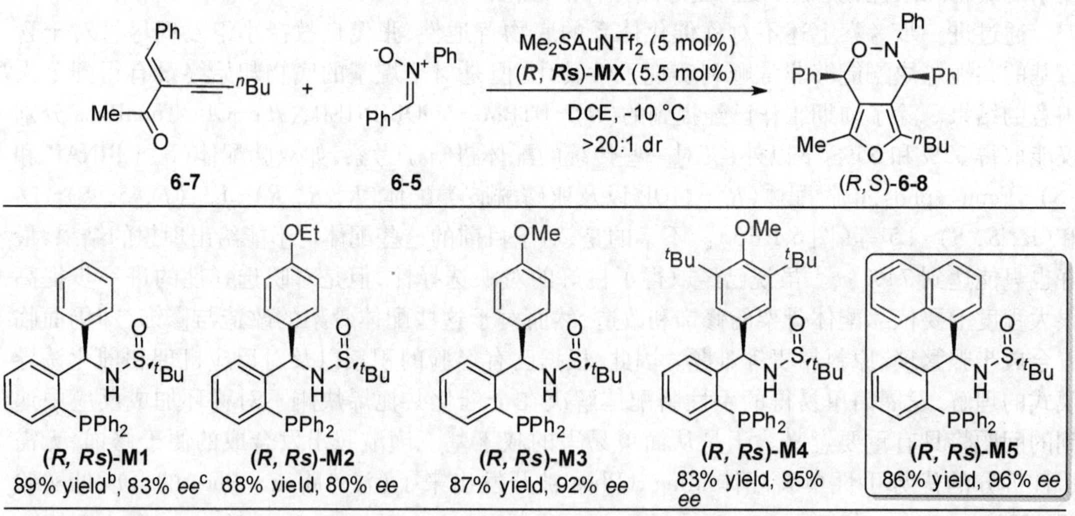

Ph / Me / O / nBu — 6-7

6-5

Me₂SAuNTf₂ (5 mol%)
(R, Rs)-MX (5.5 mol%)
DCE, -10 °C
>20:1 dr

(R, S)-6-8

(R, Rs)-M1
89% yield[b], 83% *ee*[c]

(R, Rs)-M2
88% yield, 80% *ee*

(R, Rs)-M3
87% yield, 92% *ee*

(R, Rs)-M4
83% yield, 95% *ee*

(R, Rs)-M5
86% yield, 96% *ee*

[a] Unless otherwise specified, the reaction was carried out using ketone **2-1a** (0.1 mmol), nitrone **2-2a** (0.22 mmol), (R, R$_S$)-**MX** (5.5 mol%), [Me₂SAuCl] (5 mol%), and AgNTf₂ (5 mol%) in DCE at -10 °C. [b] The yield was determined by ^{1}H NMR analysis. [c] The ee was determined by HPLC analysis.

图 6.1-6　(R, Rs)-Ming-Phos 的考察

如图 6.1-6 所示,选用含烷基的共轭烯炔酮 6-7 和硝酮 6-5 为模板反应底物对(R, Rs)-Ming-Phos 进行考察。当选用了比较简单的苯基取代基团的(R, Rs)-M1 配体,底物在该配体衍生的金催化剂的作用下,能很顺利地实现目标(R,S)-6-8 的合成且 ee 值高达 83%。在此数据的鼓舞下,进一步尝试苯环对位带有取代基团的配体(R, Rs)-M2 和(R, Rs)-M3。当使用对乙氧基苯基的配体(R, Rs)-M2 时,也能维持在 80% ee。然而,仅仅将乙氧基换成甲氧基时,反应就可以不错的收率和高达 92% ee 得到目标产物。受优势大位阻取代基配体的启示,对大位阻的 3,5-^{t}Bu-4-MeOC$_6$H$_4$ 的配体(R, Rs)-M4 进行了尝试发现该配体拥有良好的催化活性和优秀的手性诱导能力(83% 收率,95% ee)。最后,当使用 α-萘基(R, Rs)-M5 作为配体时,反应能获得高达 96% ee 和 86% 收率。尽管(R, Rs)-M4 和(R, Rs)-M5 拥有着相近的催化效果,但是考虑到配体的合成,最终确定选取催化效果最好、合成更加简单的(R, Rs)-M5 作为最优配体。

图 6.1-7 (S, Rs)-Ming-Phos 的考察

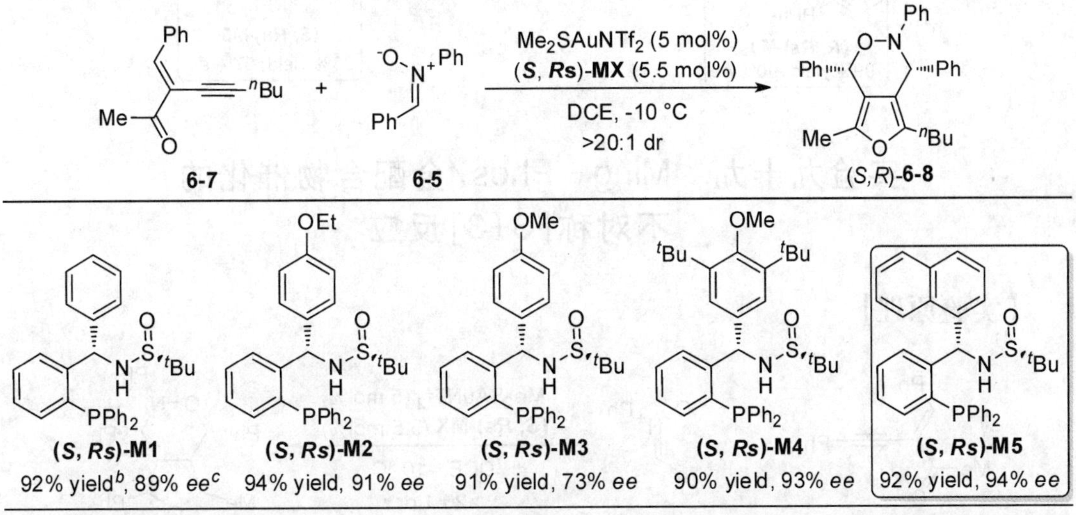

[a] Unless otherwise specified, the reaction was carried out using ketone 7 (0.1 mmol), nitrone 5 (0.22 mmol), (S, R_S)-MX (5.5 mol%), [Me$_2$SAuCl] (5 mol%), and AgNTf$_2$ (5 mol%) in DCE at -10 °C. [b] The yield was determined by ^{1}H NMR analysis. [c] The ee was determined by HPLC analysis.

仅仅(R, Rs)-Ming-Phos 就可高对映选择性地实现金催化的共轭烷基炔基烯酮和硝酮的不对称[3+3]环加成反应。那么,作为(R, Rs)-Ming-Phos 配体的非对映异构体的(S, Rs)-Ming-Phos 配体,能否取得更高的对映选择性? 配体的一个手性中心的变化又能带来什么样的结果呢? 带着这些疑问,对(S, Rs)-Ming-Phos 配体进行了筛选发现:使用苯基的(S, Rs)-M1 配体时,该反应能以 92% 收率和高达 89% ee 实现了上述(R, S)-8 的另一对映异构体(S, R)-8 的合成。随后,进一步配体筛选研究发现:① 对于(R, Rs)构型配体,甲氧基 M3 配体手性诱导能力要强于乙氧基 M2 配体;而对于(S, Rs)构型配体,结果刚刚相反,乙氧基 M2 配体手性诱导能力要强于甲氧基 M3 配体。② (S, Rs)-M4 和(S, Rs)-M5 同都拥有着接近的催化效果,考虑其催化效果和合成的难易程度,最终依然选择(S, Rs)-M5 作为最优配体(图 6.1-7)。

综上,在烷基炔基烯酮体系中,我们选用(R, Rs)-M5 和(S, Rs)-M5 这样一对非对映异构体作为最优配体。那 Ming-Phos 类型的手性单膦配体对芳基炔基烯酮与硝酮的不对称

[3+3]环加成反应催化效果又如何呢？进一步对芳基炔基烯酮 6-4 与硝酮 6-5 的不对称
[3+3]环加成反应的配体的筛选表明：在分别使用(R, Rs)-M3 和(S, Rs)-M5 时反应可以
高的产率和优秀的 ee 值选择性地制备(R, S)-6-6 和(S, R)-6-6。

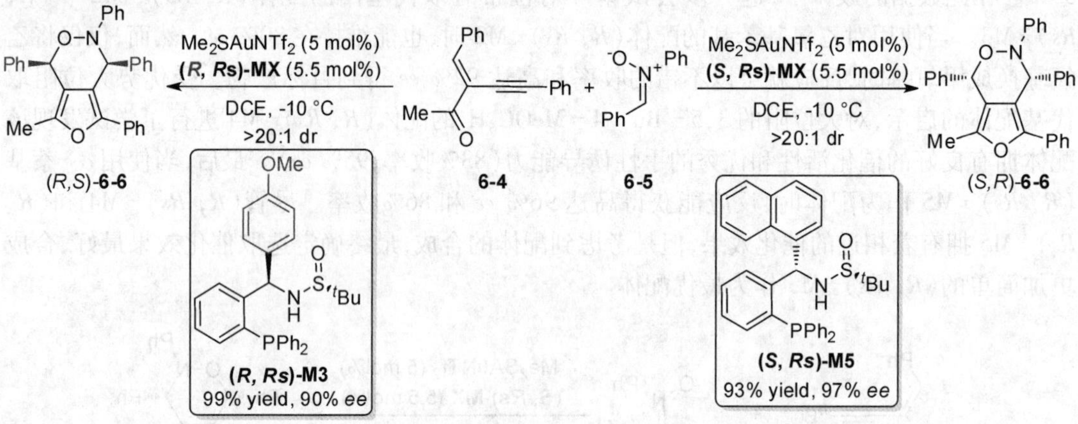

(R,S)-6-6　　6-4　6-5　　(S,R)-6-6

(R, Rs)-M3
99% yield, 90% ee

(S, Rs)-M5
93% yield, 97% ee

实验九十九　Ming-Phos/金配合物催化的不对称[3+3]反应

【实验原理】

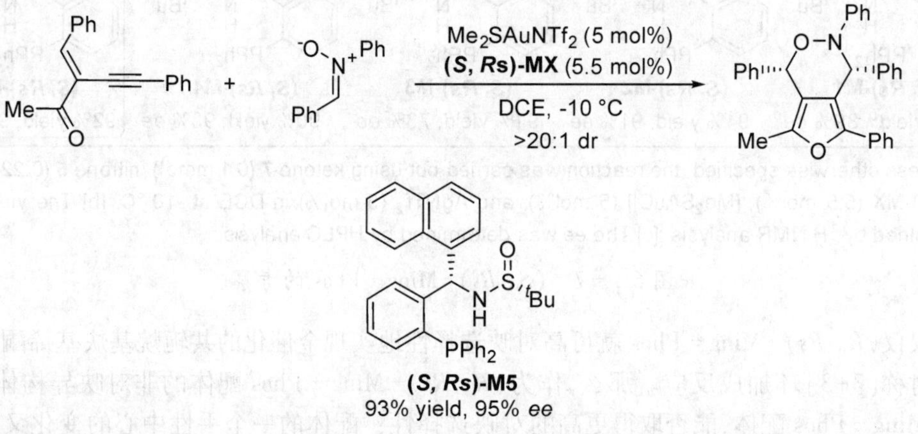

(S, Rs)-M5
93% yield, 95% ee

【仪器试剂】

仪器：反应管(2 个)、锡箔纸、注射器、针头、硅胶板、紫外灯、层析柱、量筒、低温恒温反应浴。

试剂：烯炔酮 4、硝酮 5、Me₂SAuCl、AgOTf、(R, Rs)-M3、二氯甲烷(重蒸)、1,2-二氯乙烷(重蒸)、正己烷、乙酸乙酯。

【实验步骤】

(S, Rs)-M5 (5.5 mol%) 和 Me₂SAuCl(5.0 mol%)溶于二氯甲烷(1 mL)中，室温搅拌 2 h

后,将溶剂抽干。在手套箱中准确称量 $AgNTf_2$(2.5 mol%)于上述反应管中,加入 1,2 -二氯乙烷(1 mL),在 -10℃下搅拌 15 min。在氮气的氛围下,将准确称量烯炔酮 6 - 4(98.4 mg,0.40 mmol)和硝酮 6 - 5(86.7 mg,0.44 mmol),1,2 -二氯乙烷(3 mL)加入反应管中,冷却至 -10℃。待反应管温度稳定后,加入上述制备的催化剂,在 -10℃下反应。TLC 监测反应进程,直至烯炔酮 6 - 4 消耗完。反应液通过一个短的硅胶柱过滤,将溶剂真空旋干,通过[1]H NMR 来确定 dr 值。粗产品通过柱层析(正己烷/乙酸乙酯 = 20/1)得到纯的产物 6 - 6 为白色固体,产率为 93%。产物 ee 值使用 AD - H 手性柱通过 HPLC 测得,为 95%。

【注意事项】

(1) 溶剂要严格除水。

(2) 手性配体与金制备催化剂,需搅拌充分。

(3) 称量 AgOTf 时要避光。

(4) 反应温度须严格控制在 -10℃。

【化合物表征数据】

^{1}H NMR (300 MHz, CDCl₃): $\delta = 7.56 - 7.47$ (m, 2H), 7.46 - 7.32 (m, 5H), 7.32 - 7.08 (m, 10H), 7.02 (d, $J = 7.8$ Hz, 2H), 6.92 (t, $J = 7.5$ Hz, 1H), 6.00 (s, 1H), 5.95 (s, 1H), 1.87 (s, 3H). Enantiomeric excess was determined by HPLC with a Chiralpak AD - H column (hexanes : 2 - propanol = 90 : 10, 0.8 mL/min, 230 nm); minor enantiomer $t_1 = 5.7$ min, major enantiomer $t_2 = 9.5$ min

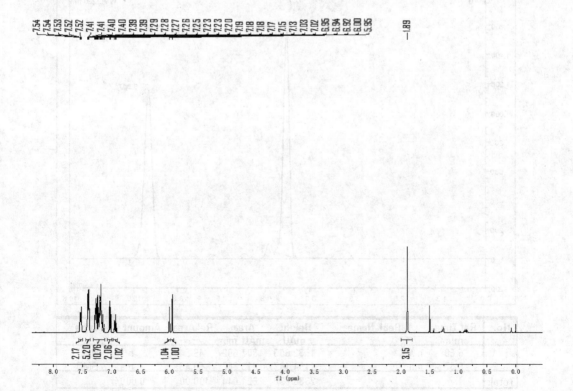

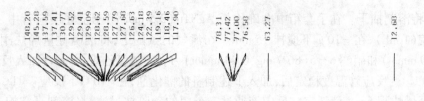

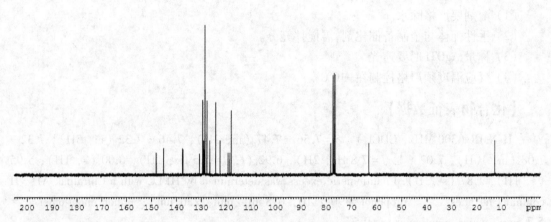

					ppm
200 190 180 170 160 150 140 130 120 110 100 90 80 70 60 50 40 30 20 10					

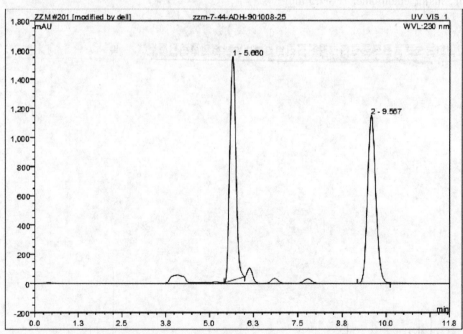

No.	Ret.Time min	Peak Name	Height mAU	Area mAU*min	Rel.Area %	Amount	Type
1	5.66	n.a.	1532.603	307.682	49.54	n.a.	BMB*
2	9.57	n.a.	1154.187	313.362	50.46	n.a.	BMB*
Total:			2686.790	621.044	100.00	0.000	

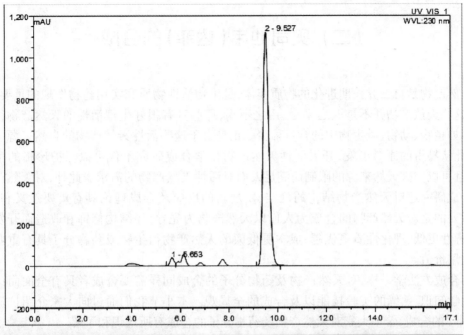

No.	Ret.Time min	Peak Name	Height mAU	Area mAU*min	Rel.Area %	Amount	Type
1	5.65	n.a.	39.247	7.787	2.43	n.a.	BM *
2	9.53	n.a.	1120.016	312.815	97.57	n.a.	BMB*
Total:			1159.263	320.602	100.00	0.000	

【总结】

从以上对多取代呋喃的合成研究中,我们可以看出有机化学实验是一个系统工程。它涉及如图 6.1-8 所示的各个环节,而每一个环节的顺利进行都离不开研究者们熟练的实验技能、扎实的理论功底以及综合知识的运用能力和全局观。

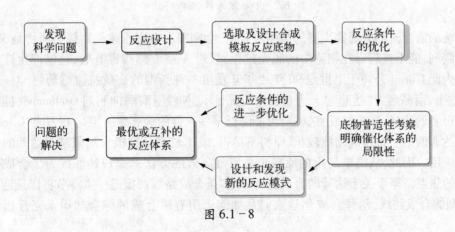

图 6.1-8

（二）奥司他韦（达菲）的合成

天然产物是自然界长期进化的物质实体，是生物活性物质和实用药物发现的重要源泉。然而，这些天然产物并不是取之不尽、用之不竭，那些具有很好生理活性的天然产物往往在其载体如植物、动物、微生物中的含量稀少。正是由于这些活性天然产物的自然来源十分有限，因此从易得的原料出发，开展活性天然产物化学合成研究不仅可以保护珍稀的生物资源，而且可以突破天然来源的限制而满足人们对活性天然产物的需求。此外，对天然产物的化学合成研究还对天然产物结构的确定、发现新的反应及合成理论具有重要意义和作用。更为重要的是对天然产物的合成为人们以天然产物为先导，经结构修饰和改造而开发活性更强、毒性更低、理化性质更优越、成本更低廉的天然产物衍生物或药物分子具有重要的借鉴和应用价值。

与合成方法学一样，对天然产物及药物分子的合成同样需要合成者具有全面而深厚的有机化学知识、熟练的实验技能以及合成的全局观。本小节我们通过向大家介绍抗流感药物"达菲"的合成，希望大家对天然产物及药物分子的合成有所认识和了解。

流行性感冒（简称流感）是流感病毒引起的急性呼吸道感染，也是一种传染性强、传播速度快的疾病。它一直严重威胁着人类的健康和生命。例如，1918～1919 年的大流行中，全世界至少有 2 000 万～4 000 万人死于流感。因此，寻找和合成有效的预防和治疗流感的药物显得尤为重要和迫切。

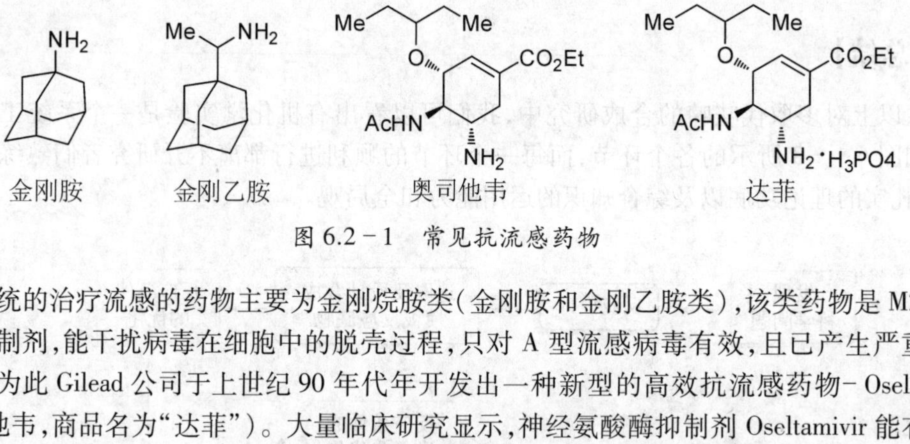

图 6.2 - 1 常见抗流感药物

传统的治疗流感的药物主要为金刚烷胺类（金刚胺和金刚乙胺类），该类药物是 M2 离子通道抑制剂，能干扰病毒在细胞中的脱壳过程，只对 A 型流感病毒有效，且已产生严重的耐药性。为此 Gilead 公司于上世纪 90 年代年开发出一种新型的高效抗流感药物-Oseltamivir（奥司他韦，商品名为"达菲"）。大量临床研究显示，神经氨酸酶抑制剂 Oseltamivir 能有效缓解流感患者的症状，减少并发症，并有可能降低某些人群的病死率。但是 1997 年 Gilead 公司报道的达菲的第一条合成路线较长、原料不易得、成本较高。这极大地限制了达菲的大规模生产和应用。因此，从简单易得的原料出发发展高效的方法来合成达菲成为了合成化学家们研究的热点。至今关于达菲的合成已有 30 多条合成路线被报道。本章节将以最近发展的 4 条典型的合成路线，阐释合成化学家们是如何运用有机合成的综合知识来完善达菲的合成的。

1. 奥司他韦的首次合成

奥司他韦的首次合成是由吉利德科学公司（Gilead Sciences Inc.）实现的（图 6.2 - 2）。该路线选用(-)-莽草酸为起始原料经 14 步以 15%的总收率制备了奥司他韦的重要前体酸 11,以用于药理及生物活性测试。该路线的关键步骤涉及三次小环的亲核开环反应。即:(1)通过环氧中间体 2 与叠氮的开环反应引入第一个氨基片段;(2)通过氮杂环丙烷 5 与叠氮的开环反应引入第二个含氮片段;(3)通过氮杂环丙烷 8 与 3-戊醇的开环反应引入含氧片段。从而实现对(-)-莽草酸的官能团转化和改造进而制备 11。对 11 的经一步衍生和活性测试表明酸 11 的乙酯衍生物——奥司他韦具有很好的生物利用度。为此,奥司他韦才被广泛接受治疗流感。

上述合成路线虽然是开创性的工作,但是合成路线中使用的原子经济性不高的 Mitsunobu 反应、合成路线长且最关键的使用了并不易得的(-)-莽草酸(莽草酸只在中国南方大量分布)作为起始原料这极大地限制了这一路线的大规模生产。

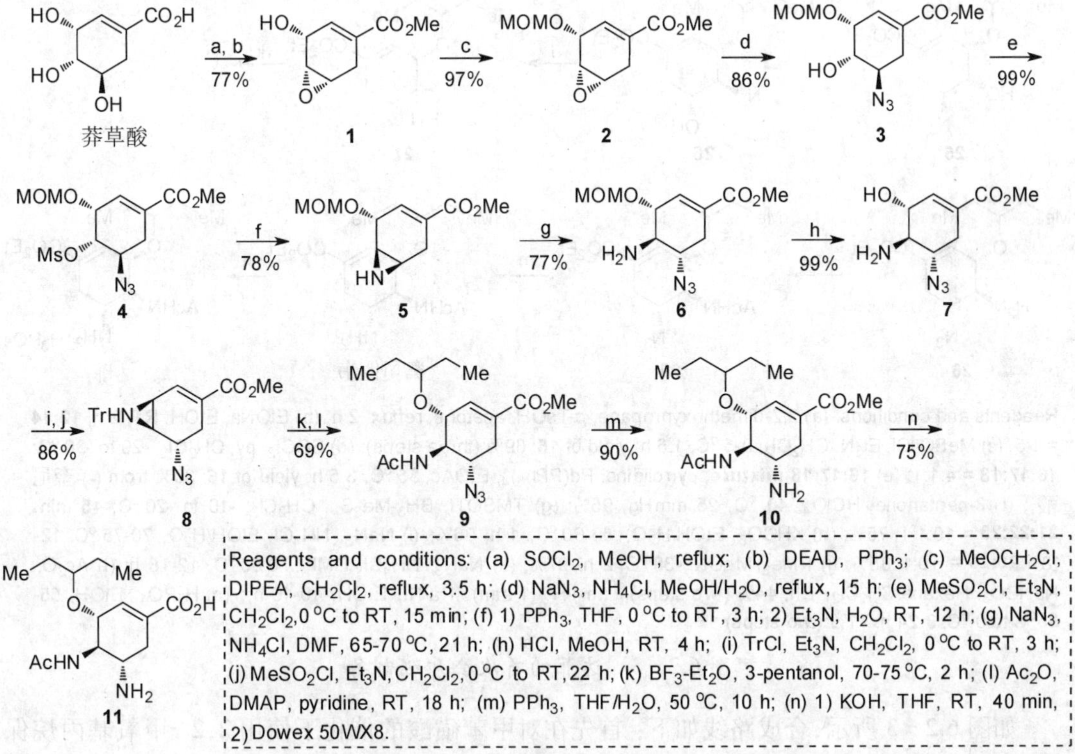

Reagents and conditions: (a) SOCl$_2$, MeOH, reflux; (b) DEAD, PPh$_3$; (c) MeOCH$_2$Cl, DIPEA, CH$_2$Cl$_2$, reflux, 3.5 h; (d) NaN$_3$, NH$_4$Cl, MeOH/H$_2$O, reflux, 15 h; (e) MeSO$_2$Cl, Et$_3$N, CH$_2$Cl$_2$, 0 °C to RT, 15 min; (f) 1) PPh$_3$, THF, 0 °C to RT, 3 h; 2) Et$_3$N, H$_2$O, RT, 12 h; (g) NaN$_3$, NH$_4$Cl, DMF, 65-70 °C, 21 h; (h) HCl, MeOH, RT, 4 h; (i) TrCl, Et$_3$N, CH$_2$Cl$_2$, 0 °C to RT, 3 h; (j) MeSO$_2$Cl, Et$_3$N, CH$_2$Cl$_2$, 0 °C to RT, 22 h; (k) BF$_3$-Et$_2$O, 3-pentanol, 70-75 °C, 2 h; (l) Ac$_2$O, DMAP, pyridine, RT, 18 h; (m) PPh$_3$, THF/H$_2$O, 50 °C, 10 h; (n) 1) KOH, THF, RT, 40 min; 2) Dowex 50WX8.

图 6.2-2 吉利德科学公司首次合成奥司他韦前体 11

2. 达菲的公斤级制备

鉴于(-)-莽草酸价格昂贵、不易得,吉利德科学公司开发出了奥司他韦第二条合成路线。该路线选用了较廉价的(-)-奎尼酸((-)- quinic acid)为起始原料,并避免使用 Mitsunobu 反应构建环氧,从而实现了对达菲的第一次公斤级制备。

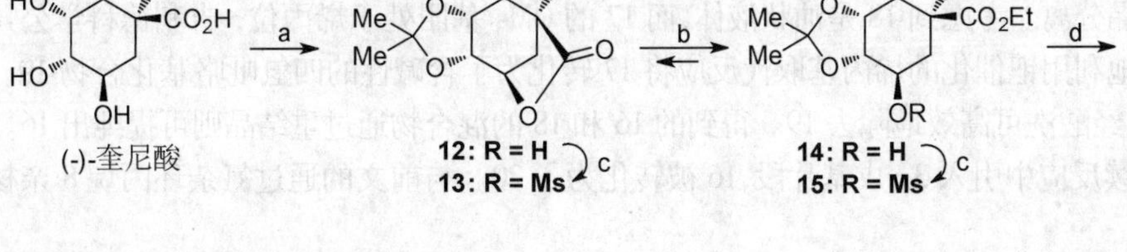

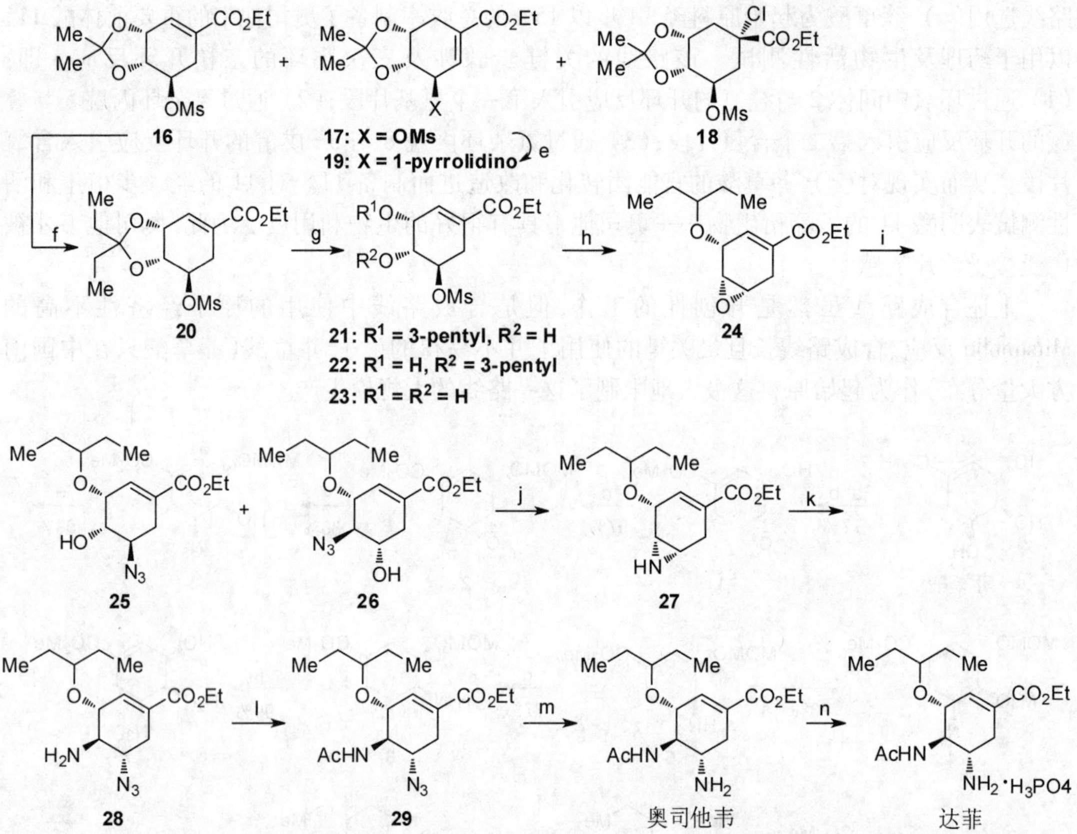

16

17: X = OMs
19: X = 1-pyrrolidino ⎵e

18

20

21: R¹ = 3-pentyl, R² = H
22: R¹ = H, R² = 3-pentyl
23: R¹ = R² = H

24

25 + **26** → **27**

28 → **29** → 奥司他韦 → 达菲

Reagents and conditions: (a) 2,2-dimethoxypropane, p-TsOH, acetone, reflux, 2 h; (b) EtONa, EtOH, RT, 2 h, **12:14** = 1:5; (c) MeSO$_2$Cl, Et$_3$N, CH$_2$Cl$_2$, 0-5 $^{\circ}$C, 1.5 h; yield of **15**: 69% (three steps); (d) SOCl$_2$, py, CH$_2$Cl$_2$, -20 to -30 $^{\circ}$C; **16:17:18** = 4:1:1; (e) **16:17:18 mixture**, pyrrolidine, Pd(PPh$_3$)$_4$, EtOAc, 35 $^{\circ}$C, 3.5 h; yield of **16**: 30% from (-)-奎尼酸; (f) 3-pentanone, HClO$_4$, 40 $^{\circ}$C, 25 mmHg, 95%; (g) TMSOTf, BH$_3$·Me$_2$S, CH$_2$Cl$_2$, -10 to -20 $^{\circ}$C; 45 min, **21:22:23** = 10:1:1, 75%; (h) KHCO$_3$, EtOH/H$_2$O, 55-60 $^{\circ}$C, 1 h, 96%; (i) NaN$_3$, NH$_4$Cl, EtOH/H$_2$O, 70-75 $^{\circ}$C, 12-18 h, **25:26** = 10:1, 85%; (j) PMe$_3$, MeCN, <38 $^{\circ}$C, 2 h, 97%; (k) NaN$_3$, NH$_4$Cl, DMF, 70-80 $^{\circ}$C, 12-18 h; (l) Ac$_2$O, NaHCO$_3$, Hexane/CH$_2$Cl$_2$, 1 h, 44% (two steps); (m) H$_2$ (1 atm), Ra-Ni, EtOH, 10-16 h; (n) H$_3$PO$_4$, EtOH, 55-65 $^{\circ}$C to 0 $^{\circ}$C, 3-24 h, 71% (two steps).

图 6.2-3 达菲的首次公斤级制备

如图 6.2-3 所示，合成路线如下：首先在对甲苯磺酸的催化下使用 2,2-甲氧基丙烷保护(-)-奎尼酸的两个顺式羟基得到目标产物 14 和内酯化产物 12。为了提高 14 的比例，向 12 与 14 的混合物中加入催化量的乙醇钠可提高 14 的比例为 12∶14 = 1∶5。在大规模生产中，重结晶是更可行和经济的提纯方法。由于 14 不利于重结晶操作且考虑后续路线设计，将 12 与 14 的混合物经甲磺酰化处理得到 13 与 15 的混合物。后经重结晶，可使更易结晶的 13 析出，经过滤就可提纯目标产物 15。

相比于(-)-莽草酸，使用(-)-奎尼酸为原料时需对 15 进行脱水反应而引入双键。遗憾的是使用磺酰氯脱水时，反应得到了 16∶17∶18 = 4∶1∶1 的混合物且作为固体的产物 16 和 17 难以通过重结晶分离。考虑到 18 是油状液体，而 17 的 OMs 基团处于烯丙位，吉利德科学公司的研发人员巧妙地利用钯催化的烯丙基取代反应将 17 转化为了含碱性的四氢吡咯基化合物 19。后将得到混合物，经酸洗可高效地除去 19。得到的 16 和 18 的混合物通过重结晶则可提纯出 16。

为了在后续反应中引入 3-戊基片段，16 被转化为了 20。与前文的通过氮杂环丙烷 8 亲核开环反应引入3-戊基片段不同,在本路线中研发人员使用了缩酮的开环及原位还原的条件高选择性地得到了目标产物21(21∶22∶23 = 10∶1∶1)。之所以不在第一步引入3-戊酮的缩酮片段是因为相应的12-15化合物难以由重结晶提纯。21,22,23的混合物由于难以分离直接进入下一步反应得到环氧化合物24。研发人员发现24相比于不能参与亲核取代反应的大极性的副产物22和23在正己烷中有更好的溶解度(相似相溶),据此,只通过简单的萃取操作即可分离出24。

从24出发,类似地经过两次小环化合物(24和27)与叠氮的亲核开环反应引入两个氨基并通过乙酰化反应、叠氮还原反应等可制备奥司他韦的磷酸盐产物——达菲。值得一提的是:为了避免在Staudinger反应中使用三苯基膦带来三苯氧膦这一副产物难以分离的问题,研究人员巧妙地使用了三甲基膦使得反应更容易提纯。

综上,吉利德科学公司以更廉价的(-)-奎尼酸为起始原料,经过脱水引入双键,缩酮的原位还原引入3-戊基片段,小环化合物与叠氮的亲核开环反应合成1,2-乙二胺片段而以12步4.4%的总收率完成了达菲的公斤级制备。该路线不仅设计得巧妙,此外充分考虑化合物的化学性质,熟练运用有机化学的基本提纯操作来提纯目标产物也是本路线的一大亮点。但上述两条路线都是以天然手性源为原料且反应过程中使用了不安全的叠氮原料和叠氮中间体,这将不利于达菲的进一步结构修饰、构效关系研究和大规模生产。为了解决这些问题,发展无叠氮、高效、高选择性的不对称催化方法合成达菲成为了人们研究的焦点。

3. 以不对称Diels-Alder反应为关键步骤合成达菲-Corey小组

达菲的核心骨架是手性的六元碳环。因此发展不对称[4+2]环加成反应构建手性的六元碳环骨架,再经后续转化则可制备达菲(图6.2-4)。基于此,Corey教授小组发展了手性

Reagents and conditions: (a) 10 mol% **32**, neat, 23 °C, 30 h, 97%, > 97% *ee*; (b) NH₃, CF₃CH₂OH, 40 °C, 5 h, 100%; (c) 1) TMSOTf, Et₃N, pentane; 2) I₂, Et₂O/THF, 2 h, 84%; (d) (Boc)₂O, Et₃N, DMAP, CH₂Cl₂, 4 h, 99%; (e) DBU, THF, reflux, 12 h, 96%; (f) NBS, AIBN, CCl₄, reflux, 2 h, 95%; (g) Cs₂CO₃, EtOH, 25 min, 100%; (h) 5 mol% SnBr₂, *N*-bromoacetamide, MeCN, -40 °C, 4 h, 75%; (i) *n*-Bu₄NBr, KHMDS, DME, -20 °C, 10 min, 82%; (j) Cu(OTf)₂, 3-pentanol, 0 °C, 12 h, 61%; (k) H₃PO₄, EtOH.

图6.2-4 Corey小组合成达菲的路线

Lewis 酸 32 催化的 1,3-丁二烯与丙烯酸酯类化合物 31 的不对称 Diels-Alder 反应来合成环己烯产物 33,产率高达 97% 且对映选择性大于 97% ee。经碘化内酯化反应及 Boc 保护,33 可被高效地转化为 36。在 DBU 作用下,脱碘可得环己烯 37。37 与 NBS 及 AIBN 发生自由基加成反应可非对映选择性地制备烯丙基溴化物 38。38 在碳酸铯乙醇中反应脱 HBr 得到的共轭二烯 39 在 SnBr₂ 催化下发生非对映选择性的溴氨化反应可高效地制备 40。后经关环、Lewis 酸催化的氮杂环丙烷开环反应、脱保护等反应最终实现了达菲的合成。

综上,Corey 教授以其发展的 Lewis 催化的不对称 Diels-Alder 反应构建手性环己烯骨架,经结构调整,官能团导入而以 11 步 27% 的总收率完成了达菲分子的全合成。使用简单易得的原料,较简捷的步骤及高的对映选择性及非对映选择性的控制使得该路线非常吸引人。但使用较昂贵及对水敏感的试剂和催化剂限制了该反应的在大规模生产中的应用。

4. 以钯催化不对称烯丙位取代反应为关键步骤合成奥司他韦-Trost 小组

与 Corey 教授通过不对称 Diels-Alder 反应构建手性环己烯骨架不同,Trost 教授则以商品化的外消的环己烯 43 为起始原料,利用他们组发展的 Trost 配体通过钯催化的不对称烯丙位取代反应为关键步骤制备了手性的烯丙胺产物 44。为了得到双烯产物 46,Trost 教授首先使用 PhSSO₂Ph 在碱的作用下与 44 反应在酯基 α 位引入苯硫基,随后通过氧化,消除反应而制备 46。为了将其中的一个双键转化为奥司他韦中的氨基和醚砌块,Trost 教授使用的策略是:利用二价铑与原位生成的氮宾反应得到金属氮宾,随后金属氮宾与双键发生氮杂环丙烷化反应得到 47,再利用 47 与 3-戊醇的亲核开环反应合成 48。最后再通过保护基的脱除而最终实现了奥司他韦的全合成(图 6.2-5)。

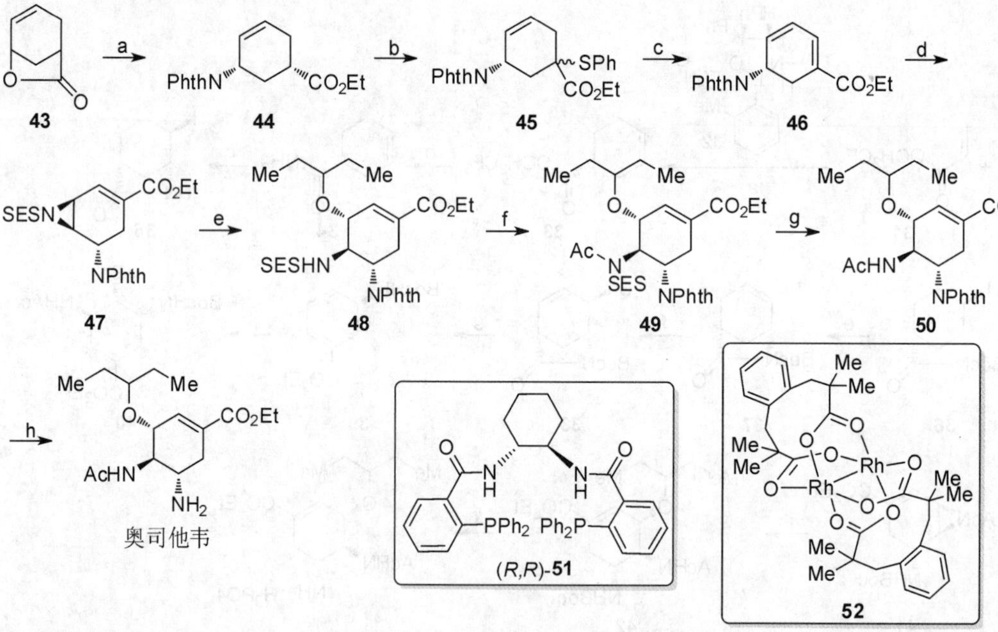

Reagents and conditions: (a) 1) 2.5 mol% [(η³-C₃H₅PdCl)₂], 7.5 mol% **51**, trimethylsilylphthalimide, THF, 40 ℃; 2) TsOH-H₂O, EtOH, reflux, 84%, 98% ee; (b) KHMDS, PhSSO₂Ph, THF, -78 ℃ to RT, 94%; (c) 1) m-CPBA, NaHCO₃, 0 ℃; 2) DBU, Toluene, 60 ℃, 85%; (d) 2 mol% **52**, 2-(trimethylsilyl)ethanesulfonamide (SESNH₂), PhI(O₂CCMe₃)₂, MgO, PhCl, 0 ℃ to RT, 86%; (e) BF₃-Et₂O, 3-pentanol, 75 ℃, 65%; (f) DMAP, Py, Ac₂O, MW, 150℃, 1 h, 84%; (g) TBAF, THF, RT, 95%; (h) NH₂NH₂, EtOH, 68 ℃, 100%.

图 6.2-5　Trost 小组合成奥司他韦的路线

Trost 教授发展的路线以钯催化的不对称烯丙位取代反应、氮宾与烯烃的氮杂环丙烷化反应及氮杂环丙烷的亲核开环反应为关键步骤,从商品化的 43 出发经 8 步以高达 30% 的产率实现了奥司他韦的全合成。利用该路线可在实验室中快速实现奥司他韦的高效合成,但使用较昂贵的试剂和催化剂以及在保护基脱除步骤中使用微波反应等限制了该反应的大规模应用。

5. 三次"一锅法"操作合成奥司他韦－Hayashi 小组

为了使反应操作更为简单同时避免使用重金属带来的污染,2009 年 Hayashi 教授小组发展了以烯胺催化的醛对硝基烯烃的不对称 1,4－加成为构建步骤,三次"一锅法"操作的合成路线实现了奥司他韦的高效合成(图 6.2－6)

第一次"一锅法"操作:以醛 53 和硝基烯烃 54 为起始原料,它们在 Hayashi－Jorgensen 催化剂催化下发生不对称 Michael 加成反应得到两个非对映异构体(syn－56 和 anti－56,

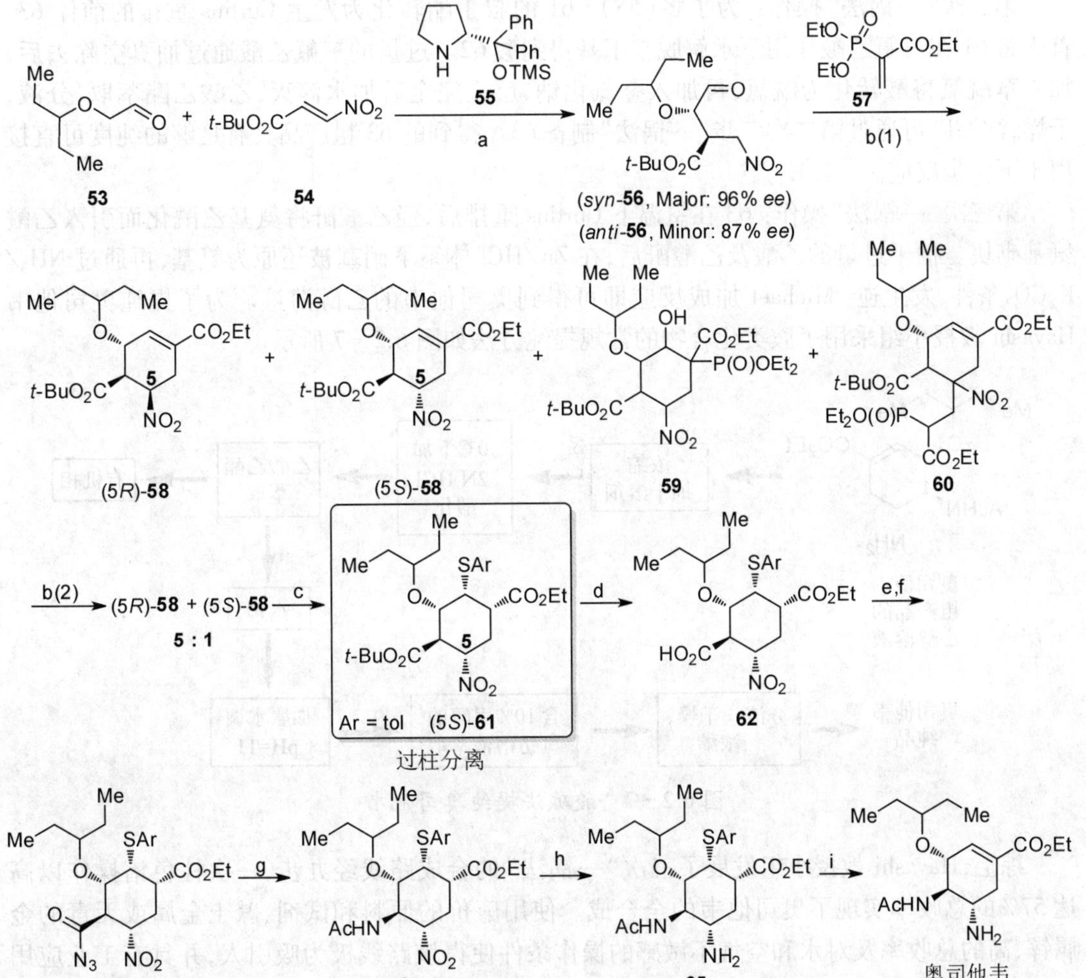

Reagents and conditions: (a) 5 mol% **55**, 20 mol% ClCH₂CO₂H, CH₂Cl₂, RT, 40 min; (b) 1) Cs₂CO₃, 0 °C, 3 h; 2) Cs₂CO₃, EtOH, RT, 15 min; (c) p-Toluenthiol, Cs₂CO₃, EtOH, -15 °C, 36 h, 70% yield from **54**; (d) TFA, CH₂Cl₂, 2 h; (e) (COCl)₂, DMF, CH₂Cl₂, 1 h; (f) NaN₃, H₂O/Acetone; (g) Ac₂O, AcOH, RT, 49 h; (h) Zn, TMSCl, EtOH, 70 °C, 2 h; (i) 1) NH₃; 2) K₂CO₃, EtOH, 6 h, 82% yield (6 steps).

图 6.2－6　Hayashi 小组合成奥司他韦的路线

syn/anti=5∶1)。反应完后,直接向反应瓶中加入 57 和碳酸铯发生分子间 Michael 加成和分子内 Horner‐Wadsworth‐Emmons 串联反应而构建六元碳环产物。尽管这一串联反应转化率很高,但反应除了得到目标产物(5S)‐58 及其非对映异构体(5R)‐58,还得到了副产物 59 和 60。为了解决该问题,Hayashi 等采用向混合物中加入碳酸铯/乙醇的方法,使 59 发生逆‐Aldol 反应和 Horner‐Wadsworth‐Emmons 串联反应;而使 60 发生逆‐Michael 加成反应。从而使得(5S)‐58,(5R)‐58,59 和 60 这四个混合物转化为(5S)‐58 和(5R)‐58 这两组分的混合物。但遗憾的是非目标产物(5R)‐58 为主要成分((5R)‐58∶(5S)‐58=5∶1)。尽管通过第一步催化反应条件的优化有提升目标产物(5S)‐58 的可能,但作者使用了更高效的方法:向(5R)‐58∶(5S)‐58=5∶1 的混合物中加入对甲基苯硫酚和碳酸铯,在发生 Michael 加成反应和异构化反应后,反应只得到了具有更稳定的构象的目标产物(5S)‐61。通过柱色谱分离可以三步"一锅法",70%的总产率合成(5S)‐61。

第二次"一锅法"操作:为了将(5S)‐61 的叔丁酯转化为发生 Curtius 重排的前体 63。首先将 61 在三氟乙酸作用下水解脱叔丁基得到酸 62。过量的三氟乙酸通过抽真空除去后,加入草酰氯将酸转化为酰氯,再加入叠氮化钠,反应完全后加水淬灭,乙酸乙酯萃取,分液,干燥,浓缩则可通过第二次三步"一锅法"制备 63。得到的 63 粗产品具有足够的纯度可直接用于下一步反应。

第三次"一锅法"操作:63 在室温下 Curtius 重排后,经乙酸酐将氨基乙酰化而引入乙酰氨基砌块。抽干过量的乙酸及乙酸酐后,在 Zn/HCl 体系下硝基被还原为氨基,再通过 NH₃/K₂CO₃条件,发生逆‐Michael 加成反应即可得到奥司他韦的乙醇溶液。为了提纯奥司他韦 Hayashi 教授小组采用了胺类化合物的常规提纯方法如图 6.2‐7 所示。

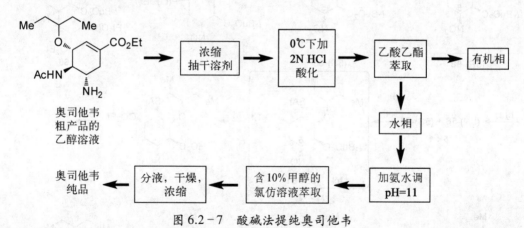

图 6.2‐7 酸碱法提纯奥司他韦

综上,Hayashi 教授小组发展了三次"一锅法"的合成路线经九步,一次柱色谱操作以高达 57%的总收率实现了奥司他韦的全合成。使用廉价的原料和试剂、碱土金属或无毒的金属锌、高的总收率及对水和空气不敏感的操作条件使得该路线极为吸引人,并具有工业应用前景。但使用非商品化的醛 53 和硝基烯烃 54 使得该路线的总收率可能偏高,并可能成为大规模生产的一个障碍。

6. 两次"一锅法"操作合成奥司他韦‐马大为研究员小组

与 Hayashi 教授小组通过 Curtius 重排在六元碳环骨架上引入氨基片段不同,中科院上海有机化学研究所的马大为研究员通过在反应的起始原料上预先引入乙酰氨基从而使得合成奥司他韦的合成路线更为高效(图 6.2-8)。

选用醛 53 和硝基烯烃 66 为起始原料,在 Hayashi-Jorgensen 催化剂 67 催化下发生不对称 Michael 加成反应可以约 80% 的产率得到两个非对映异构体(syn-68 和 anti-68)。紧接着发生分子间 Michael 加成反应、分子内 Horner-Wadsworth-Emmons 反应和对甲基苯硫酚对 69 的 1,4-加成反应可以以 54% 的总产率和高达 96% ee 得到 64 这个单一的异构体。后与上文 Hayashi 教授发展的方法一样可将 64 转化为奥司他韦。

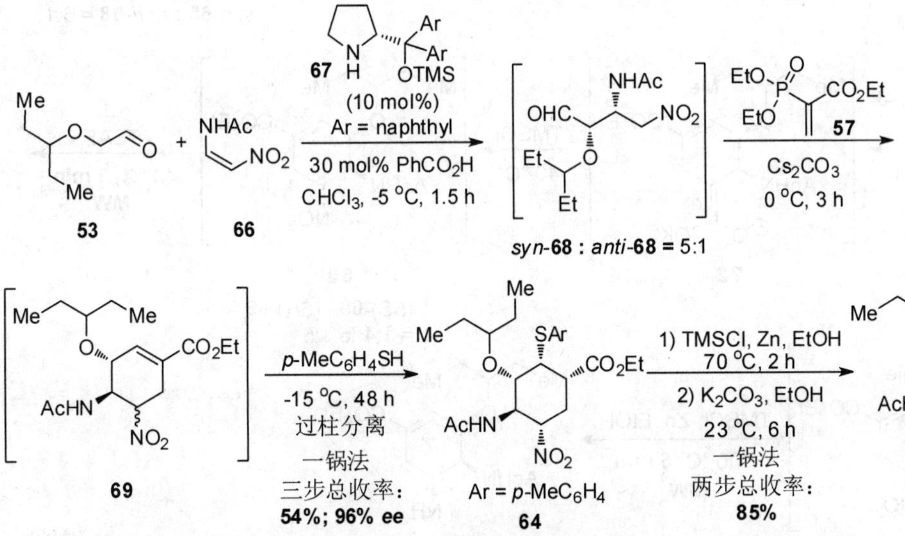

图 6.2-8 马大为研究员小组合成奥司他韦的路线

综上,马大为研究员发展的合成路线从简单的原料出发实现了奥司他韦的最短路线合成(5 步 46% 的总产率)。由于所用试剂廉价,反应操作简单,收率高,这条路线具备潜在的商业价值。目前相关工艺路线的专利已经转让给国内的制药公司,这将促进这个路线产业化进程。

7. 时间经济性合成奥司他韦-Hayashi 小组

为了使合成奥司他韦的路线更为简单、易操作、同时缩短反应的时间,Hayashi 教授最近在马大为研究员发展的路线的基础上通过加入硫脲做添加剂活化硝基烯烃使得第一步反应时间缩短为 30 分钟(图 6.2-9)。第二步反应中以叔丁醇钾代替碳酸铯也极大地加速了反应得到 72。向反应中加入三甲基氯硅烷原位生成 HCl,使得 72 质解转化为非对映异构体 (5S)-69 和 (5R)-69。其中两者比例为 (5S)-69∶(5R)-69=1∶4 至 1∶5。大量实验研究发现四正丁基氟化铵可使 (5S)-69∶(5R)-69 的比例提高至 1∶1 且使用微波反应操作可加速这一过程。最后用微波辅助的锌粉还原可将硝基在 5 分钟内转化为氨基而实现奥司他韦的合成。

综上,Hayashi 教授通过对马大为研究员的路线的优化可通过五步一锅法操作以 15% 的总收率合成了奥司他韦。值得一提的是通过添加剂及微波反应的使用该路线实现了奥司他韦的最快速的合成,具有很高的时间经济性,整个反应只需 60 分钟。

从上述对奥司他韦(达菲)代表性的七条合成路线可以看出化学在药物合成中的重要作用。从最开始由 12 步反应合成达菲到最近的 5 步"一锅法" 60 分钟实现奥司他韦的合成,这

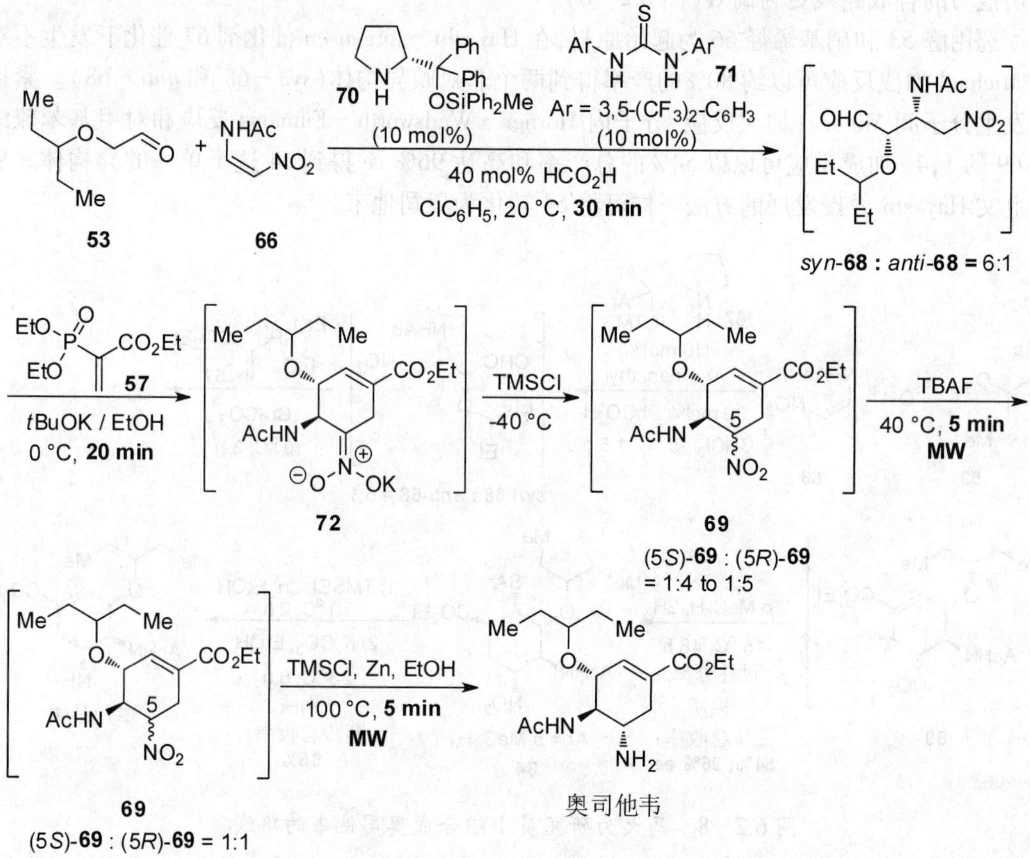

图 6.2－9　Hayashi 小组时间经济性合成奥司他韦

期间的发展无不体现了有机合成化学家的智慧以及对化学理论及实验综合知识的运用能力。本章节我们将以马大为研究员发展的路线为实验内容体会合成化学的发展带来的合成便捷及潜在应用和商业价值。

【仪器试剂】

仪器： 茄形瓶（100 mL，2 个）、三口反应瓶（100 mL，1 个）、分液漏斗（1 个）、锥形瓶（100 mL，1 个）、砂芯抽滤漏斗（1 个）、低温恒温反应浴、注射剂（2 个）、玻璃滴管（2 个）、pH 试纸、核磁管（若干）、柱层析装置、旋转蒸发仪。

试剂： 醛 53、硝基烯烃 66、催化剂 67、亚磷酸酯 57、对甲基苯硫酚、苯甲酸、氯仿、碳酸铯、三甲基氯硅烷、锌粉、氨气、无水碳酸钾、氨水（含量 28%）、无水乙醇、甲醇、稀盐酸（2 M 和 1 M）、饱和碳酸氢钠水溶液、无水硫酸钠、乙酸乙酯、石油醚、饱和食盐水。

【实验步骤】

向装有磁力搅拌子的 100 mL 茄形瓶中加入苯甲酸（366 mg，3 mmol），硝基烯烃 66（1.3 g，10 mmol），氯仿（10 mL）和醛 53（2.6 g，20 mmol）。将茄形瓶放置−5℃的低温恒温反应浴中，搅拌 10 分钟后慢慢滴加 Hayashi－Jorgensen 催化剂 67（425 mg，1.0 mmol）的氯仿溶液（10 mL）。加毕后，取样核磁检测跟踪反应（大约 1.5 小时后 66 转化完毕）。向反应瓶放

syn-**68** : anti-**68** = 5:1

69

三步总收率：
54%; 96% ee

Ar = p-MeC₆H₄

64

置 0℃ 的低温恒温反应浴中，待温度升高至 0℃ 后，加入 57（4.72 g，20 mmol）和碳酸铯（13.0 g，40 mmol）。0℃ 后下搅拌 3 小时后，通过真空系统在 0℃ 下抽去氯仿。然后加入乙醇（25 mL）。室温下搅拌约 15 分钟后，将反应瓶放置 -15℃ 的低温恒温反应浴中，搅拌 10 分钟后，加入对甲基苯硫酚（6.2 g，50 mmol）。在 -15℃ 下继续反应 48 小时。TLC 点板跟踪反应进程。待反应进行完全后，在 -15℃ 下慢慢加入 2 M HCl 水溶液淬灭反应。水相用氯仿萃取，合并有机相，饱和碳酸氢钠水溶液洗，分液，有机相用无水硫酸钠干燥，过滤，滤液浓缩后湿法上样，柱层析分离（EtOAc/PE = 1 : 4 至 1 : 3）得 64（白色固体，2.52 g，产率 54%），旋光 $[\alpha]_D^{26} = -47.7$ （c 0.8，CHCl₃）。

Ar = p-MeC₆H₄

64

1) TMSCl, Zn, EtOH
70 ℃, 2 h

2) K₂CO₃, EtOH

23 ℃, 6 h
一锅法
两步总收率：
85%

奥司他韦

氩气氛围下，向装有磁力搅拌子的干燥的 100 mL 三口反应瓶中 23℃ 下加入 64（70 mg，0.15 mmol），无水乙醇（2.5 mL）以及三甲基氯硅烷（288 μL，2.25 mmol）。随后向反应瓶中加入活化的锌粉（244 mg，3.75 mmol）。将反应瓶放置 70℃ 的油浴中反应 2 小时。随后，将反应瓶放置 0℃ 的低温恒温反应浴中，通入氨气鼓泡 10 分钟。之后，室温下加入碳酸钾（276 mg，2.0 mmol）。室温下继续搅拌 6 小时。过滤，滤液用旋转蒸发仪浓缩尽可能除去乙醇，0℃ 下向浓缩的粗产品中慢慢加入 2 M HCl 水溶液。用乙酸乙酯萃取，分液，水相通过加入氨水（含量 28%）调节 pH = 11。然后，用 10%MeOH/CHCl₃ 的混合溶剂萃取，合并有机相，饱和食盐水洗，分液，有机相用无水硫酸钠干燥，过滤，滤液浓缩后得奥司他韦（黄色液体，40 mg，产率 85%），旋光 $[\alpha]_D^{20} = -53.5$（c = 1.3，CHCl₃）。

【注意事项】

（1）活性锌粉的制备：在氮气下，锌粉用 1 M 盐酸水溶液洗后，水洗，乙醇洗，乙醚洗干燥后立即使用。

（2）反应过程应严格控制反应的温度。

【思考题】

1. 查文献写出三条除上述路线外的合成奥司他韦（达菲）的路线，并对其优缺点进行评价。

2. 请写出 2 个常见的药物的结构式，并写出它们的合成路线。

【化合物表征数据】

^{1}H NMR（500 MHz，CDCl$_3$）：$\delta = 6.75$（t，$J = 2.0$ Hz，1H），5.90（d，$J = 8.5$ Hz，1H），4.18 - 4.15（m，3H），3.51（q，$J = 8.0$ Hz，1H），3.31（quintet，$J = 5.5$ Hz，1H），3.18（dt，$J = 6.0, 9.5$ Hz，1H），2.72（dd，$J = 5.0, 17.5$ Hz，1H），2.11（ddt，$J = 18.0, 10.0, 3.0$ Hz，1H），2.01（s，3H），1.69（br s，2H），1.46 - 1.50（m，4H），1.26（t，$J = 7.5$ Hz，3H），0.88（t，$J = 7.5$ Hz，3H），0.87（t，$J = 7.5$ Hz，3H）；^{13}C NMR（CDCl$_3$，100 MHz）：$\delta = 171.11$，166.44，137.77，129.57，81.75，74.97，60.91，58.92，49.31，33.67，26.29，25.76，23.70，14.24，9.61，9.38；ESI - MS m/z 313.2（M+H）$^+$，HRMS calcd for C$_{16}$H$_{29}$N$_2$O$_4$（M+H）$^+$ m/z 313.2121，found 313.2124

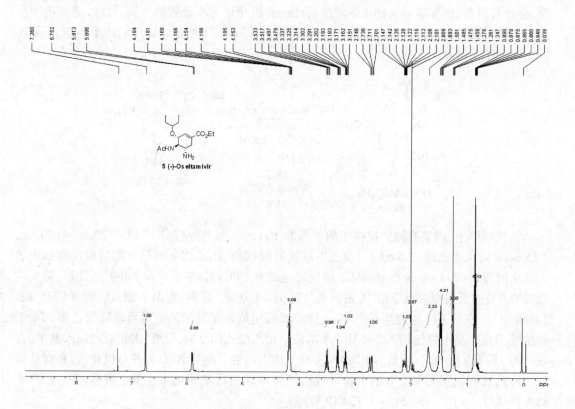

【参考文献】

1. （a）Synthetic Approaches to the Neuraminidase Inhibitors Zanamivir（Relenza）and Oseltamivir Phosphate（Tamiflu）for the Treatment of Influenza. J. Magano *Chem. Rev.*, **2009**, *109*, 4398 – 4438.（b）Recent Progress in the Synthesis of Tamiflu. T. Zhang, H. Lu, F.-M. Zhang, J. Chen, T. Liu *Chin. J. Org. Chem.*, **2013**, *33*, 1235 – 1243.

2. Influenza Neuraminidase Inhibitors Possessing a Novel Hydrophobic Interaction in the Enzyme Active Site: Design, Synthesis, and Structural Analysis of Carbocyclic Sialic Acid Analogues with Potent Anti-Influenza Activity. C. U. Kim, W. Lew, M. A. Williams, H. Liu, L. Zhang, S. Swaminathan, N. Bischofberger, M. S. Chen, D. B. Mendel, C. Y. Tai, W. G. Laver, R. C. Stevens *J. Am. Chem. Soc.*, **1997**, *119*, 681 – 690.

3. Practical Total Synthesis of the Anti-Influenza Drug GS – 4104. J. C. Rohloff, K. M. Kent, M. J. Postich, M. W. Becher, H. H. Chapman, D. E. Kelly, W. Lew, M. S. Louie, L. R. McGee, E. J. Prisbe, L. M. Schultze, R. H. Yu, L. Zhang *J. Org. Chem.*, **1998**, *63*, 4545 – 4550.

4. A Short Enantioselective Pathway for the Synthesis of the Anti-Influenza Neuramidase Inhibitor Oseltamivir from 1,3 – Butadiene and Acrylic Acid. Y.-Y. Yeung, S. Hong, E. J. Corey *J. Am. Chem. Soc.*, **2006**, *128*, 6310 – 6311.

5. A Concise Synthesis of (−) – Oseltamivir. B. M. Trost, T. Zhang *Angew. Chem. Int. Ed.*, **2008**, *47*, 3759 – 3761.

6. High-Yielding Synthesis of the Anti-Influenza Neuramidase Inhibitor (−) – Oseltamivir by Three "One-Pot" Operations. H. Ishikawa, T. Suzuki, Y. Hayashi *Angew. Chem. Int. Ed.*, **2009**, *48*, 1304 – 1307.

7. Organocatalytic Michael Addition of Aldehydes to Protected 2 – Amino – 1 – Nitroethenes: The Practical Syntheses of Oseltamivir (Tamiflu) and Substituted 3 – Aminopyrrolidines. S. Zhu, S. Yu, Y. Wang, D. Ma *Angew. Chem. Int. Ed.*, **2010**, *49*, 4656 – 4660.

8. Time Economical Total Synthesis of (−) – Oseltamivir. Y. Hayashi and S. Ogasawara *Org. Lett.*, **2016**, *18*, 3426 – 3429.

对于低年级本科生开设的有机化学实验课的教学目的是要求学生掌握有机化学实验的基本操作和基本技能,进一步清楚地理解反应和合成,学会如何选择原料、试剂以及可行的条件来合成某些有机化合物。每通过一次成功的尝试,都可使学生在进行反应和合成的能力方面获得信念,从而增强综合分析和独立工作的能力。这样的实验课教学比较偏重于"照方配药"的操作,满足于完成一切都已安排好了的规定实验,对学生的全面素质和创造力的培养是不利的。因此,在进行了一定量的规定实验和系统的基本操作训练培养学生掌握实验基本知识和技能的基础上,安排学生进行一些难度较大的选做实验,或者安排一定时间的文献实验,让学生在教师指导下,根据所选题目,通过查阅有机化学文献和手册,设计路线、选择条件、确定步骤、完成合成、鉴定结果,这对于学生进一步加深和巩固已学到的知识和技能,培养和提高综合分析和独立工作的能力无疑是有好处的。熟悉有机化学方面的文献资料,独立地进行文献查阅也是科学研究工作者必须具备的一个条件。通过文献实验,可以让学生初步熟悉和掌握查阅文献资料及有机化学实验方面的参考书,培养学生熟练运用有关手册和国内外某些有代表性的期刊、杂志等的方法和能力。由于原始文献中记载的不尽详细,有的内容还因为关键部分要保密而被抽掉了。所以,有关仪器装置、药品用量、条件选择、产物鉴定,都需要自己灵活而正确地运用所学到的知识和技能加以设计,补充和改进。同时,原料的纯化、试剂的配制也需自行处理。这些,都能进一步锻炼和培养学生的独立工作能力和创造力。通过文献实验,使学生对科学研究工作有一定的了解,并在改革实验方面开阔眼界和思路,提高做有机实验的兴趣和积极性以及文献检索能力,为进一步研究生的学习或进入相关行业提供实践基础。

文献实验可以放在三年级下学期或四年级上学期进行。在二年级开设的有机实验课中,可以要求他们查找每次实验中所用的试剂和产物的物理常数,注意药品规格和用量,技料的物质的量比,并做好每次实验的记录和总结,使他们通过一年有机化学实验课的系统训练后,基本上具备进行文献实验的基础。

由于现在很多同学都会进入课题组进行科研训练,所以文献实验不要求统一进行,但是可以按照统一讨论的方式进行开题和结题,主要有以下几个过程:

1. 开题

主要由实验主讲教师向学生阐明文献实验的目的和意义,介绍几种主要的化学文献的查阅方法。例如,可对 SciFinder 和 Reaxys 的内容和查阅方法作简单介绍。然后学生按各自进入的课题组要求选题,并在指导老师的协助下进行文献检索,学生应根据自己查阅的文献资料进行翻译、归纳和小结,设计实验方案,交给指导教师批阅。各指导教师要与学生进行讨论和交流,让学生进一步明确自己所选题目的意义、原理和要求,最后确定实验方案。在讨论和交流中,指导教师应允许和鼓励学生提出自己的改进意见,在征得教师同意后,可进行几种不同方法和条件的对照试验。在考虑药品用量时,应根据实验情况,尽量缩小实验规模。这样做,既可减少开支和污染又可提高操作上的要求,有利于培养学生的能力。这样,同学们可以集中起来进行开题答辩,对自己的实验方案进行讲解,相互讨论学习,评委老师进行一些点评。

2. 实验

在理解选题的实验意义、设计实验步骤和做好准备工作的基础上,学生可开始进实验室进行实验,完成自己的选题。指导教师应严格要求学生遵循实验操作规程做好每一步实验操作和实验记录。实验完毕后,对产物的物理性质、化学性质应作出鉴定。鉴定方法包括:熔点、薄层色谱、旋光度、分光光度法以及红外、核磁等。

3. 结题

在完成实验后,要求每个学生写出一份实验工作报告。文献实验的工作报告,可以参照毕业论文的模式。内容可包括:选题的意义、实验的原理、物理常数、操作步骤、现象记录、实验的心得体会、对实验的讨论意见、原料的处理和试剂的纯化方法以及引用的参考文献等。文献实验工作报告交指导教师进行批阅和评分。如时间许可,可以班级为单位组织一次结题答辩,各选题可推派一名学生宣讲自己的实验工作报告,以期引起讨论,达到相互了解、共同提高的目的。

主要参考书目

［1］兰州大学.有机化学实验(第三版)［M］.北京：高等教育出版社,2010.

［2］北京大学化学学院有机化学研究所.有机化学实验(第二版)［M］.北京：北京大学出版社,2002.

［3］麦禄根.有机化学实验［M］.上海：华东师范大学出版社,2001.

［4］黄涛主.有机化学实验［M］.北京：高等教育出版社,1998.

［5］查正根等.有机化学实验［M］.合肥：中国科学技术大学出版社,2010.

［6］王玉良等.有机化学实验［M］.北京：化学工业出版社,2014.

［7］李兆陇等.有机化学实验［M］.北京：清华大学出版社,2001.

［8］吉卯祉等.有机化学实验(第三版)［M］.北京：科学出版社,2015.

［9］俞晖.有机化学实验(第三版)［M］.上海：华东理工大学出版社,2015.

［10］高剑南等.现代化学实验基础［M］.上海：华东师范大学出版社,1998.

［11］吴世晖等.中级有机化学实验［M］.北京：高等教育出版社,1986.

［12］顾可权等.半微量有机制备［M］.北京：高等教育出版社,1990.

［13］李霁良.微型半微型有机化学实验(第二版)［M］.北京：高等教育出版社,2013.

［14］汪志勇.实用有机化学实验高级教程［M］.北京：高等教育出版社,2016.

［15］Jie Jack Li, Chris Limberakis and Derek A. Pflum, *Modern Organic Synthesis in the Laboratory*, Oxford University Press, 2007.

［16］László Kürti and Barbara Czakó. *Strategic Applications of Named Reactions in Organic Synthesis*, Elsevier Academic Press, 2005.